雲の正体は？
▷p.76

どうして風が
吹く？▷p.82

ふつうの波と
津波は何がちが
う？▷p.102

雨水と海水の関係
は？▷p.211

海はどのように
してきた？
▷p.121

海流とは？
どのように循環して
いる？▷p.100

地球はどんな形？
▷p.7

地球の大きさは？
▷p.6

地層はどのようにして
できる？▷p.172

川と谷，どっち
が先にできた？
▷p.168

化石を調べると
何がわかる？
▷p.180，181

化石はどのようにして
できる？▷p.180

地球上の生物は，
どのように変わって
いった？▷p.186

地球の内部はどうなっ
ている？どう調べる？
▷p.12，14

ニューステージ 地学図表

目次

数字の色は，赤：地学基礎，青：地学，の内容をおもに含むことを示します。

第3章
宇宙の中の地球

4

本書で使用するマークについて

・学習範囲・

基礎 **1** 「地学基礎」の内容をおもに含む　　**1** 「地学」の内容をおもに含む

 重要用語とその英訳です。どのような英単語が使われているかを見ることで、用語の意味をつかみやすくなります。

 学習内容を身近に感じることができる実習を取り上げました。実体験を通して理解が深まり、知識が定着します。

 関連する興味深い事柄の紹介や理解の助けになる解説など、ちょっとした話題を紹介しています。

Column 身近な話題や地学の歴史、最近の研究など、読み物として興味深い内容を取り上げました。

人との関わり 学習内容と、生活や社会とのつながりが感じられるような内容を紹介しています。

参考 学習内容の理解の助けとなるような補足事項や、関連するやや高度な話題を扱っています。

 QRコードを読みとると、関連するWebサイトで動画や最新情報などが見られます。
　https://www.hamajima.co.jp/rika/nsearth/
※利用料は無料ですが、別途通信料がかかります。
※学校内や公共の場では、規則やマナーを守ってご使用ください。
※本書のデジタルコンテンツは、ご使用開始から4年間ご利用いただけます。
※QRコードは(株)デンソーウェーブの登録商標です。

Column 掲載ページ一覧

人との関わり 掲載ページ一覧

参考 掲載ページ一覧

写真・資料提供者（敬称略・五十音順）

アーテファクトリー，iStock，朝日新聞社，浅間火山博物館，足寄動物化石博物館，アフロ，アマナイメージズ，飯田和明，池下章裕，石賀裕明（島根大学），上野勝美，宇宙航空研究開発機構，榎並正樹，愛媛大学地球深部ダイナミクス研究センター，MRAO，オアシス，大阪市立自然史博物館，大林政行，海洋研究開発機構，鹿児島県立自然史博物館，鹿児島地方気象台，神奈川県立生命の星・地球博物館，金沢地方気象台，蒲郡市生命の海科学館，川崎バイオマス発電所，環境省，気象庁，岐阜県博物館，九州大学総合研究博物館，共同通信社，銀河の森天文台，工藤晃司，呉市入船山記念館，ゲッティイメージズ，小泉治彦，コーベット・フォトエージェンシー，古環境研究所，国際連合広報センター，国土交通省国土地理院，国立科学博物館，国立極地研究所，国立天文台，小嶋智，定金晃三，菊川旭，産業技術総合研究所，産業技術総合研究所地質調査総合センター，CPC，時事通信フォト，Shutterstock，白尾元理，市立長浜城歴史博物館，信州新町化石博物館，菅沼悠介，平朝彦，第六管区海上保安本部，高木秀雄，中日新聞社，中部電力，嬬恋郷土資料館，電源開発，東京大学，東京大学情報基盤センター，東京大学宇宙線研究所，東京大学地震研究所図書室，東京大学出版会，東京大学総合研究博物館，東京大学大学院理学系研究科・理学部，徳川記念財団，豊橋市自然史博物館，豊橋市消防本部，内閣府，仲下雄久，中田高，中林誠治，名古屋大学博物館，名古屋大学理学部，名古屋大学理学部地球惑星科学科，NASA，にかほ市象潟郷土資料館，日本地質学会，日本電子，ネイチャーイラストレーション，羽賀貞四郎，萩野恭子，早坂康隆，半田孝，PPS通信社，東山正宜，PIXTA，美斉津洋夫，平塚雄一郎，深尾良夫，藤井旭，藤木利之，北淡震災記念公園野島断層保存館，北海道大学総合博物館，堀利栄（愛媛大学），毎日新聞社，益富地学会館，松岡篤（新潟大学），松原聰，松本總，三浦市教育委員会，水上知行，宮尾昌弘，宮沢賢治記念館，宮嶋敏，村松憲一，矢部嘉南子，山野誠，ユニフォトプレス，読売新聞，李大建，若狭三方縄文博物館

編集協力者：西本昌司，深川美里，古川邦之，嶺重慎

参考文献・資料（五十音順）

一般気象学（東京大学出版会），岩波講座地球科学（岩波書店），岩波講座地球惑星科学（岩波書店），VISIBLE宇宙大全（作品社），宇宙科学入門（東京大学出版会），宇宙観5000年史（東京大学出版会），宇宙物理への招待（培風館），化学便覧改訂第5版（丸善），増補気象の事典（平凡社），気象・天気のしくみがわかる事典（成美堂出版），気象ハンドブック（朝倉書店），基礎地球科学（朝倉書店），最新・地球学（朝日新聞社），地震予知の科学（東京大学出版会），シリーズ現代の天文学（日本評論社），新天文学事典（講談社），新百万人の天気教室（成山堂書店），図解気象学入門（講談社），生命と地球の共進化（日本放送出版協会），生命と地球の歴史（岩波書店），世界恐竜発見史（ネコ・パブリッシング），全地球史解読（東京大学出版会），大地の躍動を見る（岩波書店），新版地学教育講座（東海大学出版会），新版地学事典（平凡社），地球科学入門（岩波書店），地球ダイナミクスとトモグラフィー（朝倉書店），地球の科学（日本放送出版協会），地球のダイナミックス（岩波書店），地球惑星科学入門（北海道大学出版会），地質学（岩波書店），新版地質図の書き方と読み方（古今書院），沖積低地の古環境学（古今書院），天文資料集（東京大学出版会），天文年鑑（誠文堂新光社），日本列島の誕生（岩波書店），富士山の謎をさぐる（築地書館），プルームテクトニクスと全地球史解読（岩波書店），プレート・テクトニクス（岩波書店），野外地質調査の基礎（古今書院），理科年表（丸善）

●上記以外にも，多くの個人・諸機関の協力を得ました。

地球の大きさと形

地球に住む私たちには大地は平らに感じられるが，実際の地球は球形である。地球の形や大きさは古代から計測されてきた。現在では，計測法の発達によって正確な形や大きさがわかるようになった。

1 地球が丸い証拠 　自然現象の観察から，地球が丸いことがわかる。

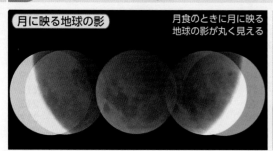

月に映る地球の影　月食のときに月に映る地球の影が丸く見える

水平線に沈む観覧車　地球が丸いため観覧車の下部が欠ける

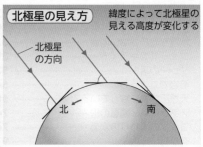

北極星の見え方　緯度によって北極星の見える高度が変化する

北極星の方向

北　南

基礎 2 地球の大きさ 　地球の大きさの計測は，古代からさまざまな方法で試みられてきた。

A エラトステネスの方法

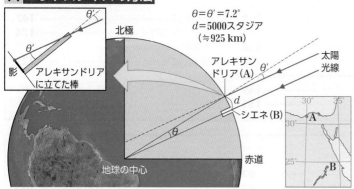

$\theta = \theta' = 7.2°$
$d = 5000 スタジア$
$(\fallingdotseq 925\,km)$

北極
影
アレキサンドリアに立てた棒
アレキサンドリア(A)
太陽光線
θ'
d
θ
シエネ(B)
赤道
地球の中心

　紀元前230年頃，アレキサンドリア(A)のエラトステネスは，夏至の日の正午にシエネ(B，現在のアスワン)の町の井戸の底に太陽光が当たることから，太陽がシエネの真上にあると考えた。そのとき，そのほぼ真北にあるアレキサンドリアで，垂直に立てた棒の影を利用して，太陽の南中高度を知り，2地点間の緯度の差を求めた(7.2°)。また，2地点間の距離を歩いて測った(5000スタジア≒925km)。2地点間の緯度の差がθ，2地点間の距離がdのとき，扇形の弧の長さは中心角に比例することから，次の式が成り立つ。

$$\frac{\theta}{360°} = \frac{d}{2\pi R} \quad (R は地球の半径)$$

シエネとアレキサンドリアの場合，$\theta = 7.2°$，$d = 925\,km$ なので，

$$\frac{7.2°}{360°} = \frac{925\,km}{2\pi R} \qquad R \fallingdotseq 7365\,km (実際の地球の平均半径は 6371\,km)$$

B 宇宙から地球をはかる

現在では，技術の進歩により地球の大きさを正確に求めることができる。

GPS　GPS衛星　電波(時刻情報・位置情報)　球面　観測点

GPS(Global Positioning System，汎地球測位システム)は，高度約20000kmの6種の円軌道に，4個ずつ配置された人工衛星を用いて，受信点の位置を正確に求める方法である。位置のわかっている4個の人工衛星から発信される電波が，受信機に届くまでの時間を測定して距離を求める。(GNSS， p.29)

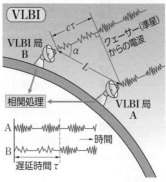

VLBI　VLBI局B　$c\tau$　α　クェーサー(準星)からの電波　l　VLBI局A　相関処理　A　B　時間　遅延時間τ

VLBI(Very Long Baseline Interferometry，超長基線電波干渉法)を利用する方法もある。遠方のクェーサー(p.117)から放射される電波を2か所以上の電波望遠鏡(アンテナ)で同時に受信し，その到達時間の差から，受信点の間の距離を求める。現在では1cm以下の精度で測定することが可能である。

$$距離 L = \frac{c\tau}{\cos\alpha} \quad (c は電波の速度)$$

C 歩いて求める地球の大きさ　実習　エラトステネスと同じ方法で地球の大きさを求める。

Google Earthで緯度を調べる
35° 9'50.25" N
35° 9'48.25" N

手順

① 任意の区間(例えば20m)を何歩で歩けるか調べ，自分の歩幅を求める。
② 学校の敷地内で，経度が同じである2地点を選び，2地点間の緯度の差を求める。
③ 選んだ2地点間の距離を歩いて測る。
④ 2地点間の緯度の差と距離の関係から地球の大きさを求める。
※緯度差を求めるには，Google Earthや国土地理院が提供する地図で緯度を調べる，GPS受信機(スマートフォンやデジタルカメラの機能を使ってもよい)で測定するなどの方法がある。

例 緯度の差$\theta = 2''$，距離$d = 0.06\,km$ のとき，

地球の半径$= \dfrac{360° d}{2\pi\theta} \fallingdotseq 6191\,km$

D 地球に関するデータ
「理科年表」による

地球の表面積	$5.09949 \times 10^8\,km^2$ (100%)
陸の面積	$1.48890 \times 10^8\,km^2$ (29.2%)
北半球	$1.00278 \times 10^8\,km^2$ (19.7%)
南半球	$0.48612 \times 10^8\,km^2$ (9.5%)
海の面積	$3.61059 \times 10^8\,km^2$ (70.8%)
北半球	$1.54695 \times 10^8\,km^2$ (30.3%)
南半球	$2.06364 \times 10^8\,km^2$ (40.5%)
赤道半径	6378.137 km
極半径	6356.752 km
偏平率	$\dfrac{1}{298.257222101}$
質量	$5.972 \times 10^{24}\,kg$

地球の大きさは，GRS80楕円体(p.7)に基づく。

プチ雑学　緯度や経度の単位として，度(°)，分(')，秒('')が用いられる。　$1° = 60' = 3600''$

Keywords ○ ●GPS（汎地球測位システム）Global Positioning System
●VLBI（超長基線電波干渉法）Very Long Baseline Interferometry ●偏平率 oblateness
●地球楕円体 earth ellipsoid ●回転楕円体 spheroid

7

1 地球のすがた

基礎 3 陸と海の分布　地球の高度分布は，陸と海のそれぞれにピークをもつ。

A 地球の高度分布と地表面の起伏

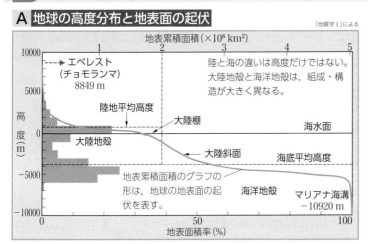

「地質学1」による

陸と海の違いは高度だけではない。大陸地殻と海洋地殻は，組成・構造が大きく異なる。

地球の高度分布は2つのピークをもつ。1つは陸地（平均高度約800 m），もう1つは海底（平均高度約−4000 m）である。これは，他の地球型惑星にはない特徴であり，地球ではプレートの運動（●p.22）が起き，構成岩石が異なる大陸地殻と海洋地殻が存在することに由来する。

B 金星と火星の高度分布

Cattermole（1994）による

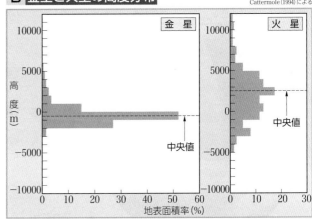

金星は中央値付近に地表面積率のピークがある。これは金星の地表面が一様で，凹凸があまりないことを示す。火星は高度分布が多様だが，ピークは金星と同様に中央値付近にある。金星や火星では，地球のようなプレートの運動は起きていないと考えられている。

基礎 4 地球の形　地球は球形であるが，自転による遠心力のため赤道方向にやや膨らんでいる。

A 地球楕円体

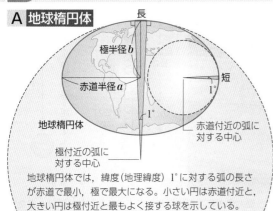

地球楕円体では，緯度（地理緯度）1°に対する弧の長さが赤道で最小，極で最大になる。小さい円は赤道付近と，大きい円は極付近と最もよく接する球を示している。

楕円を回転させたときにできる立体を**回転楕円体**という。地球には複雑な起伏があり，また，自転に伴う遠心力のため，赤道方向に膨らんでいる。地球（近似的にはジオイド●p.9）に最も近い形や大きさの回転楕円体を，**地球楕円体**とよぶ。

球からのつぶれ具合は**偏平率**で表す。偏平率 f は次の式で定義される。

$$f = \frac{a-b}{a} \quad a：赤道半径，b：極半径$$

地球の偏平率は約 1/300 と非常に小さいので，地球楕円体は完全な球形に近いと考えられる。

19世紀以降，測地測量や天文測量の結果に基づき，さまざまな地球楕円体が決められてきた。現在では日本は **GRS80 楕円体** を使用している。

地球楕円体は赤道方向に膨らんでいるので，緯度 1°分に相当する子午線*の長さは，極付近の方が赤道付近より大きくなるはずである。フランスの測量隊によってこの事実が確認された。また，このとき測定した地球の大きさからメートル法がつくられた。

*真北と真南を結ぶ線。経線。方位を十二支で表すとき，真北を子（ね），真南を午（うま）で表すのに由来。

さまざまな地球楕円体

地球楕円体名	偏平率
ベッセル（1841）	1/299.15
国際基準楕円体（1924）	1/297.00
IAU[*1] 楕円体（1964）	1/298.25
IAU 楕円体（1976）	1/298.257
GRS80[*2] 楕円体（1979）	1/298.257222101

緯度 1°分の子午線の長さ

ラップランド（66°20′N）	111.99 km
フランス（45°N）	111.16 km
エクアドル（1°31′S）	110.66 km

＊1 IAU：International Astronomical Union（国際天文学連合）

＊2 GRS80：Geodetic Reference System 1980（測地基準系 1980）

人 との 関わり　1 m の定義

メートル原器

地球の円周は，ほぼ 40000 km ぴったりである。これは，1795年にフランスで決定された長さの単位の定義に由来する。この定義では「赤道から北極までの距離を10000 kmとする」とされ，その10^7分の1が1mと定められた。その後，1mの長さの基準となるメートル原器が作製・配布された。現在では，1mの定義は，光の速さに基づいてそれまでの1mの長さに近くなるよう定められ，「1秒の299792458分の1の時間に光が真空中を伝わる行程の長さ」に変更されている。

Column　地球の形と大きさの研究史　●p.70

BC560〜	ピタゴラス 地球は球形であると提唱	1674	リシェル　低緯度へ行くと振り子の周期が長くなることを発見
BC384〜	アリストテレス 地球は球形であると証明	1683〜	カッシーニ親子 子午線1°分の長さを測定
BC230	エラトステネス 地球の大きさを測定	1687	ニュートン　地球は回転楕円体であると提唱
1492〜	コロンブス，ガマ，マゼランら　航海を行い，世界を探検し，地球が球形であることを確認	1690	ホイヘンス　地球の偏平率を1/578と発表
		1735〜	フランス測量隊　子午線1°分の長さを測定
1671	ピカール　子午線1°分の長さを測定	1841	ベッセル　地球楕円体の大きさを決定

1 重 力　重力は、万有引力と遠心力の合力である。

A 重力とは

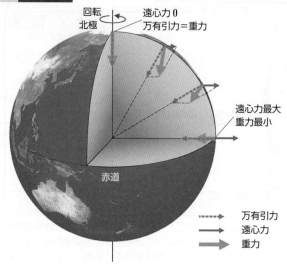

回転
北極
遠心力 0
万有引力＝重力

遠心力最大
重力最小

赤道

- - - → 万有引力
—→ 遠心力
⟹ 重力

万有引力　すべての物体同士に働く引き合う力。地球上の物体と地球の間にも働く。

$$f_1 = G\frac{mM}{R^2}$$

G：万有引力定数（$= 6.67428 \times 10^{-11}$ m³/(kg・s²)、m：物体の質量(kg)、M：地球の質量(kg)、R：地球の重心までの距離(m)

遠心力　地球には、自転によって軸に垂直で外向きの力が働く。

$$f_2 = mr\omega^2$$

m：物体の質量(kg)、r：回転の半径(m)、ω：角速度(rad/s)

重 力　地球上の物体に働く力。物体の重さとして感じられる。

地球上の物体には、地球との間の**万有引力**と、地球の自転による**遠心力**が働く。万有引力と遠心力の合力が重力であり、その方向を鉛直線という。質量 m [kg] の物体に働く重力 W [N] は、

$$W = mg \qquad g：重力加速度 (m/s^2)$$

と表すことができる。g の大きさは場所による違いはあるが、約 9.8 m/s²（$= 980$ Gal*）である。g は単位質量の物体に働く重力の大きさを示すので、重力の大きさは、ふつう g を比較する。

たとえば、赤道上にある質量 1 kg の物体では、$m = 1$ kg、$M = 5.972 \times 10^{24}$ kg、$R = r = 6.378 \times 10^6$ m、$\omega = 7.292 \times 10^{-5}$ rad/s だから、万有引力の大きさは 9.798 N、遠心力の大きさは 0.0339 N である。

*Gal(gal)　ガリレオ・ガリレイに由来。1 Gal $= 10^{-2}$ m/s²、1 mGal $= 10^{-3}$ Gal

B 重力の変化

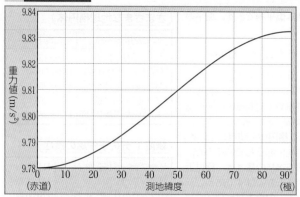

（縦軸）重力値 (m/s²)
9.84
9.83
9.82
9.81
9.80
9.79
9.78
（横軸）測地緯度 0（赤道）10 20 30 40 50 60 70 80 90°（極）

地球を地球楕円体（◯ p.7）として計算した重力を**標準重力**という。赤道と極とで、約 0.05 m/s² の差がある。

C 重力計

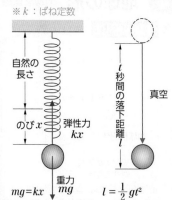

※ k：ばね定数

自然の長さ
のび x
弾性力 kx
$mg = kx$
重力 mg

t 秒間の落下距離 l
真空
$l = \frac{1}{2}gt^2$

ばねののびを測定し、重力の大きさを比較する方法がある（相対測定）。また、真空中で物体を落下させて、重力の大きさを求める方法もある（絶対測定）。

2 重力の補正　各地の重力の大きさを比較するため、測定点の重力値をジオイド面上の値に補正する必要がある。

フリーエア補正

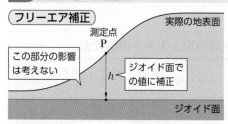

実際の地表面
測定点 P
この部分の影響は考えない
h
ジオイド面での値に補正
ジオイド面

高度が上がれば、地球の重心から離れるため、重力の値は小さくなる。高度による影響を除くために、測定点とジオイド面（◯ p.9）との間に物質がないと仮定して、測定点の重力値をジオイド面上の値に補正する。この補正を**フリーエア補正**という。高度 h [m] での補正量 Δg_1 [m/s²] は、$\Delta g_1 ≒ 3.1 \times 10^{-6} h$ である。

地形補正

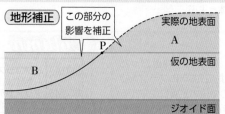

この部分の影響を補正
実際の地表面
A
P
仮の地表面
B
ジオイド面

実際の地表面には、測定点の高度でジオイド面に平行な面（仮の地表面）と異なる起伏がある。上の図のPで、Aの物質を除きBの空間を埋めたとした、仮の地表面上での測定値を考える補正を**地形補正**という。補正量は、通常 1.0×10^{-4} m/s² 以内である。

ブーゲー補正

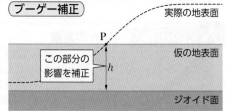

実際の地表面
P
仮の地表面
この部分の影響を補正
h
ジオイド面

ジオイド面より上の物質による影響を除く補正を**ブーゲー補正**という。ジオイド面と測定点の間がある密度をもつ物質の層であると仮定し、この層からの引力を補正量とする。補正量 Δg_2 [m/s²] は、高度 h [m] で $\Delta g_2 ≒ -1.13 \times 10^{-6} h$、水深 d [m] で $\Delta g_2 ≒ 0.69 \times 10^{-6} d$ である。

重力が働かないスペースシャトルでは、宇宙飛行士の顔は普段より丸く見える。これは、体液を下に引いていた重力がほとんどなくなり、顔がふくれるためである。ほかにも、身長が伸びたり、骨がもろくなったりすることもある。

Keywords○ ●重力 gravity ●万有引力 universal gravity ●遠心力 centrifugal force ●重力加速度 gravitational acceleration
●標準重力 normal gravity ●フリーエア補正 free-air correction ●地形補正 topographic correction
●ブーゲー補正 Bouguer correction ●ジオイド geoid ●平均海水面 mean sea level

9

1
地球のすがた

3 重力異常　測定値にさまざまな補正を加えた値と標準重力の大きさとの差を，重力異常という。

A フリーエア異常

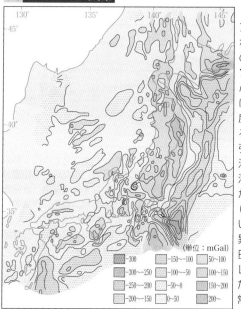

（単位：mGal）

測定値にフリーエア補正を行って得られた値と，標準重力の大きさとの差を，**フリーエア異常**とよぶ。フリーエア異常は，地形と地下の密度構造を反映している。高地では山体の引力の影響により正，海洋では密度の低い海水により負となるが，アイソスタシー（◯ p.13）が成立していれば，フリーエア異常は小さくなる。日本海溝付近ではプレートの沈み込みのため，大きな負の異常が見られる。

B ブーゲー異常

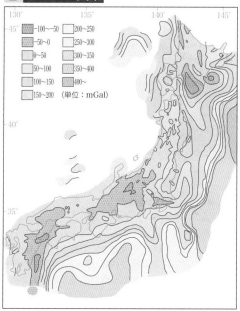

-100〜-50　200〜250
-50〜0　250〜300
0〜50　300〜350
50〜100　350〜400
100〜150　400〜
150〜200　（単位：mGal）

測定値に3つの補正をすべて行って得られた値と，標準重力の大きさとの差を，**ブーゲー異常**とよぶ。ブーゲー異常は，地形の影響をすべてとり除いてあるので，地下の密度構造などを反映している。

大陸地殻ではアイソスタシーのため，地下が低密度となっており，ブーゲー異常は負となる。海洋地殻では地下が高密度であるため，ブーゲー異常は正となる。

C 重力異常と地下構造

密度の大きな物質の埋没

背斜構造

基盤の陥没

地下に密度の大きな物質があると，その方向に強く引かれて重力異常を起こす。背斜構造（◯ p.26）の場合，地下深部にあった比較的高密度の岩石が地表に近いところに出てくるため，重力異常を起こす。重力異常は，地下構造の推定や，資源探査などに利用されている。

4 ジオイド　地球の形を，平均海水面で表したものをジオイドという。

楕円体高
（GPSで測定）　標高（水準測量で測定）
地表面
ジオイド
地球楕円体
ジオイドの高さ
（楕円体高−標高）
日本では20〜44 m

長年の観測によって求めた平均的な海面（**平均海水面**）を，陸地にも延長したとしてできる仮想的な地球の形を**ジオイド**という。ジオイド面は，物体の位置エネルギーが一定になる面であり，重力の方向に直交する。

地球楕円体（◯ p.7）からの高さを楕円体高，ジオイド面からの高さを標高といい，これらの差がジオイドの高さである。GPSにより得られるのは楕円体高であり，標高は水準測量により測定される。

世界のジオイドの高さ

Earth Gravitational Model 2008 による

アジア・オセアニア　　アメリカ大陸　　ヨーロッパ・アフリカ大陸

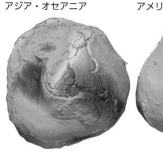
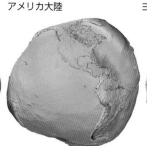

-100（m）　0　100

図は，地球楕円体面からのジオイドの高さを凹凸で表している（凹凸は強調して表している）。もし地球の内部の密度が均一で地形の起伏がなければ，ジオイドと地球楕円体は一致するが，実際のジオイドは複雑な起伏を持っている。起伏は，インド洋付近で最小約−100 m，東南アジア付近で最大＋80 mになる。このような大規模な起伏は，地球の内部構造やマントル（◯ p.12）の対流を反映していると考えられている。

プチ雑学　2007年に日本が打ち上げた月探査衛星「かぐや（SELENE）」（◯ p.122）は，2つの子衛星「おきな」「おうな」を使って月の重力異常を測定し，その地殻の構造などを調べた。

地磁気

地球は巨大な磁石であり，それによって生じる磁場のことを地磁気という。地磁気は常に変化しており，日単位，年単位で変化が観測される。

1 地磁気 地磁気は地理上の北極側にS極があり，全磁力，伏角，偏角の3つの要素で表す。

A 地磁気のモデル

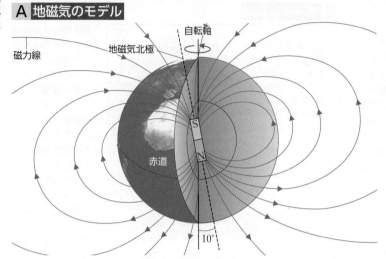

地球が巨大な磁石であることは，1600年にはすでに指摘されていた（○ p.70）。地球の磁場（**地磁気**）は，地球内部に磁気双極子（短い棒磁石）を置いたときにつくられるものによく似ている。地理上の北極側にS極があり，地磁気北極とよばれる。地磁気極と地理上の極は約10°ずれている。

B 地磁気の要素

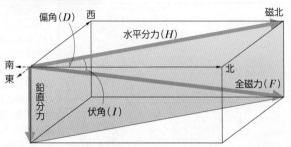

地磁気は，大きさ（強さ）と方向で決められるベクトル量である。地磁気の強さを**全磁力**，水平成分を**水平分力**，鉛直成分を**鉛直分力**という。水平面内で真北と水平成分とのなす角を**偏角**，水平面と全磁力のなす角を**伏角**という。これらのうち，偏角，伏角のほかに，全磁力・水平分力・鉛直分力のいずれかが決まれば，地磁気を表すことができる。このような3つの要素を**地磁気の三要素**という。一般には，偏角・伏角・全磁力を用いることが多い。

伏角が±90°になる地点を磁極（磁北極・磁南極）という。方位磁針が指す方向（磁北）は，計測する地点の局所的な磁気異常などの影響を受けるため，地磁気北極や磁北極とは一致しない。

2 地磁気の分布 地球上の地磁気は場所によって異なる。現在の日本の偏角は西偏している。

A 世界の地磁気 (偏角) ※東向きを正とする。

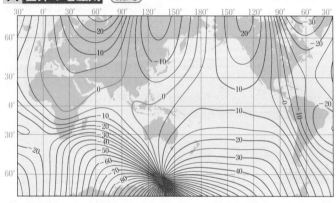

(伏角)

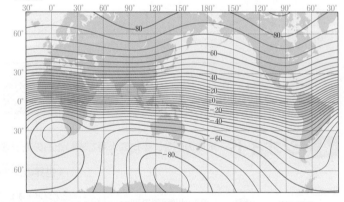

(全磁力) 単位：nT

IGRF (International Geomagnetic Reference Field, 国際標準地球磁場) 2020年の値をもとに作成。

B 日本の地磁気 ＊西向きを正とする。

国土地理院（2020.0年値）による

(偏角と伏角)　(全磁力)

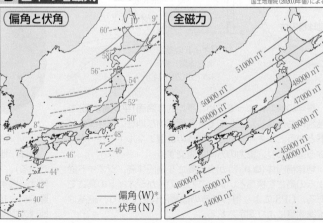

―― 偏角（W）＊
---- 伏角（N）

日本で使われる方位磁針は，N極が下へ傾く（伏角）のを防ぐため，S極側を重くするなどして針が水平になるよう補正されている。

Keywords ○

●地磁気 geomagnetism　●全磁力 total magnetic intensity　●水平分力 horizontal component
●鉛直分力 vertical component　●偏角 declination　●伏角 inclination　●ダイナモ理論 dynamo theory
●残留磁気 residual magnetism

11

1 地球のすがた

3 地磁気の変化　地磁気は常に変化しており，日変化，磁気あらし，永年変化などが見られる。

A 地磁気の日変化

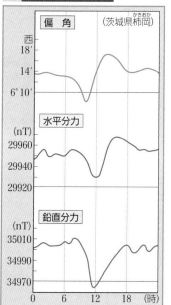

（茨城県柿岡）

磁気あらし

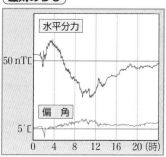

地磁気は数時間から数万年以上のさまざまな周期で常に変化しており，その変化は古くから知られていた。地磁気の変化のようすがまったく同じ日はない。たとえば，毎日規則正しく起こる変化として，太陽放射による電離層（●p.74）の変化が原因と考えられる日変化がある。また，さらに急激な変化としては，**磁気あらし**がある。磁気あらしは，太陽風（●p.137）が地球磁気圏に変化をもたらすのが原因で，特に地磁気の水平成分が大きく変化する。

磁気あらしに伴う電波障害は，通信衛星の利用によってかなり解消されてきている。しかし，多くの人工衛星を利用している今，宇宙天気予報（●p.137）による地磁気変化の予測は重要になっている。

参考 地磁気はどのようにしてできるのか

液体の鉄からなる外核（●p.12）では，外側のマントルと内側の内核との温度差によって，対流が起こる。地球内部は磁化が失われる温度（**キュリー温度**，鉄で770℃）以上で，磁石としては存在できないが，この対流により地磁気が維持されると考えられている（**ダイナモ理論**）。

左はこの理論のモデルである。回転する金属円板で，軸方向に磁場がかかると，円板の中心から外側へ起電力が生じ，下のコイルに電流が流れ，磁場が発生する。これが円板にかかる磁場になる。このようにして磁場と起電力が維持される。

B 地磁気の永年変化　（偏角・伏角の変化）西日本

広岡(1971)による

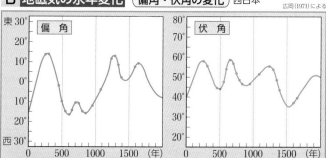

地磁気の強さ　※地球内部に磁気双極子を置いたと考えた場合。

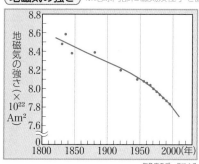

気象庁のデータによる

地磁気の永年変化の周期は，数十年から数万年規模のものまである。日本付近の偏角は，300年程の間に東偏から西偏に変化している。また，地磁気の強さは，200年の間に減少し続けている。しかし，この減少は数万年周期の永年変化の一部であり，このまま地磁気が消失するのではないと考えられている。

C 地磁気の逆転　過去の地磁気の記録が，**残留磁気**として岩石に残されている。（チバニアン●p.209）

熱残留磁気

堆積残留磁気

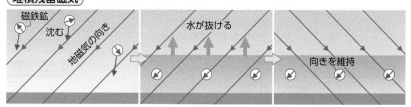

岩石には，磁鉄鉱のように，磁場の中で磁石になる性質をもつ鉱物がふくまれる。この性質は溶岩がとけるような高温では失われるが，冷えて火成岩として固まると，そのときの地磁気の方向を向いた磁石になる（熱残留磁気）。

磁石になった磁鉄鉱の粒のように，小さな磁石が水中で堆積する場合を考える。堆積直後の，水を多くふくんだ堆積物の中では，小さな磁石はさまざまな方向を向くが，その後水が抜けていくと，しだいにそのときの地磁気の方向を向くようになる（堆積残留磁気）。比べると，熱残留磁気のほうが堆積残留磁気より強い。

地磁気の記録

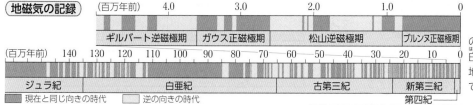

Mankinen,Wentworth (2003)，Larson,Pitman (1972)による

地磁気の向きは，逆転をくり返している。その間隔は，平均数十万年ではあるが不規則で，白亜紀のように，長い間逆転しないこともある。地磁気の正逆は，地層の年代測定にも利用されている（相対年代●p.182）。

プチ雑学　松山逆磁極期は，京都帝国大学にいた松山基範に由来する。松山は，玄武洞（●p.204）をつくる玄武岩の残留磁気の向きが現在の地磁気の向きと逆であることに気づき，各地の岩石を調べ，地磁気の逆転を提唱した。

地球の内部は，構成物質，かたさ，状態などの性質の違いから何層かに分けることができる。こうした性質の違いは，地震波の速度を調べることによって明らかになった。

1 地球の層構造
地球の表層部を地殻，内部をマントル，中心部を核という。

A 地球の内部

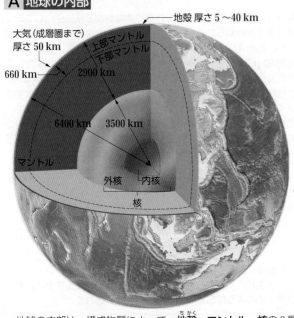

大気(成層圏まで)厚さ 50 km
上部マントル
下部マントル
660 km
2900 km
地殻 厚さ 5 ～ 40 km
6400 km　3500 km
マントル
外核　内核
核

地球の内部は，構成物質によって，**地殻・マントル・核**の3層に分けられる。核はさらに，液体部分である**外核**と，固体部分である**内核**に分けられる。地球の体積の83%がマントル，16%が核，1%が地殻である。

震央(●p.34)から観測地点までの距離(**震央距離**)と，地震波が到達するまでの時間(走時)の関係を示したグラフを**走時曲線**という。ふつう走時曲線には折れ曲がりがあり，これは地震波の速度が大きくなる部分があることを示している。
震央に近い地点では，直接伝わってきた地震波(**直接波**)が先に到着する。ある地点より遠くなると，マントルを伝わってきた地震波(**屈折波**)の方が早く伝わるようになる。これが折れ曲がりの原因である。
震央から折れ曲がる地点(直接波と屈折波が同時に到着する地点)までの距離をS_0とすると，地殻の厚さdは次のように表される。

$$d = \frac{S_0}{2}\sqrt{\frac{V_2 - V_1}{V_2 + V_1}}$$

V_1：地殻での地震波速度
V_2：マントルでの地震波速度

B 地殻の構造

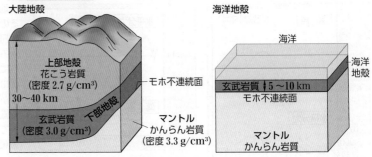

大陸地殻
上部地殻
花こう岩質
(密度 2.7 g/cm³)
30～40 km
下部地殻
玄武岩質
(密度 3.0 g/cm³)
モホ不連続面
マントル
かんらん岩質
(密度 3.3 g/cm³)

海洋地殻
海洋
海洋地殻
玄武岩質 ‖5～10 km
モホ不連続面
マントル
かんらん岩質

地球表層からある深さで地震波の速度が大きく変わる。ここを**モホロビチッチ不連続面**(**モホ不連続面，モホ面**)といい，この面より上を地殻，下をマントルという。海洋地殻は，大陸地殻と比べて薄い(●p.20)。

C 走時曲線

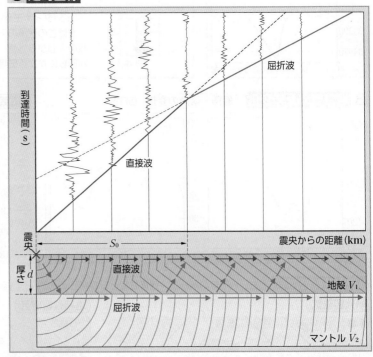

到達時間(s)
屈折波
直接波
震央
S_0
震央からの距離(km)
厚さd
直接波
屈折波
地殻V_1
マントルV_2

D 地殻の組成

岩石の体積比

堆積岩 7.9
塩基性岩
変成岩 27.4
火成岩 42.9
超塩基性岩 0.2
酸性岩 10.4
中性岩 11.2

鉱物の体積比

その他のケイ酸塩鉱物
非ケイ酸塩鉱物 8
粘土鉱物 5
雲母 5
角閃石 5
斜長石 39
輝石 11
カリ長石 12
ケイ酸塩鉱物
石英 12
3

地殻は，おもに地表に向かって上昇してきたマントルから生じたマグマが地表で冷え固まってできる。海洋にはこうしてできた火成岩が多く存在する。大陸には火成岩のほかに，変成岩や堆積岩も存在する。また，地表では，酸化や水との反応によって多様な鉱物ができる。

E 元素の重量比 ●p.72

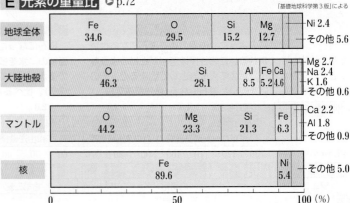

「基礎地球科学第3版」による

地球全体	Fe 34.6	O 29.5	Si 15.2	Mg 12.7	Ni 2.4 / その他 5.6
大陸地殻	O 46.3	Si 28.1	Al 8.5	Fe 5.2 Ca 4.6	Mg 2.7 / Na 2.4 / K 1.6 / その他 0.6
マントル	O 44.2	Mg 23.3	Si 21.3	Fe 6.3	Ca 2.2 / Al 1.8 / その他 0.9
核	Fe 89.6			Ni 5.4	その他 5.0

0　　　　50　　　　100 (%)

●地殻 crust　●マントル mantle　●核 core　●外核 outer core　●内核 inner core
●モホロビチッチ不連続面(モホ不連続面) Mohorovičić discontinuity　●大陸地殻 continental crust　●海洋地殻 oceanic crust
●走時曲線 travel-time curve　●リソスフェア lithosphere　●アセノスフェア asthenosphere　●アイソスタシー isostasy

Keywords

13

1 地球のすがた

基礎 2 地球の内部の区分

地球の内部の区分のしかたには，化学的区分と力学的区分がある。

A 区分のしかた

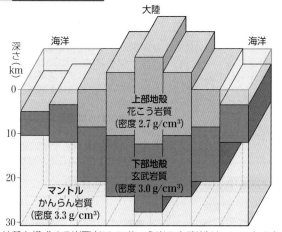

化学的区分

力学的区分

地球の内部は，構成する物質によって地殻・マントル・核(化学的区分)に，かたさによって**リソスフェア・アセノスフェア**(力学的区分)に分けられる。リソスフェアはかたい層，アセノスフェアはやわらかい層であり，プレートとして地球の表層を移動するのはリソスフェアである。

B 地殻・マントル・核の平均的な組成

単位は%

	大陸地殻	海洋地殻	上部マントル	中央海嶺玄武岩	ホットスポット玄武岩		
SiO_2	60.1	49.5	45.1	49.3	50.8	Fe	89.648
TiO_2	0.7	1.5	0.2	1.2	2.6	Ni	5.397
Al_2O_3	16.1	16.0	3.3	16.0	13.5	Co	0.248
Cr_2O_3	−	−	0.4	−	−	その他	4.708
FeO	6.7	10.5	8.0	9.9	11.2		
MgO	4.5	7.7	38.1	9.7	7.4		
CaO	6.5	11.3	3.1	11.2	11.3		
MnO	0.1	0.2	0.15	0.17	0.17		
Na_2O	3.3	2.8	0.4	2.4	2.3		
K_2O	1.9	0.15	0.03	0.1	0.5		

巽・高橋(1997)，Taylorと McLennan(1985)，ingwood (1979)，平朝彦など(1997)，Zindlerと Hart(1986)による

右上表見出し: | | 核 |

C 化学的区分

マントルは，深さ 660 km を境界として，上部マントルと下部マントルに分けられる。

区分	深さ (km)	体積 ($\times 10^{21}$ m³)	質量 ($\times 10^{24}$ kg)	平均密度 (g/cm³)	圧力 ($\times 10^9$ Pa)	構成物質	地震波速度 (km/s) P波	S波
地殻	0〜40	0.010	0.028	2.710				
大陸地殻	0〜40	0.008	0.022	2.650	0	花こう岩質岩石(上部)	5.8	3.4
海洋地殻	0〜10	0.002	0.006	2.950	1	玄武岩質岩石	6.5	3.7
マントル	40〜2889	0.898	4.000	4.460	−		12.2	6.6
上部マントル	40〜660	0.291	1.060	3.650	15	上部はおもにかんらん岩*	−	−
下部マントル	660〜2889	0.607	2.940	4.840	20〜130		−	−
核	2889〜6371	0.177	1.940	11.970				
外核	2889〜5154	0.169	1.840	10.890	130〜330	鉄(液体)	9.5	−
内核	5154〜6371	0.008	0.100	12.750	330〜390	鉄(固体)	11.1	−
地球全体	0〜6371	1.083	5.974	5.515				

＊深くなると，鉱物がより緻密な結晶構造に変わっていくと考えられている。

Anderson(1989)などによる

3 アイソスタシー

地殻を構成する岩石は，マントルの上に浮いていると考えることができる。

A アイソスタシー

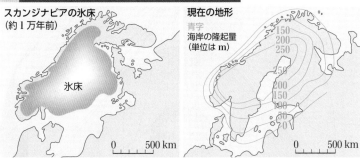

地殻を構成する岩石(おもに花こう岩や玄武岩)は，マントルを構成する岩石(かんらん岩)より，密度が小さい。地殻は，高い山の部分ほど厚く，低いところほど薄い。これは木片を水に浮かべた状態とよく似ており，地殻(密度小)がマントル(密度大)に浮いてつり合っていると考えられる。このつり合いを**アイソスタシー**という。

この考えでは，マントル内の地下のある面より深くなると，同じ深さの面に加わる圧力はどこでも等しい。

B スカンジナビア半島のアイソスタシー

スカンジナビアの氷床
(約1万年前)

氷床

現在の地形

青字
海岸の隆起量
(単位は m)

0　500 km　　0　500 km

氷河の重さで沈んでいた地殻が，氷河の融解によって上昇してきている。スカンジナビア半島では 250 m にもおよぶ土地の隆起が観測されている。これから計算されるかつての氷河の厚さは 920 m 以上になる。

参考　岩石柱の圧力

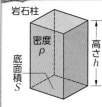

岩石柱

密度 ρ

底面積 S

高さ h

図のような岩石柱で，その底面が受ける圧力は，重力加速度を g とすると，$\dfrac{\rho \times g \times S \times h}{S} = \rho g h$ となる。たとえば，高さ 30 km，密度 2.7 g/cm³ の岩石柱の底面の圧力は，

$$2.7 \times 10^3 \text{kg/m}^3 \times 9.8 \text{m/s}^2 \times 30 \times 10^3 \text{m} \fallingdotseq 7.9 \times 10^8 \text{Pa}$$

※力の単位は $N = kg \cdot m/s^2$，圧力の単位は $Pa = N/m^2$

1　地震波の種類と伝わり方　地震波には，P波，S波，表面波がある。

A　地震波の種類とその特徴

種類	P波　primary wave	S波　secondary wave	表面波　surface wave
性質	縦波(疎密波)	横波	－
速度	5〜7 km/s(地表付近)	2〜4 km/s(地表付近)	－
特徴	媒質(岩石)が波の進行方向と平行に振動して伝わる波。固体・液体・気体すべての媒質中を伝わる。地震発生時に，地下から突き上げるような上下動をもたらす。	媒質(岩石)が波の進行方向と垂直に振動して伝わるねじれ波。ねじれに対する弾性のない液体や気体の中は伝わらない。振幅が大きくユサユサと揺れる。	地表を伝わる波。地表が上下方向に楕円を描くように振動するレイリー波と，水平面で進行方向と垂直に振動するラブ波がある。周期が長く振幅も大きく減衰が少ないため，比較的遠くまで達し，大きな振動をもたらすことがある。
伝わり方	疎密の状態が伝わる	ねじれの状態が伝わる	レイリー波

B　地震波の進み方

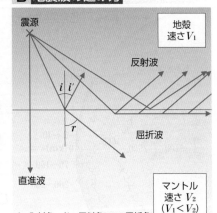

i：入射角　i'：反射角　r：屈折角

　伝える物質(媒質)が異なる境界では，波は**反射**と**屈折**を起こす。境界面に垂直な線と入射波とのなす角を**入射角**，反射波とのなす角を**反射角**，屈折波とのなす角を**屈折角**という。入射角と反射角は等しくなる。伝わる速さがV_1の部分からV_2の部分に入ったとき，入射角iと屈折角rには，次の関係が成り立つ。

$$\frac{\sin i}{\sin r} = \frac{V_1}{V_2}$$

2　マントルと核　S波が伝わらない部分ができることから，外核が液体であることがわかった。

A　P波の伝わり方　●p.12

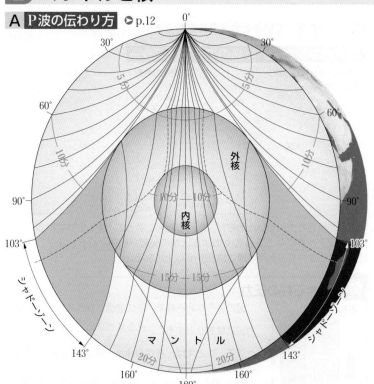

地殻(固体)，マントル(固体)，核(外核(液体)・内核(固体))に分かれる。

B　走時曲線

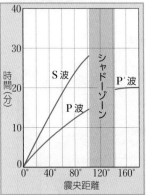

　P波，S波はともに震央距離103°で観測されなくなり，P波のみ143°以遠に遅れて観察される。地震波が，103°付近で異なる媒質(**外核**)に入って屈折するため，伝わらない部分(**シャドーゾーン**)ができたと考えられる。また，S波が消滅することから，外核は液体と推測される。外核とマントルの境界面は，**核－マントル境界面**とよばれる。

　その後，シャドーゾーンに弱いP波が発見され，内部に固体の**内核**が存在することがわかった。

震央距離(角距離)

中心角θで震央距離を表す。

影ができる理由

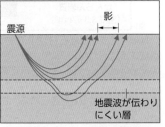

地震波は屈折して伝わっていくため，伝わらない部分(影)が生じる。

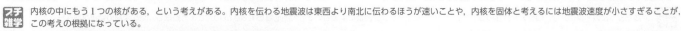

プチ雑学　内核の中にもう1つの核がある，という考えがある。内核を伝わる地震波は東西より南北に伝わるほうが速いことや，内核を固体と考えるには地震波速度が小さすぎることが，この考えの根拠になっている。

❸ 地球内部の性質　地球内部では深さに応じて，地震波の速度，重力，密度などが不連続に変化する。

A 地震波の速度

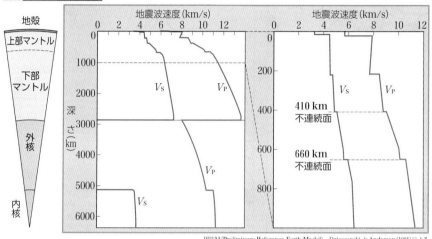

PREM (Preliminary Reference Earth Model)，Dziewonski と Anderson (1981) による

地震波の速度は，岩石の体積弾性率(押しつぶしにくさ)と剛性率(ねじれにくさ)および密度が関係して決まり，次の式で表される。

$$V_P = \sqrt{\frac{\kappa + \frac{4}{3}\mu}{\rho}} \qquad V_S = \sqrt{\frac{\mu}{\rho}}$$

V_P：P波の速度，V_S：S波の速度，
κ：体積弾性率，μ：剛性率，ρ：密度

地下 70～100 km 以深から 250 km までに，地震波の速度が少し小さくなる部分があり，この層を**低速度層**という。これより上部のかたい層(地殻とマントル上部)を**リソスフェア(プレート)**，これ以下のややわらかい層(マントル上部)を**アセノスフェア**という。

また，マントルをつくるかんらん石は，方向によって地震波の速度が異なる(異方性)。

B 物理的性質

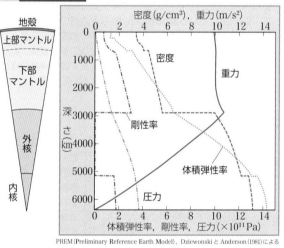

PREM (Preliminary Reference Earth Model)，Dziewonski と Anderson (1981) による

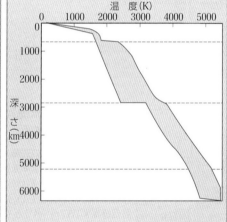

唐戸俊一郎 (2000) による

密度は，地震波の速度から直接求めることができ，ほぼ正確な値を得ることができる。また，岩石の相変化にともない，ある境界で大きく変化する。このことから，地球内部の構造を推定することができる。

圧力は地球内部ほど大きくなる。逆に，重力は地球内部ほど小さくなり，地球の中心では 0 になる。

温度は，地球内部を構成する物質の融点や圧力から推定されるが，誤差が大きいため推定値には幅がある。

参考 高温高圧実験

地球内部の研究方法として，実験室で高温高圧の状態をつくって地球内部の環境を再現する，高温高圧実験がある。この実験で人工的に地球内部の物質を再現してその性質を調べたり，地震波の伝わり方からわかることと比較して，地球内部のようすを推測できる。

右のダイヤモンドアンビル装置は，この実験で使われる装置の 1 つで，試料へ非常に高い圧力を加えることが可能である。この装置では，非常にかたい物質であるダイヤモンド 2 個を押しつけあうことによって，先端のせまい面にはさまれた試料に高い圧力を加えることができる。また，試料に吸収されやすい波長のレーザー光をあてて，高温にすることもできる。

この装置を用いて，現在では，地球の中心に相当するとされる364万気圧・5500℃を再現できている。

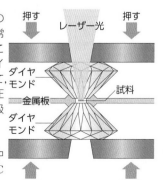

高温高圧実験で密度が変化した金属について調べられた地震波速度と，地球内部の各層の地震波速度。内核は鉄に近い。

マントルと外核の境界には，D″層(ディー・ダブルプライム層)とよばれる，不均質な厚さの層がある。D″層は，沈み込んだプレートが最後にたどり着く，プレートの墓場だと考えられている。

16 地球内部の熱

Keywords ●
●地殻熱流量 terrestrial heat flow
●地下増温率(地温勾配) geothermal gradient

1 地殻熱流量　地球内部から地表に向かう熱の流れの量を地殻熱流量という。

A 世界の地殻熱流量分布

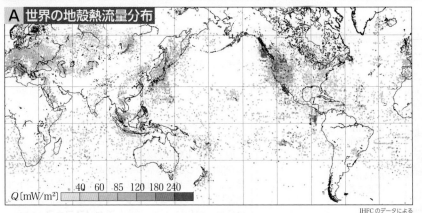

Q〔mW/m²〕 40 60 85 120 180 240

IHFCのデータによる

大陸の地殻熱流量

Polyak,Smirnov(1968)による

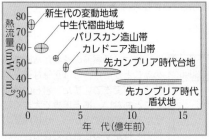

新生代の変動地域
中生代褶曲地域
バリスカン造山帯
カレドニア造山帯
先カンブリア時代台地
先カンブリア時代盾状地

熱流量〔mW/m²〕 / 年代(億年前)

大陸と海洋の比較

Keary,Vine(1990)による

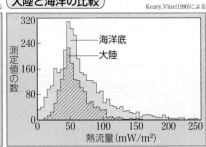

海洋底
大陸

測定値の数 / 熱流量(mW/m²)

B 日本付近の地殻熱流量分布

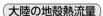

Q〔mW/m²〕
140
120
100
80
60
40

東京大学地震研究所 海半球観測研究センターのデータによる

　地球内部の熱は熱伝導や対流によって低温の地表に運ばれる。この熱の量を**地殻熱流量**という。熱流量はプレートの沈み込みが活発な火山地帯や中央海嶺付近で大きく，長期間安定している盾状地(**◉ p.28**)などの古い地殻で小さい。

　大陸地域の熱流量は，放射性同位体の崩壊熱を熱源として得られる値とほぼ一致する。海洋地域の熱流量は，崩壊熱から得られる値以上に大きく，海洋底では崩壊熱のほかにマントルからの熱供給があると考えられている。

C 地殻熱流量の測定

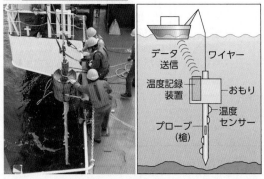

データ送信
ワイヤー
温度記録装置
おもり
プローブ(槍)
温度センサー

　熱流量は**地下増温率(地温勾配)**と熱伝導率の積で求める。

　海洋では，測定器の先端を海底に突き刺して地下増温率を調べる。深さ z_1〔m〕の地温を T_1〔℃〕，深さ z_2〔m〕の地温を T_2〔℃〕，熱伝導率 k〔W/m・K*〕とすると，地殻熱流量 Q〔W/m²〕は，

$$Q = k\frac{T_2 - T_1}{z_2 - z_1} \quad (z_2 > z_1)$$

＊K：温度差1℃＝1K

温度と深さの関係

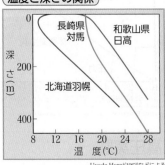

長崎県対馬
和歌山県日高
北海道羽幌

深さ(m) / 温度(℃)

Uyeda,Horai(1963)などによる

　陸上では，地下数十mまでは太陽放射エネルギーの影響が大きいため，それより深い地点で地殻熱流量を測定する必要がある。地下増温率の平均値は3℃/100m程度である。

2 地球内部の熱源　地球創成時に閉じこめられた熱と，放射性同位体の崩壊熱により，地球内部は高温になっている。

A 岩石中の放射性元素の含有量と発熱量

岩石中の放射性元素	含　有　量(g/g)			発　熱　量(×10⁻¹³J/kg・s)				総発熱量(J/m³・年)
	^{238}U (×10⁻⁶)	^{232}Th (×10⁻⁶)	^{40}K (×10⁻⁶)	^{238}U	^{232}Th	^{40}K	計	
半減期	45億年	139億年	13億年					
花こう岩類	4	13	4.1	3939	3436	1257	8631	72.9
玄武岩類	0.6	2	1.5	587	545	461	1592	14.7
超塩基性岩	0.001	?	0.001	0.8	?	0.4	1.3	0.0134
隕石(コンドライト)	0.011	?	0.093	12.6	?	7	41.9	0.3981
鉄隕石	0.0001～0.000001	?	?	0.08～0.0008	?	?	0.08～0.0008	0.0025～0.000025

　ウランやトリウムなどは，崩壊して別の元素に変わる際，莫大なエネルギーを放出する。これら放射性元素は，地球内部の熱源になっている。

B 地球内部のエネルギー収支

上：「地球惑星科学入門」による
下：水谷, 渡部(1978)による

地球の熱源	温度上昇(K)	エネルギー(J)
集積エネルギー	42000	2.5×10³²
分化のエネルギー	4200	2.5×10³¹
放射能エネルギー	～1700	～1×10³¹
収縮エネルギー	～1700	～1×10³¹
化学エネルギー	～1700	～1×10³¹

地球を冷やす作用	J/年	45億年の総計(J)
火山活動のエネルギー	3×10¹⁹	1.4×10²⁹
温泉・地熱のエネルギー	2×10¹⁸	9×10²⁷
地震のエネルギー	(4～7)×10¹⁷	(2～4)×10²⁷
地殻熱流量	9.5×10²⁰	(0.5～3)×10³¹
合　計		(0.5～3)×10³¹

プチ雑学 地球内部の熱を利用した地熱発電は，1904年にイタリアのラルデレロで始まった。日本では，1919年に大分県で山内万寿治によって掘削が始められ，1925年に太刀川平治が発電に成功した。

基礎 1 大陸移動説

A ウェゲナーと大陸移動説

ウェゲナー(1880〜1930)

ドイツのベルリンに生まれた**ウェゲナー**は，大学で天文学・気象学を学んだ。「大陸と海洋の起源」(1912年)で，大西洋両岸の海岸線の形の類似，氷河の跡の分布，古生物の分布などを証拠に，**大陸移動説**を提唱した。しかし，大陸を動かした原動力についてはうまく説明できなかった。また，気候学者であったこと，社会情勢が不安定であったこと，1930年にグリーンランドでの調査中に死亡したことなどが重なり，多くの支持は得られなかった。

B 大陸の接合

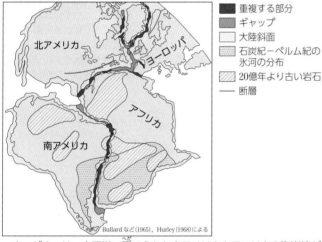

凡例：
- ■ 重複する部分
- ▨ ギャップ
- □ 大陸斜面
- ▨ 石炭紀−ペルム紀の氷河の分布
- ▨ 20億年より古い岩石
- — 断層

Bullard など(1965)，Hurley(1968)による

ウェゲナーは，大西洋で隔てられた南アメリカとアフリカの海岸線がぴったり合う形であることに着目した。ブラードは，コンピュータを用い，幾何学的に大陸を球面上で移動させて，図のような結果を得た。

ハーレーが行った岩石の年代測定の結果も，ブラードの図と一致するものであった。

C 化石の分布

キノグナトゥス，アフリカ，インド，リストロサウルス，南アメリカ，南極，オーストラリア，メソサウルス，グロッソプテリス

古生代後半から中生代前半にいた生物の化石の分布。どれも陸の生物であるが，現在は海を隔てた大陸にまたがって，化石が分布する。これは，かつては1つの大陸(ゴンドワナ大陸)であったとすると説明できる。

基礎 2 大陸の変遷

大陸は離合集散をくり返す。分裂した大陸が集合・合体して**超大陸**ができる。

5億年前
古生代

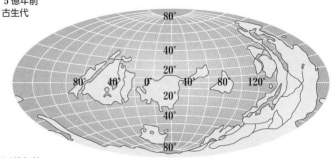

2.3億年前
中生代三畳紀
(トリアス紀)

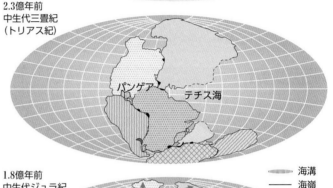

パンゲア，テチス海

1.8億年前
中生代ジュラ紀

- ▥ 海溝
- — 海嶺

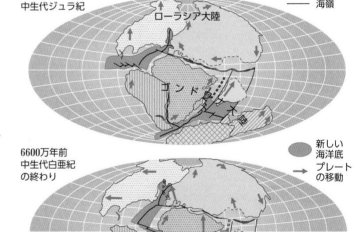

ローラシア大陸，ゴンドワナ

6600万年前
中生代白亜紀
の終わり

- ▨ 新しい海洋底
- → プレートの移動

5000万年後

- □ 現在の大陸

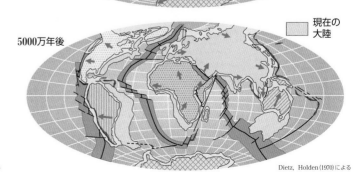

Dietz, Holden (1970)による

プチ雑学 陸の生物の化石が，海を隔てた大陸にまたがって分布する理由の説明として，かつては，陸橋という大陸どうしをつなぐ橋のような陸地が存在していたと考えられていた。

地球表面をおおうプレート

地球の表面は十数枚のプレートとよばれる板でおおわれている。プレートの境界付近に，世界の大地形（山脈，海溝，海嶺）や地震の震源，火山が線状に分布する。

基礎 1 世界の大地形・震源・火山　地震の震源や火山は，海溝や海嶺の近くに多く分布している。

A 世界の大地形

観測データをもとに描いた地形図。

海底には，**海溝**とよばれる細長い凹地や**海嶺**とよばれる細長い高地がある。海溝や海嶺は，線状に分布している。たとえば，太平洋は，北西側の日本付近や南東側の南アメリカ付近の海溝などに囲まれている。また，大西洋では，真ん中を海嶺が南北に走っている。 ▶p.71

B 震源の分布

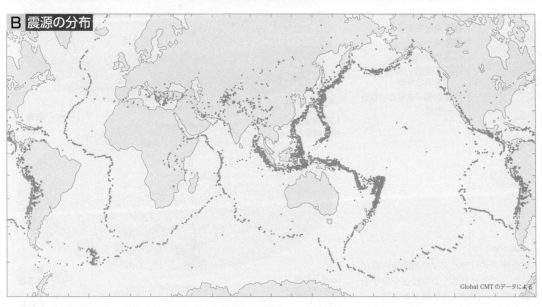

Global CMT のデータによる

地震は，海溝や海嶺付近で起こることが多い（▶p.38）。海溝付近で起こる地震では，震源の深いものもある。また，ヒマラヤ山脈やアルプス山脈付近にも震源が分布している。

・ 浅発地震（震源 100 km 以浅）
・ 深発地震（震源 100 km 以深）

C 火山の分布

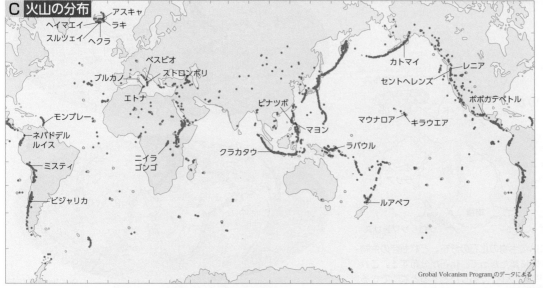

アスキャ
ヘイマエイ　ラキ
スルツェイ　ヘクラ
ベスビオ
ブルカノ　ストロンボリ
エトナ
カトマイ
レニア
セントヘレンズ
ポポカテペトル
モンプレー
ピナツボ
マウナロア　キラウエア
ネバドデルルイス
マヨン
ラバウル
ミスティ
ニイラゴンゴ
クラカタウ
ビジャリカ
ルアペフ

Grobal Volcanism Program のデータによる

火山は，海溝や海嶺付近に連なって分布しているほか，キラウエアのようにそれらからは独立して分布するものもある（▶p.50）。

・ 活火山
◦ ホットスポット
※ホットスポットは，プレートの境界とは関係なく独立した場所に分布する。

フチ雑学　**海底地形のさまざまな名称**　**海台**：頂部が広く平坦な海底の隆起部。　**大陸棚**：陸地の周囲を取りまく棚状の地形。　**リフト**：海嶺の軸などにプレートの分裂でできるくぼみ。
トラフ（舟状海盆）：海底深くにある細長く幅の広い舟状の盆地。通常，海溝よりも浅いもの。南海トラフのように，海溝に土砂が堆積してできるものもある。

Keywords ○
- ●海溝 trench ●海嶺 ridge ●地震 earthquake
- ●火山 volcano ●プレート plate
- ●プレートテクトニクス plate tectonics

Google Earth
発散・収束・すれ
違う境界

ダジックアース
プレート境界

19

基礎 2 プレートの分布　地球の表面はプレートにおおわれている。震源や火山はプレートの境界付近に多く分布する。

Dewey (1972)，鳥海 (1997) などによる　──── 沈み込み帯　──── トランスフォーム断層　──── 海嶺　------ 不明瞭なプレート境界

地球の表面は，地殻とマントル最上部からなる固い層であるリソスフェアに，卵の殻のようにおおわれている。リソスフェアは十数枚に分かれ，それらは**プレート**とよばれる。

プレートは年間数 cm の速さ（爪が伸びる速さぐらい）で水平に移動し，この動きが地震や火山活動をもたらす。海溝や海嶺，震源・火山が多く分布するところは，プレートの境界に相当すると考えられる。

基礎 3 プレートテクトニクス　プレートの移動によって，地形の形成，火山，地震などの地球の変動を説明できる。

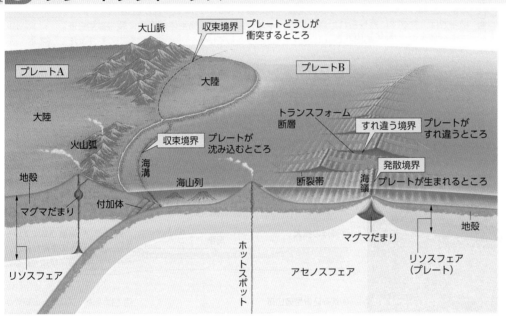

プレートをもとに，地震や火山活動などの地球の変動を説明する考え方を**プレートテクトニクス**という。

地球ができたときに内部に蓄えられた熱や放射性同位体の崩壊熱（○p.16）などで，マントルは対流している。上昇したマントルが海嶺の地下でとけてマグマになり，それが地表付近で固まってプレートになる（○p.20）。

プレートの動きの原動力は，海溝で沈み込んだプレート（スラブ）が自分の重さで引っ張る力，海嶺で生まれた海洋プレートが冷えて重くなり落ちようとして押す力，マントルの動きがひきずる力などが考えられている。

参考 アセノスフェアの流動性

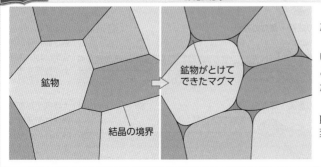

プレート（リソスフェア）の下はアセノスフェアというやわらかい層であるため，プレートはその上を動くことができる（○p.13）。

アセノスフェアで岩石がやわらかくなるしくみは，まだはっきりわかっていない。1つの説として，アセノスフェアの岩石を構成する鉱物がわずかにとけてマグマ（液体）になり，鉱物の粒の表面がぬれることで，岩石の流動性が増すというしくみが提案されている。

ただし，このしくみではアセノスフェアで見られる地震波速度の減少（○p.15）を説明しきれないという指摘もある。そこで，水により岩石の性質が変わり変形しやすくなるというしくみも提案されている。

プレートテクトニクス以前，1960年代までは，山脈は地向斜による造山運動によって形成されると考えられていた。この考え方では，海底の溝に堆積した地層（地向斜）が重みで沈んで変成作用を起こし，再び上昇して山脈になるとされていた。

プレートの境界は，プレートが動く向きによってそれぞれ，発散境界，すれ違う境界，収束境界の3つに分けられる。それぞれの境界では，地殻変動による変化に富んだ地形が見られる。

縦書き：2プレート

基礎1　発散（拡大する）境界　とけたマントル物質が地表付近で固まってプレートになる。そのプレートは両側に離れていく。

A 海嶺　プレートが生まれるところ

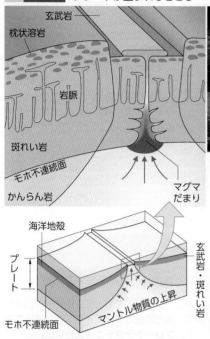

玄武岩
枕状溶岩
岩脈
斑れい岩
モホ不連続面
かんらん岩
マグマだまり

海洋地殻
プレート
玄武岩・斑れい岩
モホ不連続面
マントル物質の上昇

枕状溶岩

　裂け目を埋めるように上昇してきたマントル物質は，表層に近づくと部分的に溶融して玄武岩質のマグマだまりをつくる。ここでゆっくり冷却したマグマは斑れい岩などをつくる。海嶺付近の海底で噴出したマグマは玄武岩をつくる。このうち海水と接して枕状に固まったものを**枕状溶岩**（○ p.54）という。

　海嶺の中軸付近ではマグマが海底付近にまで上昇している。このような活発な場所では，マグマに熱せられた海水や地下水が噴き出す（**熱水噴出孔** ○ p.188）。

ギャオ

（アイスランド）

　アイスランドは，大西洋中央海嶺が海面上に現れた地点で，火山や浅発地震が多い。何本もの裂け目（**ギャオ**）が見られ，島全体が東西に裂けようとしている。

凡例：
中央帯　・火山
ギャオ　氷河
0 50 km

B 大陸の分裂　プレートが裂けるところ

アフリカ大地溝帯

地中海
紅海
アッサル湖
地溝帯

アッサル湖

　アフリカ大地溝帯（グレート・リフト・バレー）は，幅40〜60 km，長さ4000 kmの峡谷で，プレートの断裂でできた地形である。アッサル湖は，この断裂でできた低地に割れ目から海水が入り込んでできた塩湖で，断裂が進むと海とつながり，紅海のような海になると予想される。

C ウィルソン・サイクル　大陸は次のように離合集散をくり返す。

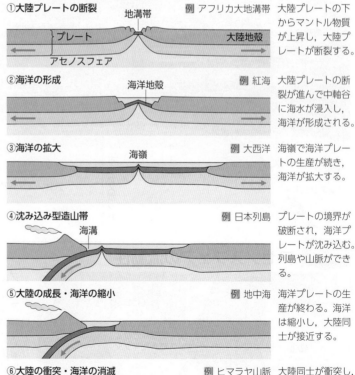

①大陸プレートの断裂　　例 アフリカ大地溝帯
地溝帯
プレート　大陸地殻
アセノスフェア
大陸プレートの下からマントル物質が上昇し，大陸プレートが断裂する。

②海洋の形成　　例 紅海
海洋地殻
大陸プレートの断裂が進んで中軸谷に海水が浸入し，海洋が形成される。

③海洋の拡大　　例 大西洋
海嶺
海嶺で海洋プレートの生産が続き，海洋が拡大する。

④沈み込み型造山帯　　例 日本列島
海溝
プレートの境界が破断され，海洋プレートが沈み込む。列島や山脈ができる。

⑤大陸の成長・海洋の縮小　　例 地中海
海洋プレートの生産が終わる。海洋は縮小し，大陸同士が接近する。

⑥大陸の衝突・海洋の消滅　　例 ヒマラヤ山脈
衝突型造山帯
大陸同士が衝突し，海洋は消滅する。大山脈とともに，より大きな大陸が形成される。

プチ雑学　ウィルソン・サイクルにプルームテクトニクスの考え方を合わせたものを，新ウィルソン・サイクルという。

Keywords ○　●海嶺 ridge　●地溝帯 rift valley　●島弧 island arc　●島弧−海溝系 island arc-trench system
　　　　　　　　●陸弧 continental margin arc　●縁海 marginal sea　●トランスフォーム断層 transform fault

Google Earth
プレート境界と
地形

21

2
プレート

基礎 2 収束境界　プレートが収束する場所では，海溝や山脈ができる。

A 島弧−海溝系　プレートが沈み込むところ

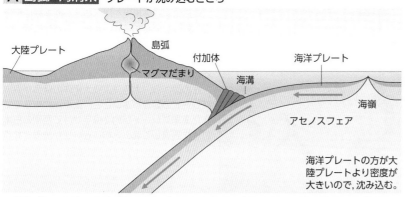

海洋プレートは，大陸プレートにぶつかると地球内部に向かって沈み込む。日本列島のように海溝沿いにできる島を**島弧**といい，海溝と島弧からなる地域を**島弧−海溝系**という。また，アンデス山脈のように弧の背が大陸となっているものを**陸弧**という。伊豆諸島のように，海洋プレートが別の海洋プレートの下に沈み込んでできた島弧−海溝系もある。

B 日本付近の海溝

日本付近では，太平洋プレートとフィリピン海プレートがユーラシアプレートの下に沈み込み，弓状に並んだ列島ができた。日本列島はかつてはアジア大陸と陸続きだったが，大陸の縁が分裂し，間に海域（**縁海**）ができた。

C 大陸の衝突　プレートどうしがぶつかり合うところ

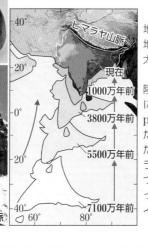

ヒマラヤ山脈

プレートにのって移動してきた陸地が大きい場合，密度の小さな大陸地殻は地下に沈み込むことができず，大陸どうしの衝突が起きる。

インド亜大陸は2億年前に南極大陸と分離して北上し，約5000万年前にアジア大陸と衝突しはじめた（● p.17）。10 cm/年 の移動速度であったが，衝突後は5 cm/年 と遅くなった。この大陸どうしの衝突で，ヒマラヤ山脈ができた。ヒマラヤ山脈をつくっている岩石は両大陸の間にあったテチス海の堆積物で，アンモナイトなどの海生生物の化石を含む。

基礎 3 すれ違う境界　海嶺にはさまれた場所では，プレートがすれ違う。

A トランスフォーム断層　プレートがすれ違うところ　● p.71

サンアンドレアス断層（カリフォルニア州，アメリカ）

海嶺は，直交する方向に断層（**断裂帯**）をつくっていて，海嶺にはさまれた部分を**トランスフォーム断層**という。この断層は，プレートがすれ違う境界である。地震はこの断層内だけで起こる。

ふつうの横ずれ断層と異なり，トランスフォーム断層では海嶺軸間の距離は変わらない。また，トランスフォーム断層には，海嶺どうしを結ぶもの以外に，海溝どうしを結ぶもの，海溝と海嶺を結ぶものもある。

プチ雑学　ヒマラヤ山脈の山頂付近には，黄色っぽい縞模様が見られる。これはイエローバンドとよばれる，海底の堆積物からなる地層である。

ウェゲナーの大陸移動説は，当初は受け入れられなかったが，のちに海洋底拡大説で証明され，プレートの概念に発展した。現在では，大陸の移動・プレートを裏づけるさまざまな根拠が見つかっている。

基礎 1 海洋底拡大説　海底の年代は，海嶺から離れるほど古いことから，海底は海嶺で形成され，拡大することがわかった。

A 海底の年代

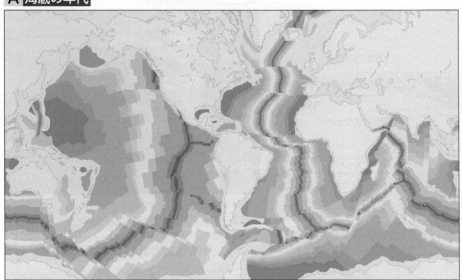

海底の岩石の年代を調べると，海嶺軸に平行で，対称な分布を示す。また，海嶺軸に近い岩石ほど新しい。これは，海嶺でできた岩石（海洋プレート）が両側へ広がっていくためと考えることができる。

左の図から，大西洋より太平洋のほうが海洋プレートの動きが速いこと，太平洋の東側でできた海洋プレートが約2億年かけて西側の日本付近に到達して沈み込むことなどが読みとれる。

（×百万年）

0-2	2-5	5-24	24-37	37-58
58-66	66-84	84-117	117-144	144-208

B 古地磁気

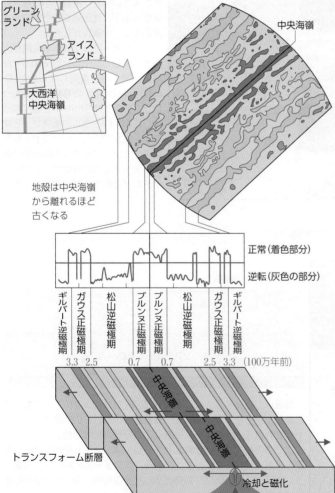

グリーンランド
アイスランド
大西洋中央海嶺
中央海嶺

地殻は中央海嶺から離れるほど古くなる

正常（着色部分）
逆転（灰色の部分）

ギルバート逆磁極期　ガウス正磁極期　松山逆磁極期　ブルンヌ正磁極期　ブルンヌ正磁極期　松山逆磁極期　ガウス正磁極期　ギルバート逆磁極期

3.3　2.5　　0.7　　0.7　　2.5　3.3　（100万年前）

中央海嶺
中央海嶺

トランスフォーム断層

冷却と磁化

地磁気の向きは，過去に何度も逆転している。岩石は，できた当時の地磁気の向きに合わせて磁気を帯びるため，岩石ができた年代とその岩石が帯びている磁気の向きを調べることで，過去の地磁気の逆転のようすがわかる（◯ p.11）。

海嶺付近の海底の岩石が帯びる磁気を調べると，磁気の向きのパターンは，左の図のように，海嶺をはさんで対称な縞模様として分布することがわかった。この分布は，地磁気の逆転と，海嶺で形成された海洋プレートが両側に広がっていくことから，テープレコーダーモデルという考え方で説明できる。

テープレコーダーモデル

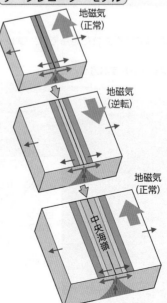

地磁気（正常）
地磁気（逆転）
地磁気（正常）
中央海嶺

岩石ができるとき，岩石はそのときの地磁気の向きに応じた磁気を帯びる。海嶺で岩石（海洋プレート）ができて両側に広がっていくと，海嶺から離れた岩石ほど古く，より遠い過去の地磁気の向きが記録されていることがわかる。

海洋プレートに地磁気の向きが記録されていくしくみが，磁気テープという記録媒体のしくみと似ていることから，この考え方をテープレコーダーモデルという。

Heirtzer など(1966)による

プチ雑学　磁気テープは，磁気の向きの分布で情報を記録するもので，記録する装置をテープレコーダーという。かつては音楽や映像の記録用に広く使われていた。また，現在でも，データのバックアップなどに利用されている。

② 火山島の移動
ホットスポットでできた火山島や海山の分布は，プレートの動きを表す。

A ハワイ諸島・天皇海山列

ハワイ島の海岸

太平洋にあるハワイ島は，火山活動でできた。現在でもハワイ島の火山キラウエア（▶p.52）の活発な火山活動は続いており，流れ出た溶岩で島が拡大している。

Hawaii Center for Volcanology, Kellerなど (2000) による

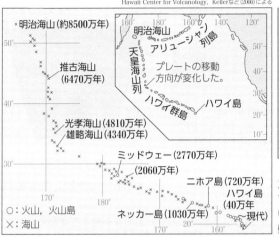

×明治海山（約8500万年）
明治海山
アリューシャン列島
天皇海山列
プレートの移動方向が変化した。
推古海山（6470万年）
ハワイ群島
ハワイ島
光孝海山（4810万年）
雄略海山（4340万年）
ミッドウェー（2770万年）
（2060万年）
ニホア島（720万年）
ハワイ島（40万年）
現代
ネッカー島（1030万年）
○：火山，火山島
×：海山

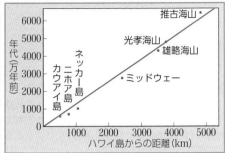

ハワイ島は，ハワイ諸島・天皇海山列と連なる火山島・海山の１つである。これらは火山活動でできたものであり，活動した年代はハワイ島に近いものほど新しい。これらの配列は，プレートの動きで説明することができる。

プレートによる説明

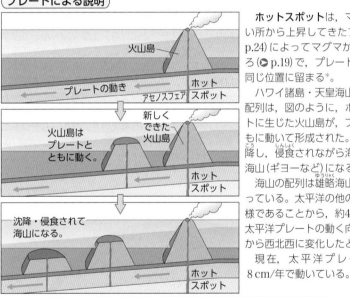

火山島
プレートの動き
アセノスフェア
ホットスポット

新しくできた火山島
火山島はプレートとともに動く。
ホットスポット

沈降・侵食されて海山になる。
ホットスポット

ホットスポットは，マントルの深い所から上昇してきたプルーム（▶p.24）によってマグマができるところ（▶p.19）で，プレートが動いても同じ位置に留まる＊。

ハワイ諸島・天皇海山列の線状の配列は，図のように，ホットスポットに生じた火山島が，プレートとともに動いて形成された。火山島は沈降し，侵食されながら海面下に沈み，海山（ギョーなど）になる。

海山の配列は雄略海山付近で曲がっている。太平洋の他の地域でも同様であることから，約4000万年前に太平洋プレートの動く向きが北北西から西北西に変化したと考えられる。

現在，太平洋プレートは，約8 cm/年で動いている。

＊ホットスポットがマントルの動きに影響されて移動する，という説もある。

B 日本－ハワイ間の距離の変化

国土地理院による

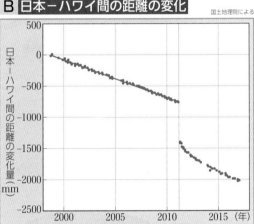

VLBI（▶p.6）で2点間の距離を正確に測ると，プレートの動きを調べられる。上は日本－ハワイ間の距離を測った結果で，徐々に近づいてきているのがわかる。

なお，2011年頃の急激な変化は，東北地方太平洋沖地震の影響である。

③ 磁極の移動
岩石が帯びる磁気から推測される過去の磁極の位置も，大陸移動の証拠になる。

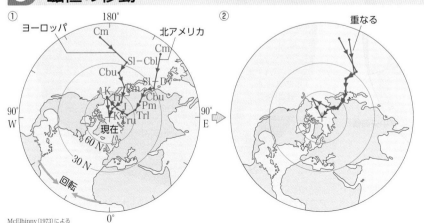

McElhinny (1973) による

岩石が帯びる磁気（▶p.11）から，過去に岩石ができたときの地球の磁極の位置を推測できる。①は北アメリカとヨーロッパの岩石を用いて推測した磁極の位置の変化。2つの磁極が今の位置へと移動してきたように見える。このように，移動曲線は岩石を調べた大陸によって異なり，磁極が複数あったように見えるが，実際の磁極は1つであったはずである。

実は，北アメリカ大陸とヨーロッパ・アフリカ大陸を，②のように，互いに大西洋側に回転させて近づけると，移動曲線が重なる。このことから，かつては両大陸が1つであったと考えられる。

※図中のアルファベットは，地質時代の区分（▶p.186）の略称。l，uは地層の上下を表し，uの方が上でより新しい時代である。

プルームテクトニクス

2
プレート

1 地震波トモグラフィー
地震波の観測から，地球内部のようすを，詳細かつ立体的に推測できる。

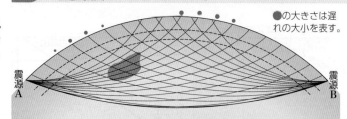

●の大きさは遅れの大小を表す。

震源A，Bで起きた地震で，●の地点への地震波の到着が遅れたとすると，■の領域の地震波速度が小さいためと考えられる。そして，同じ種類の岩石であれば，地震波速度が小さいところは岩石のやわらかい高温の領域，大きいところは岩石のかたい低温の領域と推測される。震源・観測点が増えれば，より詳細に，立体的に，地球内部のようすがわかる。このような方法を**地震波トモグラフィー**という。

観測例

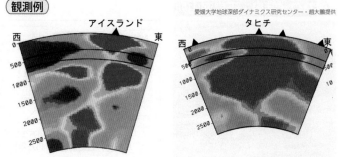

愛媛大学地球深部ダイナミクス研究センター・趙大鵬提供

赤い部分は地震波速度が小さく高温の領域，青い部分は地震波速度が大きく低温の領域と推測される。アイスランドやタヒチ（南太平洋）の下には高温の領域があり，上昇流になっていると考えられる。

2 プルーム
マントルの対流をプルームという上下の流れで理解する考え方がある。

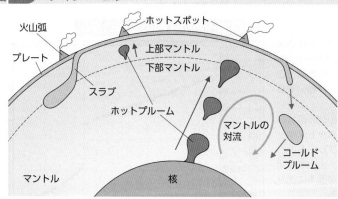

地震波トモグラフィーで調べると，マントル内部に上昇流とみられる高温の領域や下降流とみられる低温の領域がある。これら筒状の上下の流れを**プルーム**といい，マントルの対流（● p.72）に相当する。

海溝で沈み込んだ海洋プレートはスラブとよばれ，上部マントルと下部マントルの間（深さ 660 km 付近）に留まることがある。ここにたまったスラブがかたまりとしてさらに深部に落下するときの下降流は，低温であるため，コールドプルームとよばれる。逆に，コールドプルームと入れ替わる形で，核に近い深部のマントルがわき上がる。このマントルは高温で軽く，ホットプルームとよばれる。

プルームの動きがマントルを支配するという考え方を，**プルームテクトニクス**という。ホットスポット（● p.50）や古生代末の大規模な火山活動（● p.191）は，ホットプルームの活動が原因と考えられている。

A 地球全体のようす

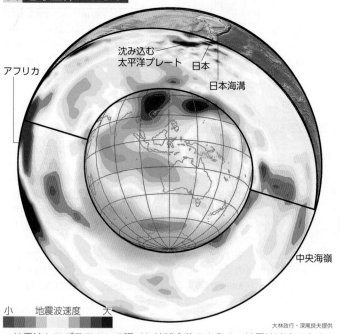

小　地震波速度　大

大林政行・深尾良夫提供

地震波トモグラフィーで調べた地球全体のようす。地震波速度の小さい赤い部分は高温，地震波速度の大きい青い部分は低温と考えられる。

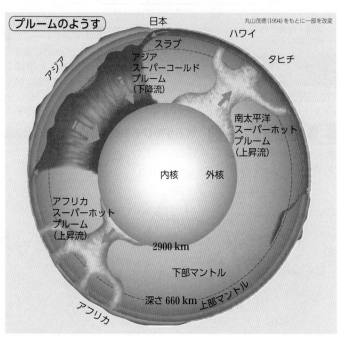

プルームのようす
丸山茂徳(1994)をもとに一部を改変

アフリカ大陸や南太平洋の下には，スーパーホットプルームとよばれる巨大な上昇流があることがわかっている。

プチ雑学　プルームテクトニクスの考え方は，1990年代に日本の研究グループが提唱したものである。

クローズアップ 地学

マントルを探る

人類は，月や小惑星から物質を持ち帰ることには成功したが，まだ，地球内部のマントルをつくる物質は直接入手できていない。人類はどのようにして，マントルをつくる物質を研究してきたのであろうか。

マントルをつくるかんらん岩

かんらん岩

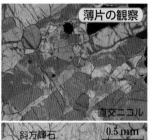
薄片の観察
直交ニコル
0.5 mm
斜方輝石
かんらん石
開放ニコル

かんらん石の干渉色が，鮮やかでカラフルな世界をつくる。

蛇紋岩

特殊な化学組成
ヒダカイワザクラ

マントルはおもに**かんらん岩**（ p.60）からなる。かんらん岩は，かんらん石を主成分とし，輝石（斜方輝石・単斜輝石）も含む岩石である。これらの鉱物が含まれる割合には幅があるが，マントルをつくるのは，単斜輝石の比較的少ないかんらん岩と考えられている。

かんらん岩が地表で見られる地域は限られている。マントルから地上まで上がってくる途中で水と反応して，蛇紋岩という別の石に変わることが多いためである。

かんらん岩からできる土壌には，植物の生育を妨げる成分が含まれる。そのため，かんらん岩の分布する地域は，独特な植物の分布を示す。写真は，幌満かんらん岩体のアポイ岳で見られる植物。

マントルから運ばれた岩石

かんらん岩
捕獲岩

上昇するマグマに取りこまれた岩石を，捕獲岩（ゼノリス）といい，地下の物質が直接わかる。上は，玄武岩中のかんらん岩の捕獲岩。

一ノ目潟（秋田）

単成火山のマール（ p.53）の中には，かんらん岩の捕獲岩がみつかることがある。一ノ目潟の捕獲岩が有名。

地表に現れたマントル
 p.205

アポイ岳（北海道）

日高山脈は，プレートの衝突で一方のプレートが乗り上げてできた。このとき，マントルが地表に現れてできたのがアポイ岳で，山全体がかんらん岩からなる。

隕石から探る

コンドライト

隕石（ p.131）には，かんらん石を多く含むものがある。太陽系初期の物質が保存されていると考えられ，地球をつくる物質を推測する手がかりになる。

新たな入手法

ちきゅう

日本が誇る地球深部探査船「ちきゅう」は，地殻を突きぬけて直接マントルを掘削する目的で作られた。

海洋地殻は大陸地殻に比べて薄く，マントルに近い利点がある。「ちきゅう」は，約7 kmの掘削能力（海洋地殻の厚さは薄いところで5 km）と安定しない海の上での掘削を可能にする，高い技術が使われている。

現在，マントル掘削に向けた準備が進められている。

地層に見られる断層，褶曲，不整合は過去に地殻変動があったことを示す。地殻変動や海面の高さの変化は段丘地形のような特徴的な地形を形成する。

基礎

2プレート

1 断 層　ある面を境にして地層がずれた状態を断層という。

正断層

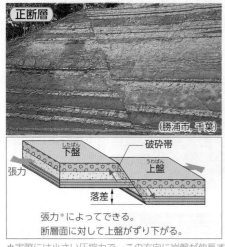
（勝浦市，千葉）

下盤　　破砕帯
しもばん
張力　　　　うわばん
　　　　　　上盤
落差
張力*によってできる。
断層面に対して上盤がずり下がる。

逆断層

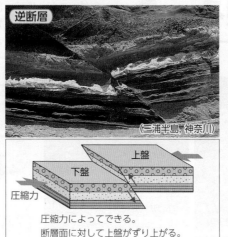
（三浦半島，神奈川）

上盤
下盤
圧縮力
圧縮力によってできる。
断層面に対して上盤がずり上がる。

横ずれ断層

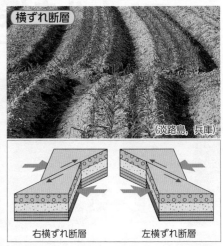
（淡路島，兵庫）

右横ずれ断層　　左横ずれ断層

＊実際には小さい圧縮力で，この方向に岩盤が伸長することを示す。

2 褶 曲　地層がゆっくりと力を受けて，波状に折り曲げられた構造を褶曲という。

（アルプス山脈，スイス）

背斜

（牡鹿半島，宮城）

向斜

（福貫浦，宮城）

地層が圧力を受けて曲がったものを**褶曲**という。上に凸の部分を
背斜，下に凸の部分を**向斜**という。激しい褶曲を受けると，地層が
折りたたまれて，軸部のあたりで上下が逆転することがある。また，
地層が低角度の断層をともなってちぎれ，ずれることがあり，これ
を**衝上断層**（スラスト）という。

褶曲と衝上断層
① 圧縮力　背斜軸　向斜軸
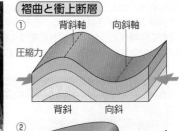
背斜　向斜
②

③
衝上断層

3 不整合　不整合は，地殻変動や海面の高さの変化によって生じる。

（横須賀市，神奈川）

　写真のような，上下の地層が斜めに接
する不整合を**傾斜不整合**という。一方で，
上下の地層が平行な不整合を**平行不整合**
という。

　水中で堆積した地層が，隆起や海面低下によって地上に露出（陸化）すると，風化・侵食作用を受け，凹
凸のある面を形成する。その後，再び沈降し，侵食面上に新しい地層が堆積したとき，この新旧2層の関
係を**不整合**という。侵食面（不整合面）のすぐ上には，粗粒な礫などが堆積することが多く，これを**基底礫
岩**という。新旧2層の形成年代の間には長い時間間隔がある。

不整合のでき方

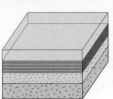
①水の底に水平に土砂
が堆積する。

②地層が隆起して，地
上に出て侵食される。

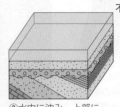
③水中に沈み，上部に
地層が堆積する。

不整合面
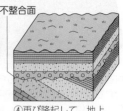
④再び隆起して，地上
に出る。

プチ
雑学　多くの油田は背斜構造のところでできる。地中で形成された石油は浮力を受け，岩石中のすき間を通って上昇する。そして，帽岩とよばれるすき間の少ない岩石でできた地層に
達すると，上昇を阻まれる。このようにして，石油は帽岩の下にあるすき間の多い岩石中に留まり，油田ができる。（○ p.218）

Keywords ●

●断層 fault　●正断層 normal fault　●逆断層 reverse fault　●横ずれ断層 lateral fault
●褶曲 fold　●背斜 anticline　●向斜 syncline　●不整合 unconformity
●河岸段丘 river terrace　●海岸段丘 coastal terrace　●リアス海岸 rias coast

Google Earth
地形の変化

27

4 河岸段丘　河川に沿ってできる階段状の地形を河岸段丘という。

中津川(新潟)

河川に沿って片側または両岸に分布する平らな階段状の地形(段丘地形)で、旧河床の堆積物がのっている。地盤の隆起や海面の低下(海退)で、川底と侵食基準面(● p.168)との間が広がると、河川の運搬・侵食力が復活し、段丘が形成される。何段も段丘面ができている場合、一般に上の段丘面の方が古い。

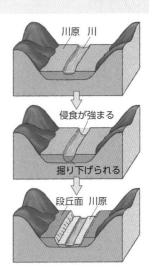

川原　川

侵食が強まる

掘り下げられる

段丘面　川原

①流水が両岸を削る。洪水で氾濫が起こると、土砂が堆積して広い川原ができる。

②隆起や海面低下で流水の侵食が強まると、川底が削られる。

③川底が削られ、侵食基準面に近づくと、側方侵食と堆積によって新たな川原ができ、古い川原は段丘面になる。

5 海岸段丘　海岸線に沿ってできる階段状の地形を海岸段丘という。

室戸市(高知)

海岸線沿いに分布する段丘地形。過去に波の侵食や堆積によって海面付近にできた平らな面が、地盤の隆起や海面の低下(海退)によって地上に現れたもの。

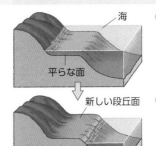

海

平らな面

新しい段丘面

波の侵食が起こる

①波の侵食で海岸に崖と段丘面が形成される。

②隆起や海水面の低下があると、段丘面が地上に現れる。

③繰り返されると階段状の地形になる。

6 リアス海岸　のこぎり状に入り組んだ海岸線をもつ地形をリアス海岸という。

志摩半島(三重)

複雑に入り組んだ地形の山塊が、地盤の沈降や海面の上昇(海進)によって、海面下に沈んで生じた地形。深いおぼれ谷と海岸まで山地の迫った半島がのこぎり状に並び、複雑な海岸線を示す。

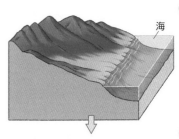

海

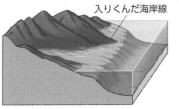

入りくんだ海岸線

①海岸線の近くに、山や谷の多い地域がある。

②沈降や海水面の上昇によって、谷に海水が入り込む。

プチ雑学　スペイン北西部のガリシア地方には入り江が多く見られ、この地方の入り江のことを「リア」という。リアス海岸の「リアス」はこの言葉に由来する。

基礎 1 造山帯の分布　造山運動によって，長さ 1000 km を超えるような山脈が形成される。

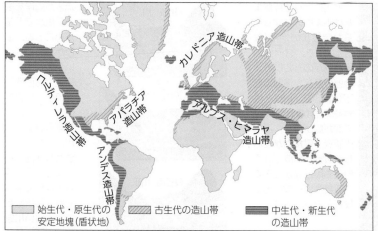

始生代・原生代の安定地塊(盾状地)　古生代の造山帯　中生代・新生代の造山帯

コルディレラ造山帯
ロッキー山脈(カナダ)

ハットンの不整合

シッカー岬(スコットランド)
※矢印は不整合の位置を表す。

1788年，ハットン(● p.71)によってはじめて形成過程が正しく説明された露頭である。カレドニア造山運動でできた垂直に近いシルル紀の砂岩・頁岩互層を，緩やかに傾くデボン紀後期～石炭紀の赤い礫岩(シルル紀の礫が含まれる)や砂岩(旧赤色砂岩とよぶ)が不整合に覆っている。

造山帯の年代別分布　丸山茂徳(1998)による

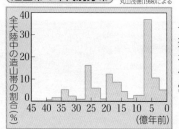

27億年前，19億年前，8～6億年前で，激しい造山運動が起こっていたことがわかる。また，これらの年代の前には，造山運動が非常におだやかな期間がある。

地殻変動が激しく複雑な地質構造をもつところを**造山帯**という。幅 100 km 以上，長さ 1000 km 以上の帯状の分布をもち，現在高い山脈をなすところが多い。造山帯をつくる運動を**造山運動**という。プレートの沈み込みによるもの(ロッキー山脈や日本列島● p.202など)と，大陸の衝突によるもの(ヒマラヤ山脈● p.21など)に分けられる。

かつては活動的であった造山帯が，プレートの移動などで大陸内部にとり込まれ，長期間安定した大陸地殻をつくっている。これを**安定地塊(盾状地)**という。

基礎 2 プレートの動きと大陸の成長　プレートの沈み込みや衝突などにより，大陸は成長する。

A 付加体

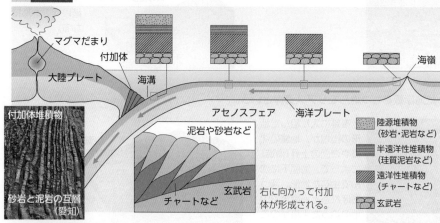

付加体堆積物
砂岩と泥岩の互層(愛知)

陸源堆積物(砂岩・泥岩など)
半遠洋性堆積物(珪質泥岩など)
遠洋性堆積物(チャートなど)
玄武岩

右に向かって付加体が形成される。

海洋プレートが地球内部に沈み込んでいくところを沈み込み帯という。プレート上の堆積物は沈み込み帯付近で取り残され，大陸に下から付け加わる。この部分を**付加体**という。日本列島は付加体でできている(● p.200)。

海洋プレートには，最初は放散虫などの遠洋性微生物の遺骸などが堆積して，やがてチャートや珪質頁岩(遠洋性堆積物)となる。大陸に向かうにつれて，珪藻などの堆積にともなう珪質泥岩など(半遠洋性堆積物)ができる。大陸に近づくと，大陸から運ばれてきた砂や泥などの砕屑物が堆積する。このようなほぼ決まったパターンの層序をもった岩石が，付加体を形成している。

B 大陸の成長

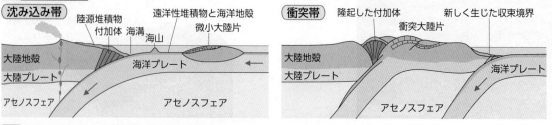

沈み込み帯では，大陸地殻に付加体が蓄積していき，大陸は海に向かって成長していく。また，海洋プレート上の大陸片は大陸に向かって移動し，やがて大陸どうしが衝突する(衝突帯)。

2プレート

1 日本付近の地殻変動
地震にともなう急激な地殻変動のほかにも，ゆっくりとした地殻変動もある。

A 水平地殻変動
国土地理院のデータによる

次の2時期の平均を比較
始：1997年4月1日
〜1997年4月15日
終：1999年4月1日
〜1999年4月15日

0　　　300 km
⊢━━━━┥ 5 cm

基準点

全国約1300か所のGNSS連続観測局（**電子基準点**）からのデータをもとに，日本各地の地殻変動をほぼリアルタイムにとらえている。

B 垂直地殻変動
第四紀地殻変動研究グループ(1969)，吉川虎雄(1971)による

（図中の数字の単位は 100 m）

1200 m〜	200〜400 m
1000〜1200 m	0〜200 m
800〜1000 m	−200〜0 m
600〜800 m	〜−200 m
400〜600 m	

0　　　300 km

過去165万年間の垂直地殻変動量。日本列島は東西に強く圧縮されて，土地の隆起・沈降が激しい。

2 地殻変動の観測
地殻変動の観測手段には水準測量，三角測量，電子基準点を利用した GPS による測量などがある。

A 水準点

水準測量（標高の決定）の基準となる。主要な道路に沿って約2 kmおきに一等水準点約14000点が置かれている。

B 三角点

経度・緯度が正確に求められている点で，**三角測量**（経度・緯度の決定）の基準となる。互いに見通しがきくような場所に置かれている。

人 との 関わり　GNSSと「みちびき」

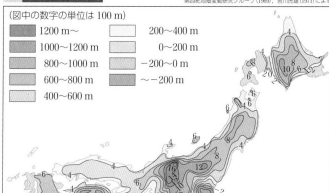

GNSS (Global Navigation Satellite System，地球的衛星測位システム) とは，人工衛星を利用して位置を調べられるシステムの総称で，現在広く利用されているアメリカの GPS (○ p.6) はその一つである。しかし，高い建物や山があると，人工衛星からの電波がさえぎられ，大きな誤差が生じる場合がある。

そこで，日本では，日本の天頂付近を通る軌道をまわる複数の人工衛星でGPSを補完・補強する「みちびき」という準天頂衛星システム (QZSS) が運用されている。これにより，より高精度で安定的に位置がわかるようになった。

観測点

C 電子基準点

（永田町，東京）

GNSS を使った各種測量の基準点。地震・火山の調査研究のため，地殻変動の監視も行っている。

D 日本経緯度原点

GPS

経度　東経139°44′28.8869″
緯度　北緯 35°39′29.1572″

日本経緯度原点と GPS によって測定した経度・緯度。経緯度原点とは，三角測量の出発点で，測地原点ともいう。日本の経緯度原点は東京都港区麻布の旧国土地理院関東地方測量部構内にある。

参考 東北地方太平洋沖地震

国土地理院による

1 m

震源
牡鹿半島

水平方向の地殻変動*

2011年3月に起きた東北地方太平洋沖地震について，GPS で観測された地殻変動の記録によると，宮城県牡鹿半島が約5.3 m東南東方向へ移動し，約1.2 m沈降した。一方，東北地方の日本海沿岸地域は東へ1 m程度移動したので，これを考慮すると，東北地方は東西に約4 m伸びたことになる。

*長崎県福江を固定局とした場合の2011年3月10日と3月12日の間の変動。地震後1日程度の変動も含まれる。

2プレート

基礎 1 変成作用　変成作用により，岩石中の鉱物の種類や組織が変化する。

A 広域変成岩と接触変成岩

岩石が高温や高圧な環境に長時間おかれると，鉱物が変質，交代，再結晶をして，鉱物の種類や組織が変化する。これを**変成作用**という。変成作用によってできた岩石を**変成岩**という。

プレートの収束する島弧－海溝系や大陸どうしが衝突する地域では，広範囲で変成作用を受ける。このような変成作用を**広域変成作用**（範囲数十km〜）といい，できた変成岩を**広域変成岩**という。広域変成岩の分布する地帯は**広域変成帯**とよばれ，一般に造山帯に帯状に分布する。

花こう岩質マグマなどが貫入すると，接した岩石が高熱のために変成作用を受ける。このような変成作用を**接触変成作用**（範囲数百m〜数km）といい，できた変成岩を**接触変成岩**という。

広域変成岩

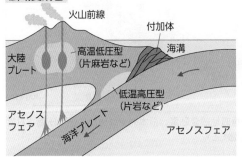

火山前線
大陸プレート
高温低圧型（片麻岩など）
付加体
海溝
低温高圧型（片岩など）
アセノスフェア
海洋プレート
アセノスフェア

プレートが沈み込んだところでは，押し込まれた岩石が低温・高圧の変成作用を受けて**片岩**が形成される。大陸側の地下でも，マグマの大規模な貫入で，変成作用を受けて，**片麻岩**などが形成される。

接触変成岩

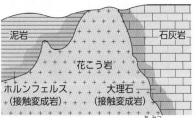

泥岩
石灰岩
花こう岩
ホルンフェルス（接触変成岩）
大理石（接触変成岩）

砂岩や泥岩は，黒色で硬くて緻密な**ホルンフェルス**になることが多い。侵食に強いため，小さな山となって残ることもある。石灰岩は，白色で粗粒の**結晶質石灰岩（大理石）**になる。一般に，接触変成岩は広域変成岩よりも浅い所（低圧）でできる。

基礎 2 変成条件　圧力と温度によって変成岩中の鉱物は変化する。

Holland, Powell (1998) のデータによる
圧力（×10⁴気圧）
深さ（km）
5℃/km
超高圧変成作用
ダイヤモンド
石墨
コース石
石英
ひすい輝石＋石英
曹長石
低温高圧型
らん晶石
中間型
高温低圧型
紅柱石
珪線石
温度（℃）

鉱物が結晶をつくる温度と圧力は決まっているので，変成岩中の鉱物を調べれば，変成作用を受けた温度や圧力を推定できる。とくに高圧の条件でできる鉱物が含まれる変成岩を**超高圧変成岩**という。これらの岩石の存在は，地殻物質が地球の非常に深部にまで沈み込んでいることを示している。超高圧変成岩は地球の深部のようすの記録でもあり，過去の造山運動などを知る重要な手がかりになる。

超高圧変成岩

中国産

エクロジャイト（ざくろ石－オンファス輝石）

Column　日本でダイヤモンド発見

ダイヤモンドはキンバーライト（古い大陸の深部から高速で噴出した火成岩）中に発見され，日本のような新しいプレートの収束域では産出しないと考えられていた。

しかし，2007年，愛媛県で採取された岩石の中に1μmほどのダイヤモンドが発見された。ダイヤモンドができたメカニズムの解明が期待される。

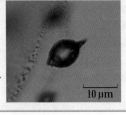

10μm

基礎 3 おもな変成岩　片岩や片麻岩

片岩

露頭
長瀞町（埼玉）
1cm

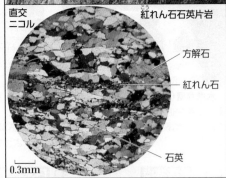

直交ニコル
紅れん石石英片岩
方解石
紅れん石
石英
0.3mm

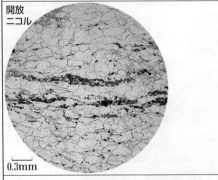

開放ニコル
0.3mm

鉱物が一定の方向に配列した組織（**片理**）をもち，特定の方向に薄く割れやすい。これは，一定方向に強い力が作用したためである。広域変成作用で大量にできる。

Keywords ○

●変成作用 metamorphism ●変成岩 metamorphic rock ●接触変成作用 contact metamorphism
●広域変成作用 regional metamorphism ●ホルンフェルス hornfels
●結晶質石灰岩（大理石）crystalline limestone (marble) ●片岩 schist ●片麻岩 gneiss

31

が方向性のある組織をもつのに対し，ホルンフェルスや結晶質石灰岩はモザイク状の組織をもつ。

片 麻 岩	ホルンフェルス	結晶質石灰岩（大理石）
高山市（岐阜）	名古屋市（愛知）	田村市（福島）
黒雲母片麻岩 — 斜長石／石英／黒雲母／白雲母	紅柱石黒雲母ホルンフェルス — 紅柱石／きん青石	大理石 すべて方解石で，筋模様はへき開。
粗粒な有色鉱物と無色鉱物が互い違いになって分布し，白と黒の縞模様が発達している。片理は比較的弱い。石英や長石，黒雲母を含むため，花こう岩に似ている。	鉱物は細粒で，その配列に方向性は見られない。緻密で硬いという性質をもつ。岩石中にきん青石，紅柱石などの鉱物が大きく成長することがあり，これを斑状変晶という。	粗粒な方解石の結晶がモザイク状に集まってできた岩石。方解石は複屈折が大きく虹色の干渉色を示す。また，へき開が顕著であるという性質をもつ。

ホルンフェルスは，ドイツ語の horn（角）と fels（岩石）が語源である。割ったときの断面が角ばった形状であることからそう名付けられたといわれる。

岩石の移り変わり

Keywords ○
●火成岩 igneous rock ●堆積岩 sedimentary rock
●変成岩 metamorphic rock ●続成作用 diagenesis
●変成作用 metamorphism ●片理 schistosity

基礎 1 岩石サイクル 火成岩・堆積岩・変成岩の3種類の岩石は，互いにすがたを変えて循環している。

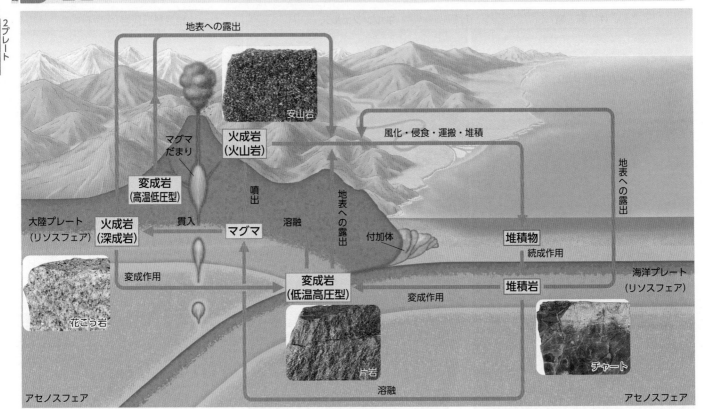

地表への露出

安山岩

火成岩（火山岩）

マグマだまり

変成岩（高温低圧型）

噴出

溶融

風化・侵食・運搬・堆積

地表への露出

大陸プレート（リソスフェア）

火成岩（深成岩）

貫入

マグマ

地表への露出

付加体

堆積物

続成作用

変成作用

花こう岩

変成岩（低温高圧型）

変成作用

堆積岩

海洋プレート（リソスフェア）

片岩

溶融

チャート

アセノスフェア

アセノスフェア

2 変成岩の生成過程と組織の変化 温度・圧力に応じて岩石の組織や鉱物の組成が変化しながら，変成岩ができる。

A 変成岩のおもな生成過程

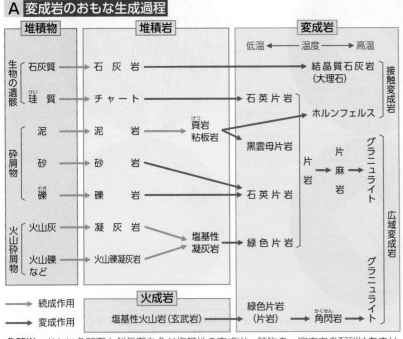

堆積物	堆積岩	変成岩
		低温 ←温度→ 高温

生物の遺骸
石灰質 → 石 灰 岩 → 結晶質石灰岩（大理石）
珪（けい）質 → チャート → 石英片岩

砕屑物
泥 → 泥　岩 → 頁岩（けつ）粘板岩 → ホルンフェルス
砂 → 砂　岩 → 黒雲母片岩
礫（れき） → 礫　岩 → 石英片岩

火山砕屑物
火山灰 → 凝灰岩 → 塩基性凝灰岩 → 緑色片岩
火山礫など → 火山礫凝灰岩

片岩 → 片麻岩 → グラニュライト

接触変成岩 / 広域変成岩 / グラニュライト

続成作用
変成作用

火成岩
塩基性火山岩（玄武岩） → 緑色片岩（片岩） → 角閃岩（かくせん）

角閃岩：おもに角閃石と斜長石を含む塩基性の変成岩。鉱物の一定方向の配列はあまり見られない。

グラニュライト：おもに石英，長石，ざくろ石などの鉱物からなる，粒状の組織をもつ。

B 温度・圧力による組織の変化

変成作用による組織変化は，おもに再結晶作用と片理の形成によって生じる。**再結晶**とは，温度・圧力条件の変化に応じて，新しい鉱物が生成したり，既存の鉱物が大きく成長することである。**片理**とは，鉱物が一定方向に配列してできる面状の構造のことである。

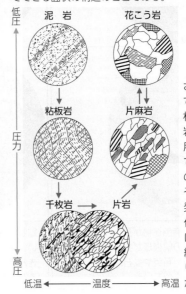

低圧 / 泥岩 / 花こう岩

粘板岩 / 片麻岩

圧力

千枚岩 / 片岩

高圧

低温 ←温度→ 高温

泥岩は，強く圧密されると，頁岩をへて粘板岩とよばれる板状にはがれやすい岩石になる。変成作用が強くなるにつれて，粘板岩から片理の見られる千枚岩（せんまいがん），そして，より片理の発達した片岩へと変化する。また，さらに高温のもとでは，縞状の模様がはっきりと見られる片麻岩が生成される。

プチ雑学 大理石という名称は，中国雲南省の大理府が産出地であったことに由来する。一方，英語名の marble はギリシャ語の「marmaros（白く光る石）」が語源だといわれる。

2プレート

基礎 1 岩石の鑑定

実習 変成岩(◯ p.30, 31), 火成岩(◯ p.62, 63), 堆積岩(◯ p.175)の3種類の岩石を分類してみよう。

A 岩石鑑定フローチャート

片理の有無で変成岩と他の岩石を分類し, さらに粒子の大きさや結晶どうしのかみ合い方を見て分類する。

寺戸・廣木(2018)による

- 岩石
  - 片理あり（光沢のある縞模様） ── 広域変成岩
    - 粗粒(肉眼で見える粒子の集合) 粗い縞模様からなる ──────── 片麻岩
    - 細かい縞模様からなる ──────── 片岩
  - 片理なし
    - 粗粒(肉眼で見える粒子の集合)
      - 大きな結晶がかみ合っている, 白色, 希塩酸に反応する ── 結晶質石灰岩(大理石) ── 接触変成岩
      - 丸くない結晶粒子どうしがしっかりかみ合っている ── 深成岩
        - 白っぽい結晶が多い ── 花こう岩
        - 黒色・白色の結晶が半々 ── 閃緑岩
        - 黒っぽい結晶が多い ── 斑れい岩
      - 粒子がかみ合っていない 破片の粒子からなる ── 堆積岩(粗粒)
        - 希塩酸に反応する ── 石灰岩
        - 直径2mm以上の粒子からなる ── 礫岩
        - 直径2mm以下の粒子からなる ── 砂岩
    - 細粒(粒子が肉眼で見えない)
      - 希塩酸に反応する ── 石灰岩
      - カッターナイフで傷がつかない ── チャート
      - 白っぽい ── 流紋岩
      - 灰色 ── 安山岩もしくは泥岩*
      - 黒色 ── 玄武岩もしくは泥岩*
    - 細粒(粒子が肉眼で見えない)の中に肉眼で見える四角の粒子が点在 ── 火山岩
      - 白っぽく, 灰色(石英)・白色(長石)の斑晶 ── 流紋岩
      - 灰色で, 黒色(輝石・角閃石)・白色(長石)の斑晶 ── 安山岩
      - 黒色で, 白色(長石)の斑晶 ── 玄武岩

*肉眼では区別できない。

B おもな岩石の判別

上の岩石鑑定フローチャートを用いて, A〜Fの岩石を推定する。

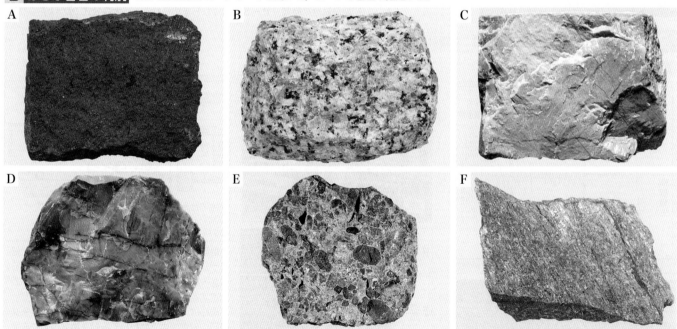

A B C D E F

　Fのみきらきらとした片理があり, 細かい縞模様からなるので片岩だと推定できる。次に, 片理のない岩石のうち, 粒子が肉眼で見える粗粒の岩石は, BとEである。Bは結晶どうしがかみ合っており, 岩石全体で白っぽい結晶が多いが黒い結晶も見られるため, 結晶質石灰岩ではなく花こう岩だと推定できる。Eは結晶どうしがかみ合っておらず, 破片からできているので堆積岩だと考えられ, 粒子の大きさから礫岩だと推定できる。一方, A, C, Dは肉眼で見えないほど細粒である。Aは全体に黒っぽく白色の斑晶が見えるので, 玄武岩だと推定できる。Cは全体に灰色っぽいが, 希塩酸と反応して気体が発生すれば石灰岩, Dはカッターナイフで傷がつかないほど硬ければチャートだと推定できる。

プチ雑学 細粒の玄武岩や安山岩と泥岩を, 肉眼で判別することは困難である。これらの岩石を判別したいときは, 岩石の薄片を作成し(◯ p.60), 顕微鏡を用いて岩石の組織を観察するとよい。

地震は，ひずみを蓄積した岩盤の破壊によって生じる。地震のゆれを測測することによって，ゆれの大きさや岩盤への力の加わり方，震源の位置などがわかる。

基礎 1 地震のしくみ　地震は岩盤の破壊（断層の形成）によって生じる。

A 地震の原因　● p.71

断層面の傾きとずれの方向から，地盤にはたらいた力の方向がわかる。

地震は岩盤の破壊，つまり**断層の形成**によって生じる。地下の浅いところで発生した大きな地震の時には震源断層の延長面が地表に現れることがあり，これを**地震断層（地表地震断層）**という。地震発生の原因となった地下の断層（震源断層）の周りにも小さな断層や割れ目を生じ，これらを含めた範囲を**震源域**という。

地震断層

野島断層

断層のずれ方から，岩盤への力のはたらき方がわかる（● p.26）。日本では地震と断層の関係がよく調査されており，野島断層，根尾谷断層，丹那断層などがよく知られている（● p.40）。

B 震央と震源

※この地震のときは，震度5・6に弱・強の区別はなかった。

P波の到達時間

例　兵庫県南部地震（1995.1.17, M7.3）

5時48分10秒
5時47分50秒
5時47分30秒
5時47分10秒
5時46分52秒

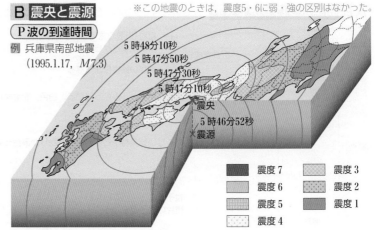

震央
×震源

■ 震度7		▨ 震度3	
▨ 震度6		▨ 震度2	
▨ 震度5		▨ 震度1	
▨ 震度4			

岩盤の破壊が最初に起こった点を**震源**，その真上の地表の点を**震央**という。

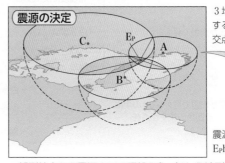

震源の決定

C・　E_P　A・
B・

3地点で観測し，震源距離を半径とする円を地表面に描くと，共通弦の交点 E_P が震央。

g　　E_P
A
h
F

震源の深さ E_PF は，E_Ph，E_Pg に等しい。

観測地点から震源までの距離 D [km]は，P波到着からS波到着までの時間 T [s]（初期微動継続時間，**P－S時間***）から求められる。　**大森公式：$D=kT$**
*S－P時間ともいう。　　　　　　　　　　　　　　　　　　　　※ $k = 6 \sim 8$ km/s である場合が多い。

基礎 2 地震の計測　地震のゆれは，地震計によって波形が記録される。

A 地震計の記録　地震波● p.14

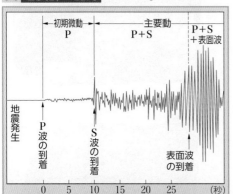

初期微動　　主要動
P　　P+S　　P+S+表面波

地震発生
P波の到着
S波の到着
表面波の到着

0　5　10　15　20　25　（秒）

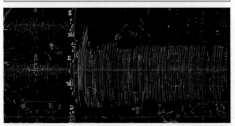

関東地震の記録（本郷の観測）　　　東京大学地震研究所提供

B 地震計のしくみ

地震計

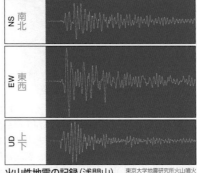

NS 南北
EW 東西
UD 上下

火山性地震の記録（浅間山）　　東京大学地震研究所火山噴火予知研究推進センター提供

上下方向	南北方向	東西方向

おもりは地面がゆれても動かない

記録ドラムは地面とともにゆれる

地震計は，地震のときに地面とともに動く記録ドラムと，動かない点（不動点）の振り子からなる。南北・東西・上下の振動を各々の振り子を用いて測定する。

現在は，振り子の部分にコイルをつくり，永久磁石の磁場の中で動かして振動を電気信号に変えて記録する電磁式地震計が使われている。小刻みなゆれからゆったりしたゆれまで広く観測するために，コイルに電流を流して振り子の振れを制御するフィードバック型地震計も開発されている。

プチ科学　大森公式の求め方　P波の到着時間 $= \dfrac{D[km]}{V_P[km/s]}$，S波の到着時間 $= \dfrac{D[km]}{V_S[km/s]}$ より，$T[s] = \dfrac{D}{V_S} - \dfrac{D}{V_P}$　変形して，$D = \left(\dfrac{V_P \cdot V_S}{V_P - V_S}\right)T$　$\left(\dfrac{V_P \cdot V_S}{V_P - V_S}\right) = k$ とおくと，$D = kT$

Keywords ◉
●断層 fault　●地震断層 earthquake fault　●震源断層 earthquake source fault　●震源 hypocenter
●震央 epicenter　●大森公式 Omori's law　●余震 aftershock　●余震域 aftershock region
●異常震域 region of anomalous seismic intensity　●初動 initial motion

35

3 地震

③ 余震と震源域　大きな地震のあとに続いて起きる地震を余震という。

A 余震　例 兵庫県南部地震（1995.1.17, M7.3）

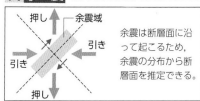

東大地震研究所のデータによる

押し↑　─余震域
引き
引き
押し↓

余震は断層面に沿って起こるため、余震の分布から断層面を推定できる。

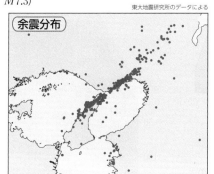

余震分布

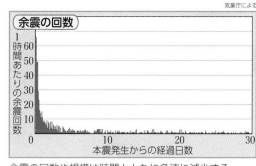

気象庁による

余震の回数

1時間あたりの余震回数

本震発生からの経過日数

余震の回数や規模は時間とともに急速に減少する。

　大きな地震は、時間的にも地域的にも、ひとつのまとまりのある活動をする。その中で最も大きな地震を**本震**といい、その後に起きる地震を**余震**という。余震の震源となった地域を**余震域**という。

余震と震源域の関係　× 震央　• 余震

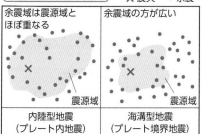

余震域は震源域とほぼ重なる

余震の方が広い

震源域

震源域

内陸型地震
（プレート内地震）

海溝型地震
（プレート境界地震）

　海溝型地震で余震域の方が震源域よりも広いのは、地震後のゆっくりとしたすべりが震源域周辺へ伝わるためだと考えられる。

B 異常震域　例 京都府沖で発生した地震（2007.7.16, M6.7, 深さ374 km）

震度1
震度2
震度3
震度4

震央
×

防災科学技術研究所のデータによる

　通常、震度は震央を中心にほぼ同心円状に分布する。しかし、震央から遠い地点でも震度が大きくなることがある。このような場所を**異常震域**という。震源が深い場所にある場合、やわらかいアセノスフェアを通る地震波は減衰するが、かたい海洋プレートを通る地震波は減衰せず遠くまで伝わるため、異常震域ができる。

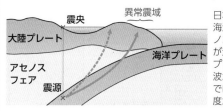

震央　異常震域

大陸プレート　海洋プレート

アセノスフェア

震源

　日本海溝で沈み込んだ海洋プレートは、アセノスフェアより地震波が減衰しにくい。海洋プレートを通って地震波が伝わった太平洋側では、日本海側より震度が大きくなった。

④ 押しと引き　地震波の初動の押し引き分布から、震源の断層運動が推定できる。

A 地表の動きとP波初動の向きの傾向

例 兵庫県南部地震（1995.1.17, M7.3）
地表の動きはGPS観測による

国土地理院のデータによる

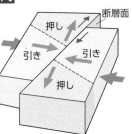

断層面
押し
引き
引き
押し

　地図上にプロットされた押し引き分布から、断層面として可能性のある直交する2面が決まる。どちらが地震を発生させた断層面かは、余震の分布からわかる。

　観測地点に最初に到着する波は波の進行方向に振動するP波（縦波）であるため、地震波の**初動**（最初に伝わってきた波）は**押し波**（震源から離れる向き）か**引き波**（震源に向かう向き）になる。この押し引き分布から、震源での断層運動が推定できる。

参考　震源球

　震源を中心にした球を考え、観測点の初動の押し引きをプロットしたものを震源球という。

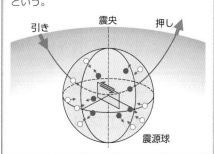

引き　震央　押し

震源球

B 地震計の記録と押し引き

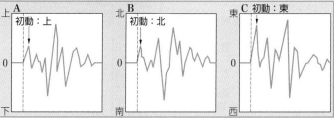

上 A　初動：上
0
下

北 B　初動：北
0
南

東 C 初動：東
0
西

北
震源の方向＊　A, B, Cの動きの合成

　押し引きは、地震計に記録された初動の上下方向の向きから求められる。
　波形Aの初動は上向き（震源から離れる向き）なので、押しと判断できる。波形A、B、Cから得られる初動の方向を合成すると、この地点の初動は北東方向斜め上であったことがわかる。よって、震源は南西方向の地下にあると推定できる。

＊地震波が屈折する場合もあるため、震源の方向を正確に指すとは限らない。

　大きな地震の際には、地震波（表面波）が地球表面を何周もまわることがある。マグニチュード9.1を記録した2004年のスマトラ島沖の地震では、地震波が地球を5周以上した様子が観測された。

地震は、プレート運動による力や火山活動などによって起こる。地震が起こると、震源の場所、地震の規模（マグニチュード）、各地のゆれの大きさ（震度）などから、地震発生の原因が調査される。

基礎 1　震源分布による地震の種類
地震は震源の場所によって、いくつかの型に分類できる。

A　プレートと地震の種類

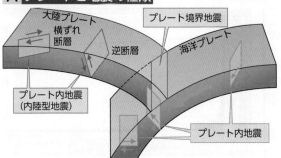

プレートどうしの境界では**プレート境界地震**、プレートの内部では**プレート内地震**が起こる。また、海溝付近で起こる地震を**海溝型地震**という。海溝型地震には、大陸プレートと海洋プレートの境界で起こるプレート境界地震と、海洋プレート内部で起こるスラブ内地震がある（⊃ p.39）。

B　日本の震源分布と地震の種類

気象庁のデータ（2013年1月1日〜3月31日）による

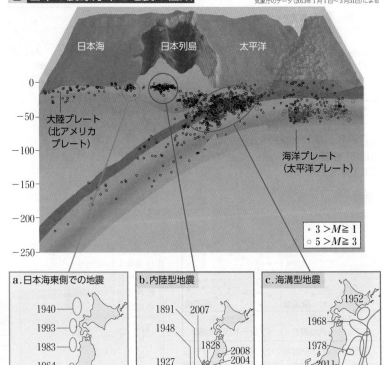

a.日本海東側での地震

```
1940
1993
1983
1964
```

b.内陸型地震

```
1891   2007
1948
      1828
1927       2008
           2004
           1847
        1855
1995 1854 1945 1930
```

c.海溝型地震

```
          1952
      1968
      1978
      2011
1923
1946 1944   1896
        1854 プレート
    1854    境界
```

　日本で起こる地震の震源分布を見ると、内陸の浅いところに分布するもの（b）と、沈み込むプレートにそって帯状に分布するもの（c）がある。日本の太平洋側では海洋プレートが大陸プレートの下に沈み込むため、日本列島には東から西に向かって強い力がかかる。日本の地震のほとんどは、海洋プレートの沈み込みと地殻にかかる力によるものである。日本海の東側でも大地震がいくつか起きており（a）、ここにもプレート境界があるとする説がある。

　M 8を超える大きな地震は、海溝型地震がほとんどである。内陸型地震は地殻の浅い部分で起こるため、マグニチュードがそれほど大きくなくても、震央付近でのゆれが激しくなる。また、人口が集中している地域など生活の場で地震が起こると、被害は大きくなる。このような地震を**直下型地震**という。

C　日本で起きたおもな地震

海溝型地震				内陸型地震		
地　震	M	死者・行方不明者		地　震	M	死者・行方不明者
東北地方太平洋沖地震(2011)	9.0	22252	M9			
安政東海地震(1854)	8.4	数千				
安政南海地震(1854)	8.4	数千	M8			
三陸沖地震(1896)	8.2	21959				
十勝沖地震(1952)	8.2	33				
南海地震(1946)	8.0	1330		濃尾地震(1891)	8.0	7273
関東地震(1923)	7.9	105000		善光寺地震(1847)	7.4	数千
東南海地震(1944)	7.9	1223		北丹後地震(1927)	7.3	2925
十勝沖地震(1968)	7.9	52	M7	安政伊賀地震(1854)	7.3	1300
宮城県沖地震(1978)	7.4	28		北伊豆地震(1930)	7.3	272
				兵庫県南部地震(1995)	7.3	6437
				熊本地震(2016)	7.3	50
				福井地震(1948)	7.1	3769
				安政江戸地震(1855)	7.0-7.1	10000
				新潟三条地震(1828)	6.9	1681
			M6	三河地震(1945)	6.8	2306
				新潟県中越地震(2004)	6.8	68
				北海道胆振東部地震(2018)	6.7	43

死者　10000　1000　100　10　1　　　1　10　100　1000　10000

基礎 2　地震のエネルギー
地震のエネルギーの大きさは、マグニチュードで表す。

A　地震のエネルギーとマグニチュードの関係

　マグニチュードが1大きくなると地震のエネルギーは約32（≒√1000）倍になり、マグニチュードが2大きくなると地震のエネルギーは1000倍になる。マグニチュードの小さい地震ほど発生頻度が高い。

M 7 ——32倍→ M 8 ——32倍→ M 9

M	エネルギー（J）	名　称	
0.0	6×10^4	極微小地震	$1 > M$
1.0	2×10^6		
2.0	6×10^7	微小地震	$3 > M \geqq 1$
3.0	2×10^9		
4.0	6×10^{10}	小地震	$5 > M \geqq 3$
5.0	2×10^{12}		
6.0	6×10^{13}	中地震	$7 > M \geqq 5$
7.0	2×10^{15}	大地震	$M \geqq 7$
8.0	6×10^{16}	（巨大地震	$M \geqq 8$）
9.0	2×10^{18}		

世界の地震頻度と総エネルギー

M	頻度（回）（年間）	エネルギー（J）（年間）
8以上	1	$10^{17.3}$
7〜7.9	18	$10^{17.0}$
6〜6.9	120	$10^{16.1}$
5〜5.9	800	$10^{15.9}$
4〜4.9	6200	$10^{15.3}$
3〜3.9	49000	$10^{14.7}$
2〜2.9	300000以上	$10^{14.0}$

プチ雑学　プレート運動による力が原因で起こる地震（プレート境界地震やプレート内地震）のほかに、火山活動による地殻変動やマグマの移動などが原因で起こる火山性地震がある。火山性地震は規模が小さいことが多いが、桜島地震（1914年、M7.1）のように大きな地震が起こることもある。

Keywords ▸ ●プレート境界地震 inter-plate earthquake ●プレート内地震 intraplate earthquake
●海溝型地震 trench type earthquake ●直下型地震 epicentral earthquake ●マグニチュード magnitude
●震度 seismic intensity

37

基礎 **3** ## マグニチュードと震度 地震の規模はマグニチュード，それぞれの地域で観測されるゆれの大きさは震度で表す。

A マグニチュード

マグニチュード M は地震の規模（エネルギーの大きさ）を表す。考案された当初は，震央から 100 km 地点に置かれた標準とする地震計の記録の最大振幅（μm単位）の対数値として定義された（1935年，リヒター）。現在は，ほかにもさまざまなマグニチュードの計算方法がある。

モーメントマグニチュード

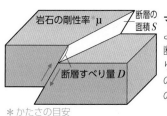

近年では，**モーメントマグニチュード Mw** がよく使われる。Mw は，断層の面積 S，断層すべり量 D，岩石のかたさ μ の積から求められ，ゆれの大きさとは関係ない。

＊かたさの目安

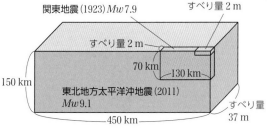

兵庫県南部地震（1995）Mw6.9 断層40 km×10 km，すべり量 2 m
関東地震（1923）Mw7.9 すべり量 2 m
70 km 130 km
150 km 東北地方太平洋沖地震（2011）Mw9.1 すべり量 37 m 450 km

参考 **気象庁マグニチュード Mj**

日本では，通常，**気象庁マグニチュード Mj** が使われる。Mj は，地震時の地面の動きの最大値を用いて計算される。モーメントマグニチュードの値とよく一致するが，大きな地震では値が規模に応じて変化しにくい。現在用いられている計算方法は2003年に改定されたもので，そのとき過去の地震のマグニチュードは再計算された。

B 震度 震度はゆれの大きさを表す。機械による計測震度から求められる。

震度	人の体感・行動	屋内の状況	屋外の状況
0	人はゆれを感じない。	—	—
1	屋内にいる人の中にはゆれをわずかに感じる人がいる。	—	—
2	屋内にいる人の大半がゆれを感じる。	つり下げもの（電灯など）がわずかにゆれる。	—
3	眠っている人の大半が目を覚ます。	棚の食器が音をたてることがある。	電線が少しゆれる。
4	ほとんどの人が驚く。歩行中の人でもゆれを感じる。	つり下げものが大きくゆれ，棚の食器が音をたてる。	自動車運転中でもゆれに気づく人がいる。
5弱	大半の人が恐怖を覚え，物につかまりたいと感じる。	棚の食器，書棚の本が落ち，固定していない家具が移動することがある。	電柱がゆれるのがわかる。窓ガラスが割れたり，道路の被害が生じることがある。
5強	大半の人が行動に支障を感じる。	固定していない家具が倒れることがある。	補強されていないブロック塀が崩れることがある。自動車の運転が困難になる。
6弱	立っていることが困難になる。	固定していない家具の大半が移動し，倒れる。ドアが開かなくなることがある。	壁のタイルや窓ガラスが破損，落下することがある。
6強	立っていることができず，はわないと動くことができない。ゆれにほんろうされ，飛ばされることもある。	固定していない家具のほとんどが移動し，倒れるものが多くなる。	補強されていないブロック塀のほとんどが崩れる。
7	固定していない家具のほとんどが移動し倒れたりし，飛ぶこともある。	固定していない家具のほとんどが移動し倒れたりし，飛ぶこともある。	補強されているブロック塀も破損するものがある。

震度	木造建物＊	鉄筋コンクリート造建物＊	地盤の状況	斜面の状況
5弱	壁などに軽微な亀裂が見られることがある。	—	亀裂や液状化が生じることがある。	落石やがけ崩れが起こることがある。
5強	壁などに亀裂が見られることがある。	壁などに亀裂が入ることがある。	亀裂や液状化が生じることがある。	落石やがけ崩れが起こることがある。
6弱	建物が傾いたりすることもある。	壁などに亀裂が多くなる。	地割れが生じることがある。	がけ崩れや地すべりが起こることがある。
6強	傾くものや倒れるものが多くなる。	1階や中間階が変形し，倒れるものがある。	大きな地割れが生じることがある。	がけ崩れが多発し，大規模な地すべりや山体の崩壊が起こることがある。
7	傾くものや倒れるものがさらに多くなる。	1階や中間階が変形し，倒れるものが多くなる。	大きな地割れが生じることがある。	がけ崩れが多発し，大規模な地すべりや山体の崩壊が起こることがある。

＊耐震性が低い建物の場合。

気象庁震度階級（一部簡略化）

4 ## いろいろな地震 地震には，特徴的な性質を示すものがある。

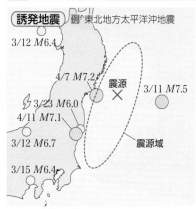

誘発地震 例▶東北地方太平洋沖地震

3/12 M6.4
4/7 M7.2
震源 3/11 M7.5
3/23 M6.0
4/11 M7.1
3/12 M6.7
震源域
3/15 M6.4

大きな地震が起きると，それにともなう地殻変動の影響で震源域の外でも地震が起こる。

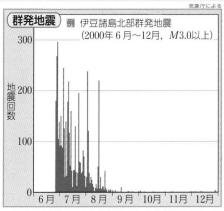

気象庁による

群発地震 例▶伊豆諸島北部群発地震（2000年 6 月〜12月，M3.0以上）

地震回数 300 200 100 0
6月 7月 8月 9月 10月 11月 12月

特定の地域で，飛び抜けて大きな地震が起こらないまま，同じような規模の地震が多発することがある。火山地帯で起こることが多い（● p.56）。

Column ### 地震を起こさない断層

プレートの境界にありながら，地震を全く起こさず，ずるずるとすべり続ける断層が存在する。この断層は**クリープ断層**とよばれ，道路や建物にずれやひずみを生じさせることはあるが，地震は起こさない。これは，断層面の表面に，水を多く含むすべりやすい層があることが原因だと考えられている。

断層によってずれた道路（ホリスター，アメリカ）

プチ雑学 日本ではかつて，震度は 8 段階（震度 0 〜 7）で表されていた。しかし，兵庫県南部地震（1995年）などをきっかけに，より細かな震度表記が求められるようになり，1996年に震度 5 と震度 6 がそれぞれ強と弱に分かれて全体で10段階となった。

3地震

基礎 1 地震の分布 プレートの境界付近では，多くの地震が起こっている。

A 世界の地震分布

浅い地震 震源100km以浅

USGSのデータによる

深い地震 震源100km以深

USGSのデータによる

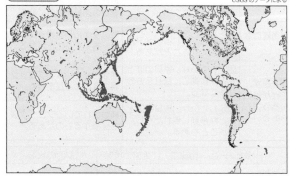

　震央が密集する帯状の地域を**地震帯**という。地震帯はプレートの境界に多い。海洋プレートが他のプレートの下に沈み込む環太平洋地域は，震源が浅い地震（**浅発地震**），震源が深い地震（**深発地震**），ともに多い。海嶺ではおもに浅い地震が起こる。

B 日本の地震分布

USGSのデータによる

震源の深さ（km）
- ● 0 − 100
- ▲ 100 − 200
- ◆ 200 − 300
- ▽ 300 − 400
- ■ 400 − 500
- ● 500 − 600
- ◆ 600 − 700

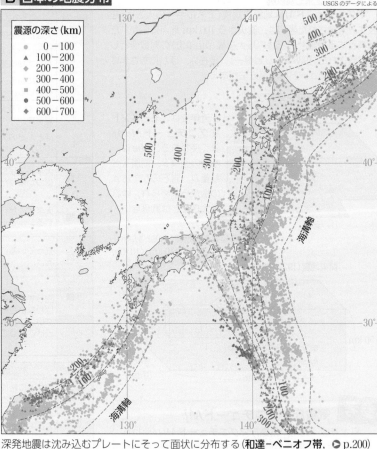

深発地震は沈み込むプレートにそって面状に分布する（**和達−ベニオフ帯，** ◆ p.200）

基礎 2 プレートの運動と地震 深発地震の多くは，海洋プレートが大陸プレートに沈み込むところで発生する。

A 日本付近のプレート

ユーラシアプレート
北アメリカプレート
太平洋プレート
南海トラフ
火山前線
伊豆小笠原海溝
日本海溝
フィリピン海プレート

　日本周辺には，太平洋プレート，フィリピン海プレートという海洋プレートと，北アメリカプレート，ユーラシアプレートという大陸プレートが集まっている。

B 深発地震の分布

ISCのデータによる

地震発生個数
10　　100　　1000

震源の深さ（km）
100
200
300
400
500
600
700

　深発地震の発生個数は深さ300kmにかけて減少し，深さ600km付近をピークに増加する。

プチ雑学 フィリピン海プレートは，太平洋プレートよりも若いプレートである。若いプレートの方が密度が小さいため，密度の大きい太平洋プレートはフィリピン海プレートの下に沈み込む。

3
地
震

基礎 3 海溝型地震 海溝付近では，プレートの沈み込みにともなって地震が起こる。

A プレート境界地震

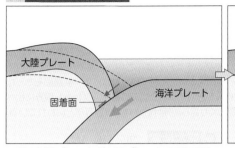
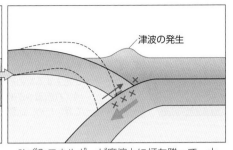

重い海洋プレートが大陸プレートの下に沈み込む。海洋プレートと大陸プレートは摩擦力により固着しているため，大陸プレートは引きずり込まれる。大陸プレートにひずみエネルギーが蓄えられていく。

ひずみエネルギーが摩擦力に打ち勝って，大陸プレートがはね上がり，地震が起こる。このとき，津波(● p.102)が発生することもある。内陸でのゆれが小さくても，プレート境界が大きくすべると大きな津波が発生する場合がある*。
*津波地震という。ゆっくりすべりの一種とされる。

B スラブ内地震

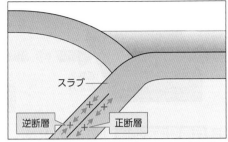

プレート境界付近の海洋プレートの内部で地震が起こることもある。たとえば，スラブ(● p.19)の上面では圧縮力がかかるため，逆断層が形成されやすい。また，スラブの下面では張力がかかるため，正断層が形成されやすい。

4 アスペリティモデル プレート境界面には，ゆっくりすべっている部分と固着している部分がある。

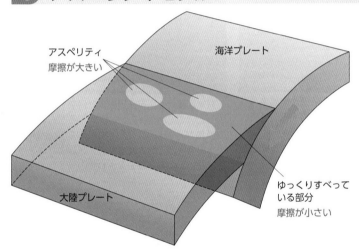

アスペリティ

プレートの沈み込み帯には，摩擦が小さくゆっくりすべっている部分と摩擦が大きくプレート同士が固着している部分がある。この固着域を**アスペリティ**という。アスペリティが固着して動かない一方，その周りはすべって動いているため，アスペリティにはひずみが集中する。摩擦力が限界に達し固着がはずれると，プレートが一気にすべり，地震が起こるとされる。アスペリティは，プレート境界面の凹凸や岩石のかたさなどが原因で形成されると考えられている。

ゆっくりすべり

プレートの沈み込み帯において，非常に遅い速度ですべる(沈み込む)現象をゆっくりすべり(ゆっくり地震)という。すべりの様子は，GPSや傾斜計などによって観測される。ゆれの周期は長く，継続時間は短期のもの(数日)と長期的なもの(数か月～数年)がある。ゆっくりすべりが本震に先行して観測された例も報告されており，地震の予測(● p.46)につながる現象として研究が期待されている。

参考 アウターライズ地震

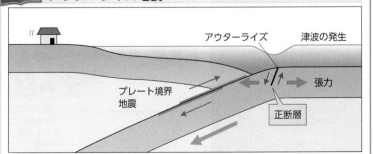

海洋プレートが下方向に曲がろうと盛り上がった部分をアウターライズ(海溝外縁隆起帯)という。プレートの沈み込みにともなうひずみはこの部分にも蓄えられるため，プレート境界地震の後などには，アウターライズが破壊されて地震が起こることがある(アウターライズ地震)。プレートの盛り上がりの頂点に張力が働いて破壊が起きるため，プレートの上面に正断層を形成する場合が多い。陸地から離れた海域で起こるため，陸地での地震動は小さいが，引き起こされる津波は大きくなるという特徴がある。

Column シュードタキライト

地震発生時に高速で動いた断層面には，非常に大きな摩擦熱が発生し，局所的には1000℃を超えることもある。このとき岩石が融解しガラス化したものを，シュードタキライトという。シュードタキライトは，過去の地震の発生を知る手がかりとなる。

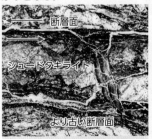

直線状の断層面に沿って，黒い帯状のシュードタキライトが見られる。 JAMSTEC提供

日本でも，2004年に国の天然記念物に指定された愛媛県八幡浜市大島など，各地でシュードタキライトが発見されている。内陸型地震のものが多いが，高知県南部の興津断層(左の写真)では，海溝型地震によって生じたと考えられるシュードタキライトがみつかっている。

 アスペリティで固着している面積は，プレート境界によって異なる。伊豆・小笠原海溝のプレート境界面はほとんどがゆっくりすべっている部分であるのに対して，南海トラフは大きなアスペリティによってプレート同士がべったりくっついていると考えられている。

内陸で起こる地震は，プレートの運動による圧縮力が原因で起こる。地震の規模が小さくても，人が生活する内陸がゆれるので被害は大きくなる。地震をくり返す断層は活断層として警戒されている。

基礎 1 内陸で起こる地震　内陸型地震は，プレートの運動による圧縮力で起こる。

A プレート内地震のしくみ（内陸型地震）

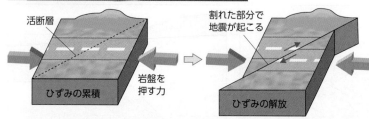

プレートの運動によって生じる圧縮力で，地殻には間接的にひずみが累積する。このひずみエネルギーを解放するために断層運動が発生して地震が起こる（**プレート内地震**，内陸型地震，● p.36）。地殻浅部（15〜20 km 以浅）で発生するものがほとんどである。一般に海溝型地震に比べマグニチュードは小さいが，生活の場である内陸で発生するため被害が大きいことが多い。垂直に近い断層面をもった横ずれ断層や逆断層を形成する。ひずみの累積はプレート境界に比べて遅いため，地震のくり返し周期は数千年から数万年といわれている。

B 兵庫県南部地震　1995. 1. 17, M7.3

地表に現れた野島断層（兵庫）

野島断層保存館

兵庫県南部地震では，六甲−淡路断層系の一部の野島断層が活動した。淡路島北部では断層が地表にまで現れた。都市付近で起こった震源の浅い地震（**直下型地震**）であったため，高速道路の倒壊など大きな被害が出た。

C 熊本地震　2016. 4.16, M7.3

断層とみられる亀裂（熊本）

熊本地震では，布田川および日奈久断層が活動した。この地震にともない，長さ約 30 km の断層が地表に現れた。M6.5 の前震と M7.3 の本震の両方で最大震度 7 の大きなゆれがあったほか，多くの余震も発生した。

D 濃尾地震　1891. 10. 28, M8.0　● p.71

根尾谷断層（岐阜, 1891）

（現在）

地震断層観察館

地震断層観察館

倒壊した家屋

松田時彦（1974）による

濃尾地震は日本の内陸部で起こった地震としては最大規模とされている。この地震では，総延長が 80 km におよぶ根尾谷断層系が活動した。

・・・・ 濃尾地震のとき動いた区間
━━ 活断層

0　10 km

福井県
岐阜県
滋賀県

黒津断層
根尾谷断層
水鳥断層
根尾川
梅原断層
長良川
木曽川
関

3 地震

基礎 2 活断層　最近数十万年の間に活動し，今後も活動をくり返す可能性のある断層を活断層という。

A 活断層のでき方

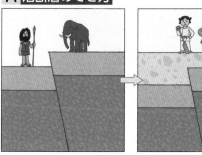
断層ができる。

地層が堆積する。

さらに別の地層が堆積する。

再び断層ができる。

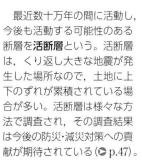

「日本の活断層図」による

最近数十万年の間に活動し，今後も活動する可能性のある断層を**活断層**という。活断層は，くり返し大きな地震が発生した場所なので，土地に上下のずれが累積されている場合が多い。活断層は様々な方法で調査され，その調査結果は今後の防災・減災対策への貢献が期待されている（▶ p.47）。

B 日本の活断層

跡津川断層
花折断層
有馬−高槻構造線
山崎断層
六甲−淡路断層系
中央構造線
日本海溝
糸魚川−静岡構造線
中央構造線
阿寺断層
根尾谷断層系

0　　300 km

C 活断層の特徴　例 阿寺断層（岐阜）

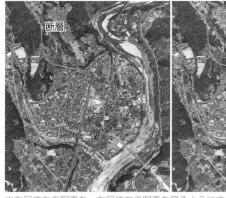
断層

※左目で左の写真を，右目で右の写真を見るようにすると，立体的に見える。

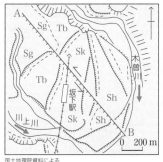
A Sg Tb Sg Sk Tb 坂下駅 Sh 川上川 Sk Sh B
0　200 m
国土地理院資料による

日本の活断層では，断層活動は間欠的に起き，いつも同じ方向にずれる。
阿寺断層は，全長約 70 km の活断層である。古い時代に形成された上位の河岸段丘面*ほど大きくずらされており，断層運動が長期間にわたり同じ方向に継続していることがわかる。
*図中の段丘面の形成年代は，Sg，Tb，Sk，Sh の順に古い。

D 大規模な活断層　例 糸魚川−静岡構造線活断層系

フォッサマグナミュージアム資料による

妙高山 高妻山 富士山 八ヶ岳連峰 中央アルプス
焼山 戸隠山 南アルプス
南
北
フォッサマグナパーク
JR 糸魚川駅
フォッサマグナミュージアム 姫川

（糸魚川市，新潟）

糸魚川−静岡構造線や中央構造線に沿って多くの活断層があり，それぞれ大規模な活断層系をつくっている。

E リニアメント　例 中央構造線

西日本の衛星画像

大きな地震がくり返し起こった活断層では，土地のずれが大きな高度差となって直線状に地形に現れる。このため，活断層の調査では，まず空中写真や衛星画像から直線的な特徴ある地形（**リニアメント**）を抽出し，その後，野外調査などを行う。

プチ雑学　中央構造線は，九州東部から関東平野まで，日本列島を縦断する大断層である。総延長は 1000 km を超える。

日本には数多くの活断層がある。活断層の分布は様々な方法で調査されており、防災・減災対策などに活用される。

3 地震

基礎 1 中部日本の活断層の分布

プレート境界の交わる中部地方には、大きな力が加わるため**活断層**が多く存在する。活断層は、最近動いた形跡のある断層で、近い将来再び動く可能性がある。中部地方の活断層には、北北西－南南東の走向のものと、東北東－西南西の走向のものが多い。これは、中部地方がほぼ東西方向に圧縮されているためである（▷p.41）。

一般に、活断層で発生する地震は、プレート境界地震に比べて規模は小さい。しかし、**直下型地震**（▷p.36）になることが多いため、その被害は大きくなる。

鳥取

岐阜

京都　大津

神戸　大阪　奈良　　　　津

和歌山

徳島

地震は、1つの活断層が動いて発生するだけではなく、いくつかの断層が連鎖的に動いたり、大きな断層ではその一部だけが動いたりする。断層の動き方などで最小の活動単位に区分したものを、活動セグメントといい、1つの地震で連鎖的に動く可能性のある活動セグメントを組み合わせたものを、起震断層という。

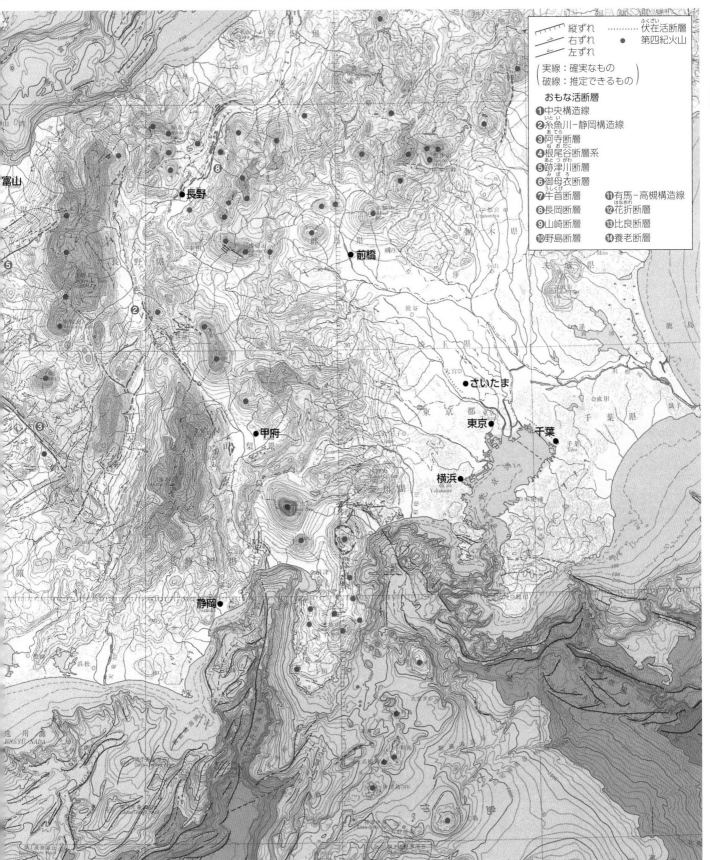

縦ずれ　　　　……… 伏在活断層
右ずれ　　　　● 第四紀火山
左ずれ

（実線：確実なもの
　破線：推定できるもの）

おもな活断層
❶中央構造線
　いといがわ
❷糸魚川−静岡構造線
　あてら
❸阿寺断層
　ねおだに
❹根尾谷断層系
　あとつがわ
❺跡津川断層
　みぼろ
❻御母衣断層
　うしくび
❼牛首断層　　　　⓫有馬−高槻構造線
　　　　　　　　　はなおれ
❽長岡断層　　　　⓬花折断層
❾山崎断層　　　　⓭比良断層
❿野島断層　　　　⓮養老断層

3 地震

富山

●長野

●前橋

●甲府

●さいたま

●東京　　千葉●

●横浜

●静岡

活断層研究会編「新編日本の活断層」東京大学出版会による

理子科学 上の図では，関東平野には活断層が少なく見える。これは，関東ローム層（厚い火山砕屑物の層）におおわれ，地表に現れる活断層が少ないからであると考えられている。

3 地震

1 地殻変動　断層運動で地震が発生するとともに，急激な土地の隆起や沈降が起こる。

A 関東地震　1923.9.1, M7.9　海溝型地震

凡例	
	隆起地区
	沈降地区
→	水平方向への移動(m)
---	推定断層
—	海底断層
〜	国府津-松田断層

0　20 km

プレートが南関東周辺において衝突している（○ p.38）。フィリピン海プレートが相模トラフから大陸プレートの下にもぐり込み，地震の際大陸プレートがはね上がり隆起した。

陸地の変化

竹内均(1973)による

馬の背洞門(神奈川, 関東地震前)

関東地震による隆起(約130 cm)

(現在)

被害のようす

三浦半島にある馬の背洞門は，かつては満潮時に小舟が通ることができたが，関東地震の際に隆起して陸地化した。

B 象潟地震　1804.7.10, M7.0

地殻変動前の象潟(絹本着色象潟図屏風)

(現在)

秋田県にかほ市象潟は，かつては砂し（○ p.169）などで海と切り離された汽水湖*に，小さな島々が浮かんでいた。島々は松に覆われ，その景観は「東の松島　西の象潟」と称されていた。しかし，1804年の象潟地震の際，土地が約1.8 m 隆起し，湖が陸地化した。
＊湖水に海水が混ざっている湖。

現在では，湖だった低地は水田になっているが，島々は田園のところどころに小山として残っている。

2 地殻変動の調査　活断層を調べることで，地殻変動の周期を推測できる。

A 地震の発生周期

累積変位量

活断層の変位の累積

傾きS
変位速度

D 1回の地震での変位量

T

地震の発生周期
(活断層の活動周期)

時間

SとDを調査して，Tを見積もることができる。

例　変位速度Sが約1.5 m/1000年，M7.5程度(断層変位量Dが約3 m)の地震が発生する活断層において，地震の発生周期Tは約2000年となる。

B トレンチ調査　例 真上断層(有馬-高槻構造線活断層系)

寒川, 杉山, 宮地(1996)による

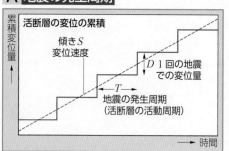

真上断層(大阪)

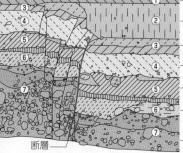

① 江戸時代〜現在の耕作土
② 地震直後の盛土
③ 鎌倉〜室町時代の耕作土
④ 鎌倉時代の地層
⑤ 奈良〜平安時代の耕作土
⑥ 古墳時代の地層
⑦ 弥生時代後期の洪水堆積物

断層

断層付近を溝状に掘って，地層の食い違いから断層の活動した履歴を調べることをトレンチ調査という。この調査から，断層の活動周期が推測でき，次の地震を予測するのに役立つ。真上断層は，慶長伏見地震（1596.9.5, M7.5）で活動したことがトレンチ調査によって検証された。

スチ雑学　日本有数の平野の1つである濃尾平野は，養老断層という活断層のはたらきで形成された。養老断層が活動をくり返したことで，養老山地は上昇を，濃尾平野西部は沈降を続けた。こうしてできた低地に，木曽川が大量の土砂を運び込み，広大な平野となった。断層運動のくり返しによる地殻変動で形成された山地や平野は，他にも数多く存在する。

基礎 1 地震災害　大きな地震は，地上にさまざまな災害をもたらす。

建物の倒壊

集集地震(台湾)　1999.9.21, M7.7

四川大地震(中国)　2008.5.12, M8.1

兵庫県南部地震　1995.1.17, M7.3

土砂災害

北海道胆振東部地震　2018.9.6, M6.7

津波 (▶ p.39, 102)

東北地方太平洋沖地震　2011.3.11, M9.0

地震による海底の上下運動で**津波**が発生する。リアス海岸などの入り組んだ地形は，とくに波が高くなる。

火災

兵庫県南部地震　1995.1.17, M7.3

液状化

新潟地震　1964.6.16, M7.5

地盤の液状化により建物が倒れる被害があった。

東北地方太平洋沖地震　2011.3.11, M9.0

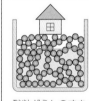

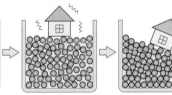

砂粒どうしのすき間に，水が多く含まれている。

地震のゆれで，砂粒が水に浮いた状態になる。地盤は支えを失い，建物が傾いたり，マンホールなど地中の軽いものが浮き出たりする。

埋め立て地など，水を含んだ砂の地盤では，地震動で地盤が**液状化**することがある。

人 との 関わり　歴史地震

地震計などによる観測網が整備される以前に起きた地震を歴史地震という。江戸後期には，1854年の安政東海地震(M8.4)や，その32時間後の安政南海地震(M8.4)，翌年の安政江戸地震(M7.0〜7.1)など，日本各地で大地震が起きた。当時の瓦版からは，地震の被害や人々のようすがわかる。

歴史地震の研究では，当時の文献や災害記念碑などから地震の規模を推測する(● p.72)。これらは，将来起きると想定される地震の予測など，防災に役立てられる。

新吉原大鯰由来

当時の人々は，鯰が動くと地震が起こると考えていた。このため，地震後には鯰をこらしめる瓦版が多くつくられた。

安政江戸地震の瓦版

プチ雑学　上のコラムの「新吉原大鯰由来」では，人々が鯰をこらしめているのを，地震によって仕事が増えてもうかった大工たち(左上)が止めに入っている。

地震災害への備え

プレート境界付近に位置する日本は，世界でも地震の多い国のひとつである。そのため，地震の予測の研究や，地震災害への対策が活発に行われてきた。

基礎 1 地震の予測 時間で分類した3つの手法がある。

A 地震予測の分類と手法

「地震予知の科学」による

	時間スケール	地震予測の手法	予測が有用な対象
長期予測	数100年〜数10年	過去の地震発生履歴を用いた統計的な予測	都市計画，建物の耐震化，長期的な防災意識の向上
中期予測	数10年〜数か月	現在の観測データと物理モデルを用いたシミュレーション	具体的・集中的な防災対策
直前予測	数か月〜数時間	地震直前に現れる前兆現象を捉える	交通機関の停止，避難など

　地震の予測は，地震発生前に，地震が「いつ」，「どこで」，「どのくらいの規模で」発生するかという3要素について評価される。

B 長期予測

　過去の地震は，歴史資料，活断層，津波堆積物などから調査できる。それぞれの断層に固有の活動周期があるとして，過去の地震発生履歴や最近の活動時期から地震発生確率の推定が行われる。

東海〜南海地域での地震の履歴

　南海トラフ(● p.41)沿いの東海〜南海地域では，「南海トラフ地震」とよばれる海溝型地震が100〜150年間隔で起こっている。前回の南海トラフ地震(1944年の東南海地震，1946年の南海地震)から，70年以上が経過した現在，次の南海トラフ地震の発生が警戒されている。

1500年	1498 明応 M8.4
1600年	↕107年
1700年	1605 慶長 M7.9 ↕102年
1800年	1707 宝永 M8.6 ↕147年
1900年	1854 安政南海 M8.4 ／ 1854 安政東海 M8.4 ↕92年 ／ ↕90年
2000年	1946 南海 M8.0 ／ 1944 東南海 M7.9 ?年
	次の南海トラフ地震?

地震の発生可能性の長期評価 海溝型地震

北海道北西沖(M7.8 前後)
10年：ほぼ0%
30年：ほぼ0%
50年：ほぼ0%

北海道南西沖(M7.8 前後)
10年：ほぼ0%
30年：ほぼ0%
50年：ほぼ0%

北海道北東沖(M7.8 程度)
10年：0.002〜0.04%
30年：0.006〜0.1%
50年：0.01〜0.2%

色丹島沖及び択捉島沖(M7.7-8.5 前後)
10年：20%程度
30年：60%程度
50年：80%程度

青森県西方沖(M7.7 前後)
10年：ほぼ0%
30年：ほぼ0%
50年：ほぼ0%

根室沖(M7.8-8.5 程度)
10年：30%程度
30年：80%程度
50年：90%程度以上

佐渡島北方沖(M7.8 程度)
10年：1〜2%
30年：3〜6%
50年：5〜10%

秋田県沖(M7.5 程度)
10年：1%程度以下
30年：3%程度以下
50年：5%程度以下

17世紀型(M8.8 程度以上)
10年：2〜10%
30年：7〜40%
50年：10〜60%

新潟県上部沖(M7.5 前後)
10年：ほぼ0%
30年：ほぼ0%
50年：ほぼ0%

山形県沖(M7.7 前後)
10年：ほぼ0%
30年：ほぼ0%
50年：ほぼ0%

青森県東方沖及び岩手県沖北部(M7.9 程度)
10年：0.01〜5%
30年：10〜30%
50年：70〜80%

宮城県沖(M7.9 程度)
10年：9%
30年：20%程度
50年：40%程度

日本海溝沿い 海溝寄りのプレート間地震(Mt* 8.6-9.0)
10年：9%
30年：30%程度
50年：40%程度

相模トラフ沿い プレートの沈み込みに伴う地震(M7 程度)
10年：30%程度
30年：70%程度
50年：80%程度

南海トラフ(M8-9 クラス)
10年：30%程度
30年：70〜80%
50年：90%程度もしくはそれ以上

日本海溝沿い 沈み込んだプレート内の地震(M7.0-7.5 程度)
10年：30〜40%
30年：60〜70%
50年：80〜90%

日向灘の(巨大地震と比べて)ひとまわり小さい地震(M7.0〜7.5程度)
10年：40%程度
30年：80%程度
50年：90%程度

東北地方太平洋沖型(M9.0 程度)
10年：ほぼ0%
30年：ほぼ0%
50年：ほぼ0%

日本海溝沿い 海溝軸外側の地震(M8.2 前後)
10年：2%
30年：7%
50年：10%程度

*津波の高さから求められるマグニチュード

—— プレート境界

地震調査研究推進本部(算定基準日2023年1月1日)による

C 中期予測

橋本ら(2009)などによる

日本列島周辺のすべり遅れの分布

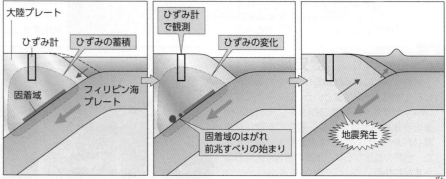

○ すべり遅れ
○ すべり過剰
※数字はすべり遅れの速度(cm/年)

北アメリカプレート
ユーラシアプレート
太平洋プレート
フィリピン海プレート

　中期予測は地震の原因から予測を行う。アスペリティモデル(● p.39)を用いると，プレート境界の沈み込みの観測や固着域の摩擦の大きさの計算からすべりの様子をシミュレーションし，地震発生パターンを再現することができる。

D 直前予測

前兆すべりの観測

大陸プレート
ひずみ計
ひずみの蓄積
固着域
フィリピン海プレート

ひずみ計で観測
ひずみの変化
固着域のはがれ
前兆すべりの始まり

地震発生

　東海地震の本震が起こる直前には，固着域がはがれ，震源域の一部がゆっくりとすべり始める前兆すべりという現象が起こると考えられ，直前予測につながる可能性があるといわれている。このため，東海地震の想定震源域周辺に設置されたひずみ計や地下水位計，GPS(● p.6)によって地殻変動が調べられるなど，研究が進められている。ただし，前兆すべりが起こらない可能性や，規模が小さく検知できない可能性もある。

プチ雑学 江戸時代，安政江戸地震をきっかけに，佐久間象山によって地震予知器がつくられた。この頃，地震は地中の電磁気力によって起こるため，大地震の前には磁石が弱くなるという考えがあった。地震予知器はこの考えを利用して，磁石から鉄片が落下する動きで地震を知らせるものだった。

3
地
震

基礎 2 防災・減災の取り組み　地震の発生は防げないが，災害を防いだり，軽減したりすることは可能である。

A 地盤情報

表層地盤のゆれやすさ全国マップ

内閣府資料による

南西諸島

北方四島

小笠原諸島

ゆれ
やすい　←→　ゆれ
にくい

震源から同程度離れた場所でも，その場所の地盤の性質によってゆれの程度が異なる場合がある。表層の地盤がやわらかい場所は，地盤がかたい場所よりもゆれが大きくなる。たとえば，河川の堆積物で形成された比較的新しい土地(● p.27)では，地層がかたく結びついていないため，ゆれやすい傾向がある。

政府や各地方自治体は，**地震ハザードマップ**として，震度分布，建物の倒壊率，津波・液状化現象等の危険性をウェブサイトなどで公開している。自分の居住地域において，どのような地震災害が想定されるかを知っておくことは，地震対策をする上で重要である。

B 活断層法

活断層の上につくられた公園(野比東ノ入公園・神奈川)

アメリカのカリフォルニア州などには，活断層のずれによる災害を未然に防ぐため，活断層付近の土地利用を制限する法律(活断層法)がある。日本では，神奈川県横須賀市が指導を行い，活断層付近を公園として利用し，住宅等の建設を回避した例がある。

C 緊急地震速報

緊急地震速報のしくみ

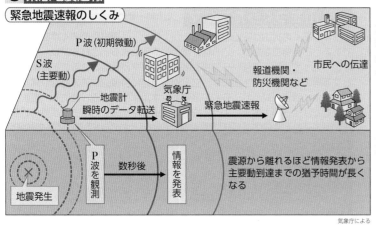

P波(初期微動)

S波
(主要動)

地震計
瞬時のデータ転送

気象庁

報道機関・
防災機関など

市民への伝達

緊急地震速報

地震発生

P波を観測

数秒後

情報を発表

震源から離れるほど情報発表から主要動到達までの猶予時間が長くなる

気象庁による

緊急地震速報は，地震の発生直後に，各地でのゆれの到達時間や大きさなどを予測して，その情報を提供するシステムである。全国約1000か所に配置した地震計のうち，震源に近い観測点でP波が検知されると，観測データがすばやく解析され，S波(大きなゆれ)が各地に到達する前に震源や地震の規模に関する情報が通達されるしくみになっている。緊急地震速報は，テレビ，ラジオ，携帯電話などを通じて受信できる。大きなゆれの前に情報が得られれば，ゆれに備えて自分の身を守ったり，新幹線や工場機械等の運転を制御したりすることで，地震災害を軽減することが可能である。ただし，震源に近い地域では，緊急地震速報が大きなゆれに間に合わないことがある。また，大きな地震では推定精度に限界がある。

D 地震への備え

科学技術の進歩とともに地震の予測の方法は発達してきたが，予測には限界があるため，これまでも日本は想定外の地震災害に見舞われてきた。ひとりひとりが防災・減災の備えをしておくことが必要である。

建物の耐震

耐震補強された学校

建物に，地震のゆれによる損傷を防ぐ対策を施すことを耐震という。学校は，多くの生徒等の安全を確保し，災害発生時の避難場所にもなる施設であるため，政府によって耐震化が推進されている。

家具の転倒防止

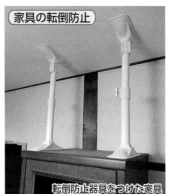

転倒防止器具をつけた家具

地震時の負傷を防ぎ，避難経路を確保するため，家具の固定など対策をしておく。他にも，重いものは下に収納するなど工夫ができる。

非常持ち出し品・備蓄品

消防庁防災マニュアルによる

非常食品＊
飲料水，乾パン，缶詰など
＊最低3日分，飲料水1人1日3L

避難用具
懐中電灯，乾電池，携帯ラジオ，ヘルメットなど

生活用品
厚手の手袋，毛布，簡易トイレ，ライターなど

救急用具

衣料品

貴重品類

非常持ち出し品の例

避難所での生活に最低限必要な準備を行い，非常持ち出し袋はいつでも持ち出せる場所に備えておく。災害復旧までの数日間を自足できるよう，備蓄品を準備しておく。

プチ雑学　建物についての地震のゆれへの対策としては，耐震以外に，建物にゆれを吸収する装置を組み込んだ制震，建物と地盤の間に積層ゴムやボールをはさんで地盤のゆれが建物に伝わらないようにする免震といった方法がある。

クローズアップ 地学
富士山の科学

富士山は，日本のシンボルとして親しまれてきた，日本一の高さを誇る山である。過去に何度も噴火を繰り返した活火山であり，他の山にはないさまざまな科学的特徴をもつ。

富士山の生い立ち

富士山の内部構造

吉本など (2004) による

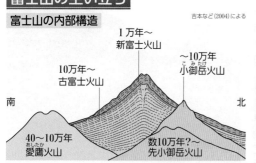

南　北

1万年〜 新富士火山
10万年〜 古富士火山
〜10万年 小御岳火山
40〜10万年 愛鷹火山
数10万年? 先小御岳火山

宝永火口

富士山の周辺では，これまでに何度も火山の噴火が起こってきた。さまざまな火山の噴出物の蓄積によって，富士山は日本一の高さを誇る山となった。

富士山の内部は，さまざまな時代に活動した火山の噴出物による **4層構造**であると考えられている。現在の山体を作った**新富士火山**の活動は，約1万年前に始まった。1707年には，南東側斜面から大きな噴火が起こり，江戸の街にも多量の降灰があったと記録されている。この噴火の痕跡は，**宝永火口**として残っている。

年	富士山の活動
数10万年前〜	**先小御岳火山の活動** 土石流堆積物
〜10万年前	**小御岳火山の活動** 薄い玄武岩質の溶岩流
10万〜1.1万年前	**古富士火山の活動** 火山礫・火山灰が降下
1.1万年前〜現在?	**新富士火山の活動**
1.1〜8000年前	溶岩流出期（中央火口・火口列）
4500〜3200年前	溶岩流出期（中央火口）
2200年前〜	山腹側火山の活動期
800〜802年	**延暦の大噴火**
864〜866年	**貞観の大噴火**
1707年	**宝永の大噴火**

※以降，現在まで噴火していない。

富士山直下のプレート

富士山周辺のプレートの沈み込み

小山真人による
国土地理院の数値地図50mメッシュ（標高）を使い，カシミール3Dで作成

赤石山地　富士山　丹沢山地
箱根山
駿河トラフ　相模トラフ
フィリピン海プレートの進行方向
大島
ユーラシアプレート　北アメリカプレート
フィリピン海プレート

富士山付近は，**フィリピン海プレート，ユーラシアプレート，北アメリカプレート**という3つのプレートが収束する大変珍しい場所だとされている。ここでは，フィリピン海プレートが伊豆半島東側の相模トラフでは北アメリカプレートの下に，西側の駿河トラフではユーラシアプレートの下に沈み込んでいるとされる。フィリピン海プレートは2つに裂けており，裂け目からは多量の**玄武岩質マグマ**が供給されるという考えもある。このような場所に位置するため，富士山の周辺では古くから火山活動が活発であったのだと考えられる。

裾野　南北37km　東西39km
面積約1200km²

富士山をつくったマグマ　火山噴出物 ● p.54

日本の多くの火山は安山岩質であるが，富士山は噴出物の多くが**玄武岩質**であるという特徴をもつ。これは，富士山直下にあるとされるプレートの裂け目を通って，地下深部から直接玄武岩質マグマが供給されることが原因だとする考えもある。富士山には，玄武岩質溶岩に特徴的な**アア溶岩**や縄状の**パホイホイ溶岩**が見られ，多数の**溶岩トンネル**が存在する。他にも，宝永火口付近では宝永の大噴火によってできた**火山弾**などの火山噴出物が見られる。

アア溶岩（宝永遊歩道）

パホイホイ溶岩（青木ヶ原樹海）

溶岩トンネル（富士風穴・青木ヶ原樹海）

火山弾（宝永火口）

総体積約1400km³

噴火観測点　35か所
気象庁などが地震計や遠望カメラなどを置き，監視を行っている。

富士山のかたち

宝永山　小御岳
山中湖 (北東) から

奥庭　大室山
本栖湖 (北西) から

剣ヶ峰　宝永山
愛鷹山
愛鷹山方向 (南) から

北西−南東方向の断面図

亀裂の方向

側火山の
噴出物

本来の円錐型
の山体

側火山の
噴出物

おもな側火山の分布

精進湖　西湖　河口湖
本栖湖
富士山
山中湖
側火山
愛鷹山

0　　10 km

国土地理院の数値地図 50 m メッシュ (標高) を使い，カシミール 3 D で作成

富士山は美しい円錐形の**成層火山** (◯ p.53) だが，よく見ると方向によって少しずつかたちが異なる。富士山には，大きな山体にくっつく小さな単成火山 (**側火山**) が散在する。富士山の側火山は，**北西−南東方向**に列をなして分布するため，北東や南西から見る富士山は，円錐形の山体に側火山の火山噴出物が付け加わって，より裾野が広く見える。

富士山の周辺の地殻には，**フィリピン海プレート**の沈み込みによる北西−南東方向の力がかかっており，この方向に入った亀裂からマグマが噴出したため，側火山の分布が北西−南東方向に並ぶと考えられる。

富士山がもたらす恵み

豊かな水

柿田川公園の湧水

土隆一 (2007) による

表層地下水
の流れ

火山灰
溶岩
溶岩

溶岩層間の
地下水の流れ

火山表層の火山噴出物による地層はすき間が多く透水性がよい。富士山は裾野が広大で，降水量にも恵まれているため，山麓部での**湧水**が豊富である。

溶岩流による大地

青木ヶ原樹海

青木ヶ原樹海は，富士山の北西に広がる約 30 km² の大森林である。貞観の大噴火による溶岩流跡に生育し，地表には凹凸が多い。

富士山にかかる雲

笠雲

つるし雲

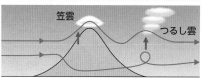

笠雲　つるし雲

富士山のような独立峰では，湿った風が斜面をかけ上がったり，山腹を回りこみ渦巻くことで上昇気流ができる。風が上空の空気にぶつかると，特徴的な雲ができることがある。

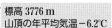

標高 3776 m
山頂の年平均気温−6.2℃

永久凍土*の下限
約 3500 m

＊ 2 年以上連続で 0 ℃以下
の凍結状態にある地盤。

河口湖 (北) から見た富士山

地球上の火山は，プレートの境界に多く分布する。プレートの境界では，地下の岩石が熱でとけ，マグマが発生する。

4 火山

基礎 1 世界の火山分布　世界の火山分布は，マグマの成因によって3つに分類できる。

割れ目からの噴火（ヘイマエイ・アイスランド）

アイスランドは，海嶺（プレートの拡大境界）が海面上に現れた場所である。

山体崩壊（セントヘレンズ・アメリカ）

セントヘレンズ（沈み込み帯付近）は，マグマの上昇で山が膨張し，山体が不安定になり崩壊した。

マグマの噴出（キラウエア・ハワイ）

ハワイはホットスポット上にできた火山島である。ハワイの火山は，裾野がゆるやかである。

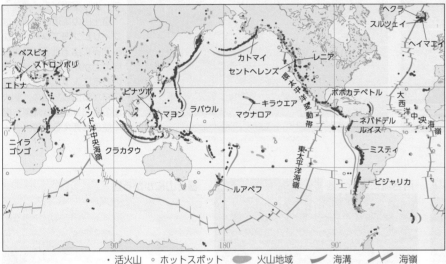

・活火山　。ホットスポット　〜火山地域　〜海溝　〜海嶺

世界には約1500の活火山が存在する。活火山はマグマの発生する場所に集中して分布し，火山帯をつくる。活火山が分布する場所は，マグマの成因によって次の3つに分類できる。

中央海嶺　中央海嶺や地溝帯のような，プレートが拡大する境界付近に存在する火山で，おもに玄武岩質マグマを噴出する。

沈み込み帯　プレートが収束する境界付近に存在する火山で，おもに安山岩質マグマを噴出する。

ホットスポット　プレート境界とは関係なく，海洋や大陸の内部に存在する火山で，おもに玄武岩質マグマを噴出する。

基礎 2 日本の火山分布　日本にはプレートの収束境界（沈み込み帯）があるため，火山が多い。

日本のおもな火山

- ▲ 常時観測火山
- △ その他の火山
- -- 火山前線
- ― 和達-ベニオフ帯の等深線

弧状の日本列島に沿って海溝があり，北海道，本州，九州の陸地の中央部に火山が分布している。火山分布，海溝，和達-ベニオフ帯の等深線が，それぞれ平行になっていることが特徴である。このことは，マグマの発生がプレートの沈み込みに関係することを示す。火山は海溝から西に300〜400 kmの位置に集中して分布しており，この位置の地下100〜150 kmの深さでマグマの発生する条件が満たされる。なお，最も海溝側の火山の位置を連ねた線を**火山前線（火山フロント）**という。

噴煙をあげる桜島（鹿児島）

昭和新山は有珠山の一部。

溶岩ドーム（昭和新山・北海道，標高 398 m）

昭和新山の成長（ミマツダイヤグラム）

三松正夫(1962)による

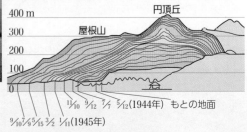

気象庁では，「概ね過去1万年以内に噴火した火山及び現在活発な噴気活動のある火山」を活火山としている。日本には111の活火山がある。

桜島は現在も活発な活動が続いている。かつては島であったが，噴火で流出した溶岩により，大隅半島と陸続きになった。

プチ雑学　2006年に発見が報告された三陸沖海底の火山は，中央海嶺・沈み込み帯・ホットスポット，いずれにも属さない新種の火山とされ，プチスポットとよばれる。プレートが沈み込む際にできた割れ目を，アセノスフェアに由来するマグマが上昇して，火山ができたと考えられる。

基礎 **3** **マグマの発生** 中央海嶺・ホットスポットでは圧力の低下，沈み込み帯では水の付加でマグマが発生する。

A かんらん岩の融解条件

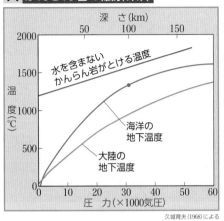

久城育夫(1968)による

マントルはおもにかんらん岩からなり（●p.25），これがとけてマグマが生じる。水を含まないかんらん岩がとける温度は圧力が大きいほど高く，たとえば深さ100kmに相当する30000気圧では1500℃になる。ところが実際のこの深さ（海洋地域）での温度は1300℃程度で，このままではかんらん岩はとけない。実際には右のようなしくみでかんらん岩がとける。

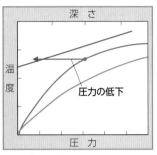

かんらん岩の上昇などで圧力が下がるととける。温度が上がってもとけるが，これは自然界では起こりにくい。

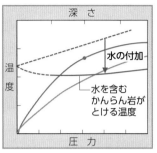

水を含むとかんらん岩のとける温度が下がるため，とける。この温度はどの深さでも1000℃程度である。

4 火山

B マグマが発生する場所

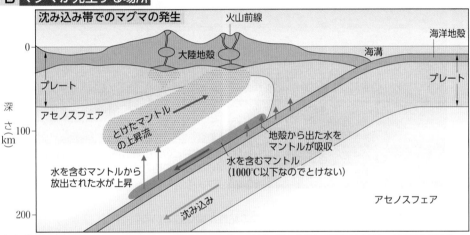

沈み込み帯でのマグマの発生

マグマは，かんらん岩への圧力の低下や水の付加で発生する。これらは，中央海嶺，ホットスポット，沈み込み帯で起こる。

中央海嶺・ホットスポット ●p.19
高温のマントルが上昇しており，深さ200kmより浅くなると，圧力の低下でかんらん岩がとけ，玄武岩質マグマができる。

沈み込み帯
海洋地殻には水が含まれ，沈み込みとともに放出される。この水はすぐ上のマントルに吸収され，プレートの沈み込みとともにより深くへ運ばれる。150km程度の深さになると，高圧のためにまた水が放出される。この水を，プレートの沈み込みの反転流として上昇してきた高温のマントルが受けとり，マグマが発生する。できたマグマは，上昇流でより浅いところへ移動する。

さまざまな成分が含まれる岩石は，一様にはとけず，とけやすい成分から先にとける。これを**部分溶融**という。このため，かんらん岩から生じるマグマも，かんらん岩ではなく玄武岩に近い組成になる。

基礎 **4** **マグマだまりと火山の噴火** マグマが浮力で上昇し，発泡で爆発する。

A マグマだまり

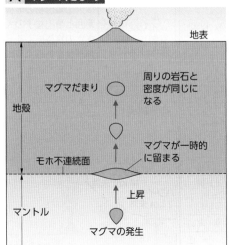

マントル内で，かんらん岩がとけてできた液体のマグマは，周囲のかんらん岩（固体）より密度が小さいため，浮力で上昇する。モホ不連続面に達すると，地殻の岩石の密度は小さいために，マグマの上昇がにぶり，一時的に留まることがある。

留まるうちに，マグマの温度が下がって鉱物の晶出（●p.61）や，マグマの同化・混合（●p.61）が起こる。こうしてマグマの組成が変わり，密度が小さくなると，マグマは地殻中を上昇する。

マグマと周りの岩石の密度が同じになると再び上昇は止まり，**マグマだまり**ができる。

B 噴火のしくみ

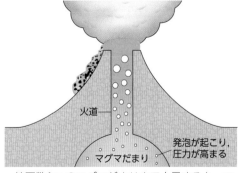

地下数kmのマグマだまりまで上昇すると，マグマにかかる圧力が下がり，溶けていたガス成分（おもに水蒸気）の溶解度も下がるため，発泡が起こる。発泡で高まる圧力により，マグマが噴出することがある。これが噴火である。

プチ雑学 マグマだまりに何らかの圧力が加わったり，マグマがさらに供給されることでも噴火は起こる。また，マグマの熱で地下水が沸騰して起こる水蒸気爆発，マグマが直接地下水の多い層に接して起こるマグマ水蒸気爆発もある。

4 火山

基礎 1 火山の活動

成層圏まで達する噴煙は，気候に影響を与えることもある。

噴煙柱（ピナツボ・フィリピン，1991.6.12）

流動性の高い玄武岩質マグマが噴水のように噴き出す。

溶岩噴泉（キラウエア・ハワイ，1984）

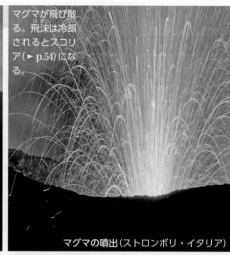

マグマが飛び散る。飛沫は冷却されるとスコリア（▶ p.54）になる。

マグマの噴出（ストロンボリ・イタリア）

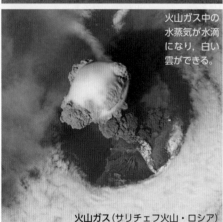

火山ガス中の水蒸気が水滴になり，白い雲ができる。

火山ガス（サリチェフ火山・ロシア）

高温の火山砕屑物と火山ガスの混合物が高速で流れ下る。突発的に発生し，非常に危険。

火砕流（雲仙岳・長崎，1991.6.3）

海上保安庁 提供

島の形成（西之島）

溶岩などの火山噴出物により，山や島ができる。小笠原諸島の西之島は，1973年や2013年の噴火で拡大した。

基礎 2 噴火の様式

火山の噴火には，さまざまな様式がある。これにはマグマの粘性が関係している。

噴火の様式	アイスランド式	ハワイ式	ストロンボリ式	ブルカノ式	プリニー式	水蒸気爆発*・マグマ水蒸気爆発*
噴火の特徴	広域の割れ目から，粘性の低い玄武岩質マグマが大量に流出し，溶岩流となる。	山頂や山腹の割れ目から，粘性の低い玄武岩質マグマが噴水のように噴出（溶岩噴泉）。	中心噴火。比較的粘性の低いマグマや灼熱したスコリアを間欠的に噴出。	中心噴火。高圧の火山ガスにより，粘性の高いマグマを爆発的に噴出。	中心噴火。噴煙柱ができるほどの激しい爆発。大量の軽石や火山灰を降らす。火砕流が発生。	マグマの熱で生じた高温高圧の水蒸気が爆発的な噴火活動をひき起こす。
火山の例	ラキ（ラカギガル）（アイスランド，1783）アスキャ（アイスランド，1961）	キラウエア（ハワイ，1983～）マウナロア（ハワイ，1984）	ストロンボリ（イタリア）三宅島（1962）伊豆大島（1986～87）阿蘇山	ブルカノ（イタリア，1888～90）桜島浅間山	セントヘレンズ（アメリカ，1980）ピナツボ（フィリピン，1991）	スルツェイ（アイスランド，1963）有珠山（2000）御嶽山（2014）
特徴的な火山地形	溶岩台地	盾状火山	成層火山，火砕丘	成層火山，溶岩ドーム	成層火山，カルデラ	マール
噴火のようす	穏やかに噴火。溶岩流が多い。 ◄――――――――――――――――►				爆発的に噴火。火山弾や軽石，火山灰が多い。	
噴出物，噴出のしかた（◐ p.54）	パホイホイ溶岩，アア溶岩溶岩噴泉 ◄――――――		紡錘状火山弾スコリア，火山灰	塊状溶岩パン皮状火山弾スコリア，火山灰	大量の軽石火山灰火砕流 ――►	
噴出物の外観	黒・暗灰色 ◄―――――――――――				――► 灰・淡灰色	
マグマの性質	玄武岩質（SiO₂ 少ない） ◄―――――		安山岩質		デイサイト質～流紋岩質（SiO₂ 多い）	
マグマの粘性	低い ◄―――――――――――――				高い	
マグマの温度	高 ◄―― 1200℃ ―――― 1100℃ ―――― 1000℃ ―――― 900℃ ――► 低					

かつては典型的に見られる噴火様式をその火山の地名をつけて○○式噴火とよんでいたが，曖昧さが大きいため，近年は火山噴出物の堆積範囲と噴出粒子の大きさの特徴による分類がなされるようになってきている。

*水蒸気噴火，マグマ水蒸気噴火ともいう

噴煙柱の高さ

プリニー式 10 km 以上

ストロンボリ式 10 km 未満

ハワイ式 2 km 未満

Cas, Wright (1987) による

プチ雑学 　火砕流の流れ下る速度は時速数十kmから百数十km，内部の温度は数百℃にも達する。火砕流内部では火山ガスだけでなく岩塊が高速で流れている場合もあるため，機械的な破壊力も甚大である。

●溶岩流 lava flow ●火山ガス volcanic gas ●火砕流 pyroclastic flow
●溶岩台地 lava plateau ●盾状火山 shield volcano ●成層火山 stratovolcano
●カルデラ caldera ●溶岩ドーム lava dome ●火砕丘 pyroclastic cone

Keywords ▸

Google Earth
火山地形比較

53

4 火山

基礎 3 火山地形　火山活動によって，さまざまな火山地形が形成される。

複成火山　数回の火山活動で形成される　「科学の事典」による

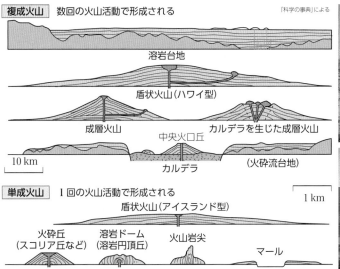

溶岩台地

盾状火山（ハワイ型）

成層火山　　カルデラを生じた成層火山

中央火口丘

10 km

カルデラ　　　　（火砕流台地）

単成火山　1回の火山活動で形成される

1 km

盾状火山（アイスランド型）

火砕丘　　　溶岩ドーム　　火山岩尖
（スコリア丘など）（溶岩円頂丘）

マール

溶岩台地（デカン高原・インド）

火砕丘

盾状火山（マウナロア・ハワイ）

カルデラの形成　例 陥没カルデラ

Williams(1942)による

カルデラ湖　　陥没

火口部とカルデラ（阿蘇山・熊本）

火砕丘

成層火山（富士山・静岡 山梨）

火砕丘（大室山・静岡）

溶岩ドーム（昭和新山・北海道）

マール（不動池・宮崎）

火山の形成史　例 赤城山（成層火山，カルデラ，溶岩ドーム）

鍋割山　荒山　地蔵岳　駒ヶ岳

南から見た赤城山

　赤城山はカルデラをもつ複成火山で，黒檜山，駒ヶ岳，地蔵岳（溶岩ドーム）など複数の外輪山からなる。

　赤城山の活動は約50万年前から始まり，広い裾野をもつ標高2500m程の成層火山が形成された（図a）。この成層火山は山体崩壊を起こし，崩れた山体を修復するように新たな成層火山が形成された（図b）。さらに，爆発的噴火によって山頂部が陥没し，カルデラができた（図c）。カルデラ内には溶岩ドームができ（図d），現在の形になったと考えられている。

「日本の火山地形」による

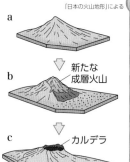

a

b　新たな成層火山

c　カルデラ

d　溶岩ドーム

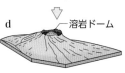

Column プレーの塔

（モンプレー，1903）

　モンプレーの大噴火ではプレーの塔（火山岩尖）ができた。塔は10cm/日の速さで高さ230m以上にも成長したが，その後崩壊した。

プチ雑学　火山には周期的に噴火するものがある。三宅島では，1940年，1962年，1983年，2000年と約20年周期で噴火が繰り返し発生した。2000年の噴火では山頂部にカルデラが形成される過程が観察された。

54 火山噴出物

Keywords ●
●火山噴出物 volcanic product ●溶岩 lava
●火山灰 volcanic ash ●火山砕屑物 pyroclastic material

基礎 **1** **火山噴出物** 火山の噴火によって，地上に噴き出す物質を火山噴出物という。

A さまざまな火山噴出物

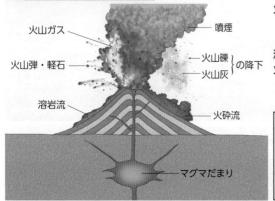

火山ガス／噴煙／火山弾・軽石／火山礫／火山灰／の降下／溶岩流／火砕流／マグマだまり

火山ガス マグマに含まれていた揮発性の成分。水が90%以上（体積比）で，ほかに二酸化炭素，二酸化硫黄，硫化水素などが含まれる。

溶岩 地表に出たマグマ，またはそれが固まったもの。

火山砕屑物 放出された固体で，マグマや火口付近の岩石が飛び散ったもの。大きさや形などから次の表のように分類される。テフラとよぶこともある。

火山砕屑物	粒子の直径	特定の外形をもたない	特定の外形をもつ	多孔質
	64 mm 以上	火山岩塊	火山弾 溶岩餅 スパター ペレーの毛 ペレーの涙	軽石 スコリア （岩さい）
	2〜64 mm	火山礫		
	2 mm 以下	火山灰		

B 溶岩 ●p.48

パホイホイ溶岩

（キラウエア・ハワイ）

溶融部分 ／ 1 m

高温で粘性の低い玄武岩質溶岩に見られる。表面は急冷によりガラス質のことが多く滑らかで，しわ状・縄状になることがある。

アア溶岩

（三原山・東京）

Macdonald (1972) による
岩塊 ／ 内部の流動 ／ 1 m

やや低温で粘性が高い玄武岩質溶岩に見られる。溶岩表面は多孔質で凹凸に富み，数cm〜数十cm程度の岩塊が溶岩全体をおおう。

塊状溶岩

（浅間山・群馬）

Macdonald (1972) による
／ 5 m

さらに低温で粘性が高い玄武岩質溶岩や安山岩質・デイサイト質溶岩に見られる。岩塊は1 m程度で，平らな面をもつ多面体になる。

枕状溶岩

（鴨川市・千葉）

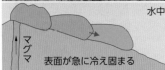

水中 ／ マグマ ／ 表面が急に冷え固まる

粘性の低い玄武岩質溶岩が水中に入ると，表面の溶岩はすぐ固まり，内部の溶岩が押し出され，丸い枕状に固まる。

Column 溶岩でできるもの

溶岩樹型

（三原山・東京）

流れる溶岩が，樹木を巻き込んだあとで固まったもの。巻き込まれた樹木は，溶岩の熱で燃えるため，そこが樹木の型の空洞になる。粘性の低い玄武岩質溶岩でよく見られる。

溶岩トンネル

富岳風穴（富士山・山梨）

溶岩が流れる際に，表面が先に固まり，内部の溶岩が流れ出して空洞になったもの。長さは数km以上になることもある。溶岩樹型と同様，粘性の低い玄武岩質溶岩でよく見られる。

C 火山砕屑物

火山灰（桜島）

紡錘状火山弾（伊豆大島）

パン皮状火山弾（吾妻小富士）

ペレーの毛（ハワイ）

軽石（桜島）

スコリア（富士山）

プチ雑学 マグマが火山ガスを発泡しながら爆発的に放出されると，多孔質の固まりができる。よく発泡していて密度が小さい，白っぽい色のものを軽石という。玄武岩質マグマなどが発泡してできた，黒っぽい色のものをスコリアという。

基礎 **1 火山災害**　火山が噴火すると，火山噴出物や山体崩壊による災害が起こる。

溶岩流

溶岩流でおおわれた道路（キラウエア・ハワイ, 2018）

名古屋市消防局提供

噴石・火山灰

噴石と火山灰の被害を受けた山荘（御嶽山・長野・岐阜, 2014）

火山ガス

火山ガスの影響で立ち枯れした林
（三宅島・東京, 2004）

　キラウエアの噴火による溶岩流は，住宅地や道路に流れこみ，大きな被害をもたらした。

　御嶽山の噴火による死者は58人，行方不明者は5人。噴石による犠牲者が多かった。

　2000年の三宅島の噴火では，大量の火山ガスの放出が確認された。

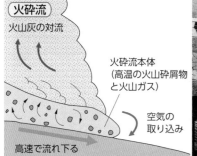

火砕流

火山灰の対流

火砕流本体
（高温の火山砕屑物
と火山ガス）

空気の
取り込み

高速で流れ下る

火砕流による被害（雲仙岳・長崎）

火山泥流・土石流

泥流で押し流された建物（ネバドデルルイス・コロンビア, 1985）

　噴煙柱（● p.52）や溶岩ドームが崩壊したときに発生する。

　雲仙岳の噴火（● p.52）では，時速100 km以上の火砕流が島原市を襲った。

　噴火によって山頂付近の雪や氷がとけ，泥流が発生した。泥流による死者は2万人を超えた。

山体崩壊

　1980年，アメリカのセントヘレンズ（● p.50）で，火山活動によるマグマの上昇で山が膨張し，山体崩壊が起きた。山頂部が大規模に崩壊し，標高は400 m以上低くなった。
　日本では1888年，福島県の磐梯山で水蒸気爆発が起こり，山体が崩壊した。崩壊した山体は，高速で崩れ落ちる岩屑なだれとなって川をせき止め，五色沼などの湖沼がつくられた。

セントヘレンズ（左：1980年の山体崩壊前，右：山体崩壊から2年後）
セントヘレンズは富士山のような円錐形の火山だったが，山頂部の崩壊で横幅2 kmのカルデラができた。

基礎 **2 火山の恵み**　火山がもたらす地形・地質や熱などは，私たちの生活を豊かにしてくれる。

美しい景観

蔵王のお釜（宮城）

地熱発電（● p.219）

八丁原発電所（大分）

　地熱は火山の多い日本に豊富に存在するエネルギーである。

温 泉

プチ雑学　1792年，雲仙岳の一角をなす眉山で山体崩壊が起きた。大量の土砂は，ふもとの島原を襲った後，有明海に一気に流れ込み，対岸の肥後（熊本県）に大津波を起こして多くの被害をもたらした。これを島原大変肥後迷惑という。

4 火山

基礎 1 過去のおもな火山災害　噴火による大きな噴石や火砕流などは，生命に危険を及ぼす。

噴火の時期	火山名	犠牲者（人）	備考
1721年 6 月22日	浅間山	15	噴石による
1741年 8 月29日	渡島大島	1467	岩屑なだれ，津波による
1764年 7 月	恵山	多数	噴気による
1779年11月 8 日	桜島	150余	噴石，溶岩流などによる　「安永大噴火」
1781年 4 月11日	桜島	8，不明7	高免沖の島で噴火，津波による
1783年 8 月 5 日	浅間山	1151	火砕流，土石なだれ，吾妻川・利根川の洪水による
1785年 4 月18日	青ヶ島	130～140	居住者327人のうち130～140人が死亡と推定され，残りは八丈島に避難
1792年 5 月21日	雲仙岳	約15000	地震，岩屑なだれによる　「島原大変肥後迷惑」
1822年 3 月23日	有珠山	103	火砕流による
1841年 5 月23日	口永良部島	多数	噴火による，村落焼亡
1856年 9 月25日	北海道駒ヶ岳	19～27	噴石，火砕流による
1888年 7 月15日	磐梯山	461（477）	岩屑なだれにより村落埋没
1900年 7 月17日	安達太良山	72	火口の硫黄採掘所全壊
1902年 8 月上旬	伊豆鳥島	125	全島民死亡
1914年 1 月12日	桜島	58～59	噴火，地震による　「大正大噴火」
1926年 5 月24日	十勝岳	144*	融雪型火山泥流による　「大正泥流」
1940年 7 月12日	三宅島	11	火山弾，溶岩流などによる
1952年 9 月24日	ベヨネース列岩	31	海底噴火，観測船遭難により全乗員が死亡
1958年 6 月24日	阿蘇山	12	噴石による
1991年 6 月 3 日	雲仙岳	43*	火砕流による　「1991年雲仙岳噴火」
2014年 9 月27日	御嶽山	63*	噴石による

*行方不明者を含む。

「日本活火山総覧（第 4 版）」などによる

人との関わり　天明の大噴火

天明の大噴火とよばれる1783年の浅間山の噴火では，火砕流が鎌原集落をほぼ全滅させた上，吾妻川・利根川に流入して泥流による多大な被害をもたらした。

また，多量の火山灰の堆積や，拡散した火山灰による日照量の低下は農作物の生育を阻害し，すでに始まっていた天明の大飢饉に拍車をかけたといわれている。

発掘された鎌原の被害者

浅間山噴火夜分大焼之図

基礎 2 火山の観測と噴火予測　活火山は監視され，その情報をもとに噴火の予測が行われている。

A 火山の観測

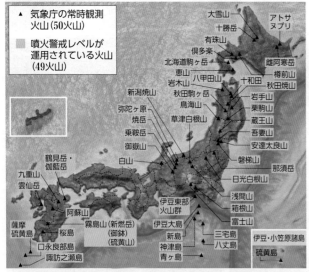

▲ 気象庁の常時観測火山（50火山）

■ 噴火警戒レベルが運用されている火山（49火山）

大雪山　アトサヌプリ
十勝岳
有珠山
倶多楽
北海道駒ヶ岳　雌阿寒岳
恵山　樽前山
岩木山　八甲田山　十和田
秋田焼山
新潟焼山　岩手山
弥陀ヶ原　秋田駒ヶ岳　栗駒山
焼岳　鳥海山　蔵王山
乗鞍岳　草津白根山　吾妻山
御嶽山　安達太良山
白山　磐梯山
那須岳
日光白根山
鶴見岳・伽藍岳
九重山　浅間山
雲仙岳　箱根山
阿蘇山　伊豆東部火山群　富士山
薩摩硫黄島　伊豆大島
桜島　霧島山（新燃岳）（御鉢）（硫黄山）　新島　三宅島
口永良部島　神津島　八丈島　伊豆・小笠原諸島
諏訪之瀬島　青ヶ島　硫黄島

日本には111の**活火山**（○ p.50）があるが，このうち50火山が「火山防災のために監視・観測体制の充実等が必要な火山」として，関係機関からの情報提供を受けながら，火山活動が24時間体制で常時監視されている。これらの火山は，地震計，傾斜計，遠望カメラなどの観測施設が設置されている。観測データは，噴火の前兆をとらえて噴火情報等を迅速に発表するために使われる。このうち49火山では，噴火警戒レベル（○ p.57）が運用されている。

B 噴火までの変化

地下深部から供給されたマグマは，いったん火山直下の 1～10 km の深さに蓄積し，マグマだまりをつくると考えられている。蓄積したマグマによって，マグマだまりの圧力が増加すると，岩盤に割れ目をつくってマグマがさらに上昇する。上昇したマグマが地表に出現すると，噴火が起こる。これらの過程で起こる振動や地殻変動などの前兆現象を捉えることで，噴火を予測している。

①マグマの蓄積

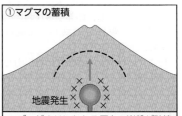

地震発生

マグマだまりにかかる圧力で岩盤が破壊され，地震が発生する。岩盤とマグマの物理的性質のちがいから地磁気や重力の変化が観察される。マグマが上昇するにつれ，地盤の隆起や伸長が起こり始める。

②マグマの上昇

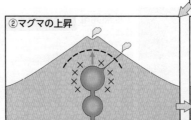

マグマの上昇により，地震の発生，地磁気・重力変化が顕著になる。震源が浅くなると噴火が近いと想定でき，震源が集中する場所から噴火する可能性が大きい。マグマが近づいた地表から噴気が上がる。

③噴火の直前

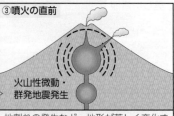

火山性微動・群発地震発生

地割れの発生など，地形が著しく変化する場所は噴火が起こる可能性が高い。マグマの移動などにともなって，火山性微動が続き，群発地震が発生する。山麓の温泉の水温や水質に変化が起こり始める。

プチ雑学　50火山の選定は，次の基準でなされた。①近年，噴火活動を繰り返している（23火山）　②過去100年程度以内に火山活動の高まりが認められる（21火山）　③現在異常は見られないが，過去の噴火履歴等からみて火山活動の可能性が考えられる（4 火山）　④予測困難な突発的な小噴火の発生時に火口付近で被害が生じる可能性が考えられる（2 火山）

基礎 **3** 噴火警報・予報　火山の観測情報をもとに，噴火警報・予報や噴火警戒レベルが発表される。

気象庁による

種別	名称	対象範囲	レベルとキーワード		説明		
					火山活動の状況	住民等の行動	登山者・入山者への対応
特別警報	噴火警報（居住地域）又は噴火警報	居住地域及びそれより火口側	レベル5	避難	居住地域に重大な被害を及ぼす噴火が発生，あるいは切迫している状態にある。	危険な居住地域からの避難が必要（状況に応じて対象地域や方法等を判断）。	―
			レベル4	高齢者等避難	居住地域に重大な被害を及ぼす噴火が発生すると予想される（可能性が高まってきている）。	警戒が必要な居住地域での避難の準備，災害時要援護者の避難等が必要（状況に応じて対象地域を判断）。	―
警報	噴火警報（火口周辺）又は火口周辺警報	火口から居住地域近くまで	レベル3	入山規制	居住地域の近くまで重大な影響を及ぼす*噴火が発生，あるいは発生すると予想される。	通常の生活（今後の火山活動の推移に注意。入山規制）。状況に応じて災害時要援護者の避難準備等。	登山禁止・入山規制等，危険な地域への立入規制等（状況に応じて規制範囲を判断）。
		火口周辺	レベル2	火口周辺規制	火口周辺に影響を及ぼす*噴火が発生，あるいは発生すると予想される。	*この範囲に入った場合には生命に危険が及ぶ。 通常の生活。	火口周辺への立入規制等（状況に応じて火口周辺の規制範囲を判断）。
予報	噴火予報	火口内等	レベル1	活火山であることに留意	火山活動は静穏。火山活動の状態によって，火口内で火山灰の噴出等が見られる*。		特になし（状況に応じて火口内への立入規制等）。

噴火警戒レベル2

火口の立入規制（阿蘇山）

噴火警戒レベル5

ガスマスクをして避難する人々（三宅島）

　気象庁は，全国111の活火山を対象として，噴火警報・予報を発表している。噴火警報は，噴火後，避難までの時間的猶予がほとんどなく，生命に危険を及ぼす火山現象（大きな噴石，火砕流など）の発生が予想される場合に，「警戒が必要な範囲」を明示して発表される。
　噴火警戒レベルは，噴火警報・予報の内容とその火山周辺の防災機関や住民がとるべき行動を組み合わせ，「警戒が必要な範囲」と「とるべき防災対応」を5段階に区分して発表する指標である。気象庁のウェブ・サイトでは，噴火警戒レベルが運用されている火山について，各火山ごとの防災情報を提示している。
　自分の居住地域周辺の火山について，どのような火山災害が想定され，噴火警報等が発表された際にどのような防災対応をとればよいかを知っておくことが必要である。

基礎 **4** 噴火予測と火山防災の成果　噴火予測が成果をあげた例もある。

　2000年3月31日，有珠山で大きな噴火が起こった。有珠山周辺では，3月27日から火山性地震が観測され始めた。3月29日には気象庁から緊急火山情報*が発表されたため，周辺の住民約1万人がハザードマップにしたがって避難した。
　住民が避難できたのは，噴火が予測しやすい火山であったこと，噴火周期が短いため防災意識が高かったこと，適切な避難指導が行われたことなどが理由であると考えられている。　*噴火警報・予報の運用は2007年から始まった。

有珠山の地震回数の変化

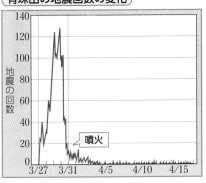

噴火までの流れ

3月27日	火山性地震が増加	
3月28日	2:50	臨時火山情報
3月29日	11:10	緊急火山情報
	午後	3市町に避難勧告
	18:30	勧告から避難指示に
3月30日	午前	地殻変動を確認
	23:30	対象住民全員の避難確認
3月31日	午前	小有珠に亀裂
	13:07	**有珠山噴火**

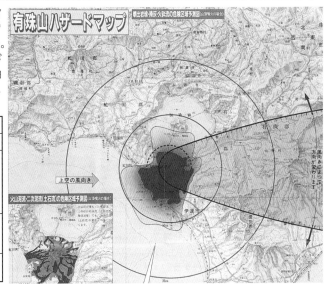

有珠山ハザードマップ

噴出岩塊・降灰・火砕流の危険区域予測図（山頂噴火の場合分）

上空の風向き

火山泥流・二次泥流（土石流）の危険区域予測図（山頂噴火の場合）

ひとくち科学　大きな被害をもたらした2014年の御嶽山の噴火は水蒸気爆発によるものであった。水蒸気爆発は明らかな噴火直前の前兆現象が現れにくく，予知が困難な場合もある。

マグマが固結してできた火成岩には，さまざまな産状がある。火成岩はマグマの冷却速度によって岩石のつくりが異なり，火山岩と深成岩に分類される。

基礎 1 火成岩のできるところ　火成岩は，地殻の割れ目から上昇したマグマが冷えて固まったものである。

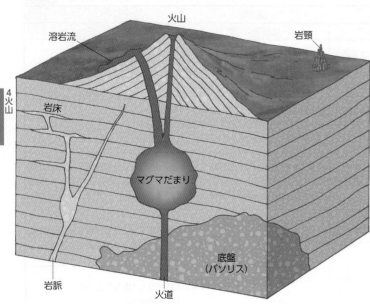

マグマが固まってできた岩石を**火成岩**という。火成岩には，マグマが地表や地下の浅いところで短時間で固まった**火山岩**と，マグマが時間をかけて固まった**深成岩**がある。ある程度の広い範囲に分布する(地質図などに示される)岩石の塊を岩体と呼ぶ。

火成岩の産状には，マグマの地表への噴出(溶岩 ● p.54)と地層への貫入がある。貫入とは，マグマが通り道をつくりながら上昇し，地層の中に侵入することである。大規模な**貫入岩体**の場合，貫入された地層はおもに熱の影響で接触変成岩(● p.30)に変化することが多い。

岩体を作ったマグマは，冷却によって収縮するが，その際に節理とよばれる一定方向に伸びる割れ目を作ることがある。

貫入岩体の産状

岩脈　周囲の地層を斜めに横切る形で，板状に貫入した岩体
岩床　周囲の地層にほぼ平行に挟まれた形で，層状に貫入した岩体
岩頸　火山の火道を埋めて固まった岩石が侵食によって現れたもの。
底盤(バソリス)　花こう岩質岩石の貫入でできた大規模な岩体で，露出面積が 100 km² 以上のもの。貫入時期の異なる小規模な多くの岩体が集まってできたと考えられている。

基礎 2 さまざまな岩体　露頭では，火成岩のさまざまな産状が見られる。

岩脈	岩床	岩頸
(鳳凰三山・山梨)	(男鹿半島・秋田)	(筆島(伊豆大島・東京))

マグマは地層に割れ目を作りながら上昇する。写真は泥岩の地層に花こう岩質マグマが貫入したもの。

地層の間に平行にマグマが貫入し，固まったもの。上下の地層に近い部分の岩石は，急に冷やされたため，粒の小さな岩石となっている。

筆島は，かつて火山の火道(マグマの通り道)を埋めていた溶岩などの硬い岩石が，風化・浸食で，柱状の岩石として現れたものと考えられる。

Column 天然記念物になっている岩体

1939年国指定	1935年国指定	1924年国指定
根室車石(北海道)	東尋坊(福井)	橋杭岩(和歌山)

枕状溶岩(● p.54)が冷却・収縮する際に，柱状節理が放射状に形成されたもので，「車輪」の直径は 6 m にもなる。写真のものの周辺には，ほかにも小さな車石が存在する。

安山岩質マグマが約1300万年前に貫入し，その後の冷却により柱状節理が生じたもの。岩体の内部でゆっくり冷えた柱ほど大きくなることを利用して，岩体の構造が推定されている。

花こう岩質マグマが約1500〜1400万年前に泥岩中に貫入して形成した。その後，泥岩部分が選択的に侵食され，硬い岩脈部分だけが長さ900 m，幅 15 m にわたって杭状に残された。

Keywords ▶
●火成岩 igneous rock　●火山岩 volcanic rock　●深成岩 plutonic rock　●貫入岩体 intrusive body
●岩脈 dike　●岩床 sheet　●底盤（バソリス）batholith　●節理 joint　●石基 groundmass　●斑晶 phenocryst
●自形 euhedral　●他形 anhedral　●色指数 color index

59

4
火山

基礎 3 岩体に見られる構造　高温の溶岩が冷えるときに，節理ができることがある。

柱状節理　溶岩が冷却される際に収縮して，柱状に割れ目（節理）が形成されたもの。玄武岩などに見られる。節理は冷却面と垂直に発達する。

板状節理　節理が板状に発達したもの。安山岩によく見られ，節理はマグマの冷却面と平行に発達する。

方状節理　節理が直方体状に発達したもの。花こう岩によく見られる。

参考　柱状節理のでき方

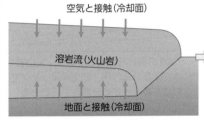

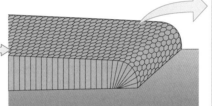

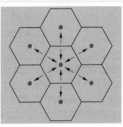

冷却面全体がかたよりなく冷えたとすると，冷却面では，図のように等間隔に分布する点を中心として各領域で溶岩が縮むため，正六角形*の亀裂が生じる。この亀裂が内部へ広がって柱状節理になる。

　流れ出た高温の溶岩が，地面と空気に触れて，冷却される。貫入岩体では，まわりの地層と接する面が冷却面となる。

　高温の溶岩が冷えると体積が少し小さくなるため，冷却面に対して直角に亀裂が入り，柱状節理ができる。

　ゆっくり冷えると大きな柱，比較的速やかに冷えると小さな柱になるといわれている。
＊実際には四角形，五角形の柱も形成される。

基礎 4 火成岩のつくり　火成岩のつくりには，マグマの冷却速度や晶出順序が反映されている。

A 火成岩の組織

斑状組織

斑晶

石基

　マグマが地表や地表付近で急激に冷却されると，鉱物が大きく成長できない。成長できなかった細粒やガラス質の部分を**石基**という。岩石中に含まれる，地下深部で晶出していた比較的大きな結晶を**斑晶**という。**火山岩**に多く見られる。

等粒状組織

　火山の下にあるマグマだまりや，それ以深の地下で，マグマがゆっくりと冷却されて固まった場合にできる。鉱物粒は比較的大きく，大きさはほぼそろっている。初期に固まったものは自形を示す。**深成岩**に多く見られる。

B 晶出順序

輝石

かんらん石

斜長石

　周囲が液体（マグマや熱水）や気体（おもに水蒸気）の場合，結晶は自由に成長できる。鉱物本来の整った形をとることができ，このような形を**自形**という。あとで結晶化したものは，すでにある鉱物のすき間を埋める形でしか成長できず，不規則な形を示す。このような形を**他形**という。

　岩石にみられる鉱物の形から，鉱物の結晶化した順序を推定できる。左の図の場合，最も自形性が良いのはかんらん石，次は斜長石であり，輝石はこれらの間を埋めている。したがって，マグマから，かんらん石，斜長石，輝石の順で結晶化したと推定できる（結晶分化作用 ▶ p.61）。

C 色指数

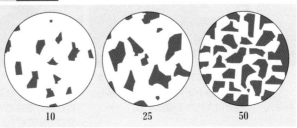

10　　25　　50

岩石中の**有色鉱物**の体積%を**色指数**という。

色指数
$$= \frac{\text{有色鉱物の体積}}{\text{岩石全体の体積}} \times 100$$

岩石を磨いた表面や画像に方眼をかぶせ，格子点上の鉱物を数えて求められる。

60 火成岩とマグマ

火成岩は，岩石の組織と化学組成の組み合わせで分類される。岩石の組織のでき方によって，火山岩（斑状組織）と深成岩（等粒状組織）に分類される。

基礎 1 火成岩の分類 火成岩は，岩石の組織と化学組成の組み合わせによって分類される。

斑状組織	火 山 岩	（コマチアイト）	玄 武 岩	安 山 岩	デイサイト	流 紋 岩
等粒状組織	深 成 岩	かんらん岩	斑 れ い 岩	閃 緑 岩	花 こ う 岩	
SiO₂の量（質量%）		超苦鉄質岩（超塩基性岩）	苦鉄質岩（塩基性岩）	中間質岩（中性岩）	ケイ長質岩（酸性岩）	

SiO_2の量（質量%）： 45% ← 52% → 66%* → 70%

色 指 数： 約70 ← 約35 → 約15　＊63%とすることもある。

密 度（g/cm³）： 約3.2 ← → 約2.7

造岩鉱物（%）
- 無色鉱物：Caに富む、斜長石、石英、カリ長石、Naに富む
- 有色鉱物：輝石、角閃石、黒雲母
- その他の鉱物：かんらん石

他のおもな酸化物の量（質量%）：Al_2O_3、$FeO + Fe_2O_3$、CaO、MgO、Na_2O、K_2O

火成岩（▶ p.58）は，岩石の組織と化学組成の組み合わせで分類される。岩石の組織は，マグマが冷え固まる速さの違いを反映しており，**火山岩**（斑状組織）と**深成岩**（等粒状組織）に分類される。化学組成は，**マグマ**の多様性を反映しており，多様性の原因には，結晶分化作用，同化作用，マグマの混合などが考えられている。現在では，機械を用いた化学分析から，化学組成，特に二酸化ケイ素 SiO_2 を含む量を基準とする分類が主流である。しかし，このような機械を用いた分析が困難だった時代には，色指数の測定も，化学組成を反映した岩石の分類法として有効であった。

A 岩石の顕微鏡観察 実習

岩石の薄片のつくり方

① 岩石を厚さ3mm程度に切断し，片面を，80，320，500番の研磨剤で磨く（鉄板上）。仕上げは2000番の研磨剤で磨く（ガラス板上）。

② 2000番の研磨剤で磨くと，鏡面のようになる。この面をエポキシ系接着剤でスライドガラスに接着する（写真は花こう岩を接着したもの）。

③ 接着後，岩石側を下にして研磨剤で磨く。片方のすみが削られ過ぎて，厚さが不均一にならないように注意する。

④ 直交ニコル下で，無色鉱物の干渉色が灰色〜白色になるまで削る。適切な厚さになったら，研磨した面にマニキュアを塗って乱反射を防ぐ。

生物顕微鏡による岩石の薄片の観察

① 用意するもの
岩石薄片，生物顕微鏡，偏光板2枚（4cm×5cm程度），透明定規，輪ゴム

② 顕微鏡の視野の大きさを調べるため，透明定規の目盛りを観察し，視野の大きさを確認する。

③ 2枚の偏光板を直交させ，輪ゴムをかけて止める。偏光板の間に岩石薄片をはさんで観察する（直交ニコルに相当）。

④ 直径約6cmの円内にスケッチする。上の写真右側の小さな円は，定規の1mmの目盛りをスケッチしたもの（視野は4mm程度）。

プチ雑学　先カンブリア時代には，コマチアイトという超塩基性の火山岩が存在した。コマチアイトを形成したマグマの温度は現在噴出するマグマの温度よりも高いと考えられることから，先カンブリア時代の地球の内部は，現在よりも高温であったと考えられている。

Keywords ▶ ●火成岩 igneous rock ●火山岩 volcanic rock ●深成岩 plutonic rock ●マグマ magma
●本源マグマ parental magma ●結晶分化作用 crystallization differentiation

岐阜聖徳学園大学
地球の岩石図鑑

61

4
火山

2 マグマの多様性 結晶分化作用や同化作用，混合により，多様なマグマができる。

A 結晶分化作用

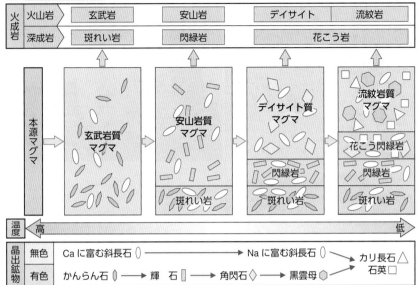

ボーエンは，岩石の溶融・冷却実験にもとづき，すべてのマグマの源となる単一の**本源マグマ**を想定し，このマグマが冷却されるにつれて，図のように鉱物が次々と晶出し，組成が玄武岩質から流紋岩質マグマへと変化していく**結晶分化作用**を提案した。この概念はマグマの多様性を説明する簡潔なメカニズムとして広く受け入れられた。

ただし，現在では，すべてのマグマの成因について，結晶分化作用で説明できるとは考えられていない。

玄武岩質マグマの結晶分化作用

初期に有色鉱物ではかんらん石や輝石が，無色鉱物では Ca に富む斜長石が晶出し，マグマから分離する。やがて，晶出する鉱物は角閃石，Na に富む斜長石や黒雲母に変わり，それにつれて残されたマグマは化学組成が変化し量も減っていく。SiO_2 量は相対的に増加し，最後にカリ長石や石英が晶出する。この一連の変化の途中でマグマが上昇し地上付近で固化すると，それぞれの化学組成に対応した火山岩ができる。マグマだまり付近で固化した岩石は深成岩となる。

B 同化作用

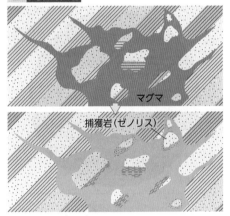

高温のマグマが周囲にある岩石をとかし込んで，もとのマグマとは異なる化学組成のマグマが生じることを，同化作用という。砂岩や泥岩，あるいはこれらを起源とした変成岩は，比較的低い温度でとけるため，同化作用を起こしやすい。

C マグマの混合

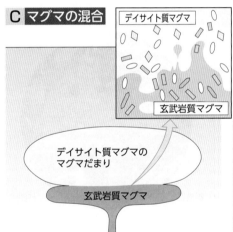

種類の異なるマグマが混ざり，新たなマグマが生じることを，マグマの混合という。安山岩質マグマの多くは玄武岩質マグマとデイサイト質マグマの混合によると考えられている。デイサイト質のマグマ溜まりに玄武岩マグマが接触し，その境界付近で混合が起こる場合が多い。

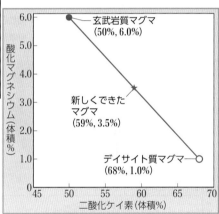

マグマの混合は，上のような図（ハーカー図という）で表すと分かりやすい。たとえば，玄武岩質マグマ●とデイサイト質マグマ○が体積比 1：1 で混ざると，中間組成のマグマ★ができる。ほかの元素もすべて，2 種類のマグマの中間の化学組成になる。

3 火成岩の化学組成 火成岩には，二酸化ケイ素以外に酸化アルミニウムも多く含まれる。

	SiO_2	TiO_2	Al_2O_3	Fe_2O_3	FeO	MnO	MgO	CaO	Na_2O	K_2O	P_2O_5	H_2O	CO_2	合 計
全 地 殻	55.2	1.63	15.3	2.79	5.84	0.18	5.22	8.80	2.88	1.91	0.26	−	−	100.01
平均火成岩	59.12	1.05	15.34	3.08	3.80	0.12	3.49	5.08	3.84	3.13	0.30	1.15	0.10	99.60
花 こ う 岩	70.18	0.39	14.47	1.57	1.78	0.12	0.88	1.99	3.48	4.11	0.19	0.84	−	100.00
流 紋 岩	72.80	0.33	13.49	1.45	0.88	0.08	0.38	1.20	3.38	4.46	0.08	1.47	−	100.00
閃 緑 岩	56.77	0.84	16.67	3.16	4.40	0.13	4.17	6.74	3.39	2.12	0.25	1.36	−	100.00
安 山 岩	59.59	0.77	17.31	3.33	3.13	0.18	2.75	5.80	3.58	2.04	0.26	1.26	−	100.00
斑 れ い 岩	48.24	0.97	17.88	3.16	5.95	0.13	7.51	10.99	2.55	0.89	0.28	1.45	−	100.00
玄 武 岩	49.06	1.36	15.70	5.38	6.37	0.31	6.17	8.95	3.11	1.52	0.45	1.62	−	100.00
かんらん岩	43.54	0.81	3.99	2.51	9.84	0.21	34.02	3.46	0.56	0.25	0.05	0.76	−	100.00

（単位は質量%）

プチ科学 玄武岩や斑れい岩は苦鉄質岩とよばれる。苦鉄質岩は，マグネシウムと鉄を多く含む岩石で，酸化マグネシウムが「苦土」とよばれることに由来する。

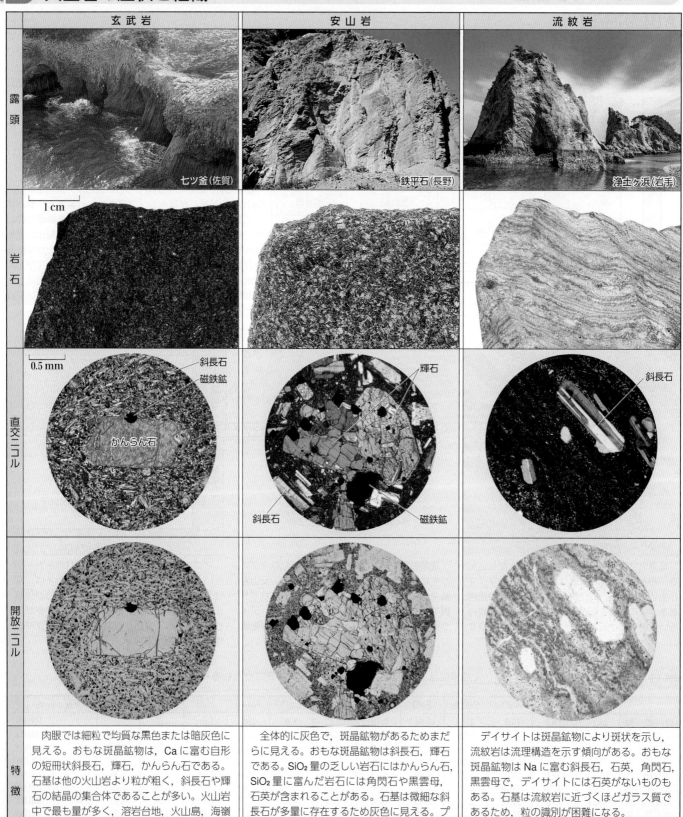

基礎 **1 火山岩の産状と組織**　火山岩には，斑状組織が見られる。

4 火山

	玄武岩	安山岩	流紋岩
露頭	七ツ釜(佐賀)	鉄平石(長野)	浄土ヶ浜(岩手)
岩石	1 cm		
直交ニコル	0.5 mm　斜長石／磁鉄鉱／かんらん石	輝石／斜長石／磁鉄鉱	斜長石
開放ニコル			

特徴

玄武岩：
肉眼では細粒で均質な黒色または暗灰色に見える。おもな斑晶鉱物は，Ca に富む自形の短冊状斜長石，輝石，かんらん石である。石基は他の火山岩より粒が粗く，斜長石や輝石の結晶の集合体であることが多い。火山岩中で最も量が多く，溶岩台地，火山島，海嶺などに産出する。

安山岩：
全体的に灰色で，斑晶鉱物があるためまだらに見える。おもな斑晶鉱物は斜長石，輝石である。SiO_2 量の乏しい岩石にはかんらん石，SiO_2 量に富んだ岩石には角閃石や黒雲母，石英が含まれることがある。石基は微細な斜長石が多量に存在するため灰色に見える。プレートの沈み込み帯を特徴づける岩石である。

流紋岩：
デイサイトは斑晶鉱物により斑状を示し，流紋岩は流理構造を示す傾向がある。おもな斑晶鉱物は Na に富む斜長石，石英，角閃石，黒雲母で，デイサイトには石英がないものもある。石基は流紋岩に近づくほどガラス質であるため，粒の識別が困難になる。
※デイサイトと流紋岩は SiO_2 量などが異なる。（◯ p.60）

プチ雑学　火山岩では，一般的には玄武岩，安山岩，流紋岩と，SiO_2 含有量が多くなるにつれて色調が白っぽくなる傾向がある。しかし，岩石に含まれる鉱物の粒が小さくなると，岩石の SiO_2 含有量が同じでも岩石の色調は暗くなる。黒曜石のように石基がガラス質の場合，この傾向は顕著である。

Keywords ●火成岩 igneous rock ●火山岩 volcanic rock ●深成岩 plutonic rock ●玄武岩 basalt ●安山岩 andesite
●流紋岩 rhyolite ●斑れい岩 gabbro ●閃緑岩 diorite ●花こう岩 granite

63

基礎 2 深成岩の産状と組織 深成岩には，等粒状組織が見られる。

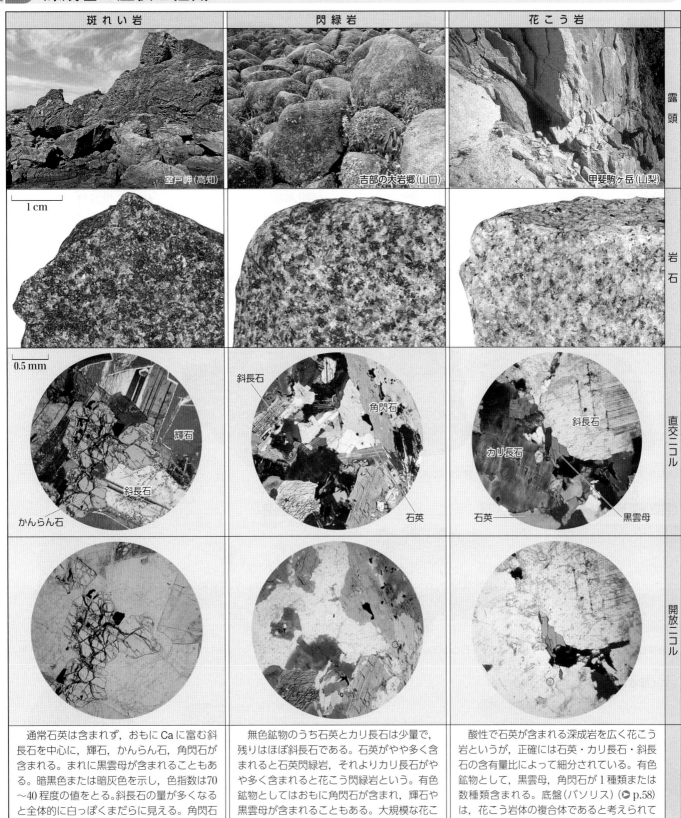

斑れい岩	閃緑岩	花こう岩

露頭：室戸岬（高知）　吉部の大岩郷（山口）　甲斐駒ヶ岳（山梨）

岩石：1 cm

直交ニコル：輝石，斜長石，かんらん石（斑れい岩）／斜長石，角閃石，石英（閃緑岩）／斜長石，カリ長石，石英，黒雲母（花こう岩）　0.5 mm

開放ニコル

通常石英は含まれず，おもに Ca に富む斜長石を中心に，輝石，かんらん石，角閃石が含まれる。まれに黒雲母が含まれることもある。暗黒色または暗灰色を示し，色指数は70〜40程度の値をとる。斜長石の量が多くなると全体的に白っぽくまだらに見える。角閃石の量が多くなると黒っぽく見える。

無色鉱物のうち石英とカリ長石は少量で，残りはほぼ斜長石である。石英がやや多く含まれると石英閃緑岩，それよりカリ長石がやや多く含まれると花こう閃緑岩という。有色鉱物としてはおもに角閃石が含まれ，輝石や黒雲母が含まれることもある。大規模な花こう岩体の周辺部にともなわれることが多い。

酸性で石英が含まれる深成岩を広く花こう岩というが，正確には石英・カリ長石・斜長石の含有量比によって細分されている。有色鉱物として，黒雲母，角閃石が1種類または数種類含まれる。底盤（バソリス）（● p.58）は，花こう岩体の複合体であると考えられている。

科学 マグマに含まれる水（H_2O）は，鉱物中には OH として取り込まれる。マグマの結晶分化作用の初期に晶出するかんらん石や輝石には OH が取り込まれず，角閃石や黒雲母などの含水鉱物中に取り込まれる。角閃石と黒雲母では，後期に晶出する黒雲母の方が多くの OH を含んでいる。

自然に産出する無機物で，物理的性質や化学的性質がほぼ一定のものを鉱物という。鉱物はおもに化学組成によって分類される。

1 おもな鉱物　現在，5000種以上の鉱物が見つかっている。

元素鉱物 1種類の元素からなる

自然硫黄 S

自然金 Au

自然水銀 Hg

石墨 C

硫化鉱物 金属元素と硫黄からなる

黄鉄鉱 FeS_2

しん砂 HgS

輝安鉱 Sb_2S_3

酸化鉱物 金属元素と酸素からなる

コランダム[1] Al_2O_3

磁鉄鉱 Fe_3O_4

ハロゲン化鉱物 金属元素とハロゲンからなる

岩塩 NaCl

蛍石 CaF_2

[1] 微量成分の差で色が異なる。紅色のものはルビー，青色のものはサファイア。

炭酸塩鉱物 金属元素と炭酸イオンからなる

方解石 $CaCO_3$

くじゃく石 $Cu_2(CO_3)(OH)_2$

硫酸塩鉱物 金属元素と硫酸イオンからなる

石こう[2] $CaSO_4$

リン酸塩鉱物 金属元素とリン酸イオンからなる

リン灰ウラン石
$Ca(UO_2)_2(PO_4)_2 \cdot 10\text{-}12H_2O$

[2] 板状結晶が集まったものを砂漠のバラという。

ケイ酸塩鉱物 金属元素とケイ酸からなる

らん晶石 Al_2SiO_5

紅柱石 Al_2SiO_5

珪線石 Al_2SiO_5

ざくろ石
（鉄ばんざくろ石）
$Fe_3Al_2(SiO_4)_3$

多くの元素は，地表付近にたくさん存在する酸素や水と結びつきやすい。よって，元素鉱物の産出量はそれほど多くない。

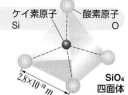

ケイ素原子 Si　酸素原子 O

SiO_4 四面体

2.8×10^{-10} m

基礎 2 おもな造岩鉱物

SiO_4 四面体を基本構造として，これが結びついて結晶の骨格をつくっている。

造岩鉱物(岩石を構成する鉱物，○ p.73)の多くは**ケイ酸塩鉱物**で，SiO_4 四面体を基本構造としてもつ。これはイオン半径の大きな酸素(O) 4個が四面体構造をつくり，中心部に小さなケイ素(Si)が入り込んでいるもので，この SiO_4 四面体の結合の違いでさまざまな鉱物が形成される。

※表中の配列を示す SiO_4 四面体では，中心の Si を省略した。また，◎は共有する酸素を示す。

4 火山

結晶の形	性質	
かんらん石 柱状	**構 造** SiO_4 四面体は島状に独立している。隣の四面体と1個も酸素を共有せず，1個の Si あたり4個の酸素を占有している。Mg や Fe の陽イオンを四面体の間にはさんでいる。 **性 質** 玄武岩などの塩基性岩(苦鉄質岩)および超塩基性岩(超苦鉄質岩)の主要鉱物。Mg に富む場合はオリーブ色，Fe に富む場合は茶緑色のように，化学組成によって色が異なる。おもに苦土かんらん石と鉄かんらん石の固溶体(○ p.66)である。	
輝石 柱状	**構 造** SiO_4 四面体が鎖状に長く重合し，一重鎖構造をつくる。各々の Si は隣の四面体の Si と2個の酸素を共有する。1個の Si あたり $2 + \frac{1}{2} \times 2 = 3$ 個の酸素を占有していることになる。Si の一部は Al で置換されることもある。	
角閃石 柱状	**構 造** SiO_4 四面体が4列並んだ構造で，二重鎖構造とよばれる。外側の2列の Si は，一重鎖構造と同じで2個の酸素を共有する。内側の Si は，3個の酸素を共有する。Si の一部は Al で置換されることもある。 **性 質** ほとんどの岩石に産する。組成は複雑で，多くの種類が存在する。OH を含んでいる。	
雲母 六角板状	**構 造** SiO_4 四面体の鎖が層状構造をつくる。各々の Si は隣の四面体の Si と3個の酸素を共有する。1個の Si あたり $1 + \frac{1}{2} \times 3 = 2.5$ 個の酸素を占有する。層間の結合力が弱いので，完全なへき開が発達する。Si の一部は Al で置換されることも多い。 **性 質** かなり広い範囲の温度下で安定な鉱物で，花こう岩，デイサイト，流紋岩など酸性岩(珪長質岩)類に広く産する。K，Mg，Fe や OH を含む複雑な含水ケイ酸塩鉱物である。黒雲母は褐～黒色の六角板状の結晶をもつ。	
斜長石 柱状	**性 質** Na に富むもの，Ca に富むもの，その中間に位置するものに分けられる。ほとんどの火成岩に含まれるが，Ca に富むものは塩基性(苦鉄質)の岩石に，Na に富むものは酸性(珪長質)の岩石に含まれることが多い。	
カリ長石 柱状	**性 質** 長石類は広範囲な岩石に含まれ，地殻表層部の約60%を占める代表的な造岩鉱物である。長石類はアルカリ長石と斜長石に大別され，アルカリ長石のなかでも K に富むものをカリ長石という。	
石英 六角柱状	**性 質** ほぼ100%の SiO_2 からなる。広い範囲の温度圧力下で安定な鉱物で，砂岩中や砂漠など乾燥地の砂は大部分が石英である。六方柱状の結晶で水晶ともよばれる。色はさまざまなものがあり，ガラス状の光沢をもつ。	**構 造** SiO_4 四面体の酸素はすべて共有される。三次元的につながって，網目構造をつくる。中心の Si は $\frac{1}{2} \times 4 = 2$ 個の酸素を占有する。長石は Si が Al で置換されることが非常に多い。

プチ雑学 鉱物のうち，次の条件を満たすものを宝石という。 ①色や輝きが美しい ②硬度が高く(一般的にモース硬度7以上)，物理的・化学的に安定である ③産出量が少なく稀少である
空気中のほこりには石英(モース硬度7)が含まれるため，モース硬度7以上ならば日常生活で傷がつかない硬さと考えることができる。

鉱物の性質

4 火山

1 鉱物の性質

A 固溶体

結晶構造の骨格は変わらずに，骨格を結びつける陽イオンが条件に応じて置き換わり，結晶ごとの化学組成が異なる性質を**固溶体**という。多くの鉱物は固溶体である。

かんらん石の場合，基本構造のSiO_4四面体をMg^{2+}やFe^{2+}が結びつけているが，この２つはイオン半径が近いため，置き換わることが可能である。そのため，結晶ごとにMg^{2+}とFe^{2+}の割合に幅がある。かんらん石の化学組成は，$(Mg, Fe)_2SiO_4$と表され，Mg^{2+}だけのもの(Mg_2SiO_4)は苦土かんらん石，Fe^{2+}だけのもの(Fe_2SiO_4)は鉄かんらん石とよばれる。なお，結晶の形成温度が高いと，Mg^{2+}の割合が高くなる傾向がある。

かんらん石 Mg^{2+} または Fe^{2+}

苦土かんらん石（Mg_2SiO_4）

マントルや玄武岩中のかんらん石は Mg を多く含む。黄緑色で，宝石にもされる。

鉄かんらん石（Fe_2SiO_4）

酸性の火成岩や鉄に富む変成岩中に含まれる場合が多い。黒色で，産生は少ない。

B 多形（同質異像）

例 ダイヤモンド・石墨，ケイ酸アルミニウム Al_2SiO_5，低温石英・高温石英

ダイヤモンド

石墨

化学組成が同じで，結晶構造が異なる鉱物間の関係を**多形（同質異像）**という。多形の原因は鉱物が形成された時の温度圧力条件の違いである。また，鉱物の形成後，変成作用（●p.30）によって多形の関係にある別の鉱物になることもある。

炭素Cの鉱物の多形

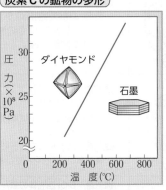

圧力（×10^8Pa）／温度（℃）／ダイヤモンド／石墨

Al_2SiO_5鉱物の多形 ●p.64

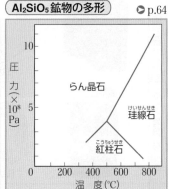

圧力（×10^8Pa）／温度（℃）／らん晶石／珪線石（けいせんせき）／紅柱石（こうちゅうせき）

C へき開

岩塩のへき開

岩塩の結晶に釘をあてハンマーでたたくと，特定の方向にそって割ることができる。

岩塩や方解石は力を加えると，鉱物の結晶面（１つあるいは複数）に平行に割れやすい性質がある。このような性質を**へき開**という。雲母は１つの面にそって割れやすく，板状にはがれる。

D 複屈折

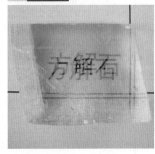

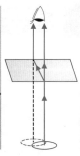

鉱物中を光が通過する場合，境界面で屈折する光が１つではなく２つに分かれる現象を**複屈折**という。光学的に等方体である鉱物やガラスには，複屈折は生じない。

2 鉱物の硬さ

相対的な硬度の基準として，モースの硬度計が使われる。

A モースの硬度計

＊標準鉱物の代用

硬度	標準鉱物	代用品＊
1	滑石	4Bの鉛筆
2	石こう	爪
3	方解石	爪
4	蛍石	カッターナイフ
5	リン灰石	カッターナイフ
6	カリ長石	カッターナイフ
7	石英	
8	トパーズ	
9	コランダム	カーボランダム
10	ダイヤモンド	カーボランダム

滑石（かっせき）

石こう

未知の鉱物を硬度の基準となる標準鉱物と引っかき合わせたとき，傷がついた方が硬度が小さいとする。これを繰り返すことで，硬度を絞り込む。

モース硬度と絶対硬度の比較

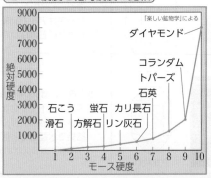

絶対硬度／モース硬度／「楽しい鉱物学」による／ダイヤモンド／コランダム／トパーズ／石英／カリ長石／リン灰石／蛍石／方解石／石こう／滑石

モース硬度は，鉱物の硬さの相対的な基準であり，モース硬度で2度違うと2倍硬いという意味ではない。10度のダイヤモンドの絶対硬度を8000とすると，それぞれの絶対硬度は左のグラフのようになる。

プチ雑学 モース硬度は「傷のつきにくさ」を表すのであり，「衝撃に対する丈夫さ」を表すのではない。モース硬度が10であるダイヤモンドでも，金づちなどでたたくと，へき開面にそって容易に割れてしまう。

分類	名称	検索	化学組成	結晶系	色・光沢	条こん色	へき開	硬度	比重	備考
元素鉱物	自然銅	◉	Cu	等軸	**銅赤・金**	銅赤	不完全	2.5	8.9	展・延性大，樹枝状
	自然銀	◉	Ag	等軸	銀白・金	銀白	不完全	2.5	10.5	展・延性大，毛髪状，樹枝状，産出まれ
	自然金	◉	Au	等軸	黄金・金	黄金	不完全	2.5	16〜19	展・延性大
	自然白金	◉	Pt	等軸	鋼灰・金	灰白	不完全	4	14〜19	展・延性大，産出まれ
	石墨	●	C	六方	鉄黒・金	黒	**完全(一)**	1.5	2.2	脂感あり，紙に着色
	ダイヤモンド	□	C	等軸	無，その他・**非(金剛)**	白	完全	10	3.6	
	自然硫黄	▨	S	斜方	**黄・非(樹脂)**	黄	不完全	2	2.0	**青炎を発して燃え，刺激臭の気体発生**
硫化鉱物	閃亜鉛鉱	■	(Zn, Fe)S	等軸	**褐・亜金**	褐	完全	4	4	Feの成分が多くなるほど黒褐色強く金属光沢を帯びる　結晶四面体・八面体
	黄銅鉱	◉	CuFeS₂	正方	黄銅・金	**緑黒**	不完全	4	4.2	炎色反応は青緑色。結晶は四面体状を呈するがまれ
	方鉛鉱	◉	PbS	等軸	鉛灰・金	鉛灰	**完全(三)**	2.5	7.6	**直方体に割れやすく重い。**結晶六面体・八面体
	しん砂	◉	HgS	六方	**洋紅・非(金剛)**	紅	完全	2	8.1	**閉管中で加熱すると水銀球を得る**
	輝安鉱	◉	Sb₂S₃	斜方	鉛灰・金	鉛灰	完全	2	4.6	**ろうそく火で融け，木炭状で全部揮発**
	黄鉄鉱	◉	FeS₂	等軸	黄銅・金	緑黒	不完全	6	5.0	三方向の条線をもつ。立方体の結晶や八面体・五角十二面体として産出
ハロゲン化鉱物	岩塩	□	NaCl	等軸	無・非(ガラス)	白	完全	2	2.2	塩味，水に溶ける。炎色反応黄色
	蛍石	□	CaF₂	等軸	無・非(ガラス)	白	完全(四)	4	3.2	**加熱すると青藍色の蛍光を発す**　結晶六面体・八面体。三角錐状に割れる
酸化鉱物・水酸化鉱物	磁鉄鉱	●	Fe₃O₄	等軸	鉄黒・金	黒	不完全	5.5	5.2	**磁性強く重い。**結晶片岩中に八面体の結晶で産出することあり
	鋼玉(コランダム)	□	Al₂O₃	六方	青，灰・非(ガラス)	白	不完全	9	4.0	**紅色のものをルビー，青色のものをサファイアという**
	赤鉄鉱	●	Fe₂O₃	六方	鉄黒・金	**赤褐**	不完全	5.5	5.3	
	石英(水晶)	□	SiO₂	六方	**無・非(ガラス)**	白	不完全	7	2.7	石英の自形結晶が水晶　水晶の色は細かい鉱物や不純物の混入による
	蛋白石(オパール)	□	SiO₂・nH₂O	非結晶	**白・非(ガラス)**	白	不完全	6.5	2.1	
	すず石	■	SnO₂	正方	褐・非(金剛)	淡褐	明瞭	6.5	7.0	
	閃ウラン鉱	■	UO₂	等軸	黒・亜金	黒	不完全	5.5	10	非晶質の変種を歴青ウラン鉱(ピッチブレンド)という
	ボーキサイト	□	Al₂O₃・nH₂O	非結晶	**赤褐，灰白・非(土状)**		不完全	1〜3	2.4〜2.5	アルミニウムの鉱石
炭酸塩鉱物	方解石	□	CaCO₃	六方	無，白・非(ガラス)	白	完全(三)	3	2.7	**塩酸に溶けて発泡。**炎色反応橙色
	あられ石	□	CaCO₃	斜方	白・非(ガラス)	白	明瞭	4	3.0	**塩酸に溶けて発泡**
	くじゃく石	□	Cu₂(CO₃)(OH)₂	単斜	緑・非(金剛)	淡緑	完全	4	4.0	**塩酸に溶けて発泡。**炎色反応青緑色
ケイ酸塩鉱物	かんらん石	□	(Mg, Fe)₂SiO₄	斜方	**褐緑・非(ガラス)**	白，淡褐	不完全	6〜6.5	3.3〜4.1	
	ざくろ石	□	RⅡ₃RⅢ₂(SiO₄)₃ (RⅡ；Mg, Fe, Mn, Ca) (RⅢ；Al, Fe, Cr)	等軸	**褐赤**，緑，黒・非(ガラス)	白	不完全	7	3.3〜4.3	吹管で加熱すると融ける
	珪線石	□	Al₂SiO₅	斜方	白・非(絹糸)	白	明瞭	6.5	3.2	
	紅柱石	□	Al₂SiO₅	斜方	灰，淡紅・非(ガラス)	白	完全	7.5	3.2	**変成鉱物，柱状結晶**
	らん晶石	□	Al₂SiO₅	三斜	灰青・非(ガラス)	白	完全	4〜5 6〜7	3.6	
	黄玉(トパーズ)	□	Al₂SiO₄(F, OH)₂	斜方	無・非(ガラス)	白	**完全(一)**	8	3.5	**縦に条線あり，柱状結晶**
	緑れん石	▨	Ca₂Fe³⁺Al₂(SiO₄)(Si₂O₇)O(OH)	単斜	緑・非(ガラス)	淡緑	完全	6.5	3.4	マンガンを含むと紅れん石になる
	きん青石	□	Mg₂Al₃(AlSi₅O₁₈)	斜方	**淡青・非(ガラス)**	白	完全	7.5	2.6	
	鉄電気石	■	NaFe₃Al₆(BO₃)₃Si₆O₁₈(OH,F)₄	六方	黒，その他・非(ガラス)	淡褐，白	不完全	7	3.1	**縦に条線あり，柱状結晶**
	普通輝石	□	(Ca, Mg, Fe, Al, Ti)(Si, Al)₂O₆	単斜	**暗緑・非(ガラス)**	淡灰	完全(二)	6±	3.3±	へき開角約90°，柱状結晶
	普通角閃石	▨	Ca₂(Mg, Fe)₄Al(AlSi₇O₂₂)(OH)₂	単斜	**緑黒・非(ガラス)**	淡緑	完全(二)	6±	3.1±	**へき開角約120°，柱状結晶**
	珪灰石	□	Ca₃Si₃O₉	三斜	白・非(ガラス)	白	完全	4.5	2.8	**繊維状結晶**
	滑石(タルク)	□	Mg₃Si₄O₁₀(OH)₂	単斜	白・非(真珠)	白	完全(一)	1	2.7	脂感あり
	白雲母	□	KAl₂(AlSi₃O₁₀)(OH, F)₂	単斜	白・非(ガラス)	白	完全(一)	2.5	2.9	**薄くはがれやすく，へき開片は弾性あり**
	黒雲母	■	K₂(Fe, Mg)₆(Al₂Si₆)O₂₀(OH)₄	単斜	**黒褐・非(ガラス)**	淡褐*	完全(一)	2.5	3.0	薄くはがれやすく，へき開片は弾性あり　*粒度により，条こん色が異なる
	カオリナイト	□	Al₄Si₄O₁₀(OH)₈	三斜	白・非(真珠)	白	完全	1	2.6	
	斜長石	□	NaAlSi₃O₈－CaAl₂Si₂O₈	三斜	白・非(ガラス)	白	完全(二)	6	2.7±	**柱状結晶**
	カリ長石(正長石)	□	KAlSi₃O₈	単斜	白・非(ガラス)	白	完全(二)	6	2.6	**柱状結晶**
リン酸塩鉱物	リン灰石	□	Ca₅(PO₄)₃(F, Cl, OH)	六方	無，白・非(ガラス)	白	不完全	5	3.2	**結晶六角柱状**
	リン灰ウラン石	▨	Ca(UO₂)₂(PO₄)₂・10〜12H₂O	単斜	黄，淡緑・非(樹脂)	淡黄	完全	2.5	3.2	
硫酸塩鉱物	石こう	□	CaSO₄・2H₂O	単斜	無・非(亜ガラス)	白	完全(一)	2	2.3	とう曲性あり，閉管で熱すると放水。炎色反応橙色
	重晶石	□	BaSO₄	斜方	無・非(ガラス)	白	完全	3.5	4.3	
有機鉱物	こはく	□	C₄₀H₆₄O₄	非結晶	**黄褐・非(樹脂)**	白	不完全	2〜2.5	1〜1.2	点火すると芳香を放って燃える

検索
● 金属光沢，黒色
◉ 金属光沢，赤橙〜黄緑色
◉ 金属光沢，鉛灰〜銀白色
■ 非金属光沢，条こん 黒〜黒褐色
■ 非金属光沢，条こん 赤橙〜黄緑色
□ 非金属光沢，条こん 無〜灰白色，硬度 1〜2.5
□ 非金属光沢，条こん 無〜灰白色，硬度 3〜5.5
□ 非金属光沢，条こん 無〜灰白色，硬度 6〜7
□ 非金属光沢，条こん 無〜灰白色，硬度 7.5〜10

色・光沢
金：金属光沢　非：非金属光沢
へき開
(一)，(二)はそれぞれ一方向，二方向……を示す。
太字は識別するときの重要な特徴

プチ雑学　白雲母は黒雲母と同じく一方向にへき開が発達するため，薄板状にはがすことができる。薄板状の白雲母は，透明で光を通し，熱に強いという性質をもつため，ストーブの燃焼室ののぞき窓などに利用されている。

偏光顕微鏡を用いると，試料の光学的な特徴（屈折率，干渉色など）を観察することができる。

基礎 1 偏光顕微鏡　鉱物の観察には，偏光顕微鏡が用いられる。

A 偏光とは

光　偏光板　偏光

自然光はすべての方向に振動しながら直進する。自然光が偏光板を通過すると，まるですだれのすきまを通過したかのように，偏光板の軸と平行な1方向のみに振動する光を得ることができる。このような特定の方向のみに振動する光を**偏光**という。

重ねた偏光板

1枚の偏光板を通過した光は1方向のみに振動するが，もう1枚の偏光板を直交方向に重ねると，光は全く通過できなくなる。よって，偏光板が2枚重なった部分は真っ暗に見える。

B 偏光顕微鏡のしくみ

偏光と干渉色

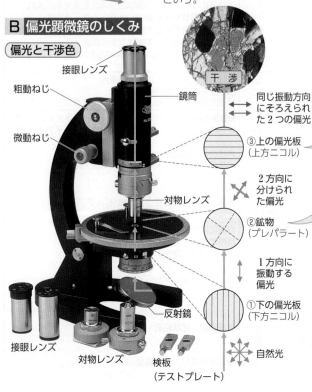

接眼レンズ
粗動ねじ
微動ねじ
鏡筒
対物レンズ
③上の偏光板（上方ニコル）
②鉱物（プレパラート）
反射鏡
①下の偏光板（下方ニコル）

干渉
同じ振動方向にそろえられた2つの偏光
2方向に分けられた偏光
1方向に振動する偏光
自然光

接眼レンズ
対物レンズ
検板（テストプレート）

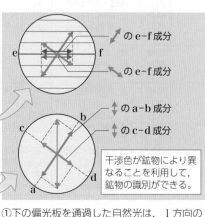

のe-f成分
のe-f成分
のa-b成分
のc-d成分

干渉色が鉱物により異なることを利用して，鉱物の識別ができる。

① 下の偏光板を通過した自然光は，1方向のみに振動する偏光になる。
② この光が鉱物中を通過すると，屈折の際，振動方向が異なる（左図の場合は直交した）2つの偏光に分けられる。2つの偏光は速度が異なり，光の波に位相のずれができる。
③ さらに上の偏光板を通過するときに，この2つの偏光は振動の方向がそろえられ（e-f方向），位相のずれた2つの偏光として通過し，光の干渉を起こす。

薄片の厚さと干渉色
直交ニコル　　　0.5 mm

適切な例　斜長石　輝石

不適切な例

適切な厚さ（0.03 mm程度）の薄片では，直交ニコル下で石英や長石などの無色鉱物の干渉色が灰色〜白色になる。一方，薄片が厚すぎると，黄色や紫色といった干渉色を示す。

C 偏光顕微鏡による観察　※開放ニコルは下方ニコルのみを使用。直交ニコルは上下ニコルを使用。

鉱物の色 開放ニコル　　0.5 mm

黒雲母
角閃石

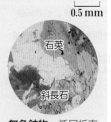
石英
斜長石

有色鉱物 高屈折率，明瞭な色　　**無色鉱物** 低屈折率，ほぼ無色透明
※ ▶ p.63閃緑岩参照

屈折率 開放ニコル　　0.5 mm

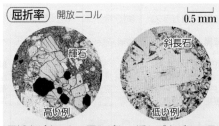
輝石
斜長石
高い例
低い例

屈折率が高いと，厚みがあり浮かび上がって見える。低いと，抜けてへこんだように見える。

干渉色 直交ニコル　　0.5 mm

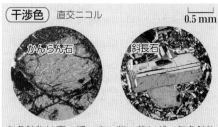
かんらん石
斜長石

有色鉱物は青，緑，赤，紫，黄など，無色鉱物は白，灰，黒などの干渉色を示す。

多色性 開放ニコル

黒雲母　　90°回転

ステージを回転させると鉱物の色が変化する現象。有色鉱物（特に黒雲母など）で変化が大きい。

へき開 開放ニコル　　0.5 mm

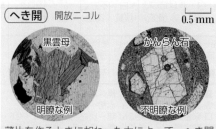
黒雲母
明瞭な例
かんらん石
不明瞭な例

薄片を作るときに加わった力によって，へき開（▶ p.66）ができる。

消光 直交ニコル

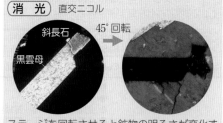
斜長石　　45°回転
黒雲母

ステージを回転させると鉱物の明るさが変化する現象。45°ごとに明暗が転じる。

プチ雑学　黒雲母は，SiO_4四面体の鎖が層状構造をつくり，積み重なってできている。結晶に力が加わると，層状構造がずれる。こうしてできた亀裂が，へき開として観察される。

Keywords ▸ ●鉱物 mineral ●偏光顕微鏡 polarization microscope ●有色鉱物 colored minerals
●無色鉱物 colorless minerals ●造岩鉱物 rock-forming mineral

69

基礎 2 造岩鉱物の性質　偏光顕微鏡で岩石薄片を観察すると，さまざまな鉱物の断面を観察できる。

「偏光顕微鏡と岩石鉱物（第2版）」などによる

		有 色 鉱 物				無 色 鉱 物		
		かんらん石	輝 石	角閃石	黒雲母	斜長石	カリ長石	石 英
	屈折率	1.64〜1.88	1.65〜1.79	1.62〜1.73	1.57〜1.70	1.53〜1.59	1.52〜1.53	1.55
	多色性	な し	なし〜弱い	強 い	特に強い	な し	な し	な し
開放ニコル	へき開*1（へき開角）	弱く不規則	明らか 2方向（約90°）または1方向	明らか 2方向（約120°）または1方向	明らか 1方向	あ り 1〜2方向	あ り 1〜2方向	な し
	鉱物の色*2	無 色	無色〜淡緑色・淡褐色	黄緑色〜褐色	茶褐色〜黒褐色	無 色	無色，よごれた感じに見える	無 色
		 約90°	約120°				変質部（よごれた感じ）	
直交ニコル	干渉色							
		青・緑・赤・紫・黄など				白・灰・黒など		
	結晶の形	紡錘形・粒状	長柱〜短柱状	長柱状	板状，長柱状	長柱〜短柱状	ほとんど他形	ほとんど他形
	消光（消光角）	直消光	直消光または斜消光（約40°）	斜消光（25°以下）	直消光	斜消光，縞状または累帯状の消光	直消光	不明，ときに波状消光を示す
	双晶*3	示さない	単純な双晶を示すものあり	単純な双晶あり	示さない	細かいくり返しの双晶，累帯構造あり	単純な双晶あり	示さない

＊1 同じ鉱物でも，結晶の切断方向によってへき開の発達の様子（2方向または1方向）が異なる場合がある。
＊2 薄片下での色。開放ニコル下では，明瞭な色を示さない有色鉱物もある。
＊3 結晶のある面に，光学的な方向が異なる別の結晶が接触して成長したものを双晶という。その面を境に干渉色などが異なって見える。

写真のスケール ├───┤ 0.5mm

基礎 3 火山灰中の鉱物 実習

①火山灰をポリ袋などに入れてもち帰る。
②採取した火山灰を蒸発皿に入れる。
③少量の水を加え，指先でこねるように洗う。
④上層の濁り水を捨てる。③の操作をくり返す。
⑤水が澄んできたら，上澄みを捨て，残った砂をペトリ皿に移す。ルーペや双眼実体顕微鏡で観察する。

関東ローム層の火山灰

プチ雑学　輝石のへき開角は約90°，角閃石のへき開角は約120°であるが，これは結晶が長柱状に伸びる方向に垂直に切断された面を観察した場合である。結晶がこれ以外の方向に切断された場合は，1方向のへき開しか観察できないこともある。

年代	第1章に関連する発見・できごと	人名(国名)
B.C.230頃	地球の大きさを測定 ○ p.6	エラトステネス (ギリシャ)
A.D.79	ベスビオ火山噴火	(伊)
1522	世界一周の達成	マゼラン (ポルトガル), ファン・デル・カノ (スペイン)
1576	伏角計の制作 ○ p.10	ノーマン (英)
1600	地磁気など磁石の研究 ○ p.10	ギルバート (英)
1669	結晶の面角一定の法則を発見	ステノ (デンマーク)
1687	地球が赤道方向にふくらんだ回転楕円体であると提唱。○ p.7	ニュートン (英)
1735-43	地球が赤道方向にふくらんだ回転楕円体であることを確認。○ p.7	フランス科学アカデミー
1755	リスボン地震	(ポルト)
1788	「地球の理論」で岩石の成因を主張 ○ p.32	ハットン (英)
1795	メートル法制定 ○ p.7	(仏)
1798	万有引力定数を測定 ○ p.8	キャベンディッシュ (英)
1833-41	地磁気の絶対測定 ○ p.10	ガウス (独), ウェーバー (独)
1855, 58	地殻の均衡説(アイソスタシー)を提唱 ○ p.13	プラット (英), エアリー (英)
1858	偏光顕微鏡を用いた岩石の研究 ○ p.68	ソービー (英)
1880	近代的な機械式地震計による地震の観測 ○ p.34	ユーイング (英)
1891	濃尾地震 ○ p.40	(日本)
1893	濃尾地震の調査をもとに地震発生の機構として断層地震説を提唱 ○ p.34	小藤文次郎 (日本)
1899	初期微動継続時間と震源距離との関係を定式化(大森公式) ○ p.34	大森房吉 (日本)
1900	地震波をP波・S波・表面波に区別 ○ p.14, 走時曲線を発表 ○ p.12	オルダム (英)
1904	イタリアで世界初の地熱発電実験に成功 ○ p.55	(伊)
1906	地球内部の核の存在を推定 ○ p.12	オルダム (英)
	サンフランシスコ地震	(米)
1909	モホロビチッチ不連続面の発見 ○ p.12	モホロビチッチ (クロアチア)
1911	地震発生のメカニズムとして弾性反発説を提唱 ○ p.34	リード (米)
1912	大陸移動説を提唱 ○ p.17	ウェゲナー (独)
	結晶のX線回折	ラウエ (独)
1913	地球の核の半径の推定 ○ p.12	グーテンベルク (独)
1917	地震波の初動分布の発見 ○ p.35	志田順 (日本)
1920年代頃	音響測深器の実用化	
1923	関東地震(関東大震災) ○ p.44	(日本)
1924	地表付近の平均化学組成を算出 ○ p.13	クラーク (米), ワシントン (米)
1926	マントル低速度層を提唱 ○ p.15	グーテンベルク (独)
1927	深発地震の存在を確認 ○ p.38	和達清夫 (日本)
1928	火成岩の成因についての反応原理を提唱 ○ p.61	ボーエン (米)
1929	地磁気の逆転を提唱 ○ p.11	松山基範 (日本)
1935	地震のマグニチュードを提唱 ○ p.36	リヒター (米)
1936	内核の存在を提唱 ○ p.12	レーマン (デンマーク)
1943-45	昭和新山形成 ○ p.50	(日本)
1957-58	国際地球観測年	
1960	チリ地震 ○ p.102	(チリ)
1960-61	海洋底拡大説を提唱 ○ p.22	ヘス (米), ディーツ (米)
1963	テープレコーダーモデルを提唱 ○ p.22	ヴァイン (英), マシューズ (英)
1965	トランスフォーム断層を提唱 ○ p.21	ウィルソン (カナダ)
1960年代半	プレートテクトニクス理論の確立 ○ p.19	モーガン (米)ら
1976	地震波トモグラフィーの開発 ○ p.24	安芸敬一 (日本)
1977	モーメントマグニチュードを提唱 ○ p.37	金森博雄 (日本)
1990-95	雲仙岳噴火 ○ p.52	(日本)
1992	地震波トモグラフィーの解析にもとづくプルームテクトニクスを提唱 ○ p.24	丸山茂徳 (日本)ら
1995	兵庫県南部地震(阪神・淡路大震災) ○ p.40, 45	(日本)
2004	世界ジオパークネットワーク設立 ○ p.204	
2005	地球深部探査船「ちきゅう」完成 ○ p.25	(日本)
2011	東北地方太平洋沖地震(東日本大震災) ○ p.45	(日本)

地球の形

リシェルは，フランスの天文観測隊(1671年～1674年)に参加した際，北緯49°のパリで合わせた振り子時計が，北緯5°のギアナでは遅れることに気づいた。ニュートンは，振り子は重力が小さいほどゆっくり振れることから，地球は赤道方向にふくらんでいて，低緯度ほど地球の中心から遠いこと，低緯度ほど遠心力が大きいことが原因とした。そして，図のように，極Aと赤道Bから地球の中心Cまで穴を掘って水で満たした場合を考えた。水にはたらく万有引力と遠心力を考慮しながら(○ p.8)，Cにおいて，AC間の水とBC間の水による水圧が一致するとして，ACとBCの距離を計算すると，地球の偏平率は1/230となった(1687年)。

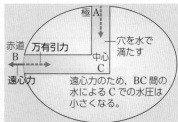

遠心力のため，BC間の水によるCでの水圧は小さくなる。

BC＞ACでなければ，Cでの水圧がつり合わない。また，BC＞ACであれば，AとBで重力の大きさが異なる。

一方，カッシーニ親子は，1683年～1718年のフランスでの測量結果から，緯度1°分の子午線の長さが，低緯度の方が高緯度より長いとした。これは，ニュートンの考えとはちがい，極半径が赤道半径より長いことを意味する。

そこで，フランス政府は，高緯度のラップランド，低緯度のエクアドルで緯度1°分の子午線の長さを測定した(1735年～1743年，○ p.7)。その結果，高緯度の方が低緯度より長いこと，つまり，ニュートンの方が正しいことがわかった。現在では，カッシーニ親子の測量は，誤差が大きかったのだと考えられている。

地磁気の発見

磁石が南北の向きを示すことは古くから知られ，11世紀には中国で羅針盤(らしんばん)が発明されたといわれている。しかし，かつては，磁石が南北の向きを示すのは北極星が引くからだといわれていた。

一方，磁石は航海に使われており，16世紀には伏角や偏角の分布もある程度は知られていた。北極星がN極を引いているなら，北半球では高緯度へ行くほど磁石のN極は上を向くはずであるが，実際には高緯度へ行くほど下を向いていた。

エリザベス女王の侍医ギルバートは，磁石についての研究を行った。地磁気についても，球形の磁石に鉄片(鉄は磁石になる)を付着させる実験を行い，伏角の分布を再現した。こうして，地球はそれ自体が磁石であるとした(『磁石論』，1600年)。実験を伴う探究は，当時としては珍しく，近代科学のはしりといえる。

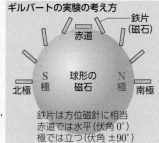

ギルバートの実験の考え方

鉄片 (磁石)
赤道
S極 球形の磁石 N極
北極 南極

鉄片は方位磁針に相当
赤道では水平(伏角0°)
極では立つ(伏角±90°)

その後，数学者としても知られるガウスは，地磁気の研究を行い，ギルバートの実験のように地球表面に極があるのではなく，磁気双極子が地球の内部にあるとみなせる(○ p.10)とした。なお，ガウスは磁力の大きさを測る方法を考案し，地磁気の日変化を実証したほか，世界初の地磁気観測所の誕生にも関わった。

ギルバートやガウスの名前は，地磁気の逆転のようすを表す磁極期の名に残されている(○ p.11)。

お 雇い外国人の地震学

　日本は地震の多い国であるが，日本の地震は地震学のはじまりにも影響を与えた。

　幕末から明治の前半，日本は，海外の文化をとり入れるため，外国人を指導者・教師として雇った。これをお雇い外国人という。

　お雇い外国人としてイギリスから日本へ来たミルンは，鉱山学と地質学の専門家であったが，1880年に横浜で起きた地震をきっかけに創設された日本地震学会で，中心的な役割を果たした。この学会は，外国人中心ではあったが，地震を研究する学会としては世界初であった。また，同じくお雇い外国人であるユーイング

ミルン

は，1880年に世界で初めて連続的に記録をとれる実用的な地震計（◯ p.34）をつくった。その後，改良されたものが，日本各地に設置され，世界初の地震観測網ができた。

　ユーイングは日本に5年間滞在して帰国したが，ミルンは19年間滞在し，日本人と結婚し，地震の研究を続けた。1891年の濃尾地震（◯ p.40）の調査も行い，イギリスへ報告した。さらに，1895年にイギリスへ帰国してからは，世界的な地震観測網をつくった。

地 震学は地震とともに

　地震の研究の進歩は，実際に起きた地震がきっかけになったことも多い。

　1755年のリスボン地震（M_w 8.5）は，大きな被害をもたらしたが，当時の宰相が被害のようすとともに，さまざまなデータを集めており，近代科学の手法で調べた最初の地震であるともいわれる。この地震をきっかけに，ヨーロッパでの地震の研究が増えた。

　1783年にイタリアで続けて起こった地震は，被害の大きさから地震を分類する震度の考え方をもたらした。

　地震発生のしくみについては，ジュースが断層運動を原因とする説を提唱し，1891年の濃尾地震（M 8.0, ◯ p.40）で生じた根尾谷断層を調査した小藤文次郎もそれを主張した。また，1906年のサンフランシスコ地震（M 8.3）で，サンアンドレアス断層（◯ p.21）付近の地震前後の測量結果を比べると，断層に近いところほど移動量が大きかった。そこで，リードが弾性反発説を提唱した（1911年）。

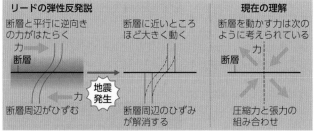

リードの弾性反発説		現在の理解
断層と平行に逆向きの力がはたらく	断層に近いところほど大きく動く	断層を動かす力は次のように考えられている
断層周辺がひずむ	断層周辺のひずみが解消する	圧縮力と張力の組み合わせ

地震発生

　弾性反発説は，現在の理解につながる説ではあるが，断層が地表に現れない地震も多く，また，断層を地震の原因ではなく結果であると考えることもできたため，異論もあった。P波・S波の初動（◯ p.35）の向きの分布と断層の動きが結びつけられ，弾性反発説が認められるようになったのは，1960年代以降であった。これは，断層をもたらす力とプレートテクトニクスが結びつけられるようになったという背景もあった。

地 学の研究を支えた社会

　地下資源や防災，環境問題と関わる分野はもちろん，その他の分野でも，地学の研究と社会の関わりは見られる。

　たとえば，火薬の爆発で起こす人工地震で地球内部を調べる技術は，1920年頃から，油田などの地下資源の探査に役立てられた。逆に，こうした探査で開発された高感度の地震計を用いて，少量の火薬での人工地震で地下の構造を調べる研究ができるようになった。

　豪華客船タイタニック号が氷山に衝突して沈没した事故（1912年）や，第一次世界大戦（1914年～1918年）で潜水艦が使われたことは，音波で海の深さを探る，音響測深の技術の開発をうながした。この技術はのちに海底地形（◯ p.18）の研究に使われた。また，第二次世界大戦

音響測深のしくみ

反射波

音波

音波を出し，反射してもどってくるまでの時間から，海底の深さを求める。

（1939年～1945年）で使われた，磁力で水中の潜水艦を調べる技術は，海底の岩石の古地磁気の研究にも使われた（◯ p.22）。これらの研究は，プレートテクトニクス理論につながった。

　第二次世界大戦では核爆弾が使われたが，その後，核実験の停止についての議論が起こった。そこで，地下核実験による地震を検知することが求められた。アメリカ国防総省のベラ・ユニフォームというプロジェクトでは，地震学の研究に予算が投入され（1960年～1971年），世界各地に同じ型の地震計が設置された。これは，軍事的な背景はあったが，地震学者による学術的なプロジェクトであった。

　地学に限らず科学は，このように社会と影響を及ぼし合いながら，進歩してきた。

石 はどこでできたのか

　かつて，ウェルナーは，昔の地球は海におおわれていたという当時の地球生成論を背景に，海水に溶けた物質が析出して「初源岩」，その後，現れた陸地から海へ流れた堆積物から「堆積岩」ができたと主張した。花こう岩は「初源岩」，玄武岩は「堆積岩」に分類された。多くの岩石が水中でできるとするこの考え方を水成論といい，18世紀から19世紀初めまで広く信じられていた。

　一方，ハットン（◯ p.28）は，地下の熱でできたマグマが固まって花こう岩や玄武岩ができ，地殻変動で上昇したと主張した（1795年）。この考え方を火成論という。ハットンは，とけた物質が固まったように見える花こ

花こう岩の岩脈

ハットンが調べた岩脈のスケッチ

う岩の岩脈＊や地殻変動で生じる不整合（◯ p.26）を証拠とした。

＊割れ目に入った水から花こう岩ができたとも解釈できたので，水成論者には十分な証拠としては受け入れられなかった。

　その後，ハットンの友人のホールが玄武岩をとかしてゆっくり冷やすと結晶質の岩石ができたこと，化学の研究でケイ酸塩が水に溶けにくいことがわかったこと，火山の近くに見られる岩石の研究などから，火成論が認められるようになった。

　ウェルナーの水成論は，誤りであったことになるが，野外調査にもとづいたものであった。誤りの原因の1つとして，限られた地域の調査を一般化してしまったことが挙げられる。

Q 地球の組成で酸素は2番目に多いが，その多くはどこにあるのか。 ▶p.12

A 図は，地球や月，他の惑星に存在する元素の質量比を示す。月や地球型惑星の上位4元素が共通しているのは，これらの天体は，成分が似かよった微惑星が材料になってできたからである（▶p.120）。地球全体ではFe，O，Si，Mgの順に多い。酸素は，地球の特徴として，大気中に存在することが思い浮かぶが，酸素のほとんどは，岩石中に酸化物として存在する。大陸地殻では46.3％，マントルでは44.2％も酸素が占める。

　岩石中にこれほど酸素があるのはなぜか。それは多くの岩石を構成するケイ酸塩鉱物の基本構造に関係する。この鉱物の基本構造は，1つのケイ素原子を中心に4つの酸素原子が結びつくSiO_4四面体であり，これが結びついて鉱物の骨格をつくる（▶p.65）。岩石は鉱物の集合体であるので，酸素の質量比は大きくなる。

　ほかに，酸素は水H_2Oとして海洋に存在する。また，海洋には，SO_4^{2-}やHCO_3^-など，イオンとしても酸素が溶けている。さらに，大気中には，酸素O_2としてだけでなく，オゾンO_3や酸素原子Oも存在しており，その存在比は，高度によって異なる（▶p.75）。

核	Fe				Ni
マントル	O		Mg	Si	Fe
大陸地殻	O		Si		Al Fe
地球全体	Fe		O	Si	Mg
月	O		Si	Mg	Fe その他
金星	Fe		O	Si	Mg
水星	Fe			O	Si Mg

元素の質量比（%）　0　20　40　60　80　100

Q マントルはかたい岩石でできているのに，どうして対流できるの？ ▶p.24

A 地球の内部では，マントルの対流が起こっていると考えられている。しかし，マントルはかたい岩石でできており，力を加えてもゆがむか，ゆがみに耐えられずに破壊されるだけで，流れるような変形は起こらないように思える。しかし，岩石も長い時間，力を加え続けると，ゆっくりとではあるが，このような変形が可能である。変形して元の形に戻らない（破壊されるわけでもない），このような変形を，塑性変形という。たとえば，針金が曲がるという現象も塑性変形である。

　塑性変形が起こるしくみはいくつかある。たとえば，図の①のように，原子が結びついた結晶の上下で左右にずらすような力を加えたとする。一時的に力を加えただけであれば，変形は元に戻るが，長い時間力を加え続ける場合は事情が異なる。原子は熱運動としてその場で動いており，その結果として，転位とよばれる結合のずれが起こることがある（②）。このずれがくり返されると，結晶全体がずれる（③）。これが塑性変形である。なお，熱運動は温度が高いほど激しいため，温度が高いほどこのような変形も起こりやすい。

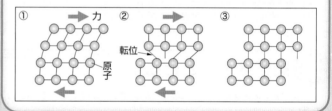

①　力　②　③　転位　原子

Q 昔の地震の震度やマグニチュードはどうやって求めるの？ ▶p.36

A 昔の地震でもマグニチュードが示されることがある（▶p.36）。これはどのようにして決められたのであろうか。

　現在では，震度は震度計で決められるが，1996年3月までは，観測官の体感と周囲の状況（室内の様子や建物の被害状況など）から決められていた。したがって，古文書に地震による建物の被害状況の記録などがあれば，そこでの震度を推定できる。そして，震度分布がわかれば，震央や震源域もおおよそ推定でき，同じ震源域で起こった数値のわかっている地震との比較や関係式を用いて，マグニチュードを推定できる。また，書物の記録や地質調査から津波の分布や遡上高（海岸から内陸へかけ上がる津波の高さ）などがわかれば，推定の大きな情報となる。

　図はこうして作られた，安政江戸地震（1855年）の震度分布図である。江戸の東半分の低地では瞬時に倒壊した建物が多く，震度6〜7のゆれに襲われたことが推定される。また，上下の動きが強かったことや，一般の住居より丈夫な土蔵の被害が非常に多いことから，地震波の周期が短かったことが推定され，この地震が直下型地震であったと考えることができる。

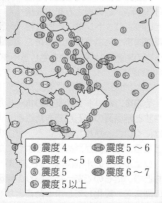

④	震度4	⑤⑥	震度5〜6
④⑤	震度4〜5	⑥	震度6
⑤	震度5	⑥⑦	震度6〜7
⑤⑥	震度5以上		

Q 震源からの距離は変わらないのに，震度にちがいが出るのはなぜ？ ▶p.47

A 通常，震度は震央を中心にほぼ同心円状に分布する。しかし，震源からの距離がほぼ同じ場所で比較しても，震度に違いが出ることがある。その要因として考えられるのが，地盤の違いである。台地など，地盤がかたい場所では，地震のゆれは小さく，ゆれの続く時間も短い。これに対して，比較的最近堆積した沖積地や埋め立て地など，地盤がやわらかい場所では，地震のゆれは大きく，ゆれの続く時間も長い。

　また，建物には固有のゆれやすい周期があり，一般的に建物が高くなるほど長くなる。地震のゆれの周期と，建物固有のゆれやすい周期が一致すると，建物のゆれがより大きくなる（共振現象）。すなわち，周期の短い地震の場合は低い建物のほうがゆれやすく，周期の長い地震は高い建物の方がゆれやすくなる。規模の大きい地震は周期の長いゆれが発生するので，東北地方太平洋沖地震が発生した時には，首都圏の高層ビルが大きく長くゆれた。

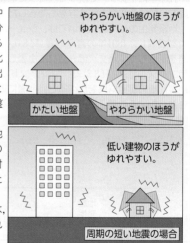

やわらかい地盤のほうがゆれやすい。

かたい地盤　やわらかい地盤

低い建物のほうがゆれやすい。

周期の短い地震の場合

Q 富士山が噴火したらどうなる？ ▶ p.48

A 富士山は1707年以降，噴火していない。しかし，2000年から2001年にかけ，富士山の地下深くで発生する低周波地震が著しく増加した。低周波地震はマグマの活動と関連すると考えられ，マグマの活動が今も活発であるといえる。

富士山

今後，富士山が噴火するかどうかはわからない。記録にある過去最大規模の噴火では，半月間も噴煙が続き，火山灰は南関東全域をおおった。もし，同規模の噴火が起きたら，周辺地域への直接的な被害はもちろん，火山灰による電子機器の故障，空港の閉鎖，下水道の設備のまひなどの被害も予想される。また，火山灰の微粒子は，呼吸器に影響を与えるといわれ，健康被害も懸念される。さらに，噴煙が成層圏まで達すると，長期間にわたって浮遊し，世界の気候に影響を与えると考えられる。

Q 日本で文明を滅ぼすほどの巨大噴火があったって，本当？ ▶ p.55

A 7300年前，鹿児島の南で巨大噴火が起きた。火山噴出物は170 km³を超え，火砕流は海上を走って屋久島や種子島，40 km離れた鹿児島南部に達し，大津波も発生した。火山灰は広範囲に堆積し，アカホヤ火山灰層（▶ p.203）として東北地方南部でもみられる。

この噴火で，海底には東西20 km，南北17 kmにもなる鬼界カルデラができた。薩摩硫黄島や竹島は，鬼界カルデラの一部が海上に現れたものである。

薩摩硫黄島

南九州の遺跡を調べると，アカホヤ火山灰層より下の地層からは貝文土器や耳飾りなど南方系の文化の影響が強い南九州特有の土器がみつかるが，上の地層からは北九州に広く分布する系統の土器がみつかる。おそらく鬼界カルデラの噴火で，南九州特有の文化を持っていた人々はほぼ壊滅したのだろう。まさに，巨大噴火が文明を滅ぼした例だといえそうだ。

Q 岩石と鉱物は何が違う？ ▶ p.60

A 石灰岩や安山岩などの岩石と，かんらん石や石英などの鉱物の違いは何だろう。大きさや形の違いだろうか。たとえば，メキシコのナイカ鉱山（写真）にある，人間より大きな結晶はどちらか。

地学では，岩石と鉱物は次のように区別される。
- 岩石：鉱物やガラスの混合物。
- 鉱物：自然に産出する無機物で，一定の化学組成や結晶構造をもつもの。

ナイカ鉱山の結晶は，巨大ではあるが，混合物ではなくひとかたまりの結晶であり，セレナイト（透明石こう）という鉱物である。

また，よく似た用語として，かんらん石とかんらん岩がある。かんらん石は Mg や Fe の陽イオンを SiO_4 四面体の間にはさんだ鉱物，かんらん岩はかんらん石を主とした岩石である。

ナイカ鉱山

Q ルビーとサファイアは何が違う？ ▶ p.64

A 硬度が高く，美しく，産出量の少ない鉱物は，宝石とよばれる。モース硬度（▶ p.66）が9のコランダム（鋼玉）も，宝石として，赤色のものはルビー，青色のものはサファイアとよばれる。これらの違いは何だろう。

純粋なコランダムは酸化アルミニウム Al_2O_3 であり，結晶は無色透明である。美しい色は，0.5～1％程度の不純物が原因である。コランダムの Al 原子（Al^{3+}）の1つが Cr 原子（Cr^{3+}）に置換されたものがルビー，となり合う Al 原子2つが Ti 原子（Ti^{4+}）と Fe 原子（Fe^{2+}）のセットで置換されたものがサファイアである。

ルビーは，Cr 原子が緑～青の光を吸収するため赤色になる。サファイアは，Ti 原子と Fe 原子のはたらきで黄～赤の光を吸収するため青色になる。

ルビーの原石　　サファイアの原石

本で深める地学

「地学ノススメ」　鎌田浩毅著

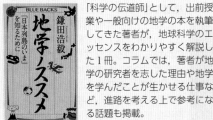

「科学の伝道師」として，出前授業や一般向けの地学の本を執筆してきた著者が，地球科学のエッセンスをわかりやすく解説した1冊。コラムでは，著者が地学の研究者を志した理由や地学を学んだことが生かせる仕事など，進路を考える上で参考になる話題も掲載。

講談社（2017年）

「地球の中身」　廣瀬敬著

世界初，最下部マントルの主要鉱物を実験室でつくり出した著者が，地球の内部構造に焦点を当ててまとめた1冊。地震波の観測から明らかとなった複雑な層構造や，高温高圧実験（▶ p.15）で発見されたマントル深部の物質など，最新の研究から地球の中身を解説する。

講談社（2022年）

「富士山の謎をさぐる」　日大文理学部地球システム科学教室編

富士山の観測・研究を進めてきた研究室による，富士山の地球科学と防災についてまとめた本。富士山の生い立ちやハザードマップの解説のほか，火山灰土壌と農業との関係など，人との関わりについても扱われている。理解の助けにもなるコラムが充実。

築地書館（2008年）

基礎 **1 大気圏の構造** 大気は上空ほど希薄になって宇宙空間につながる。

A 大気圏の層構造 ▶ p.106

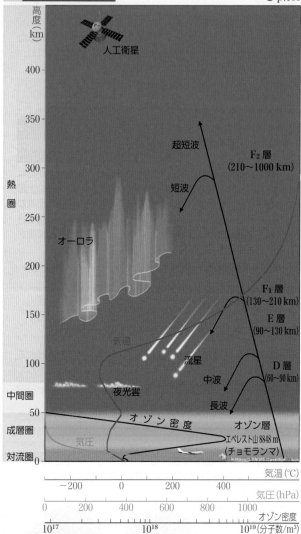

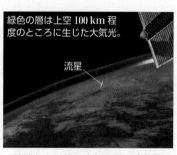

緑色の層は上空 100 km 程度のところに生じた大気光。

流星

地球の層構造

大気圏
地殻
内核　外核　マントル
6400 km　2900 km　5～40 km　0

地球は内部に層構造をもち，さらにそれを大気の層がとり巻く。多様な気象現象が起こる対流圏は，地球半径の500分の1程度の厚さしかない。

地球をとり巻く大気の層を**大気圏**という。大気圏は気温の変化のようすから，**対流圏・成層圏・中間圏・熱圏**の4圏に区分される。

（熱　圏）80～約 500 km

太陽からの紫外線の影響で気温は高度とともに上がり，上層ではかなり高温になるが，大気が希薄なため地上の高温状態とは異なる。流星や**オーロラ**（▶ p.137）が観測される。

紫外線によって，気体分子の一部が電離して，**電離層**を形成する。顕著な電離層には，E層，F₁層，F₂層の3つがある。短波ラジオやアマチュア無線の電波は，電離層に反射して遠方まで届く。弱い電離状態にあるD層は，夜間にはほとんど消失する。

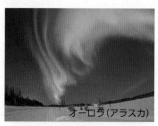

オーロラ（アラスカ）

（中間圏）50～80 km

気温は高度とともに下がり，地上約80～90 km 付近で大気圏中の最低温度を示す。

緯度50°～65°の地域では，わずかな水蒸気が低温で氷結し，夏に夜光雲（極中間圏雲）がまれに見られる。夜光雲は地平線付近にある太陽に照らされて光る。

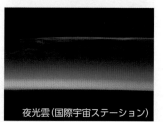

夜光雲（国際宇宙ステーション）

（成層圏）10数～50 km

気温はほとんど一定であるが，地上30 km あたりから急に高くなる。これはオゾン O₃ が多量に存在し，太陽からの紫外線を吸収して熱エネルギーに変えているためである。

（対流圏）0～10数 km

気温は 100 m 上がるごとに約0.65℃の割合（**気温減率**）で下がる。そのため空気の対流が生じ，雲の生成，降雨や降雪などの気象現象が起こる。成層圏との境界を**圏界面（対流圏界面）**という。

参考 **オゾンの輸送**

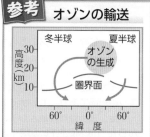

冬半球　夏半球　オゾンの生成
高度30/20/10 km　圏界面
60°　0°　60°
緯度

赤道付近で生成されたオゾンは，冬半球の高緯度へ向かって移動する。そのため，オゾン濃度は高緯度で高くなる。

B オゾン層

紫外線
オゾン O₃
オゾン層　吸収
地球

成層圏にあるオゾン濃度の高い層を**オゾン層**という。オゾン層は，生物に有害な紫外線を吸収している。オゾン層の形成は，生物の陸上進出（▶ p.191）を可能にした。

オゾン層による紫外線の吸収

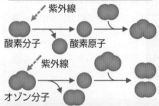

紫外線
酸素分子　酸素原子
紫外線
オゾン分子

酸素 O₂ が紫外線を吸収してオゾン O₃ になる。また，オゾン O₃ が紫外線を吸収して再び酸素 O₂ になる。この反応が繰り返され，オゾン濃度がほぼ一定に保たれる。また，放出される熱により気温が上がる。

Column スプライト 高層の雷

スプライト

雷雲の上空，中間圏で起こる放電現象が，1989年にはじめて観測された。放電の色から，レッドスプライト（赤い妖精）ともよばれる。鉛直方向の大きさが数十km程度で，窒素分子の発光が主と考えられている。ほかにも雷雲の上空での放電現象が知られるようになっているが，未知のことも多い。

プチ雑学 圏界面の高さは，緯度によって異なり，赤道付近では約18 km，中緯度では約11 km，高緯度では約8 km と，高緯度ほど低くなっている。それぞれの間で圏界面のくい違いがあり，これを圏界面ギャップという。

Keywords ●大気圏 atmosphere ●熱圏 thermosphere ●オーロラ aurora ●電離層 ionospheric layer ●中間圏 mesosphere ●成層圏 stratosphere ●オゾン層 ozone layer ●対流圏 troposphere ●気温減率 temperature lapse rate ●圏界面 tropopause ●大気圧 atmospheric pressure

75

基礎 2 大気の組成

大気の組成は，窒素（約80%）と酸素（約20%）が大部分を占め，高度 80 km（中間圏）までほぼ同じである。

A 地表付近の大気の組成

ネオン Ne	$1.82×10^{-3}$
ヘリウム He	$5.24×10^{-4}$
メタン CH_4	$1.74×10^{-4}$
クリプトン Kr	$1.14×10^{-4}$
水 素 H_2	$5.6×10^{-5}$
	など

窒素 N_2 78.084
酸素 O_2 20.946
アルゴン Ar 0.934 二酸化炭素 CO_2 0.04 （体積比：%）

図は水蒸気を除いた地表付近の大気の組成を示す（水蒸気は変動するが 4 %程度まで）。約80%を窒素，約20%を酸素が占めている。この組成は高度 80 km まではほぼ同じである。

太古の地球大気の主成分は二酸化炭素と窒素であったが，二酸化炭素は海水に溶け，石灰岩として固定された。

B 大気の組成と密度の変化

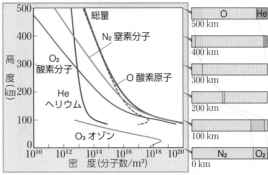

U.S.Standard Atmosphere (1976) などによる

高度 80 km を超えると，太陽からの紫外線で分子が原子に変わるなどの影響で，大気の組成は変化しはじめる。500 kmあたりでは，酸素とヘリウムが大部分を占めるようになる。

基礎 3 大気圧

空気の重さによる圧力が大気圧である。

A トリチェリーの実験

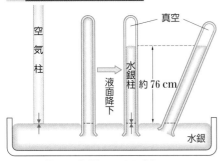

空気の重さによる圧力が**気圧（大気圧）**である。ガラス管に水銀を満たし，水銀槽に逆さに立てると，液面が降下し，高さ約76 cmのところで止まる。トリチェリーは，水銀柱の重さと，同じ断面積をもつ空気柱の重さとが等しいことに気づき，水銀柱の高さを利用した気圧計を発明した。

水銀柱が 76 cm となる圧力が 1 気圧（1 atm）で，1013.25 hPa（ヘクトパスカル）である。水柱では約 10 m になる。

トリチェリー
Torricelli（1608~1647, イタリア）

760 mmHg＝1 気圧＝1013.25 hPa
※ 1 hPa＝100 Pa

B 大気圧で缶をつぶす 実習

❶ 熱い湯

❷ ふた 冷水

❸

①缶に熱い湯を入れて，水蒸気を缶の中に充満させる。
②ふたをして冷水で冷やす。
③水蒸気が水になり，缶の中の圧力が下がる。
※熱湯に注意する。

C 大気圧と高度

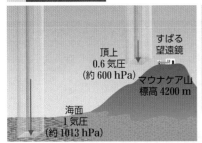

頂上 0.6 気圧（約 600 hPa）マウナケア山 標高 4200 m
すばる望遠鏡
海面 1 気圧（約 1013 hPa）

標高 4200 m　標高 0 m

すばる望遠鏡付近（標高 4200 m）でふたをしたペットボトルは，海面付近（標高 0 m）ではつぶれる。

気圧は，測定地点より上空の空気の重さによる。高い所では上空の空気が少なくなるので，気圧が小さくなる。そのため，異なる場所で測定された気圧を比較するときには，値を補正する必要がある。たとえば，地上天気図（● p.88）は海面での気圧を使うため，測定された気圧（**現地気圧**）を，高度と温度を考慮して海面での気圧に補正する**海面更正**が行われる。

D 標準大気

U. S. Standard Atmosphere (1976) による

	高度 (km)	気温 (℃)	気圧 (hPa)	密度 (kg/m³)	平均分子量
熱圏及び大気圏外	1000	726.85	$7.51×10^{-11}$	$3.56×10^{-15}$	3.94
	800	726.84	$1.70×10^{-10}$	$1.14×10^{-14}$	5.54
	600	726.70	$8.21×10^{-10}$	$1.14×10^{-13}$	11.51
	400	722.68	$1.45×10^{-8}$	$2.80×10^{-12}$	15.98
	200	581.41	$8.47×10^{-7}$	$2.54×10^{-10}$	21.30
	100	-78.07	$3.20×10^{-4}$	$5.60×10^{-7}$	28.40
	91.0*	-86.28	$1.54×10^{-3}$	$2.86×10^{-6}$	28.89
	90	-86.28	$1.84×10^{-3}$	$3.42×10^{-6}$	28.91
	86.0*	-86.28	$3.73×10^{-3}$	$6.96×10^{-6}$	28.95
中間圏	80	-74.51	$1.05×10^{-2}$	$1.85×10^{-5}$	28.964
	72.0*	-58.89	$3.84×10^{-2}$	$6.24×10^{-5}$	28.964
	70	-53.57	$5.22×10^{-2}$	$8.28×10^{-5}$	28.964
	60	-26.13	$2.20×10^{-1}$	$3.10×10^{-4}$	28.964
	51.0*	-2.50	$7.05×10^{-1}$	$9.07×10^{-4}$	28.964
	50	-2.50	$7.98×10^{-1}$	$1.03×10^{-3}$	28.964
	47.4*	-2.50	1.10	0.00142	28.964
	45	-8.99	1.49	0.00197	28.964
	40	-22.80	2.87	0.00400	28.964
	35	-36.64	5.75	0.00846	28.964
	32.2*	-44.39	8.63	0.0131	28.964
成層圏	30	-46.64	11.97	0.0184	28.964
	25	-51.60	25.49	0.0401	28.964
	20.0*	-56.50	55.29	0.0889	28.964
	18	-56.50	75.65	0.122	28.964
	16	-56.50	103.52	0.166	28.964
	14	-56.50	141.70	0.228	28.964
	12	-56.50	193.99	0.312	28.964
	11.1*	-56.50	223.46	0.359	28.964
	10	-49.90	264.99	0.414	28.964
対流圏	8	-36.94	356.51	0.526	28.964
	6	-23.96	472.17	0.660	28.964
	4	-10.98	616.60	0.819	28.964
	2	2.00	795.01	1.007	28.964
	0	15.00	1013.25	1.225	28.964

高度 16 km で気圧が約10分の 1 になることから，大気の約90%は高度 16 km 以内に存在することが読みとれる。＊がついている高度で，気温の変わり方が変化する。おもなものは次の通り。

0~11.1 km：1 km 上昇で約6.5℃下がる
11.1~20.0 km：変化しない
20.0~32.2 km：1 km 上昇で約 1 ℃上がる
32.2~47.4 km：1 km 上昇で約2.8℃上がる
47.4~51.0 km：変化しない
51.0~72.0 km：1 km 上昇で約2.7℃下がる

1 大気のすがたと運動

雲ができたり，雨が降ったりする身近な現象は，空気塊が運動にともない温度変化し，大気中の水の状態が変わることによって起こっている。

基礎 1 大気中の水蒸気　大気が含むことができる限度の水蒸気圧(飽和水蒸気圧)は，温度が高いほど大きい。

A 水の状態変化

＊気体が液体になることを凝縮，気体が固体になることを昇華ということもある。

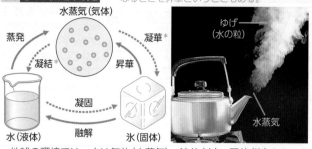

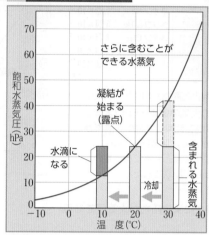

地球の環境では，水は気体(水蒸気)，液体(水)，固体(氷)の3つの状態で存在できる。状態変化にともなって出入りする熱を潜熱という。たとえば水の潜熱は次の通り。

氷の昇華熱：$2.8×10^6$ J/kg，氷の融解熱：$3.3×10^5$ J/kg
水の蒸発熱：$2.5×10^6$ J/kg(0℃)，$2.3×10^6$ J/kg(100℃)

Column　コップのまわりの水滴

夏の暑い日に，冷たい飲み物をコップに入れておくと，コップのまわりに水滴がつく。これは，コップのまわりの大気が飲み物で冷やされ，飽和水蒸気圧が下がることで，大気中に含まれていた水蒸気が凝結して水滴になるためである。

このような身近な現象も，飽和水蒸気圧が温度によって変化することで説明できる。

B 水の飽和水蒸気圧

さらに含むことができる水蒸気
凝結が始まる(露点)
水滴になる
冷却
含まれる水蒸気

大気中に含むことのできる限度の水蒸気量を飽和水蒸気量という。水蒸気量は，気圧で表すこともできるので，以下では，水蒸気圧，飽和水蒸気圧で示す。

飽和水蒸気圧は温度によって変化する。ある温度における飽和水蒸気圧に対する実際の水蒸気圧の割合(%)を相対湿度(湿度)という。湿度は，大気を冷やして飽和に達するときの温度(露点)から求められる。

$$相対湿度(\%) = \frac{水蒸気圧}{飽和水蒸気圧} × 100$$

気象庁公報による

温度(℃)	0	1	2	3	4	5	6	7	8	9
−30	0.51	0.46	0.42	0.38	0.35	0.31	0.28	0.26	0.23	0.21
−20	1.25	1.15	1.05	0.97	0.88	0.81	0.74	0.67	0.61	0.56
−10	2.86	2.65	2.44	2.25	2.08	1.91	1.76	1.62	1.49	1.37
− 0	6.11	5.68	5.28	4.90	4.55	4.22	3.91	3.62	3.35	3.10
0	6.11	6.57	7.06	7.58	8.13	8.72	9.35	10.02	10.73	11.46
10	12.28	13.13	14.02	14.98	15.99	17.05	18.18	19.38	20.64	21.98
20	23.37	24.87	26.44	28.10	29.85	31.67	33.63	35.67	37.81	40.08
30	42.45	44.95	47.57	50.33	53.23	56.26	59.45	62.79	66.30	69.97

※数字の単位は hPa。　は，温度15℃のときの水の飽和水蒸気圧(17.05 hPa)を表す。

基礎 2 雲のでき方　空気塊が上昇すると，膨張して温度が下がる。露点に達すると，水蒸気が水滴(雲粒)となり雲ができる。

A 断熱変化による雲のでき方 ▶p.108

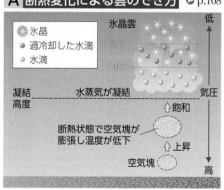

氷晶
過冷却した水滴
水滴
氷晶雲
凝結高度
水蒸気が凝結
飽和
断熱状態で空気塊が膨張し温度低下
上昇
空気塊
低
気圧
高

断熱膨張

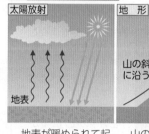

押す力を強める
温度上昇　圧縮
断熱圧縮
もとの状態
断熱膨張
押す力を弱める
温度低下　膨張

熱の出入りの無い状態(断熱状態)で気体が膨張して周囲へ仕事をすると，気体のもつエネルギーが低下して気体の温度は下がる。

B 上昇気流の原因

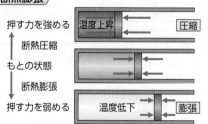

太陽放射
地表
地表が暖められて起こる。

地形
山の斜面に沿う
山の斜面に沿って起こる。

低気圧
低圧
低気圧の中心付近で起こる。

前線
暖気
寒気
暖気と寒気がぶつかって起こる。

C 雲の発達のようす

① 上昇気流により，雲の底が水平で上へ伸びる積雲ができる。

② 積雲はしだいに発達していき，その中で氷晶や水滴が成長する。（20分後）

③ 大粒で激しい雨が降り出す。雷や突風をともなうこともある。（50分後）

プチ雑学　気温が高く湿度が低いとき，飽和水蒸気圧は大きいが実際の水蒸気圧は小さい。このようなとき，水は蒸発しやすく，洗濯物がよく乾く。

Keywords ● ●潜熱 latent heat ●飽和水蒸気圧 saturated water vapor pressure ●相対湿度 relative humidity ●露点 dew-point
●断熱変化 adiabatic change ●上昇気流 ascending current ●乾燥断熱減率 dry adiabatic lapse rate
●湿潤断熱減率 moist-adiabatic lapse rate ●凝結高度 condensation level ●冷たい雨 cold rain ●暖かい雨 warm rain

77

3 空気塊の上昇　雲の発達のようすは，大気の温度分布によって決まる。

A 大気の温度分布

※逆転層● p.81

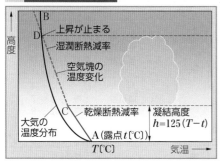

気体が上昇する際，水蒸気で飽和していない気体は約 1℃/100 m（**乾燥断熱減率**），水蒸気で飽和している気体は潜熱を放出しながら上昇するため約 0.5℃/100 m（**湿潤断熱減率**）の割合で温度が下がる。

温度分布が曲線A−Bのとき，上昇する空気塊は，はじめ乾燥断熱減率で温度が下がる（直線A−C）。C（**凝結高度**）まで上昇すると，凝結が起こって雲ができはじめる。その後は湿潤断熱減率で温度が下がり（直線C−D），周囲の大気と温度が等しくなるDで上昇が止まる。雲はCとDの間に形成される。

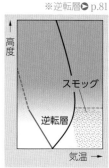

B 大気の安定度

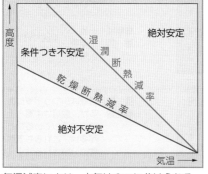

気温減率により，大気は3つに分けられる。

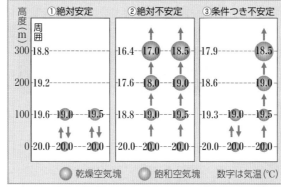

① 乾燥空気塊　● 飽和空気塊　数字は気温（℃）

①上昇した空気塊の気温が周囲の大気の気温よりも低ければ，空気塊はもとの位置にもどる。この大気の状態を**絶対安定**という。

②上昇した空気塊の気温が周囲の大気の気温よりも高ければ，さらに上昇を続ける。この大気の状態を**絶対不安定**という。

③乾燥空気塊であれば安定，飽和空気塊であれば不安定となる大気の状態を，**条件つき不安定**という。

4 雨のでき方　雨のでき方には，「冷たい雨」と「暖かい雨」の2つの過程がある。

A 冷たい雨（氷晶雨）

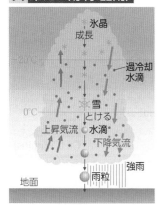

飽和水蒸気圧は氷より水の方が大きいから，氷晶に対して飽和していても，水滴に対しては飽和しない場合がある。氷晶と過冷却した水滴とが共存していると，水滴が蒸発してできた水蒸気が氷晶の表面に凝華する。その結果，氷晶は大きくなり，落下していき，途中でとけて雨となる。気温が低いと，とけずに雪となる。

水と氷の飽和水蒸気圧

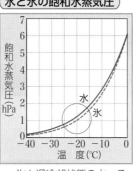

氷と過冷却状態の水，それぞれに対する飽和水蒸気圧は異なる。

水蒸気が凝華して氷晶が成長する。

B 暖かい雨

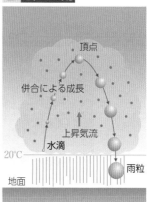

大きな凝結核を中心に凝結が起こると，大きな水滴ができる。この水滴は，激しい対流によって動き回ると，互いに衝突して併合し，やがて雨粒となって降る。

雪の結晶

水蒸気が凝華して成長した氷晶（雪の結晶）はさまざまな規則正しい形になる。氷晶の形は，気温と水蒸気の飽和度に関係し，その形から上空の大気の状態を推測できる。

雨粒と雲粒　大きさの目安

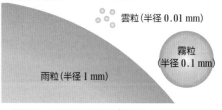

雲粒は，表面で水蒸気が凝結したり他の雲粒を吸収するなどして，雨粒の大きさに成長する。

基礎 1 雲の形

雲は，高さや形（雲形）の特徴から，10種類に分類されている。

高度(km)

雲は，対流圏の中（上空約13kmまで）に発生し，その上にある成層圏では通常発生しない。

（写真の位置はおよその高度を表す）

大気のすがたと運動

巻雲（すじぐも） Ci (Cirrus)

巻層雲（うすぐも） Cs (Cirrostratus)

巻積雲（うろこぐも） Cc (Cirrocumulus)

高積雲（ひつじぐも） Ac (Altocumulus)

高層雲（おぼろぐも） As (Altostratus)

乱層雲（あまぐも） Ns (Nimbostratus)

層雲（きりぐも） St (Stratus)

層積雲（うねぐも） Sc (Stratocumulus)

積乱雲（にゅうどうぐも） Cb (Cumulonimbus)

積雲（わたぐも） Cu (Cumulus)

層状の雲（おもに水平方向に広がりながら発達する雲）

塊状の雲（おもに鉛直方向に発達する雲）

A 雲の種類（十種雲形） ○p.106

		地方	高度(km)
上層雲	Ci 巻雲	極	3～8
	Cc 巻積雲	温帯	5～13
	Cs 巻層雲	熱帯	6～18
中層雲	Ac 高積雲	極	2～4
		温帯	2～7
		熱帯	2～8
	As 高層雲	ふつう中層に見られ，上層まで広がっていることが多い。	
下層雲	Ns 乱層雲	ふつう中層に見られ，上層・下層にも広がっていることが多い。	
	Sc 層積雲	極 温帯 熱帯	地面付近～2km
	St 層雲		
鉛直に発達する雲	Cu 積雲 Cb 積乱雲	雲底はふつう下層にあるが，雲頂は中層・上層まで達していることが多い。これらも下層雲に分類される。	

世界気象機関（WMO）の「国際雲図帳（International Cloud Atlas）」では，雲をまず10種の「類」に分け，さらにそれを種・変種と細分している。この10種の「類」が基本形であり，十種雲形とよんでいる。

プチ雑学　十種雲形の雲の名前は，巻・高・層・積・乱の5つの漢字の組み合わせでできている。それぞれ，巻：対流圏の上層の高さにある，高：対流圏の中層の高さにある，層：切れ目のない層状，積：切れ目のある塊状，乱：雨を降らせる，という意味がある。

Keywords ●雲形 cloud form ●気象観測 meteorological observation ●ラジオゾンデ radiosonde
●気象衛星 meteorological satellite ●気象レーダー meteorological radar

気象庁
気象観測の手引き

79

② 観測手段　さまざまな観測装置を活用して，日本各地の気象データを収集・分析している。

A 地上気象観測

風向・風速
積雪
気温
雨量
アメダス観測所

全国に約60か所の気象台・測候所，約90か所の特別地域気象観測所がある。さらに，降水量を観測する約1300か所の「地域気象観測システム」（**アメダス**，Automated **M**eteorological **D**ata **A**cquisition **S**ystem）がある。

アメダスは，1974年に運用を開始した。約840か所では，降水量に加えて風向・風速，気温も観測し，一部では相対湿度も観測している。また，雪の多い地域の約330か所では，積雪の深さも観測している。

B 海洋気象観測

海洋気象観測船「啓風丸」

ブイロボット

海洋気象観測船では，水温・塩分・海潮流などの海洋観測や，海水中や大気中の二酸化炭素濃度測定を行っている。また，研究を目的とした観測もしている。

ブイロボットは，海上を漂流しながら，リアルタイムで継続的に，気圧・水温・波浪などを観測する。

C 高層気象観測

ラジオゾンデ

観測装置

気球に，気圧・気温・湿度などを測定できる観測装置と，観測データを送信する無線機をつけ，上空約30kmまでの大気の状態を観測する。同様の観測は，世界約700か所で同時（日本時間で9時と21時）に行われている。なお，気球の動きから風向・風速を観測する手法をレーウィンゾンデという。また，GPSで位置情報を取得できるGPSゾンデもある。

ウィンドプロファイラ

地上から上空に向けて発射した電波が，大気の乱れなどで散乱されて戻ってくるのを観測する。戻ってきた電波は，大気の流れに応じて周波数が変化するため，上空数kmまでの風向・風速がわかる。

全国に33か所あり，観測・処理システムを合わせて「局地的気象監視システム」（ウィンダス）とよぶ。

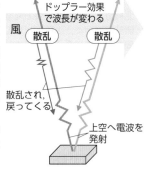

ドップラー効果で波長が変わる
風
散乱　散乱
散乱され，戻ってくる
上空へ電波を発射

D 気象衛星観測

ひまわり9号
気象庁提供

日本の**気象衛星「ひまわり9号」**は，赤道上空約36000kmの静止軌道をまわる静止衛星で，地球を観測している。可視光線によるカラー画像に加えて，赤外線を使って水蒸気量や海面水温を調べることもできる。

E 気象レーダー観測

ドームの内部にアンテナがある
発射されたマイクロ波
雨や雪に散乱される
回転して全周を観測

雨や雪

発射されたマイクロ波が戻ってくるまでの時間から降水のある場所までの距離，戻ってきたマイクロ波の強さから降水の強さがわかる。

基礎 ③ 天気図の記号　新聞などで目にする天気図の記号は，国際式のものを簡略化した日本式のものである。

記号	天気	記号	天気	記号	天気
○	快晴	●	霧	◗	雷
①	晴	●キ	霧雨	◖	雷強し
◎	曇	●＊	雨	⊗	雪
∞	煙霧	●ッ	雨強し	⊛	雪強し
Ⓢ	ちり煙霧	●⁼	にわか雨	⊘	にわか雪
砂じんあらし	みぞれ	あられ
地ふぶき	▲ ひょう	⊗ 天気不明

寒冷前線　温暖前線
停滞前線　閉塞前線

子午線
風向
風力
10　12
気温（10℃）　気圧（1012 hPa）
天気記号

風力	記号	地上10mにおける風速（m/s）			
0		0.0〜 0.3未満	6		10.8〜13.9未満
1		0.3〜 1.6未満	7		13.9〜17.2未満
2		1.6〜 3.4未満	8		17.2〜20.8未満
3		3.4〜 5.5未満	9		20.8〜24.5未満
4		5.5〜 8.0未満	10		24.5〜28.5未満
5		8.0〜10.8未満	11		28.5〜32.7未満
			12		32.7以上

プチ雑学　層積雲の俗称「うねぐも」の「うね（畝）」は，畑の畝（土を細長く盛り上げたところ）のことである。また，積乱雲の俗称「にゅうどうぐも」の「にゅうどう（入道）」は，仏道に入った人のことであり，坊主頭のことでもある。これらの俗称は雲の形に由来する。

地球の熱平衡

地球の平均気温がほぼ一定に保たれているのは，地球に入るエネルギーと，地球から出ていくエネルギーが等しく，収支が0になっているからである。

基礎 1 太陽の放射エネルギー　太陽の放射エネルギーのごく一部を地球は受けとる。

A 太陽定数

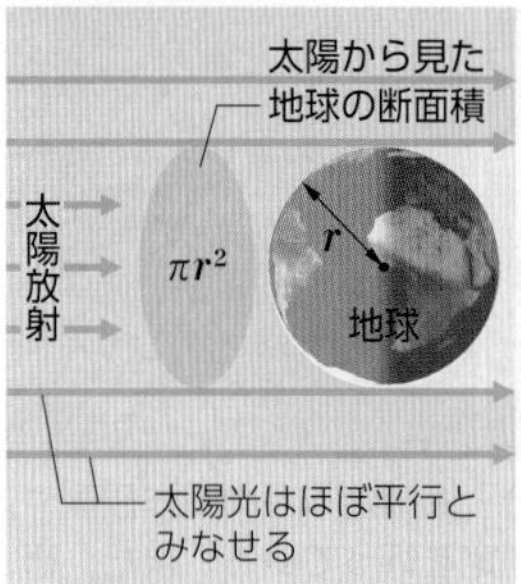
太陽から見た
地球の断面積
太陽放射
πr^2
r
地球
太陽光はほぼ平行とみなせる

太陽エネルギーの総量

毎秒 3.85×10^{26} J

太陽定数（たいようていすう）

地球大気の上端で，太陽光線に垂直な単位面積が単位時間に受ける太陽エネルギー。

約 1.37 kW/m²

（≒1.96 cal/cm²・分）

地球全体が受けとるエネルギー量

太陽定数×断面積（πr^2）

＝毎秒 1.8×10^{17} J

太陽は，いろいろな波長の**電磁波**としてエネルギーを放出している。

B 太陽放射スペクトル

太陽が放射する電磁波は，可視光線が最もエネルギーが強く，**短波放射**とよばれる。ほとんどの**紫外線**と**赤外線**は吸収される。

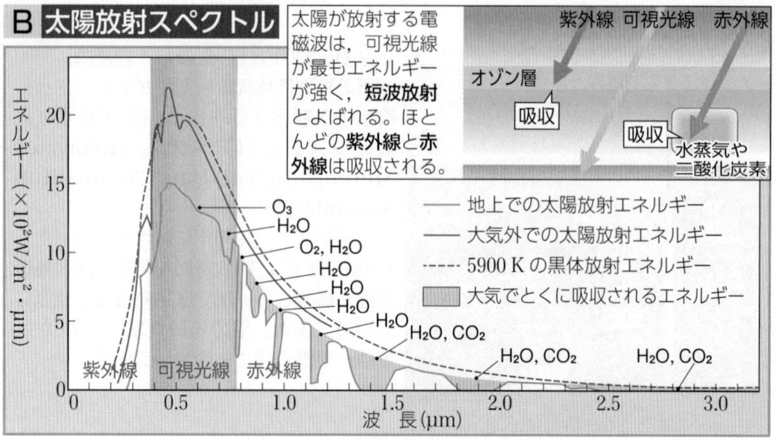
紫外線 可視光線 赤外線
オゾン層
吸収
吸収
水蒸気や
二酸化炭素
エネルギー（×10³W/m²・μm）
20
15
10
5
0
O_3
H_2O
O_2, H_2O
H_2O
H_2O
H_2O
H_2O
H_2O, CO_2
H_2O, CO_2
H_2O, CO_2
地上での太陽放射エネルギー
大気外での太陽放射エネルギー
5900 K の黒体放射エネルギー
大気でとくに吸収されるエネルギー
紫外線 可視光線 赤外線
0 0.5 1.0 1.5 2.0 2.5 3.0
波　長（μm）

参考 太陽放射の分布

大気上空での1日当たりの太陽放射量は，日照時間が長くなる夏至の頃の北極付近と，冬至の頃の南極付近が最大になる。しかし，極付近は，冬の日照時間が短く，1日当たりの太陽放射量は最低になる。一方，赤道付近は年間を通して，多くの太陽放射を受けている（▶p.84）。

右の図は，実際に地球表面で受け取る1年当たりの太陽放射の分布を示している。実際に受け取る太陽放射量を年間で比較すると，中緯度地域が最も多くなる。これは，赤道付近は雲が多くなるが，中緯度地域は晴天が多いことによる。これらの条件から，中緯度地域に砂漠が発達していると考えられる。

なお，単位は kcal/(cm²・年)で，1 kcal/(cm²・年)＝1.3 W/m² である。

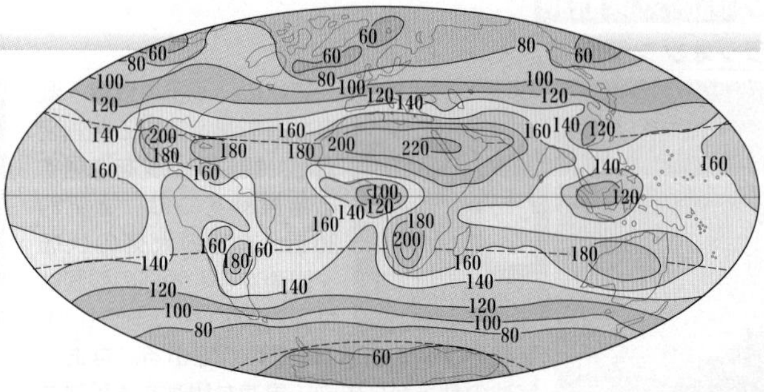
60
80
100
120
140
160
180
200
220
100
120
180
200
140
120
100
80
60

基礎 2 地球放射エネルギー　地球は，おもに赤外放射によって，エネルギーを放出している。

A 地球放射スペクトル

Sellers (1965)，Goody (1964) による

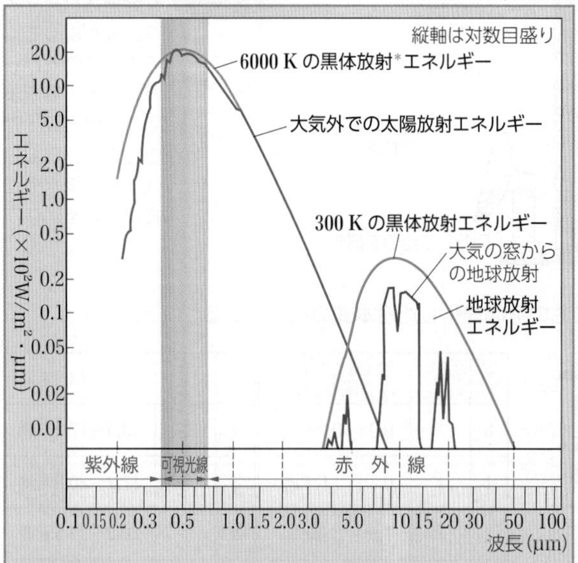
縦軸は対数目盛り
6000 K の黒体放射*エネルギー
大気外での太陽放射エネルギー
300 K の黒体放射エネルギー
大気の窓からの地球放射
地球放射エネルギー
エネルギー（×10²W/m²・μm）
20.0 10.0 5.0 2.0 1.0 0.5 0.2 0.1 0.05 0.02 0.01
紫外線 可視光線 赤　外　線
0.1 0.15 0.2 0.3 0.5 1.0 1.5 2.0 3.0 5.0 10 15 20 30 50 100
波長（μm）

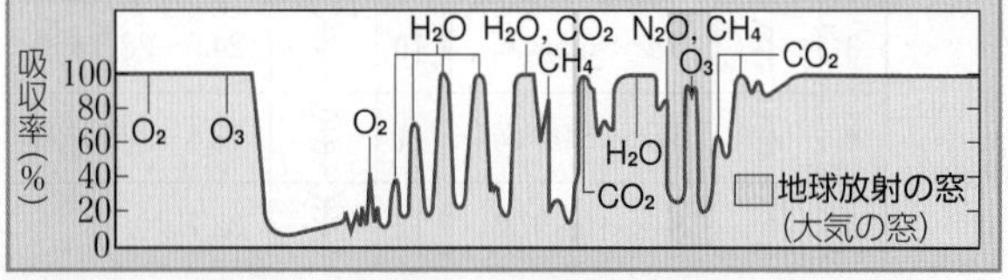
吸収率（%）
100 80 60 40 20 0
O_2 O_3 O_2
H_2O H_2O, CO_2 N_2O, CH_4
CH_4 O_3 CO_2
H_2O
CO_2
地球放射の窓（大気の窓）

地球が放射する電磁波（**地球放射**）は，赤外線が最も強く，**赤外放射**（**長波放射**）とよばれる。大気中の水蒸気や二酸化炭素は赤外線を吸収する。つまり大気は，可視光線（太陽放射）はほとんど吸収しないが，赤外線（地球放射）は吸収する。

しかし，大気成分（おもに水蒸気）に吸収されない波長域（約8～12 μm）があり，その部分を地球放射の窓（**大気の窓**）という。

なお，左の図は対数目盛りであり，地球放射エネルギーは大気外での太陽放射エネルギーと比べてずっと小さい。

＊電磁波をすべて吸収する理想的な黒い物体（黒体）の放射。エネルギー分布は温度で決まる。太陽など恒星の放射は，黒体に近い。

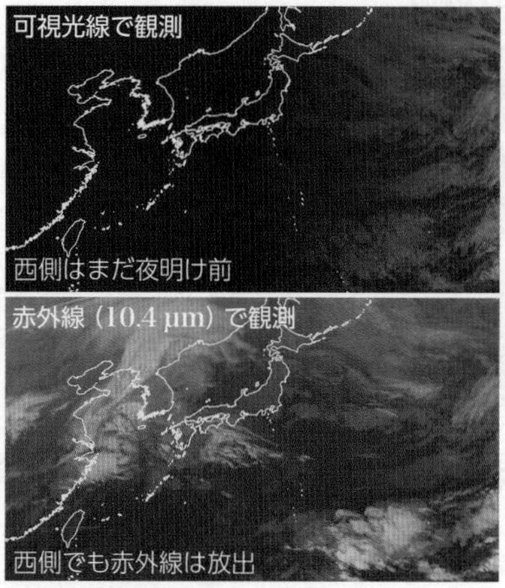
可視光線で観測
西側はまだ夜明け前
赤外線（10.4 μm）で観測
西側でも赤外線は放出

大気の窓の波長（赤外線）は，人工衛星から雲や地表のようすを調べるのに使われる。

B アルベド（反射率）

地　表	アルベド
裸　地	0.10～0.25
砂，砂漠	0.25～0.40
草　地	0.15～0.25
森林地	0.10～0.20
新　雪	0.79～0.95
旧　雪	0.25～0.75
海面（太陽高度25°以上）	0.10以下
海面（太陽高度25°以下）	0.10～0.70

入射光のエネルギーに対する反射光のエネルギーの割合を**アルベド**（反射率）という。地球全体のアルベドは，雲による反射なども考慮すると，約0.30になる。

プチ雑学 石炭1gが燃焼すると約 2.9×10^4 J のエネルギーを放出する。よって，地球全体が1秒間に受けとる太陽エネルギーの量 1.8×10^{17} J は，約 6.2×10^6 t の石炭が燃焼したときに放出するエネルギーに相当する。かつては，太陽の莫大なエネルギーの源は謎であった（▶p.139）。

Keywords ▶
- ●太陽定数 solar constant ●太陽放射 solar radiation ●短波放射 short wave radiation ●可視光線 visible radiation
- ●地球放射 terrestrial radiation ●赤外放射 infrared radiation ●大気の窓 atmospheric window ●アルベド albedo
- ●熱平衡 thermal equilibrium ●温室効果 greenhouse effect ●放射冷却 radiation cooling ●逆転層 inversion layer

81

基礎 3 地球の熱平衡 — 地球のエネルギー収支はつり合った状態になっており，地表や大気の温度は安定している。

A 地球のエネルギー収支

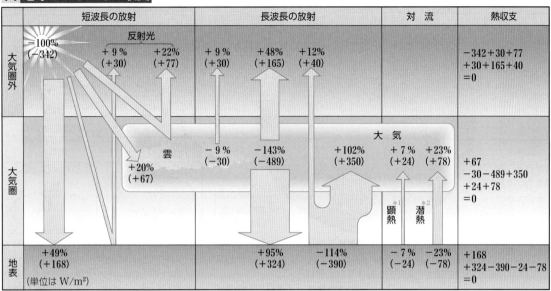

	短波長の放射			長波長の放射			対 流		熱収支
大気圏外	=100% (−342)	反射光 +9% (+30)	+22% (+77)	+9% (+30)	+48% (+165)	+12% (+40)			−342+30+77 +30+165+40 =0
大気圏		雲 +20% (+67)		大気 −9% (−30)	−143% (−489)	+102% (+350)	+7% (+24) 顕熱*1	+23% (+78) 潜熱*2	+67 −30−489+350 +24+78 =0
地表	+49% (+168)			+95% (+324)	−114% (−390)		−7% (−24)	−23% (−78)	+168 +324−390−24−78 =0

(単位は W/m²)

地球は絶えず太陽放射を受けている(地表全体での平均は 342 W/m²)が，地表や大気の温度は安定している。これは，地球放射により太陽放射と等量のエネルギーが大気圏外へと放射され，地球全体のエネルギー収支がつり合った**熱平衡**の状態にあるからである。このつり合いは，地表と大気圏のそれぞれで成り立っている。

*1 顕熱：対流や伝導など大気の温度を直接変化させる熱

*2 潜熱：地表で蒸発した水が大気中で凝結するなど相変化にともなう熱

B 温室効果 ▶ p.212

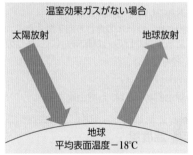

温室効果ガスがない場合

太陽放射 → 地球放射

地球 平均表面温度−18℃

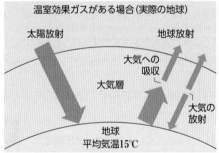

温室効果ガスがある場合(実際の地球)

太陽放射 → 地球放射

大気への吸収／大気層／大気の放射

地球 平均気温15℃

太陽放射(おもに可視光線)エネルギーと地球放射(おもに赤外線)エネルギーは，エネルギー収支がつり合った熱平衡の状態にある。しかし，大気がない場合に比べて，地球の平均の温度は高くなっていると考えられている。これは，大気中の水蒸気や二酸化炭素が赤外線を吸収し，地表へ再び放射するため，地球の温度が高くなる側に熱平衡が傾いているからである。このような効果を**温室効果**，このような働きをする気体を**温室効果ガス**という。

温室効果ガスには，水蒸気，二酸化炭素のほかに，メタン，一酸化二窒素，代替フロンなどがある。

C 放射冷却と逆転層

放射冷却で生じた霧(地表に接した層雲)

地表が赤外放射で放出する熱が，日射などにより吸収する熱を上回ると，地表の温度は下がる。これを**放射冷却**という。太陽放射がない夜間には放射冷却が起こる。よく晴れた日の夜は，上空に雲や水蒸気が少なく，温室効果が下がるため，放射冷却は顕著になる。

放射冷却が進み地表付近の気温が下がると，上空ほど気温が高くなる層(**逆転層** ▶ p.77)ができる。逆転層では霧が生じやすい。また，大気の鉛直方向の動きが抑えられるため，汚染大気が拡散せず，下層にとどまる。

参考 電磁波の波長

＊可視光線の範囲や色の見え方には個人差がある。

| 波長(m) | 10^{-12} | 10^{-11} | 10^{-10} | 10^{-9}
(1 nm) | 10^{-8} | 10^{-7} | 10^{-6}
(1 μm) | 10^{-5} | 10^{-4} | 10^{-3}
(1 mm) | 10^{-2}
(1 cm) | 10^{-1} | 1 | 10^{1} | 10^{2} | 10^{3}
(1 km) | 10^{4} |

0.38 μm* ～ 0.77 μm*

UHF VHF HF MF LF
超短波 短波 中波 長波

γ線 ／ X線 ／ 可視光線 ／ 紫外線 ／ 赤外線 ／ マイクロ波 ／ 電波

振動数(Hz)：10^{20} 10^{19} 10^{18} 10^{17} 10^{16} 10^{15} 10^{14} 10^{13} 10^{12} 10^{11} 10^{10} (1 GHz) 10^{9} 10^{8} 10^{7} (1 MHz) 10^{6} 10^{5}

波長 短い ← → 長い
エネルギー 大 ← → 小

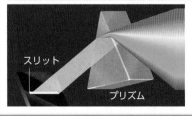

スリット ／ プリズム

太陽光(白色光)をプリズムに通すと，波長による屈折率の違いから，色が分解されて虹ができる(▶ p.138)。このように，太陽光はさまざまな光(電磁波)からできている。

電波や光，X線は，電場と磁場の周期的な変化が伝わる波で，これらを**電磁波**という。電磁波は波長が短いほどエネルギーが大きい。

プチ雑学 地球全体が氷におおわれるとアルベドが高くなり，再び氷がとけることはないと考えられていた。しかし，火山活動で放出された二酸化炭素が海にとけず，二酸化炭素濃度が増すと温暖化が進み，凍結を脱することができると考えられるようになった(全球凍結 ▶ p.189)。

1 大気のすがたと運動

大気には、気圧傾度力と転向力，地上ではさらに摩擦力がはたらく。
これらの力がつり合うように，風が吹く。

1 大気にはたらく力　大気には，気圧差による力(気圧傾度力)と，地球の自転による力(転向力)がはたらく。

A 気圧傾度力

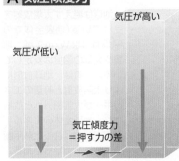

気圧差ができると，高圧側から低圧側へ，等圧線に垂直に空気を押す力がはたらく。これが**気圧傾度力**で，その大きさは2点間の気圧差に比例する。

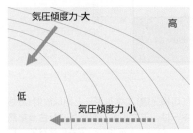

等圧線の間隔がせまいほど，気圧傾度力は大きくなる。

B 転向力(コリオリの力)

(○ p.153)

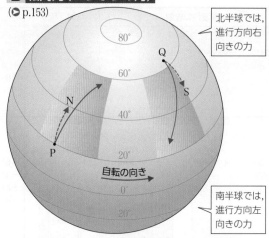

北半球では，進行方向右向きの力

南半球では，進行方向左向きの力

Pから北(N)に向けて運動する物体は，北半球では，地球の自転による力を受けて右にずれる。また，Qから南(S)に向けて運動する物体も右にずれる。

このように，地球上で運動する物体には進行方向を曲げる力がはたらいているように見える。これを**転向力(コリオリの力)**という。単位体積の空気にはたらく転向力の大きさ f は，風速を v，空気の密度を ρ，地球の自転の角速度を ω，緯度を ϕ とすると，$f = 2\rho\omega v\sin\phi$ となる。

なお，南半球では進行方向を左へずらす向きへと転向力がはたらき，赤道ではこのような力ははたらかない。

転向力の考え方

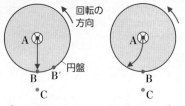

①円盤の外から見た場合　　②円盤上から見た場合

回転の方向

円盤

ボールはまっすぐ進むが，BがB′へ動く。

Bは動かないが，ボールが右へ曲がって進む。

　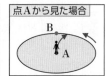

点Cから見た場合　　点Aから見た場合

回転する円盤上の点Aから点Bに向かってボールを投げる場合を考える。

① 円盤の外の点Cから見たボールはまっすぐ進むが，ボールが届くころには回転によりBはB′へ動くため，ボールはBには届かない。

② 円盤上の点A，Bから見たボールは曲がって進んでいるように見える。

②のとき，ボールの進行方向を変えるようにはたらく見かけの力が転向力(コリオリの力)である。

2 地衡風と地上風　上空では等圧線に平行な地衡風，地表付近では摩擦力により等圧線と斜めに交わる地上風が吹く。

A 地衡風

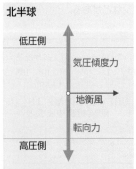

北半球

空気には，気圧傾度力と転向力がはたらく。その結果，気圧傾度力と転向力がつり合う等圧線に平行な風が，北半球では高圧側を右手(南半球では左手)に見て，一定の速さで吹き続ける。この風を**地衡風**という。地衡風は地上約1kmより上空を吹く風で，

風速 v は $v = \dfrac{k}{2\rho\omega} \cdot \dfrac{G}{\sin\phi}$ (k：定数，G：気圧傾度)となり，

気圧傾度に比例し，緯度の正弦(sin)に反比例する。

例 北緯30°，気圧傾度が100kmにつき2hPa(＝200N/m²)のとき，

$$風速 v は \quad v = \frac{200\times10^{-5}}{2\times1\times7.3\times10^{-5}\times0.5} = 27\,(m/s)$$

$$\left(\rho = 1\,kg/m^3, \quad \omega = \frac{2\pi}{24\times60\times60}\,rad/s\right)$$

B 地上風　気圧傾度力と転向力に加え，地表付近では地表との摩擦力がはたらく。

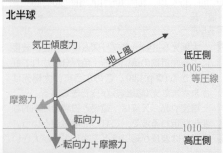

北半球

上空1km以下で吹く**地上風**は，地表面との間で生じる摩擦力の影響を受けやすい。

この摩擦力は風向とは逆向きにはたらくため，風速は海上で地衡風の約 $\dfrac{2}{3}$，陸上では約 $\dfrac{1}{3}$ となる。

一般に，なめらかな海上の方が摩擦力の影響は小さい。摩擦力がはたらくと，

気圧傾度力＝転向力＋摩擦力

となり，風と等圧線とのなす角は，海上では15°〜30°，陸上では30°〜45°になる。

参考 温度風

上層 700 hPa
800 hPa
暖 900 hPa

地衡風
気圧傾度力
寒
転向力
下層
等圧面

地球規模では，低緯度と高緯度で温度差がある。温度の高い低緯度側のほうが，空気の膨張のため，高緯度側より等圧面が高い。等圧面であれば，その上にある空気の量は等しいため，同じ高度で比べると低緯度側でより多くの空気が乗っており，低緯度側のほうが気圧は高い。よって，低緯度側から高緯度側へ気圧傾度力が生じ，図のように地衡風が吹く。

図からわかるように，上空ほど等圧面の傾き，つまり，気圧傾度力が大きくなり，地衡風の風速も大きくなる。この関係を**温度風**の関係という。上空でジェット気流が吹くのもこの関係による(○ p.85)。

プチ雑学 力がつり合っているとき，風が吹かないと思いがちだ。しかし，力がつり合っていても，物体が等速運動をするのと同様，一定速度の風が吹く。なお，転向力や摩擦力の向きは，風の向きで決まる。

Keywords ○ ●気圧傾度力 pressure gradient force ●転向力（コリオリの力）deflecting force（Coriolis force） ●地衡風 geostrophic wind ●地上風 surface wind ●局地風 local wind ●海風 sea breeze ●陸風 land breeze ●谷風 valley breeze ●山風 mountain breeze ●傾度風 gradient wind

83

❸ 局地風　温度差が生じると，対流によって風が吹く。

A 熱対流による風

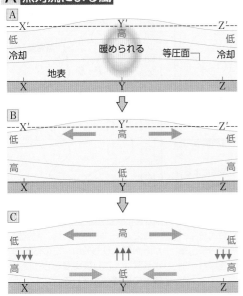

海風と陸風　*風がやんだ状態をなぎという。

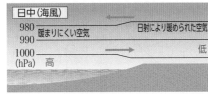

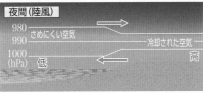

山風と谷風

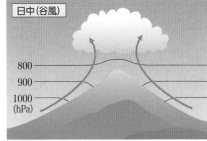

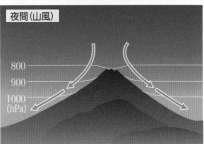

　地表が暖められると，その上層の等圧面の間隔が広がる（A）。そのため上部は高くなり，Y′では周囲より気圧が高くなって，空気が周囲に流れ出す。地上では，流れた空気の量だけ気圧が低くなる（A→B）。これによって，周囲から空気が流れ込み，熱対流が形成される（C）。　例 海陸風，山谷風

　海面は陸面と比べて，1日の間の温度変化が小さい。その結果，日中は海面より陸面の方が暖かいので海から陸に向かって**海風**が吹き，夜間は陸面より海面の方が暖かいので陸から海に向かって**陸風**が吹く。海風と陸風を合わせて**海陸風**という。

　日中は日射を受けて，山の斜面は周囲の同じ高さの空気より暖かいので，斜面に沿って**谷風**が吹き上がる。夜間は放射冷却によって冷えるので，冷たい空気が**山風**として斜面に沿って吹き降りる。山風と谷風を合わせて**山谷風**という。

基礎 ❹ 高気圧・低気圧付近の風　低気圧では，地上付近で吹き込んだ風が渦を巻いて上昇する。

A 上空の風

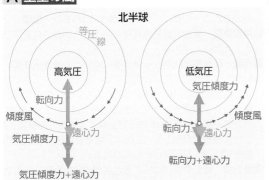

B 地上付近の風　（遠心力は省略してある）

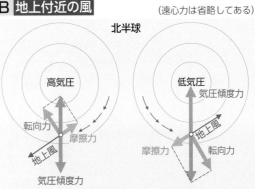

　上空を等圧線に沿って吹く**傾度風**では，遠心力もはたらく。高気圧の場合は，

転向力＝気圧傾度力＋遠心力

低気圧の場合は，

気圧傾度力＝転向力＋遠心力

となっている。

　地上付近では摩擦力のため，風は等圧線に平行にはならず，低気圧であれば吹き込む向きに風が吹く。

C 高気圧と低気圧の構造

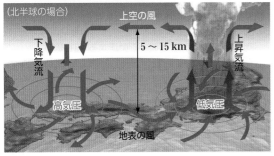

参考 熱帯低気圧に吹き込む風

　熱帯低気圧（台風など）の渦の巻き方は，地球の自転による転向力の影響を受ける。北半球の熱帯低気圧は，地上付近では左巻きの渦となり，南半球の熱帯低気圧は，右巻きの渦となる。

プチ雑学　局地風と比べ，時間スケールも空間スケールも大きいが，季節風（● p.85）も熱対流による風である。海陸風が日中と夜間での陸と海の温度差によるのに対し，季節風は夏と冬での陸と海の温度差による。

太陽放射の吸収量は，高緯度ほど小さくなるため，地球上には緯度方向の温度差が生じる。これが大気の大循環の原動力になっている。

基礎 1 緯度による違い　緯度によってエネルギー収支が違っており，低緯度から高緯度へと熱が移動する。

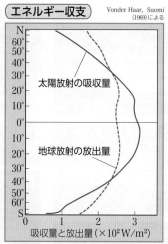

太陽放射

エネルギー収支 Vonder Haar, Suomi (1969)による

太陽放射の吸収量
地球放射の放出量

吸収量と放出量（×10^2W/m²）

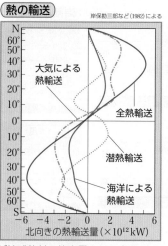

熱の輸送 岸保勘三郎など(1982)による

大気による熱輸送
全熱輸送
潜熱輸送
海洋による熱輸送

北向きの熱輸送量（×10^{12}kW）

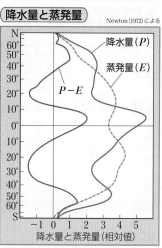

降水量と蒸発量 Newton (1972)による

降水量（P）
蒸発量（E）
P－E

降水量と蒸発量（相対値）

太陽高度が異なるため，太陽放射の吸収量を一定面積で比較すると，赤道付近が最も大きく，高緯度になるほど小さくなる。

低緯度地域では，太陽放射の吸収量が地球放射の放出量よりも大きく，熱が余る。逆に，高緯度地域では，太陽放射の吸収量が地球放射の放出量よりも小さく，熱が不足する。低緯度地域の熱が高緯度地域に運ばれ，地球全体では，エネルギー収支が0になっている。

緯度20°～30°付近では，蒸発量が降水量よりも多い。この地域の水蒸気は，より低緯度もしくは高緯度の地域へ運ばれる。

基礎 2 大気の大循環モデル　大気は地球上を循環しながら，低緯度から高緯度へと熱を運んでいる。

A 大循環モデル

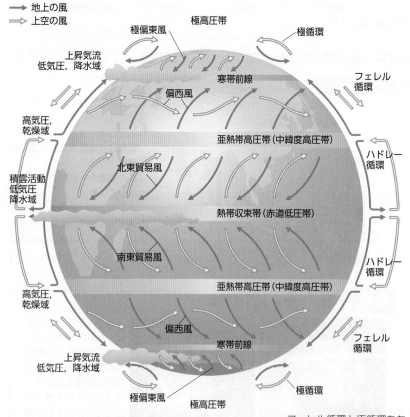

→ 地上の風
⇒ 上空の風

極偏東風　極高圧帯　極循環
上昇気流 低気圧，降水域
偏西風
寒帯前線
フェレル循環
高気圧，乾燥域
亜熱帯高圧帯（中緯度高圧帯）
ハドレー循環
積雲活動 低気圧 降水域
北東貿易風
熱帯収束帯（赤道低圧帯）
ハドレー循環
南東貿易風
亜熱帯高圧帯（中緯度高圧帯）
高気圧，乾燥域
偏西風
フェレル循環
寒帯前線
上昇気流 低気圧，降水域
極偏東風　極高圧帯　極循環

フェレル循環と極循環をあわせて，ロスビー循環とよぶこともある。

亜熱帯高圧帯　緯度30°付近にできる高圧帯。赤道付近で上昇した大気が上空で高緯度に向かい，転向力によって向きを変え，緯度30°付近で強い西風（亜熱帯ジェット気流）になる。そのため，この付近は赤道からの大気の溜まり場となり高圧帯をつくる。

貿易風　亜熱帯高圧帯から低緯度に吹く地上の風。転向力によって東寄りの風になる。上空は高緯度に向かう風（転向力で西寄りの風）が吹いて循環する（**ハドレー循環**）。

熱帯収束帯　南北の貿易風が集まるところ。赤道付近にできて大気は上昇する。

偏西風　亜熱帯高圧帯から高緯度に向かって吹き出す風。転向力によって西寄りの風になる。地上の風，上空の風ともに偏西風といい，南北に蛇行している。なお，偏西風が吹く中緯度帯の大気の動きを平均すると，緯度30°付近で下降し，緯度60°付近で上昇する見かけの循環（フェレル循環）が現れる。これは，温帯低気圧での大気の動き（● p.86）を反映したものである。

寒帯前線　極偏東風（寒気）と偏西風（暖気）が衝突してできる前線。寒帯前線の上空には強い西風（寒帯前線ジェット気流）がある。

極高圧帯　極付近で冷えた大気が下降してつくる高圧帯。

極偏東風　極高圧帯から低緯度に吹く地上の風。転向力によって東寄りの風になる。上空は高緯度に向かう風（転向力で西寄りの風）が吹いて循環する（**極循環**）。

B 大気の大循環と熱輸送

大気の大循環によって熱は運ばれる。赤道付近の熱は，ハドレー循環によって低緯度から中緯度へ，偏西風の蛇行（偏西風波動，● p.89）によって，中緯度から高緯度へと運ばれる。

Keywords ○

●大気の大循環 general circulation of the atomosphere　●貿易風 trade wind
●ハドレー循環 Hadley circulation　●熱帯収束帯 intertropical convergence zone　●偏西風 westerlies
●極偏東風 polar easterlies　●ジェット気流 jet stream　●季節風 monsoon

Earth Nullschool
地上の風速

85

基礎 3 ジェット気流　偏西風の中で，最も強い流れをジェット気流という。

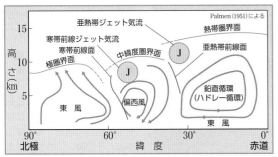

Palmen (1951)による

寒帯前線ジェット気流
が吹く範囲

亜熱帯ジェット気流の軸

Riehl (1962)，Palmen・Newton (1969)による

寒気　暖気　等圧面の等高線
等圧面
傾きが急
北　寒帯前線　南
北　南
間隔が狭い
ジェット気流
北　南

寒帯前線を境にして，水平方向に急激な温度差がある。温度風（◎p.82）の関係から，上空の風が強まり，圏界面付近に寒帯前線ジェット気流が生じる。

ジェット気流（◎p.107）は，圏界面（◎p.74）の高さが大きく変わる部分で吹く。

基礎 4 実際の大気の大循環　大陸と海洋で温度差が生じ，それが気圧や風の分布に影響を与える。

A 気圧と風の分布

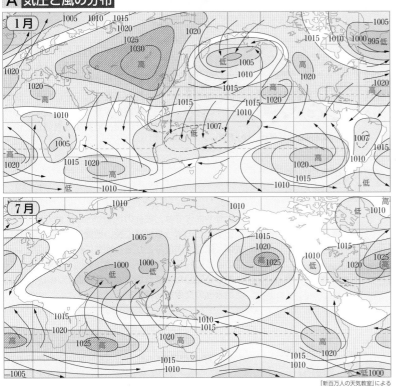

高圧域　hPa
1025
1020
1015
低圧域　1010
1005
1000

「新百万人の天気教室」による

実際の大気の大循環は，大気の大循環モデル（◎p.84）より複雑である。

大陸は海洋と比べて，暖まりやすく冷えやすい。1月の北半球では，大陸が冷えて高圧域が発達し，海洋が低圧域になる。したがって，風は大陸から海洋に向かって吹く。これは日本付近では北西の風になる。

南半球の高緯度（地図の下の方）での等圧線が緯線に平行なのは，大陸が存在しないため，緯度にそって温度が変化しているからである。

7月の北半球では，大陸が暖まって低圧域が発達し，海洋が高圧域になる。そのため，風は海洋から大陸に向かって吹き，1月とは逆向きになる。これは日本付近では南東の風になる。

日本付近の風のように，季節によって異なった向きに吹く地上の風を**季節風（モンスーン）**という。大きな大陸の周辺では，季節によって風の分布が異なり，気候が変化する。

B 雲の分布

Terra (2002)

熱帯収束帯（赤道付近）には帯上に雲が発生しており，その南北にある亜熱帯高圧帯付近には雲が少ない。高緯度地域に雲が多く，前線にそった雲もある。雲の分布のようすは，北半球と南半球で，赤道をはさんでおおむね対称である。

GOES-11 (2000)

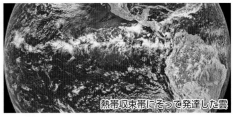

熱帯収束帯にそって発達した雲

プチ雑学　フィギュアスケートで，広げた腕を閉じると回転が速くなる。赤道付近の風が高緯度に移動すると，地軸により近い所を空気が動くので，同じように風速が増していく。このようにして亜熱帯ジェット気流は生じる。

1 大気のすがたと運動

寒気と暖気が接するところで発生する温帯低気圧は前線をともなうが，熱帯・亜熱帯の海上で発生する熱帯低気圧は，暖気だけでできており，前線をともなわない。

左縦書き：1 大気のすがたと運動

1 温帯低気圧　温帯低気圧は，寒気と暖気が接するところ（寒帯前線）に発生し，前線をともなう。

基礎

A 温帯低気圧の構造

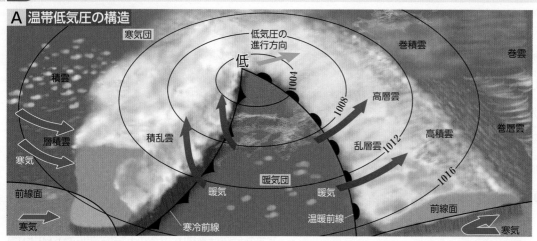

温帯低気圧は中心の東側に温暖前線，西側に寒冷前線をともなう。

また，温帯低気圧は偏西風の影響を受け，おもに西から東へと移動する。

その結果，温帯低気圧にともなって前線が通過するときには，まず温暖前線の通過で気温が上昇する。その後，にわか雨をともなった寒冷前線の通過で，気温が急激に下降する。

B 低気圧の一生　4～5日間の消長モデル

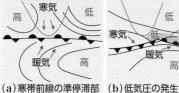
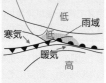
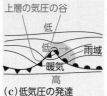

（a）寒帯前線の準停滞部　（b）低気圧の発生　（c）低気圧の発達　（d）一部閉塞した低気圧　（e）消滅しつつある低気圧

0　　1000　水平の距離（km）

「気象ハンドブック」による

寒気が流れ込んだところに寒冷前線，暖気が流れ込んだところに温暖前線ができる。寒冷前線が温暖前線に追いつき，閉塞前線ができる頃が最盛期であり，その後，低気圧は衰弱していく。

2 気団と前線　前線面では，暖気が上昇して雲ができ，雨を降らす。

A 前線のモデル

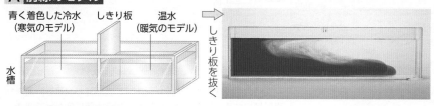

青く着色した冷水（寒気のモデル）　しきり板　温水（暖気のモデル）　しきり板を抜く　水槽

大陸や海洋では，表面の状態が広い範囲でほぼ一様である。このような地域に長い期間とどまっている空気は，気温や湿度などがその地域に特有なものになる。このようにしてできた空気の塊が気団である。

異なる気団が接する境界面を前線面といい，前線面と地表面の交線が前線である。

B いろいろな前線

寒冷前線　前線面　積乱雲　積雲　寒気　暖気　雨　寒冷前線　約70km　前線の進行方向

寒気が暖気の下にもぐり込み，暖気を押し上げながら移動する。強い雨が狭い範囲に降り，通過後，急に気温が下がる。

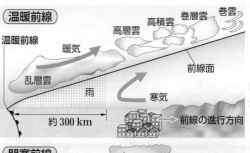

温暖前線　暖気　乱層雲　高層雲　高積雲　巻層雲　巻雲　前線面　寒気　雨　約300km　前線の進行方向

暖気が寒気の上をゆるやかに上昇し，寒気を押しながら移動する。おだやかな雨が広い範囲に降り続き，通過の際，ゆっくりと気温が上がる。

停滞前線　暖気　前線面　雨　寒気　停滞前線

寒気と暖気の勢力がつり合って，同じ位置に長時間とどまる。
例　梅雨前線　秋雨前線

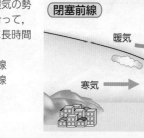

閉塞前線　暖気　寒気　雨　閉塞前線

寒冷前線が温暖前線に追いついて重なる。東北地方や北海道では，閉塞前線の通過が多い。

プチ雑学　上の図で，前線面の傾きは，実際よりも大きく描かれている。実際の寒冷前線の前線面の傾きは，1/5～1/100（水平方向に100km進んで1km高くなる）程度，温暖前線の前線面の傾きは1/100～1/300程度である。

Keywords ●温帯低気圧 extratropical cyclone　●気団 air mass　●前線 front　●寒冷前線 cold front
●温暖前線 warm front　●停滞前線 stationary front　●閉塞前線 occluded front
●熱帯低気圧 tropical cyclone　●台風 typhoon

デジタル台風
気象データ動画
アーカイブ

87

基礎 3 熱帯低気圧　熱帯低気圧は，海面温度の高い海域で発生・発達する低気圧で，暖気だけでできている。

A 熱帯低気圧の構造

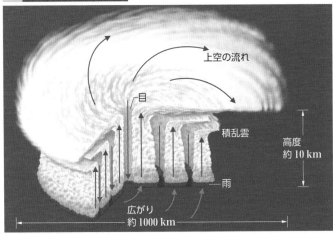

※垂直方向に拡大して描いてある。実際は CD のようなうすい円盤型。

中心付近の気温分布例　※数字はその高度での平均気温との差を表す。

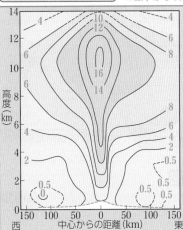

Hawkinsなど(1968)による

熱帯や亜熱帯の海洋上で発達する低気圧を**熱帯低気圧**という。暖気だけでできているため，寒気と暖気の境界である前線はともなわない。また，中心軸に対してほぼ対称形（円形）である。温帯地域まで移動して，風雨による災害をもたらすことがある。

北太平洋西部で発生する熱帯低気圧で，最大風速が 17.2 m/s 以上のものを**台風**（● p.93, 96）とよぶ。台風は，低緯度では西向きに移動するものが多いが，中緯度では偏西風により東向きに進行方向を変える。

1 大気のすがたと運動

B 発生場所と経路

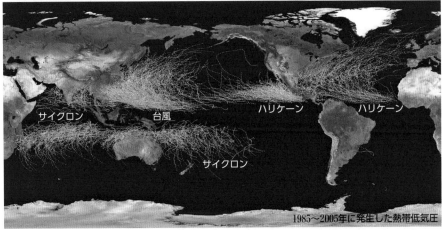

1985〜2005年に発生した熱帯低気圧

ハリケーン『リタ』(2005年9月21日)
Terra (2005)

発達した熱帯低気圧は，発生する地域により，**台風**，**ハリケーン**，**サイクロン**などとよばれる。渦をつくる転向力が必要であるため，転向力が弱い赤道付近では，熱帯低気圧は発生しない。

4 温帯低気圧と熱帯低気圧　温帯低気圧は暖気と寒気の境界に，熱帯低気圧は暖かい海上に生じる。

	温帯低気圧（単に低気圧ともいう）	熱帯低気圧
風　速	中心に向かって一様に強くなり，目がない。	中心に近づくと急に強くなり，目がある。
等圧線	楕円形で，中心に向かって一様に間隔が狭くなる。	円形で，中心に近づくと急に間隔が狭くなる。
前　線	前線をともない，低気圧の南側と北側で気温が違う。	前線をともなわず，周囲の空気との温度差はない。
発生地	中緯度の寒帯前線（フェレル循環と極循環の境界）上。	南北両半球ともに，緯度約5°〜20°の熱帯の海洋。熱帯や亜熱帯の海面温度の高い海域で発達した積乱雲の塊から発生。
移動方向（北半球）	おもに西から東へ進む。	はじめはゆっくり西北西に進むが，低緯度付近からは偏西風の影響を受けて，北から北東，さらに東北東に進むようになる。
時　期	1年中発生。	夏から秋にかけてとくに発生。
発達のエネルギー	重い寒気が軽い暖気の下になり，位置エネルギーが低下することで放出されたエネルギーにより発達。　　● p.107	渦巻きにより上昇気流を生じ，雲ができることで放出されたエネルギー＊により発達。　　● p.107
雨　域	温暖前線の進行方向や中心付近でとくに広く，寒冷前線の付近ににわか雨の区域がある。	進行方向に広がる。

＊水蒸気が雲粒（液体の水）になるときに放出される潜熱。

上空のようすを知ることで，高気圧や低気圧，前線を立体的にとらえることができる。また，上空の気圧の谷などから，地上の気象の大きな変化を予測できる。

1 高層天気図　等圧面の高度が高いほど気圧が高く，等圧面の等高線の間隔が狭いほど強い風が吹く。

A 高層天気図

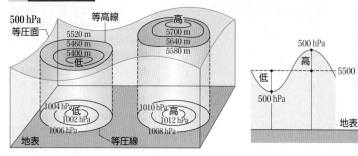

高層天気図は 850 hPa（約 1500 m），700 hPa（約 3000 m），500 hPa（約 5500 m），300 hPa（約 9000 m）などの等圧面の高さを 60 m か 40 m の間隔の等高線で表したものである（このほかに，気温分布を示す等温線や風向，風速，天気なども記入されている）。地上天気図が海面での気圧を表す等高度面天気図であるのに対して，こちらは等圧面天気図である。高層天気図で，高い等高線で囲まれた部分は気圧が高く，低い等高線で囲まれた部分は気圧が低い。

高層を吹く風は地衡風に近いので，等高線は風向とほぼ平行になり，等高線の間隔は同じ緯度上では風速に反比例し，同じ風速では緯度が増すと狭くなる。

B 地上天気図と高層天気図

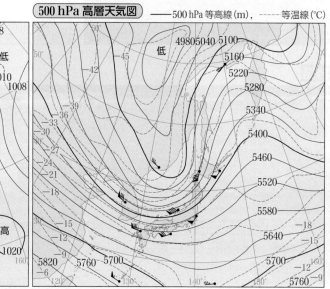

高層天気図は，大気の立体的な構造を理解するのに役立つ。

たとえば，左側の地上天気図にある発達期の低気圧の中心や気圧の谷を，右側の高層天気図と見比べると，高層へ行くほど寒気側に移っていることがわかる。また，等圧面は高緯度へ行くほど低くなっていることもわかる。

2 高層の状態　高層の状態を知ることで，高気圧や低気圧の背の高さを知ることができる。

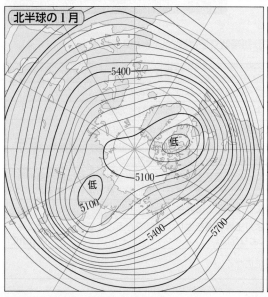

北半球の1月

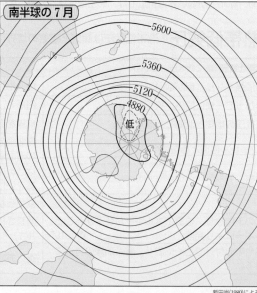

南半球の7月

左の図は，北半球と南半球それぞれの冬における月平均 500 hPa 高層天気図である。

冬の間，大陸が寒冷になるためにできる大陸高気圧や極高気圧は，高さとともに消える背の低い高気圧なので，高層天気図では逆に低圧部となる。それに対して亜熱帯高圧帯にできる高気圧は背の高い高気圧なので，高層天気図でも高圧部になっている。

等高線は，南半球では円形に近いが，北半球では蛇行している。これは，大陸の分布による熱的な効果や，ヒマラヤ山脈などによる力学的な効果が原因である。

新田尚（1980）による

プチ雑学　高層天気図は，用途に応じて使い分けられる。850 hPa 天気図は前線や気団，700 hPa 天気図は雨が降っている領域，500 hPa 天気図は低気圧の発生・発達，300 hPa 天気図はジェット気流を調べるのに使われる。

Keywords ▶ ●高層天気図 upper air chart ●偏西風波動 westerly wave ●気圧の谷 pressure trough
●気圧の尾根 pressure ridge ●ブロッキング高気圧 blocking high

89

3 偏西風波動　偏西風は蛇行し，暖気が高緯度まで，寒気が低緯度まで入り込む。

A 偏西風の蛇行

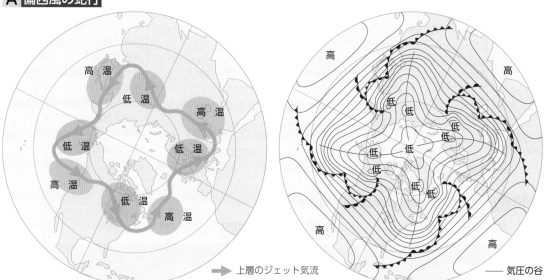

➡ 上層のジェット気流

── 気圧の谷

偏西風は，中・高緯度地域を，極を中心に一周する。中緯度地域・高緯度地域の間の温度差，地球の自転の影響で，偏西風は蛇行する。これが**偏西風波動**で，中緯度地域から高緯度地域へと熱を運ぶ（⊙ p.84）。

右側の図は，左側の図の偏西風波動のようすを模式的に描いた高層天気図に，地上天気図の前線を重ねたものである。上空の気圧の谷の東側に地上低気圧が存在する場合，上空では空気が発散するので，その低気圧は発達する。

1 大気のすがたと運動

B 偏西風波動の変化 (北半球)

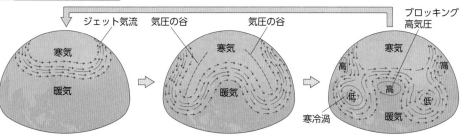

ジェット気流　気圧の谷　気圧の谷
寒気　寒気　寒気　ブロッキング高気圧
暖気　暖気　高　高　低　低
寒冷渦　暖気

偏西風波動は数週間の周期で振幅の変動をくり返している。振幅が大きくなると，上空では，**気圧の尾根**に高気圧の渦，**気圧の谷**に低気圧の渦ができやすくなる。

渦ができると，偏西風波動の振幅は小さくなる。寒冷渦や**ブロッキング高気圧**は，長期間停滞する傾向がある。寒冷渦は大雨や大雪を，ブロッキング高気圧は熱波や干ばつをもたらすこともある。

C 偏西風波動のモデル

回転が遅い場合 低緯度のモデル

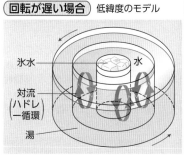

氷水　水
対流（ハドレー循環）
湯

回転が速い場合 中緯度のモデル

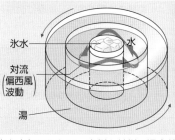

氷水　水
対流（偏西風波動）
湯

水を大気にみたて，内側と外側に温度差をつくり，回転させる。

D 偏西風波動と高・低気圧

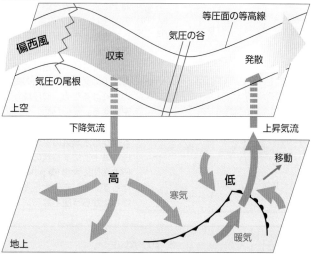

等圧面の等高線
偏西風　気圧の谷
収束　発散
気圧の尾根
上空
下降気流　上昇気流
高　低　移動
寒気　暖気
地上

上空では，風は等圧面の等高線に沿って吹く（⊙ p.82）。気圧の尾根の方が，谷よりも風速は大きくなることが知られており，そのため，尾根から谷に向かうところで空気は集まり（**収束**），谷から尾根に向かうところで空気は散らばる（**発散**）。また，上空で発散しているところでは地上で低気圧，収束しているところでは地上で高気圧ができる。

プチ雑学　天気予報で，曇りや雨の要因として「気圧の谷の影響」といった言葉を耳にすることがある。上空の気圧の谷の東側では上昇気流があり，西側では下降気流がある。このため，気圧の谷の接近に伴って天気が悪くなり，通過すると天気が回復する。

日本付近にはおもに3つの気団があり、季節によってその勢力が変化している。日本の天気は、これらの気団の影響を受けて移り変わる。

基礎 1 日本付近の気団　日本付近には、おもに3つの気団があり、日本の気候や天気に影響を与えている。

シベリア気団（冬期）
オホーツク海気団（梅雨期）（秋雨期）
小笠原気団（夏期）

気　団	記号	発生地	活動期	性　質	高気圧
シベリア気団	cP	シベリア大陸	おもに冬	低温・乾燥	シベリア高気圧
オホーツク海気団	mP	オホーツク海	梅雨期および秋雨期	低温・多湿	オホーツク海高気圧
小笠原気団	mT	北太平洋中緯度	おもに夏	高温・多湿	太平洋高気圧

m：海洋性、c：大陸性、P：寒帯性、T：熱帯性

ほかに日本の天気に影響を与える気団としては、長江気団*（春や秋の移動性高気圧）や赤道気団（台風や熱帯低気圧）がある。　＊長江気団は、気団に含めないこともある。

気団は、発生地の温度によって熱帯気団（tropical）、寒帯気団（polar）、極気団（arctic）に分類され、さらに湿度によって大陸性気団（continental）と海洋性気団（maritime）に分類される。大陸性気団は乾燥しており、海洋性気団は多湿である。
日本付近には左の3つの気団があり、日本の気候や天気にさまざまな影響を与えている。

2 天気 基礎 3 日本の天気の特徴　日本の天気の特徴は季節により変化する。

A 冬　型

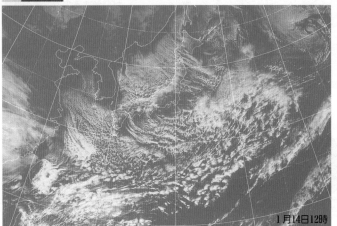

1月14日12時

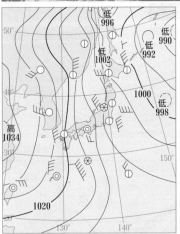

低気圧が発達しながら本州東方海上に去った後を追って、大陸の高気圧（シベリア高気圧）が張り出してきたときの気圧配置を**西高東低型**といい、冬に多く現れる。シベリア高気圧は非常に優勢で、東方海上の低気圧との間の気圧差が大きくなるため、等圧線が南北に密集する。そのため、北西の季節風が強く吹く。この季節風は、日本海から水蒸気の供給を受けて、日本海上空にすじ状の雲をつくり、日本海側に大雪（◉ p.94）や雨をもたらす。そして、太平洋側では乾燥した**からっ風**となる。

B 移動性高気圧型

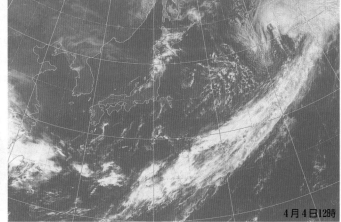

4月4日12時

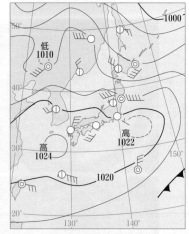

シベリア高気圧が弱まると、日本海に温帯低気圧が発達し、暖かく強い南風が吹く。春の最初に吹くこの南風を**春一番**とよぶ。
移動性高気圧型は春と秋に多く現れる型で、直径2000km程度の円形または楕円形をした**移動性高気圧**が、低気圧と交互に西から東へ移動していく（◉ p.92）。高気圧の前後には低気圧の前線がある。
この高気圧の中心や北側では風が弱く、天気もよく、雲はほとんどない。しかし、中心より後方や南側では雲が多い。晩春に晩霜をもたらすことがある。

高気圧の活動	シベリア高気圧		移動性高気圧		
天気の特徴	・北西季節風 ・太平洋側は晴天、日本海側は曇天		・移動性高気圧の去来 ・春一番	・冬の季節風やむ	・天気の周期性が崩れ、晴れが続く
季　節	冬		早　春	春	初　夏
月	1	2	3	4	5	6

基礎 2 1年間の天気の変化 気団の影響により，日本付近の天気は周期的に変化する。

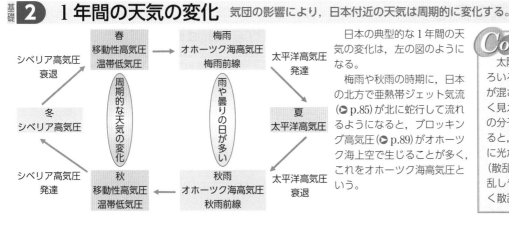

シベリア高気圧衰退

春
移動性高気圧
温帯低気圧

梅雨
オホーツク海高気圧
梅雨前線

太平洋高気圧発達

冬
シベリア高気圧

周期的な天気の変化

雨や曇りの日が多い

夏
太平洋高気圧

シベリア高気圧発達

秋
移動性高気圧
温帯低気圧

秋雨
オホーツク海高気圧
秋雨前線

太平洋高気圧衰退

日本の典型的な1年間の天気の変化は，左の図のようになる。

梅雨や秋雨の時期に，日本の北方で亜熱帯ジェット気流(◯p.85)が北に蛇行して流れるようになると，ブロッキング高気圧(◯p.89)がオホーツク海上空で生じることが多く，これをオホーツク海高気圧という。

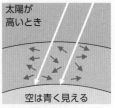

Column 空が青い理由

太陽の光は，いろいろな波長の光が混ざっていて白く見える。大気中の分子に光があたると，そのまわりに光が広がる現象(散乱)が起こる。波長の短い青い光ほど散乱しやすい。大気上空で，青い光がより多く散乱を起こすため，空は青く見える。

太陽が高いとき

空は青く見える

C 梅雨型

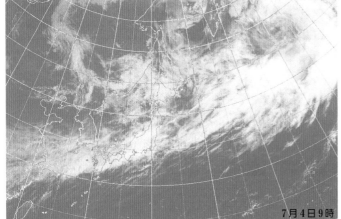

7月4日9時

高 1012
低 1000
低 998
高

オホーツク海高気圧から吹き出す北東の冷たい風と，本州の南方海上の太平洋高気圧から吹き出す南よりの暖かい風が衝突して前線をつくる。この前線は本州南岸に沿った停滞前線となり，ぐずついた天候をもたらす。このような天候は初夏に多く，**梅雨**(つゆとも読む)といい，この停滞前線を**梅雨前線**という。梅雨末期には集中豪雨が起こることがある(◯p.92)。
秋には**秋雨前線**が停滞し，梅雨ほど活発ではないが，**秋雨**が続く。

D 夏型

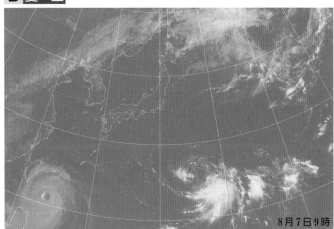

8月7日9時

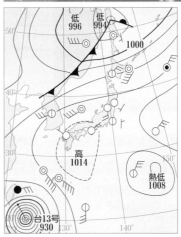

低 996
低 994
1000
高 1014
熱低 1008
台13号 930

太平洋高気圧が本州に張り出し，大陸が低圧部になっている場合で，**南高北低型**といい，夏に多く現れる。この型になると，日本では高温多湿の南風が吹き，蒸し暑くなったり，日本海側はフェーン現象(◯p.94)によって異常な高温になったりする。天気は一般によいが，しばしば**夕立**や**雷雨**が発生する。
太平洋高気圧が弱まると，台風(◯p.93，96)が日本に接近する。

オホーツク海高気圧	太平洋高気圧	オホーツク海高気圧	移動性高気圧	シベリア高気圧
●梅雨前線の停滞 ●長雨	●太平洋高気圧(南高北低型) ●暑い日が続く	●秋雨前線の停滞 ●台風	●移動性高気圧 ●気温が低くなる	●西高東低型 ●冬の季節風
梅 雨	夏 ・ 盛 夏 ・ 晩夏	秋 雨	秋	初 冬
7	8	9	10 ・ 11	12

プチ雑学 梅雨前線の停滞には，オホーツク海高気圧のほかに，黄海付近に中心をもつ高気圧が影響することがある。この高気圧は黄海高気圧とよばれることがあり，黄海の低い海面水温によって形成される。

2 天気

春や秋には，低気圧の通過にともなう天気の周期的な変化がある。梅雨末期には，亜熱帯性の湿潤な暖気や台風の影響で，集中豪雨が起こることがある。台風は，年に2〜3回程度，日本に上陸している。

基礎 **1 低気圧の移動と天気の変化** 春や秋には，低気圧と高気圧が交互に通過するため，短い周期で天気が変化する。

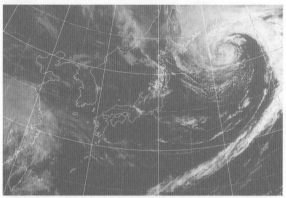 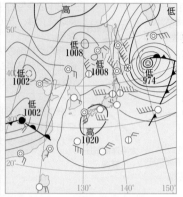

4月13日 9時

日本付近を通過した低気圧が発達して北海道東方海上にあり，その影響で北海道東部は雪となっている。風も強い。低気圧からのびる前線にともなう雲が気象衛星の画像によく写っている。本州付近は広く移動性高気圧（◯p.90）におおわれ，全国的に天気は快晴から晴れになっている。中国大陸には次の低気圧があって，日本に接近しつつある。

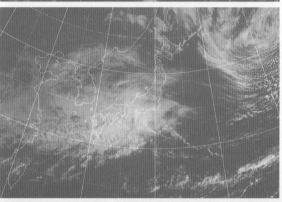 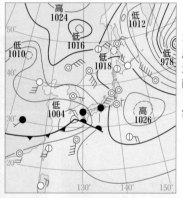

4月14日 9時

西日本に低気圧が現れ，近畿地方まで雨域になっている。天気は全般に下り坂である。高気圧の中心は日本東方海上に移動し，東日本は北海道をのぞいて曇りとなっている。気象衛星の画像を見ると，低気圧にともなう雲が本州を広くおおっているのがわかる。低気圧の通過後，寒気が入り，夜間の放射冷却によって晩霜（ばんそう）が降りることがある。

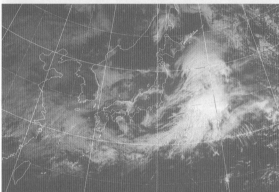 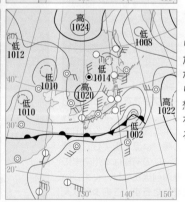

4月15日 9時

日本に雨をもたらした低気圧は東方海上に去り，再び次の移動性高気圧が日本海に進んできた。全国的に天気は回復し，晴れまたは曇りとなっている。北日本には気圧の谷が接近しており，大きな崩れはないが雲が多くなることが予想される。2〜3日間隔で低気圧が日本の南岸を通過しており，短い周期で天気は変化している。

基礎 **2 集中豪雨** 亜熱帯性の湿潤な暖気が入りこみ，局地的に，短時間で大量の雨が降ることがある。

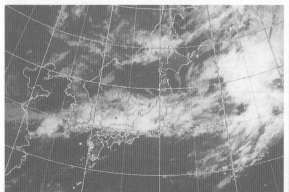 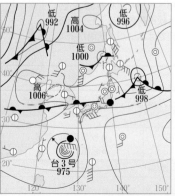

7月21日 9時

梅雨末期には，梅雨前線上に積乱雲を含む活発な対流雲が発生しやすい。梅雨前線に向かって亜熱帯性の湿潤な暖気が流入すると（湿舌（しつぜつ）），幅200〜300kmの積乱雲群が発達して，集中豪雨（◯p.95）をもたらすことがある。

この日は，台風3号の影響も加わり，日本各地で局地的に雷をともなう強い雨が降った。

プチ雑学 積乱雲が次々と発生し，同じような場所で数時間にわたり強く降る雨を集中豪雨とよぶ。一方，単独の積乱雲で，数十分程度の短時間に強く降る雨は局地的大雨とよばれる。

基礎 **3** 台風の移動と天気の変化　台風による強い風と激しい雨は，大きな被害をもたらす危険がある。

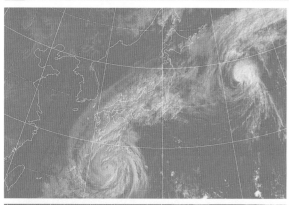

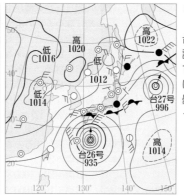

9月28日9時

　9月17日に発生した熱帯低気圧は，19日には台風26号となり，北上を続けて，28日には奄美諸島の東方海上に達した。中心気圧は935 hPaで依然強く，目もはっきりしている。日本付近は台風27号を含めた気圧の谷に入り，全国的に曇りや雨となり，西南日本を中心に風が強くなっている。

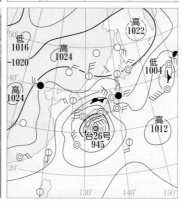

9月29日9時

　紀伊半島南東斜面では，朝から夜半にかけて1時間の降水量が30 mmを超える強い雨が降り続いた。台風の接近にともない強雨域は各地に広がった。台風にともなう強風域は進路の東側で広く，室戸岬では最大瞬間風速48.8 m/sを記録した。台風は大型で強い勢力を保ったまま，19時半頃に中心が和歌山県南部に上陸し，近畿地方を縦断する形で北上した。

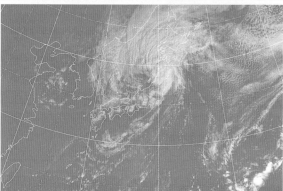

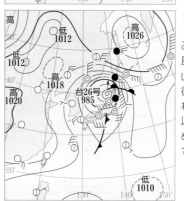

9月30日9時

　台風26号は北陸地方西部を通って日本海に進み，30日15時に温帯低気圧に変わった。この台風は，人的被害をはじめ，家屋や道路の損壊，山・崖崩れなどの災害をもたらした。その結果，復旧事業を国が財政支援する激甚（げきじん）災害に指定された。東海〜紀伊半島で最大潮位偏差50 cm以上を観測したが，満潮時と重ならなかったため高潮による被害はなかった。沖縄・九州地方では天気は回復している。

2 天気

基礎 **4** 台　風　日本付近は台風の経路になっており，ほぼ毎年のように台風が上陸する。

台風の月別による経路の傾向

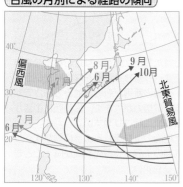

　台風の経路は季節によって特徴がある。7〜10月の経路は，低緯度では北東貿易風の影響で北西に進み，中緯度に入ると偏西風の影響で北東に向きが変わる。この現象を転向という。
　台風は，太平洋高気圧を回りこむように進むことが多い。そのため，太平洋高気圧が東に後退する秋に，日本付近に近づきやすい。日本付近に達した台風は，偏西風の影響で移動速度が増す。

Column　台風情報の見方

予報円

暴風警戒域

暴風域（平均風速25 m/s以上）

強風域（平均風速15 m/s以上）

　台風情報では左のような図が使われる。
　予報円は，台風の中心が70％の確率で入ると予想される範囲を表す。予報円の範囲内に台風の中心がきた場合に，暴風域に入るおそれがある領域を暴風警戒域という。

プチ雑学　台風の発生数や上陸数は，年によって大きく異なる。統計を開始した1951年以降，台風の発生数は1967年の39個が最多で，2010年の14個が最少である。また，台風の上陸数は2004年の10個が最多だが，台風が一度も上陸しない年もある。

1 フェーン現象　冷たく湿った風が山を越えて、暖かく乾いた風が吹きおろす現象をフェーン現象という。

頂上(2000 m)
C点(5℃、100%)

乾燥した空気（フェーン）

1000 mで凝結

B点(10℃、100%)

2000 m

1000 m

風上の地表
A点(20℃、60%)

風下の地表
D点(25℃、36%)

湿った空気塊が山を越えると、高温で乾燥した空気塊になる。このような現象を**フェーン現象**という。

図のA点で、空気塊(気温20℃、湿度60%)の水蒸気圧は、23.37×0.60≒14(hPa)で、この地点での露点は12℃になる。一般に、高度0 mの空気塊(気温 T〔℃〕、露点 t〔℃〕)の凝結高度 h〔m〕は、$h=125(T-t)$ となる*ので、A点の空気塊が凝結する高度は、125×(20-12)=1000(m)になる。B点からC点までは湿潤断熱減率、C点からD点までは乾燥断熱減率で気温が変化するので、各点の気温は次のようになる。

A点：20℃
B点：$20-1000×(1/100)=10$(℃)
C点：$10-1000×(0.5/100)=5$(℃)
D点：$5+2000×(1/100)=25$(℃)

高度による空気塊の温度変化

湿潤断熱減率

乾燥断熱減率

高度(m)

気温(℃)

*地上で求めた露点になる高度 $h=100(T-t)$ で凝結しないのは、上昇とともに気圧が下がり、水蒸気圧も下がるためである。

2 日本海側の大雪　日本海側の地域は、シベリア大陸から吹く季節風により、世界有数の豪雪地帯になっている。

豪雪地帯
□ 豪雪地帯
■ 特別豪雪地帯
国土交通省の資料による
(2021年4月1日現在)

日本海

太平洋

雪が、産業の発展や生活水準の向上の妨げになるとされる地域が[特別]豪雪地帯に指定される。

日本は、日本海側を中心に国土の約半分が豪雪地帯であるほど、世界有数の雪の多い国である。日本海側で降る雪には山雪と里雪、2つのタイプがある。

山雪

水蒸気を含み、積雲が発達する

積乱雲

積雲

上昇気流により積乱雲が発生する

乾いた風（からっ風）

山脈

大雪が降る

季節風

シベリア大陸　日本海　太平洋

水蒸気

シベリア大陸から吹く冷たく乾いた季節風が、暖流が流れる日本海から水蒸気の供給を受けて湿った風になる。湿った風は日本海上空に積雲を発達させながら、山脈にぶつかり上昇気流となる。発達した積雲は上昇気流によって積乱雲になり、日本海側の山間部に大雪が降る。

里雪

上空寒気

海上で上昇気流が発生する

積雲

積乱雲

乾いた風（からっ風）

山脈

大雪が降る

季節風

シベリア大陸　日本海　太平洋

水蒸気

日本海の上空に強い寒気が入り、大気の状態が不安定になる。このような状態では、積乱雲が発達しやすい。海上で十分に発達した積乱雲が季節風に乗って上陸するので、平野部に大雪が降る。

JAXA 提供

冬の雲の分布(2004年12月21日)

山雪をもたらす積雲の列が、すじ状の雲として見られる(▶p.90)。

参考　なだれ

表層なだれ
時速 100～200 km
新雪
積雪
すべり面
前に降った雪

全層なだれ
時速 40～80 km
積雪
すべり面

斜面に積もった雪が、人が入り込むなどをきっかけに重力ですべり落ちることを**なだれ**という。
表層なだれ：表層の新雪が新幹線並みの速さですべり落ちる。破壊力が大きく、広範囲に影響がおよぶ。厳冬期に起こりやすい。
全層なだれ：地面の上を流れるように雪がすべり落ちる。気温の上昇する春先や雨が降ったときなどに起こりやすい。

プチ雑学 上で示されたしくみで起こるフェーン現象は、熱力学フェーンとよばれる。これとは別で、下に寒気がたまっているなどの理由で上空にあった空気が、山の斜面を下り、乾燥断熱減率で気温が上昇して高温になる、力学的フェーンもある。力学的フェーンでは、風上での降水は起こらない。

2 天気

3 積乱雲にともなう気象現象　上昇気流によって発生する積乱雲は，突風や雷雨の原因になる。

A 積乱雲

ISS

積乱雲は，強い上昇気流を受けて鉛直方向に長く発達した雲である。写真のように雲の上部が圏界面(●p.74)に達して広がるものもあり，金床雲とよばれる。

（積乱雲の一生）

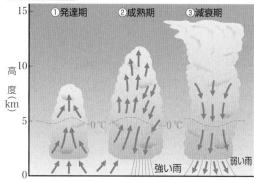

①発達期　②成熟期　③減衰期

強い雨　弱い雨

1つの積乱雲の寿命はふつう30分から60分ほどである。そのため，積乱雲にともなう雷雨は30分ほどでおさまる。

①発達期　地上からの上昇気流を受けて，雲が上にのびていく。

②成熟期　雲の中で氷晶が成長し，あられや雪になって落下する。これが融けて激しい雨を降らす。また，高速で落下する水滴や氷の粒子によって，周囲の空気は下へ引きずられ，下降気流を生む。（冷たい雨●p.77）

③減衰期　上昇気流はなくなり，下降気流のみとなる。雨は次第に弱まり，雲は消え始める。

2 天気

B 線状降水帯

令和2年7月豪雨（福岡）

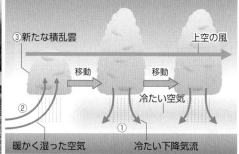

③新たな積乱雲　上空の風
移動　移動
②　冷たい空気
①
暖かく湿った空気　冷たい下降気流

積乱雲の寿命は比較的短いが，線状降水帯という積乱雲の列ができて，同じ場所に長時間強い雨が降り続けること（集中豪雨）がある。線状降水帯は次のようにしてできる。

① 落下する水滴や氷の粒により上空の空気が下へ引きずられ，冷たい下降気流が生じる。

② 上空の風で積乱雲は移動しつつ，①の下降気流が周囲の空気を押し上げ，上昇気流が生じる。

③ ②の上昇気流により，新たな積乱雲ができる。

C 竜巻

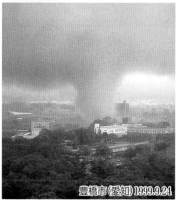

豊橋市（愛知）1999.9.24

越谷市（埼玉）2013.9.3

竜巻は，積乱雲の中の上昇気流が回転してできる直径数十〜数百mの空気の渦で，風速が100 m/s を超える暴風をともなうこともある。

（藤田スケール）　一部簡略化

階級	風速	被害
F 0	17〜 32 m/s	テレビアンテナが倒れる。木の小枝が折れる。
F 1	33〜 49 m/s	屋根瓦が飛ぶ。ガラス窓が割れる。
F 2	50〜 69 m/s	屋根がはぎとられる。大木が倒れる。
F 3	70〜 92 m/s	家が倒壊する。自動車が吹き飛ばされる。
F 4	93〜116 m/s	家が飛散する。列車が吹き飛ばされる。
F 5	117〜142 m/s	列車が持ち上げられて飛行する。

藤田スケールは，直接測定しにくい竜巻の風速を被害状況から推定する基準である。世界的に広く用いられている。日本ではF3まで，アメリカ*ではF5まで観測されている。

*現在のアメリカでは，改良藤田スケールが用いられている。

D 雷

積乱雲
プラスに帯電した氷晶
あられ
静電気が生じる
氷晶
マイナスに帯電したあられ
雷
地面

積乱雲の中にある氷晶は上昇気流に乗って上部に移動する。一方で，氷晶に水滴がついてできたあられは，重みで雲の下部に移動する。この2つの粒子が接触するときに，摩擦によって静電気が生じ，−10℃以下では氷晶はプラスに，あられはマイナスに帯電する。こうして，雲の下部にたまったマイナスの電荷と，地表に引きつけられたプラスの電荷との間に起きる放電が雷である。雷は雲の内部でも起きる。

Column　雷から身を守る

鉄筋でできた建物や自動車などの中は，雷から身を守るには比較的安全な場所である。そのような場所がない場合は，保護範囲とよばれる，高い物体から適度に離れた空間に退避する。

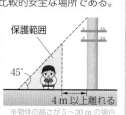

保護範囲
45°
4 m以上離れる
※物体の高さが 5〜30 mの場合

プチ雑学　竜巻の規模の尺度を表す藤田スケールを提唱した藤田哲也は，竜巻研究の第一人者であった。藤田は，大きな竜巻の中に子竜巻があるという竜巻の二重構造を発見し，また，1975年にニューヨークのケネディ空港で起きた航空機事故の原因がダウンバーストであることを解明するなど，世界的に高く評価される研究成果を数多く残した。

大気・海洋による災害は，ときに私たちの生活に大きな被害をもたらす。風雨などの直接的な被害だけでなく，それによって引き起こされる土砂災害にも注意が必要である。

基礎 1 台 風 　台風は，大雨，暴風，高波，高潮などの災害を引き起こす。

A 気象の変化と経路

伊勢湾台風にともなう気象の変化

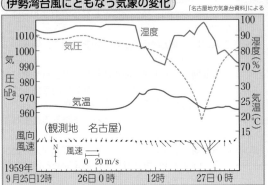
「名古屋地方気象台資料」による

伊勢湾台風の経路

1959年に発生した伊勢湾台風は，9月26日18時頃に紀伊半島に上陸した。愛知県には26日21時頃に最接近し，名古屋では最低気圧 958.2 hPa，最大瞬間風速 45.7 m/s を記録した。

B 発生回数

気象庁による

月	発生数	上陸数	月	発生数	上陸数
1	0.3	—	7	3.7	0.6
2	0.3	—	8	5.7	0.9
3	0.3	—	9	5.0	1.0
4	0.6	—	10	3.4	0.3
5	1.0	0.0	11	2.2	—
6	1.7	0.2	12	1.0	—
年の平均　発生数 25.1　上陸数 3.0					

　上の表は1991年から2020年までの台風の発生数および日本に上陸した台風の数の月別平均である。台風の中心が北海道・本州・四国・九州の海岸線に達することを「上陸」とした。

　台風は上陸すると，水蒸気の供給がなくなることや，陸地との摩擦が生じることで，急速に勢力が弱まる。

C 台風にともなう風

危険半円

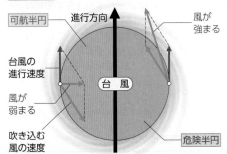

　北半球では，台風の目に向かって反時計回りに渦巻き状の風が吹く。進行方向に対して右側の領域では，この風の速度に台風の進行速度が上乗せされ，風がより強くなる。台風の右側の領域を**危険半円**，左側の領域を**可航半円**とよぶ。

台風の風速分布

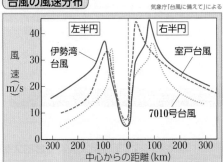
気象庁「台風に備えて」による

　台風の風速は，中心に向かうにつれていったん大きくなり，中心から30〜100km離れたところで最大になる。そして中心付近では，風速は急激に小さくなる。進行方向に対して，右側のほうが左側に比べ，風速は大きい。

暴風による被害

潮来市(茨城) 2002.10

　台風の接近にともなう強い風は，建造物の倒壊，農作物への被害，停電，交通機能のまひなど，日常生活に大きな影響をおよぼす。

　写真の潮来市では，高さ 39〜94 m の鉄塔が倒壊し，延べ60万軒以上で停電が発生した。

D 高 潮

高潮による浸水

六甲アイランド(兵庫) 2018.9.4

　台風などにより海面が長時間，平常より高くなることを**高潮**という。高潮が発生するおもな原因には，**吸い上げ効果**や**吹き寄せ効果**がある。特に満潮のときは高潮による水害が発生しやすい。

吸い上げ効果

　台風が接近し気圧が低くなると，海面を押さえる大気の力が弱まるため，海面が高くなる(吸い上げ効果)。気圧が1hPa下がると，海面は約1cm高くなる。

吹き寄せ効果

　台風にともなう強い風で，海水が沖合から海岸に集められ，海岸の近くで海面が高くなる。これを吹き寄せ効果という。

地形による影響

　北上する台風が南に向いた湾の西側を通ると，湾には吹き寄せ効果が強くはたらき，高潮による被害が大きくなる可能性が高い。また，湾の形状がV字型に近いと，吹き寄せられた海水が湾の奥に集中しやすく，海面がより高くなる。

プチ雑学　気象庁は2013年8月から「特別警報」を導入した。特別警報とは，伊勢湾台風や東北地方太平洋沖地震のような極めて重大な災害が予想されるときに発表されるもので，テレビ・ラジオ・インターネットなどを通じて伝えられる。

基礎 ② 都市型水害 都市部で大雨が降ると，浸水などの被害が起こりやすい。

局地的に降る大雨

北区(東京) 2010.7.5

東京都心部 (2015.9.4)

急激に発達した雲によって，一時的にせまい範囲に大雨が降ることがある。都市部のアスファルトでおおわれた地面には水がしみこみにくいため，このような大雨が降ると水が下水道や河川に集中し，あふれた水が浸水などの被害をもたらすことがある。

大雨の増加

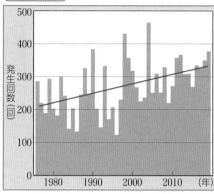

1300地点あたりの，1時間降水量 50 mm 以上の雨の発生回数。回数は増える傾向にある。

都市部の雲の発達

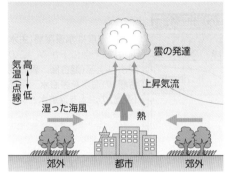

人工排熱の増加，緑地・水面の減少，道路のアスファルト化などで，都市部は高温になりやすい（ヒートアイランド○ p.212）。大気が不安定な状態で，ヒートアイランドやビル群による上昇気流が発生し，そこへ海風が収束して上昇気流が強化され，豪雨になるという説がある。

水害を防ぐ

首都圏外郭放水路

放水路は，川の途中につないで水を流す水路で，川から水があふれ出ることによる被害を解消・軽減させるための施設である。首都圏外郭放水路もその1つで，中小河川であふれそうになった水を江戸川へ流すことができる。地下50 m を直径 10 m のトンネルが走っている。

参考 警戒レベル

レベル	対応する避難行動等
5	命の危険，緊急安全確保。発令されるとは限らないので，待たずに避難。
4	速やかに避難。公的な避難場所への移動が危険ならより安全な場所へ。
3	高齢者など避難に時間を要する人は避難。高齢者以外の人も避難準備。
2	避難に備え，ハザードマップ等で避難行動を確認。
1	災害への心構えを高める。

防災情報は，警戒レベルとともに伝えられる。たとえば，大雨特別警報はレベル5，大雨警報はレベル3，大雨注意報はレベル2に相当する。レベル4までに必ず避難する。

基礎 ③ 土砂災害 大雨は地すべりや土石流などの土砂災害を招く。

地すべり

地附山(長野) 1985.7.27

大雨や地震などが原因で，山の斜面が広範囲にわたりすべり落ちることを**地すべり**という。地すべりは，動く速度がゆっくりであるという点で山崩れとは異なる。また，斜面がほぼ原形を保ったまま動くという特徴がある。

土石流

那智山(和歌山) 2011.10

大雨などによって，山や谷の岩石・土砂が水とまじり，一気に斜面を流れ落ちることを**土石流**という。大きな礫を先頭に，自動車なみのスピードで流れ落ちてくるため，山のふもとの家屋や道路などに大きな被害をおよぼす。

人との関わり 地すべりと棚田

長岡市山古志(新潟)

地すべりでできた緩やかな斜面は棚田として利用されることがある。地すべりの跡地は，深く耕された状態である上に，水が豊富で，稲作に向く。また，斜面を水田にすることは，雨水などが地下に浸透するのを防ぎ，地すべり対策につながる。

プチ雑学 近年，日常生活でよく耳にするようになった「ゲリラ豪雨」という言葉は，実は正式な気象用語ではない。この言葉が現在のように社会に広く浸透するようになったのは，2006年ごろに，マスメディアが使い始めたのがきっかけだといわれる。ちなみに，文献では1970年代から使用されていた。

2 天気

海面の温度は，太陽エネルギーの影響が大きいが，深層の海水は，緯度によらず温度はほぼ一定に保たれている。深層水の流れは密度で決まり，密度はおもに温度と塩分で決まる。

基礎 1 海水の組成　海水の塩分は，場所や深さで異なるが，その組成はほぼ一定である。

海水のイオン組成

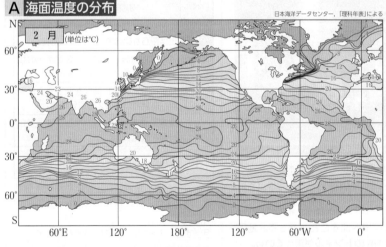

その他 — HCO₃⁻ 0.14 g
K⁺ 0.38 g
Ca²⁺ 0.40 g
Mg²⁺ 1.3 g
SO₄²⁻ 2.6 g

その他
他の成分 34.4 g

海水 1 kg 中

水 965.6 g

Cl⁻ 19.0 g
Na⁺ 10.6 g

Grarrison (1999) による

海水 1000 g 中の塩類

塩類	質量(g)	[%]
NaCl	26.69	[77.9]
MgCl₂	3.28	[9.6]
MgSO₄	2.10	[6.1]
CaSO₄	1.38	[4.0]
KCl	0.72	[2.1]
MgBr₂	0.08	[0.2]
合計	34.25	

「海水と製塩」(2006) による

海水と陸水

「理科年表」による

海水 97.4%

陸水 2.60%

総量　海水 1.35×10^9 km³
　　　陸水 3.60×10^7 km³

人との関わり　海水から塩

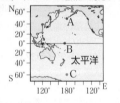

マナウレ塩田(コロンビア)

人の生活には塩が欠かせない。海が近い地域では，天日などを利用して海水から水を蒸発させ，塩をとり出してきた。現在の製塩工場では，原料は海水だが，イオン交換膜で濃度を上げた後，煮沸して乾燥させている。

含まれている塩類の割合を**塩分**といい，‰(パーミル，1000分の1が単位)で表す。海水のように塩分が高い水を**かん水**，陸水のように塩分がほとんどない水を**淡水**，海水と陸水が混じり合い，塩分が低い水を**汽水**という。塩分のうち，Na，Mg，Ca，Kは火成岩の造岩鉱物に多く，海水塩分の起源を推定する手がかりになる。

基礎 2 海水の温度　深さによる海水温度の変化から，海水は表層水と深層水に分けられる。

3 海洋

A 海面温度の分布

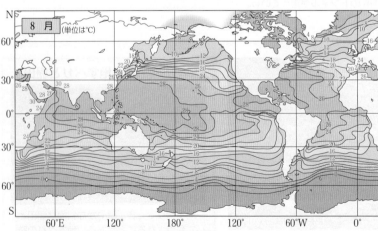

日本海洋データセンター，「理科年表」による

2 月 (単位は℃)

8 月 (単位は℃)

B 海水温度の鉛直分布

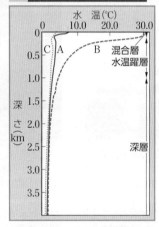

海水温度は**水温躍層(主水温躍層)**で急に下がる。この層より上部(**混合層，表層混合層**)の海水を**表層水**，下部(**深層**)の海水を**深層水**という。

※海水温度の鉛直分布の図(左図)，海水塩分の鉛直分布の図(● p.99)において，A〜Cは，下のA〜C地点に対応する。

太平洋

太陽から海面が受けとる熱量は緯度の影響を強く受けるため，赤道地方は海面温度が高いが，逆に極地方は低い。また，南極の氷山の融解水が流入するため，一般に南半球は北半球より水温が低い。ただし，海水の氷点(−1.9℃*)より低くはならない。
等温線は，陸地や海流の影響が少ない広い海域では，一般に緯線と平行になる。

*溶液の凝固点がもとの溶媒の凝固点より低くなることを凝固点降下という。

C 海水温度の断面分布　(単位は℃)

WOCE-P16, A16による

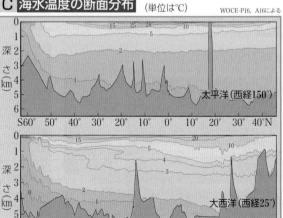

太平洋(西経150°)

大西洋(西経25°)

海洋の大部分は，数℃程度の低温の水が占めている。低緯度地域の深層にも冷たい海水が存在するのは，南極周辺で冷却された海水が，深層まで沈み込んで流れているためである。

プチ雑学　地表付近に存在する水の約97%が海水で，私たちがおもに利用している湖沼水・河川水は約0.02%に過ぎない。残りの水は地下水や氷河として分布している(● p.211)。

3 海水の塩分
海水の塩分は，表層では蒸発量や降水量の影響で変化するが，深層では一定に保たれる。

A 海水の塩分と降水量・蒸発量

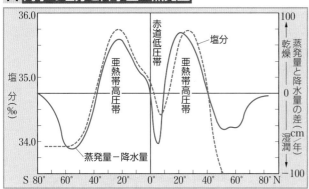

蒸発量が多いと，海水が濃縮されて塩分が高くなる。降水量が多いと，海水が薄められて塩分が低くなる。高圧帯（極や緯度30°付近）は，晴天が続き雨が少ないため，塩分が高い。低圧帯（赤道や緯度60°付近）は雨が多いため，塩分が低い。

B 海面における塩分の分布

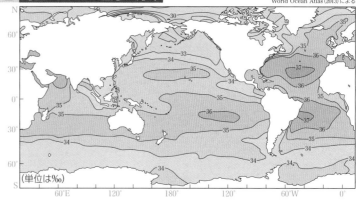

World Ocean Atlas (2013) による

大西洋は，降水量と比べて蒸発量が多いため，塩分が高い。局所的には，海水が凍結する海域では，塩類は氷の中へ入り込めないので塩分が高く，大きな河川や氷の融解水が流れ込む海域では，塩分が低い。

C 海水塩分の鉛直分布

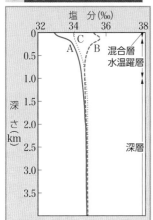

表層の塩分は，A*，Cでは融解水により低く，Bでは蒸発により高い。深層の塩分は一定。

*A～Cは，海水温度の鉛直分布（▶ p.98）と同地点を示す。

D 海水塩分の断面分布
（単位は‰）　WOCE-P16, A16による

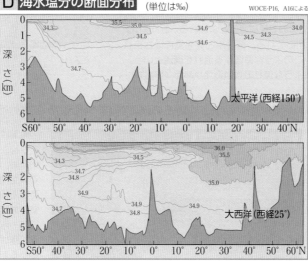

高緯度の表層水（低温，低塩分）は，沈み込んで低緯度に移動する。この海水は，塩分が極小の層になっている。

E T-S図　例 南太平洋

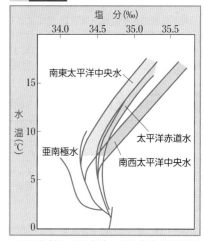

ある海域の水温（T）と塩分（S）の関係をグラフに示したものをT-S図という。T-S図は，性質が同じ海域を知るのに役立つ。

4 深層水の流れ
深層水の流れは，温度と塩分の違いから生じる密度の差が引き起こしている。

Hartmann (1994) による

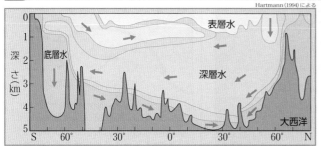

地球規模の海水の循環には，表層での**風成循環**（▶ p.100）と深層での**熱塩循環**（▶ p.101）がある。熱塩循環は水温と塩分による海水の密度の差から起こる。低温で塩分が高いため密度が高い極地域の海水は，深層に沈み込んで世界中を回り（**深層循環**），表層にもどる。

参考 さまざまな物質の鉛直分布

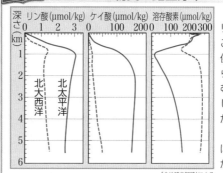

『全地球史解読』による

混合層では光合成によりリン酸やケイ酸が枯渇する。これらの栄養塩は深層から供給されている。大西洋から太平洋へ深層水が流れ込む際，生物組織や殻が沈降してくるため，太平洋の方が栄養塩の濃度が高い。

深層で溶存酸素が多いのは，極付近の高密度の海水が沈み込むためである。

プチ雑学 アラビア半島の北西部にある死海という湖は，湖水の塩分が約30％にもなる。海水の塩分（約3.5％）と比較すると，死海の塩分がかなり高いことがわかる。塩分が高くて，生物があまり生息していないために死海という名がついた。湖水の密度も高くなるため，人はよく浮く。

表層の海水は，おもに風の影響を受けて循環する（風成循環）。深層の海水は，おもに水温や塩分の影響を受けて循環する（熱塩循環）。海水の大循環によって，熱や塩分，栄養分を輸送している。

基礎 1 世界の海流　表層の循環（海流）は，おもに風によって起こっている。

A 世界の海流図　8月

日本海洋データセンター，「理科年表」による

①黒潮（日本海流）　②北太平洋海流　③アラスカ海流　④カリフォルニア海流　⑤南極環流
⑥ペルー（フンボルト）海流　⑦東オーストラリア海流　⑧ブラジル海流　⑨北赤道海流　⑩赤道反流
⑪南赤道海流　⑫西オーストラリア海流　⑬アグリアス海流　⑭東グリーンランド海流　⑮ラブラドル海流
⑯メキシコ湾流　⑰北大西洋海流　⑱カナリー海流　⑲フォークランド海流　⑳ベングエラ海流

　海洋表層の水平循環が海流で，風によって生じるので風成循環とよばれる。転向力（◉p.82）の影響で，海流は北半球では進行方向右側にそれる。偏西風と貿易風にはさまれた亜熱帯高圧帯では，海流は大きく循環する。このような循環する流れを環流という。また，大洋の西側には，黒潮やメキシコ湾流のような流れの強い海流がある（西岸強化）。

B 海流系と風系

風
西　東

極東風	極流　60°N
高緯度低圧帯	高緯度環流
偏西風	北太平洋海流　40°N
亜熱帯高圧帯	中緯度環流（亜熱帯環流）　20°N
北東貿易風	北赤道海流
赤道無風帯	赤道反流　0°
南東貿易風	南赤道海流
亜熱帯高圧帯	中緯度環流（亜熱帯環流）
偏西風	南極環流

基礎 2 日本付近の海流　南からの黒潮や対馬海流と，北からの親潮やリマン海流が，日本付近で出会う。

→ 暖流
→ 寒流

リマン海流
親潮
対馬海流
混合域
黒潮続流
黒潮
黒潮反流

日本付近の海面温度　2002年10月

-10 0　10　15　20　25　30　40℃
図作成 東京情報大学

	黒　潮	親　潮
水　温	20〜30℃	1〜19℃
塩　分	34〜35‰	33‰
流　速	0.5〜2.5 m/s	0.2〜0.5 m/s
色	濃紺	緑
溶存酸素	少	多
プランクトン	少	多
透明度	高	低
関係する循環	亜熱帯循環	亜寒帯循環

　黒潮は，北太平洋亜熱帯循環の一部で，フィリピンの東から，台湾の東，東シナ海，九州の南，日本南岸を通る暖流である。銚子沖で黒潮続流と名を変える。親潮は，北太平洋亜寒帯循環の一部であり，南千島列島と北海道南東岸に接近して南に流れる寒流である。三陸・常磐沖の混合域では，親潮と黒潮によって運ばれてきた海水の境に水温・塩分が急変する潮目（潮境）が発達する。

参考　黒潮の蛇行

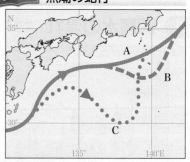

　黒潮の流路には図のような3つのパターンがある。大きく蛇行するCの流路になると，黒潮と本州の南岸の間に下層の冷たい水がわき上がる。これは漁場の位置に大きな影響を与える。

スチ雑学　黒潮（暖流）と親潮（寒流）が出会う三陸沖は，暖かい海の魚，冷たい海の魚がともにやってくるため，非常に良い漁場になっている。

Keywords ●
●海流 ocean current　●風成循環 wind-driven circulation　●吹送流 drift current
●地衡流 geostrophic current　●西岸強化 westward intensification
●深層循環 deep-sea circulation　●熱塩循環 thermohaline circulation

NHK for School
海底を流れる
深層海流
101

3　海流の成因　風に引きずられたり，密度の差によって，海水の流れが生じる。

A　吹送流

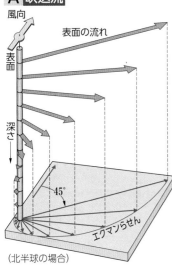

（北半球の場合）

　風に引きずられてできる海水の流れを**吹送流**という。
　一定の方向に吹き続ける風による海水の表面の流れには，転向力（● p.82）と下層の海水を引きずり動かす摩擦力がはたらくため，流れの向きは，風の向きとは一致せず，北半球では右側にそれる。その下層の流れにも転向力と摩擦力がはたらくので，流れていく方向は深くなるほど次々と右へそれていき，流れの速さは深くなるほど遅くなる。風によるこのような海水の流れを**エクマン吹送流**といい，この流れの向きと大きさの深さによる変化をあらわしたのがエクマンらせんである。エクマン吹送流が流れる深さ数十mくらいまでを**エクマン層**という。

B　地衡流

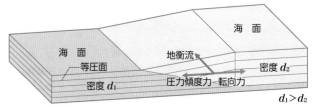

$d_1 > d_2$

　海水にも，大気での地衡風（● p.82）と同じように，転向力と**圧力傾度力**がつり合って一定の速さで流れ続ける**地衡流**がある。
　転向力（● p.82）は一定の方向に流れ続ける海水にはたらく。地衡流がないところでは転向力と圧力傾度力ははたらかず，等圧面は水平である。水圧は直上の海面までの全海水重量による。海面の高さや海水の密度の違いによる圧力傾度がある水平面上では地衡流が流れている。表層の地衡流は海面高度の等高線に平行に，北半球では海面が高い方を右手に見る向きに流れる。
　世界の海流の多くは，地衡流として近似することができる。

C　環流

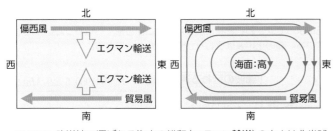

　エクマン吹送流で運ばれる海水の総和（**エクマン輸送**）の向きは北半球では風下に向かって右90°方向である。北半球亜熱帯高圧帯では，北側の偏西風による南向きのエクマン輸送と南側の貿易風による北向きのエクマン輸送によって中央部の海面は高くなる。表層の地衡流は北半球では海面が高い方を右手に見る向きに流れるので，亜熱帯高圧帯には時計回りの**中緯度環流（亜熱帯環流）**ができる。

D　西岸強化

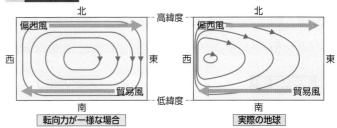

| 転向力が一様な場合 | 実際の地球 |

　地球が球体であるために，流速が同じでも緯度が高いほど転向力は大きい。その結果，東向きの風が高緯度ほど強い北半球亜熱帯高圧帯では，広い範囲で南向きの流れが生じ，それによって運ばれた海水は，西岸付近の狭い範囲を大きな速度で北向きに流れる。このようにして，黒潮やメキシコ湾流で代表される大洋の西岸の流れは極向きに非常に強くなる。これを**西岸強化**という。

基礎 4　深層循環　表層の海水と深層の海水は，長い時間をかけて循環する。

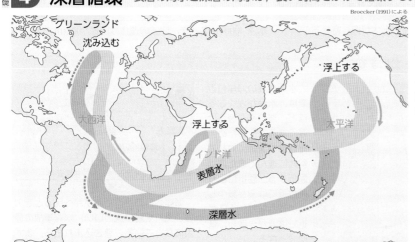

Broecker (1991) による

　極地方の海水は，付近で水が凍るため塩分が高くなる。さらに，低温であるため，極地方の海水は密度が大きくなって沈み込み，鉛直方向の大きな循環が生じる（**熱塩循環**）。
　グリーンランド沖の海水は，低温で塩分が高く高密度であるため，深層へと沈み込む。この深層水は大西洋を南下し，南極付近の海に達する。その後，北上してインド洋と太平洋を流れながら，浮上して表層に出る。このような**深層循環**を**コンベアベルト**といい，約2000年をかけて循環する。
　※左の図は，おおまかなようすを示したものであり，実際の海流はもっと複雑である。

プチ雑学　深層水という言葉は，ここでの扱いとは別に，200 m以深の海水を指すこともある。通常，飲料用などで市販されている「海洋深層水」がこれに相当し，上の図では表層水として扱われる水である。

波には，風によって生じる風浪やうねり，地震などによって起こる津波がある。また，周期的な海面の昇降である潮汐は，月や太陽の引力が引き起こしている。

1 海の波 波は，波長と水深の関係から，表面波と長波に分けられる。

A 波の要素

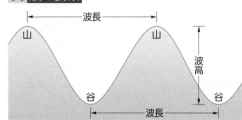

波は次のような要素で表される。
- **波　長**(L)：波の山から山(谷から谷)までの距離
- **周　期**(T)：ある点を波の山(谷)が通過してから次の山(谷)が通過するまでの時間
- **速　度**(v)：波の山(谷)が進む速さ
- **振動数**(n)：単位時間にある点を通過する波の山(谷)の数
- **波　高**：波の山から谷までの鉛直距離

各要素の間の関係

$$v = nL = \frac{L}{T}$$
$$nT = 1$$

水深は波の要素ではないが，波の各要素に強い影響を与える。

B 風浪とうねり

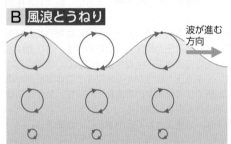

風浪

うねり

風浪や**うねり**は水深が波長と同程度以上のところで起こる**表面波**で，水が円運動している。このとき，重力加速度をgとすると，波の速さvは，

$$v = \sqrt{\frac{gL}{2\pi}} = g \cdot \frac{T}{2\pi}$$

風浪は風によって直接吹き起こされた波で，波頂がとがっている。それに対し，うねりは台風や低気圧の中心付近で強い風によって吹き起こされた風浪が，そこから遠くへ伝わっていったもので，波頂がまるみを帯びている。夏の土用波はうねりが到着したものである。

C 津波(長波)

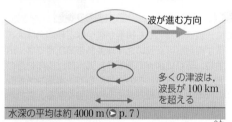

多くの津波は，波長が 100 km を超える

水深の平均は約 4000 m (▶ p.7)

水深が波長と同程度以下になると，水は横に扁平な楕円運動をするようになる。この波の速さvは，水深をhとすると$v = \sqrt{gh}$となり，伝わる速さはもはや波長には関係なくなる。このような波を**長波**といい，**津波**(▶ p.39, 45)などが含まれる。

津波の発生

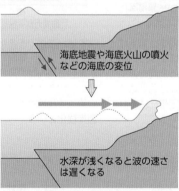

海底地震や海底火山の噴火などの海底の変位

水深が浅くなると波の速さは遅くなる

津波では海水全体が押し寄せる。

津波の伝わる速さ 例 チリ地震(1960.5.22) Mw 9.5

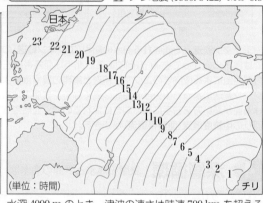

日本

チリ

(単位：時間)

水深 4000 m のとき，津波の速さは時速 700 km を超える。

2 海岸の波 海岸付近では，波は屈折・集中・分散する。

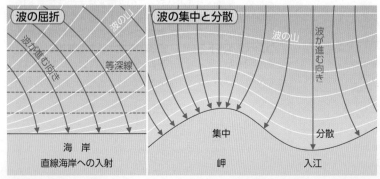

波の屈折

波が進む向き

波の山

等深線

海　岸
直線海岸への入射

波の集中と分散

波の山

波が進む向き

集中

分散

岬

入江

水深が浅い海岸付近では，水深が浅くなるほど，波の進む速さは遅くなる。そのため，平行な等深線に対して斜めに進んできた波は，屈折する。屈折により，岬付近では波が集中し，高い波となり，入江付近では波が分散し，低い波となる。

離岸流

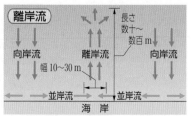

長さ数十～数百 m

向岸流　離岸流　向岸流

幅 10～30 m

並岸流　並岸流

海　岸

海岸へ打ち寄せた波が沖へ戻るときの強い流れを**離岸流**といい，水難事故の原因になっている。巻き込まれたら，まず岸と平行に泳ぐ。

プチ雑学 津波はふつう複数回押し寄せる。最初の波(第1波)が最大とは限らず，第2波，第3波が最大になることも多い。また，複数の津波が共鳴して，より大きくなることもあるので注意が必要である。

Keywords ●風浪 wind wave　●うねり swell　●表面波 surface wave　●長波 long wave　●津波 tsunami
●離岸流 rip current　●潮汐 tide　●潮流 tidal current　●起潮力 tidal force

ダジックアース
津波伝播 **103**

③ 潮汐と潮流　月や太陽の引力によって，潮汐（潮の満ち引き）が起こる。

A 満潮と干潮

満潮

干潮

渦潮（鳴門海峡）

海岸で海面を観察していると，水位が周期的に昇降していることがわかる（**潮汐**）。水位が一番高いときを**満潮**，一番低いときを**干潮**といい，その差を潮差という。周期はおよそ12時間25分である。満潮から干潮に移るときは，海水は沖の方へ流出し（引き潮），干潮から満潮に移るときは，海水は陸の方へ侵入してくる（満ち潮）。このときの海水の流れを**潮流**という。潮流は海峡や浅い海では速さが数m/s にも達し，水面に波が立ったり，渦ができたりする。

人との関わり　潮汐発電

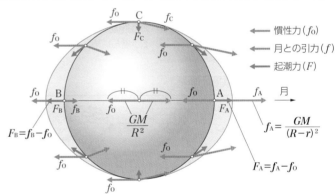

満潮のときの水位
貯水池
干潮のときの水位
水車
海

満潮（干潮）の水位のときに貯水池と海の間を封鎖しておくと，干潮（満潮）のときには貯水池と海の間に水位差ができる。潮汐発電はこの水位差から生まれる水流で水車を回して発電するもので，フランスで実用化されている（● p.219）。

3 海洋

B 潮汐の原因

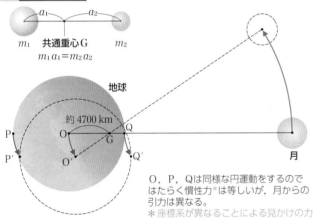

a_1　a_2
m_1　共通重心 G　m_2
$m_1 a_1 = m_2 a_2$

地球
約4700 km
P　O　Q
P′　O′　Q′
月

O，P，Qは同様な円運動をするのではたらく慣性力*は等しいが，月からの引力は異なる。
＊座標系が異なることによる見かけの力

　月が地球のまわりを公転するとき，月だけでなく地球も共通重心を中心に公転しているため，地球に慣性力がはたらく。この慣性力は地球上のどの位置でも大きさと向きが等しい。地球の中心では月からの引力がこの慣性力とつり合い，地球と月の中心間の距離が保たれるが，月に面した地表では引力の方が大きく，反対側の地表では慣性力の方が大きい。この引力と慣性力の合力（**起潮力**）が潮汐を起こす。● p.152

C 起潮力の大きさ　点Aと点Bにおける起潮力は，向きが逆で大きさが等しい。

地球と月の中心間距離をR，地球の半径をr，月の質量をM，万有引力定数をGとする。点A，Bにおいて，質量1の物体にはたらく力を考える。

f_0　C　f_C
F_C
f_0
f_0　B　f_0　$\frac{GM}{R^2}$　f_0　A　f_A　月
$F_B = f_B - f_0$
f_0
f_0
f_0　$F_A = f_A - f_0$

←慣性力（f_0）
←月との引力（f）
←起潮力（F）

$f_A = \dfrac{GM}{(R-r)^2}$

$F_A = f_A - f_0 = \dfrac{GM}{(R-r)^2} - \dfrac{GM}{R^2} = \dfrac{GM(2Rr - r^2)}{R^2(R-r)^2}$

rはRよりずっと小さいので，$r^2 = 0$，$R - r = R$とみなして，$F_A = \dfrac{2GrM}{R^3}$

同様にして，$F_B = f_B - f_0 = -\dfrac{2GrM}{R^3}$

D 大潮と小潮

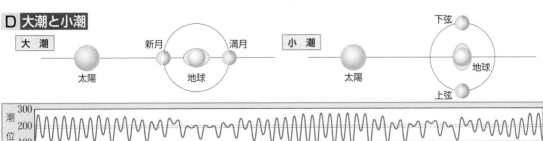

大潮
太陽　　　新月　　地球　　満月

小潮
太陽　　　下弦　地球　上弦

潮位
（cm）
300
200
100
0
大潮　　小潮　　大潮　　小潮
1　　2　　4　　6　　8　　10　　12　　14　　16　　18　　20　　22　　24　　26　　28　　30（日）
●新月　　●上弦　　●満月　　●下弦
気象庁などによる

起潮力を及ぼす天体には月と太陽がある。月・地球・太陽が一直線上に並ぶとき，月と太陽の起潮力が重なり合って**大潮**になる。
　また，月と太陽が地球に対して垂直な位置にあるとき，月と太陽の起潮力が互いに打ち消し合って**小潮**になる。

プチ雑学　太陽による起潮力の大きさは，月による起潮力の大きさの半分程度である。

大気と海洋の相互作用

大気と海洋は互いに影響しあっている。エルニーニョ現象・ラニーニャ現象・南方振動は，大気と海洋の相互作用による一連の変化とみなすことができる。

基礎 **1 エルニーニョ現象・ラニーニャ現象** エルニーニョ現象・ラニーニャ現象は，大気と海洋の相互作用で起こる。

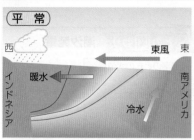

平常

西　インドネシア　暖水　東風　東　南アメリカ　冷水

太平洋赤道域では，貿易風によって表層の暖水が西側へと吹き寄せられ，東側では深層より冷水が湧き上がる。このため，海面水温は東部で低く，西部で高くなる。西部では海面水温が高いため蒸発が盛んで，大気中に大量の水蒸気が供給され，積乱雲が盛んに発生する。

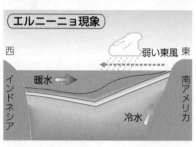

エルニーニョ現象

西　インドネシア　暖水　弱い東風　東　南アメリカ　冷水

貿易風が弱まると，暖水の吹き寄せも弱まって暖水が東側へと広がり，東側での深層水の湧き上がりも弱まる。このため，太平洋赤道域の中部から東部では海面水温は平常よりも高くなり，積乱雲が盛んに発生する海域は平常よりも東へ移る。一方，西部では海面水温が低くなり，上昇気流が弱まる。

ラニーニャ現象

西　インドネシア　暖水　強い東風　東　南アメリカ　冷水

貿易風が強まると，暖水の吹き寄せも強まって西側の暖水塊がより発達し，東側での深層水の湧き上がりも強まる。このため，太平洋赤道域の中部から東部では海面水温が平常よりも低くなり，西部のインドネシア付近の海上では，平常よりもいっそう盛んに積乱雲が発生する。

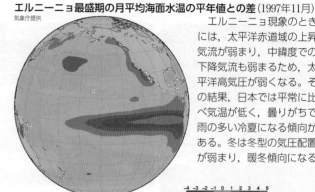

エルニーニョ最盛期の月平均海面水温の平年値との差（1997年11月）
気象庁提供

エルニーニョ現象のときには，太平洋赤道域の上昇気流が弱まり，中緯度での下降気流も弱まるため，太平洋高気圧が弱くなる。その結果，日本では平常に比べ気温が低く，曇りがちで雨の多い冷夏になる傾向がある。冬は冬型の気圧配置が弱まり，暖冬傾向になる。

-4 -3 -2 -1 0 1 2 3 4 5 (℃)

ラニーニャ最盛期の月平均海面水温の平年値との差（1988年12月）
気象庁提供

ラニーニャ現象のときには，エルニーニョ現象のときとは逆に，太平洋高気圧が強くなるため，平常に比べ北日本を中心によく晴れて気温が高く，西日本の太平洋側を中心に雨の多い夏になる傾向がある。冬は冬型の気圧配置が強まり，寒さが厳しくなる傾向がある。

-4 -3 -2 -1 0 1 2 3 4 5 (℃)

エルニーニョ現象時の天候の特徴

気象庁による

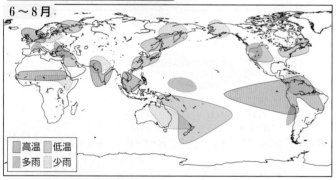

6〜8月

12〜2月

高温　低温　多雨　少雨

ラニーニャ現象時の天候の特徴

気象庁による

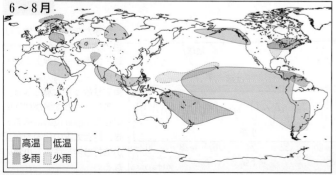

6〜8月

12〜2月

高温　低温　多雨　少雨

雑学 エルニーニョはスペイン語で神の子イエス・キリストの意味。もともとは，クリスマスごろにペルー沖の水温が上がることを現地の漁師たちがエルニーニョと言っていた。

基礎 2 エルニーニョ現象の日本への影響 エルニーニョ現象は，日本の天候にも影響がある。

春（3～5月）の傾向	夏（6～8月）の傾向
平均気温：沖縄・奄美で高い。東日本で並か高い。 日照時間：西日本の太平洋側で少ない。	平均気温：西日本で低い。北日本で並か低い。 降水量：西日本の日本海側で多い。
秋（9～11月）の傾向	冬（12～2月）の傾向
平均気温：西日本，沖縄・奄美で低い。北・東日本で並か低い。	平均気温：東日本で高い。 日照時間：東日本の太平洋側で並か少ない。

基礎 3 南方振動 大気にみられる南方振動は，エルニーニョ現象・ラニーニャ現象と連動する。

タヒチとダーウィンの気圧変化

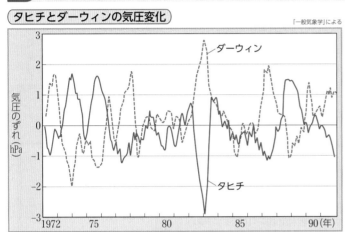

「一般気象学」による

ENSO

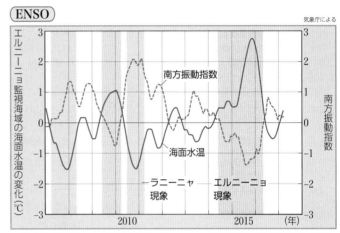

気象庁による

　南太平洋のタヒチ（フランス領ポリネシア）とダーウィン（オーストラリア），それぞれでの，気圧の平均値からのずれは，逆の関係にある。南太平洋の東部と西部で，シーソーのように気圧が交互に変動することを**南方振動**という。南方振動のようすは，タヒチ（東部）とダーウィン（西部）の気圧差から求められる南方振動指数という数値で表される。

　南方振動指数と太平洋東部のエルニーニョ監視海域の海面水温との間に関係があることがわかる。これは，大気と海洋の相互作用を示す。
　南方振動は貿易風の強弱に関わって，エルニーニョ現象・ラニーニャ現象と連動する。そのため，一連の変動として，**エルニーニョ・南方振動**（ENSO，El Niño-Southern Oscillation）とよばれる。

基礎 4 大気・海洋からの恵み 私たちの生活は大気や海洋の恩恵を受けている。

大気からの恵み

海洋からの恵み

気候の安定

　大気は，太陽光から生物にとって有害な紫外線を吸収するなど，生物が生きる環境を形成するのに重要な役割をもつ。また，大気の流れである風は，風車を通して，揚水・灌漑・製粉，そして風力発電などに利用されてきた。

　海洋は種の多様性を育む舞台のひとつであり，海洋で得られる魚介類などの水産資源は，私たちの食生活を豊かにしている。また，海底から得られる鉱物資源やエネルギー資源によって，私たちの生活や産業は支えられている。

　地球の表面の約7割を占める海洋は，熱容量が大きいため，地球上の気温の急激な変化を防いでいる。また，海水は大気中の二酸化炭素の増減に応じて，これを吸収・放出し，温室効果（▶p.81）を適度に保つ。

Column　レジームシフト

　川崎健は，日本・カリフォルニア・チリのマイワシの個体数が，数十年のサイクルでほぼ同時に大きく変動していることに気づき，その原因を太平洋規模の海洋・気候変動であると考えた。このような数十年周期で起こる，大規模なシステム変動を**レジームシフト**という。大気－海洋系で起こる変動には，ENSOよりも長い数十年周期のものが知られており，この長周期変動と海洋生態系との連動が示唆されている。

プチ雑学　気象庁では，北緯5°～南緯5°，西経150°～西経90°の範囲（赤道付近，南アメリカ大陸の西側）の海域をエルニーニョ監視海域としている。この海域の水温の変化からエルニーニョ現象・ラニーニャ現象を定義している。

年代	第2章に関連する発見・できごと	人名(国名)
B.C.5世紀	気象と病気の関係を論じる	ヒポクラテス(ギリシア)
4世紀	『気象論』(Meteorologica)を書く	アリストテレス(ギリシア)
1世紀	インド洋航海に季節風を利用 p.85	ヒッパロス(ギリシア)
A.D.1492	貿易風を利用して大西洋横断 p.233	コロンブス(伊)
1519-22	「太平洋」を横断，命名し，世界初の大洋測深を行う	マゼラン(ポルトガル)
1593	温度計を発明	ガリレイ(伊)
1643	水銀気圧計の原理を発見 p.75	トリチェリー(伊)
1687	潮汐理論を提唱 p.103	ニュートン(英)
	熱帯低気圧の渦巻構造を発見 p.87	ダンピア(英)
1735	貿易風の原因を論じる p.84	ハドレー(英)
1742	温度の摂氏目盛りを考案	セルシウス(スウェーデン)
1783	熱気球の飛行実験	モンゴルフィエ兄弟(仏)
1802	雲の分類を発表 p.78	ハワード(英)
1805	風力階級を決める p.79	ビューフォート(英)
1820	最初の天気図作成	ブランデス(独)
1837頃	低気圧のエネルギー源を論じる p.87	エスピー(米)
1856	転向力を用いた大気循環論	フェレル(米)
1857	ボイス・バロットの法則(＝北半球で風を背にすると，左手前方に低気圧の中心がある)を提唱	ボイス・バロット(オランダ)
1860-63	暴風警報が始まる	ボイス・バロット(オランダ)，フィッツロイ(英)，ルベリエ(仏)
1872-76	チャレンジャー号の海洋探検	(英)
1875	東京気象台創立	(日本)
1896	人間活動による地球温暖化の指摘 p.212	アレニウス(スウェーデン)
1902	成層圏を発見 p.74	ティスラン・ド・ボール(独)，アスマン(独)
1903	低気圧のエネルギー源を論じる p.86	マルグレス(オーストリア)
1919	低気圧の構造を論じる p.86	ビヤクネス(ノルウェー)
1920年代頃	音響測深器の実用化 p.71	
1922	数値計算による気象予報の試み	リチャードソン(英)
1923	高層の高温層の存在を論じる	リンデマン(英)，ドブソン(英)
1924	南方振動を発見 p.105	ウォーカー(英)
1933	降雨の原因として氷晶核説を提唱 p.77	ベルシェロン(ノルウェー)
1934	室戸台風	(日本)
1936	人工雪の研究 p.77	中谷宇吉郎(日本)
1945	枕崎台風	(日本)
1947	ワシントン国際空港に気象専用レーダー設置	(米)
1949	数値計算による気象予報に成功	チャーニー(米)
1958	マウナロアで大気中の二酸化炭素濃度の測定を開始 p.212	キーリング(米)
1959	伊勢湾台風 p.96	(日本)
1960	世界初の本格的な気象衛星タイロス1号打ち上げ	(米)
1964	富士山レーダー設置(1999年運用終了)	(日本)
1974	アメダス運用開始 p.79	(日本)
1974	フロンによるオゾン層の破壊を指摘 p.215	ローランド(米)，モリーナ(米)
1977	気象衛星ひまわり打ち上げ p.79	(日本)
1984	南極上空のオゾンの減少(オゾンホール)の発見 p.215	忠鉢繁(日本)
1985	地球温暖化をテーマにしたフィラハ会議開催 p.212	
	オゾン層の保護のためのウィーン条約採択 p.215	
1987	モントリオール議定書採択 p.215	
1988	「気候変動に関する政府間パネル(IPCC)」設立 p.213	
1991	海水の循環(コンベアベルト)を示す p.101	ブロッカー(米)
1997	京都議定書採択 p.212	
2015	パリ協定採択 p.212	

大気圏の構造の調べ方

1783年6月，モンゴルフィエ兄弟により，初めての気球の飛行実験が行われた。同年12月には，シャルル(気体のシャルルの法則の発見者)が水素気球に気圧計と温度計を乗せて大気を調査した。ただし，1862年にグレーシャーが観測のために気球で高度12 kmまで到達したことはあったが，有人気球による大気の観測は，大きな危険とコストをともなうものであった。

19世紀末，無人気球での観測が行われた。自動観測器で記録し，気球が破裂・落下してから回収するというやり方で，高度10 kmまでの気温減率(● p.74)が調べられた。当時は，このまま上空へ行くほど気温は下がると考える人もいた。

しかし，20世紀初めごろには，より高いところまで調べられ，高度11 km以上に等温の層があることがわかった。成層圏(● p.74)の発見である。さらに，1923年には流星の観測から高度50 kmあたりに高温の層があることもわかった。発見したリンデマンとドブソンは，オゾンが紫外線を吸収しているためであると考えた。

さらに上層の大気は音の伝わり方で調べられた。音の速さは気温で異なり，気温の異なる大気の層の境界で音は屈折する。たとえば，逆転層(● p.77)のように上空に高温の空気があれば，音は遠くまで伝わる。第一次世界大戦(1914年～1918年)で使われずに余った火薬で実験が行われ，爆発音が聞こえる場所の分布から成層圏の気温分布が調べられた。

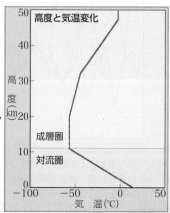

高度と気温変化

雲の名前

雲は，大気の状態を反映しているといえる。雲の形の適切な分類にもとづき，雲を観察することは，大気の状態を知る手がかりになる。そのような分類を行ったのがハワードである。

ハワードは，雲に Cirrus(巻雲)，Cumulus(積雲)，Stratus(層雲)，Nimbus(雨雲)といった分類をし，さらに高度での分類も行った(1802年)。名前には，ヨーロッパの知識人共通の書き言葉として使われるラテン語が用いられた。ラテン語は，古代ローマ人の言語で，学術用語として使われることが多い。ハワードの分類には，18世紀の博物学者リンネによる動植物の分類の影響があったともいわれている。

ハワードによる雲の分類とラテン語での命名の仕方は，その後も引き継がれた。19世紀末に10種類の雲の基本形が整理され，1906年にはこれをもとに，国際雲図帳がつくられた。(● p.78)

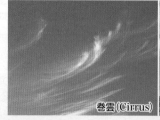

巻雲(Cirrus)

積雲(Cumulus)

ジェット気流の発見

ジェット気流は，おもに対流圏上部を吹く強い風である（● p.85）。

1926年，大石和三郎が高度9km付近の強い風を報告していたが，海外では注目されなかった。北アメリカやヨーロッパでは，ジェット気流の風速が比較的弱いことが原因の1つともいわれる。

注目のきっかけは第二次世界大戦（1939年〜1945年）で用いられた飛行機であった。飛行機は，地上からの攻撃を避けるため，高いところを飛んだ。飛行のようすから上空の強い風に気づいたドイツの気象学者は，これをジェット気流（Strahlströmung）と名づけた。

さらに，アメリカなどの連合国の飛行機でも，ジェット気流により，正確な爆撃ができないなどの問題が起こった。これが東京大空襲のような絨毯爆撃が行われた理由ともいわれる。一方，日本では爆弾を搭載した気球をジェット気流に乗せてアメリカへ飛ばす，風船爆弾がつくられ，アメリカに山火事などの被害をもたらした。

こうして，ジェット気流が広く知られるようになった。ジェット気流は，現在でも飛行機の運航に影響を与えている。

ジェット気流の垂直断面

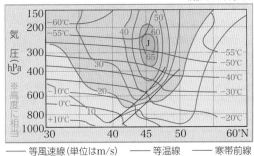

「気象ハンドブック」による

―― 等風速線（単位はm/s）　―― 等温線　―― 寒帯前線

低気圧のエネルギー源

19世紀，熱やエネルギーへの理解が気象の研究に影響を与えた。

19世紀前半，エスピーは，実験により水蒸気を含む空気の性質を調べた。そして，大気が上昇する際に断熱膨張して温度が下がり，雲ができると考えた。当時は，軽い水蒸気が凝結すると，空気は密度が大きくなって下降すると考えられていた。しかし，エスピーは潜熱による膨張で空気は密度が小さくなって上昇し，さらに凝結が進むと考えた。潜熱をエネルギー源とする考え方である。

しかし，潜熱を低気圧のエネルギー源とする説は，中緯度の低気圧が水蒸気の少ない冬に強くなる理由を説明できなかった。そこで，マルグレスは，1903年，暖気が上・寒気が下へ移動することで低下する位置エネルギーを，低気圧のエネルギー源であるとした。

現在の視点で考えると，エスピーは熱帯低気圧，マルグレスは温帯低気圧のエネルギー源を明らかにしたといえる。

マルグレスによる低気圧のエネルギー源の考え方

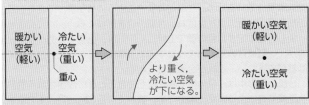

| 暖かい空気（軽い） | 冷たい空気（重い）重心 | より重く，冷たい空気が下になる。 | 暖かい空気（軽い）　冷たい空気（重い） |

全体の位置エネルギーが小さくなり，低気圧のエネルギーになる。

クリミア戦争と暴風警報

ロシアと，イギリスやフランスなどの連合国の間で行われたクリミア戦争（1853年〜1856年）は，ナイチンゲールの活躍で知られるが，国際的な気象観測網ができるきっかけにもなった。この戦争で連合国の艦隊が黒海に停泊中，嵐にあい，フランス最新鋭の戦艦アンリⅣ世号が沈没するなど，大きな被害を受けた。

クリミア戦争をおそった嵐

そこで，フランスの陸軍大臣ベランは，パリ天文台長のルベリエ（● p.163）に，嵐の予測可能性を調査させた。ルベリエは，各地の当時の気象記録を集め，嵐が大西洋から黒海へと移動してきたことがわかった。なお，嵐の移動はすでにアメリカで知られていたが，ヨーロッパには広まっておらず，大きな発見とされた。

嵐の移動に気づいたルベリエは，各地の気象データから嵐の接近を予測できると結論づけた。そして，ヨーロッパ各地で同時に気象の観測を行い，その情報をパリ天文台に集める体制をつくった。短時間に各地の情報を集めるため，1837年に開発されて当時まだ高額であった電報が利用された。

こうして，1863年より，毎日の天気図の発行と嵐の警報が出されるようになった。この天気図は気象学の進歩の基盤にもなった。

地球温暖化への対応

人間活動による二酸化炭素濃度上昇での地球温暖化（● p.212）は，酸・塩基の定義で知られるアレニウスにより，1896年には指摘されていた。当時はあまり注目されなかったが，宮沢賢治は『グスコーブドリの伝記』（1932年）で，火山を噴火させて火山ガス中の二酸化炭素による温室効果で冷害を解決する話を書いている（実際には火山灰などで太陽光がさえぎられ，寒冷化する可能性がある）。

その後，1960年にキーリングが観測にもとづき二酸化炭素濃度の上昇を指摘，1967年に眞鍋淑郎らが二酸化炭素濃度上昇による地球温暖化を数値モデルから予測した。そして，1985年のフィラハ会議をきっかけに地球温暖化が注目され，IPCC（● p.213）の最初の報告書（1990年）で，人為起源の温室効果ガスの気候への影響が警告された。この報告書を受け，気候変動枠組条約（1992年），さらに京都議定書（1997年）やパリ協定（2015年）が採択された。

IPCCの初期の報告書では，人間活動と地球温暖化の関係の評価には不確実な表現が用いられていたが，深刻な被害の恐れがある場合は因果関係の証明が不十分でも予防措置をとる「予防原則」という考え方にもとづき，早い段階で条約採択などの対応がとられた。

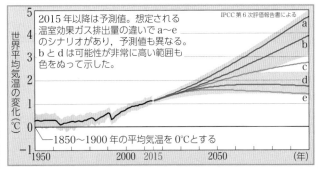

2015年以降は予測値。想定される温室効果ガス排出量の違いでa〜eのシナリオがあり，予測値も異なる。bとdは可能性が非常に高い範囲も色をぬって示した。

IPCC第6次評価報告書による

―1850〜1900年の平均気温を0℃とする

Q 雲の種類をどう見分けるか。▶p.78, 86

A 雲は形や高さによって10種類に分けられる（十種雲形▶p.78）。一般に，温暖前線から離れれば前線面は高い位置になる。水蒸気が凝結してできた雲を含む空気（暖気）は，前線面よりも下（寒気）に降りてくることはできない。

秋の空は高い，といわれるが，これは秋の天気に由来する。秋には温帯低気圧が定期的に日本の空を通過する。温暖前線から離れた場所では，図のように巻雲（すじぐも）や巻積雲（うろこぐも）がみられる。これらの雲は上層雲であり，高い位置にできるため，秋の空が高く見える要因の1つとなる。また，高い位置にできる雲は雨を降らさないものが多い。巻層雲（うすぐも）などは，空一面をおおっていたとしても，降雨はない。

雨を降らせる雲は，「乱」のつく2種類の雲である。これらの雲の底は低い位置にあり，灰色で重たい雰囲気をもつ。乱層雲（あまぐも）は，温暖前線付近にできる雲である。積乱雲（にゅうどうぐも▶p.95）は，鉛直方向に発達した雲で，圏界面（▶p.74）まで発達したものは上部が平らになり，「金床雲（かなとこ）」ともいわれる。

Q 降水確率ってどういう意味？　その他，天気予報で使われる言葉の意味を教えて。▶p.79

A 降水確率は，一定の時間・地域内に，降水量1mm以上の雨または雪が降る確率（%）である。降水確率が40%とは，40%という予報が100回発表されたとき，そのうちおよそ40回は1mm以上の雨または雪が降るという意味である。降水確率の高さと降水量の多さに関係はなく，1mm以下の雨は「雨が降る」とされない。

天気予報では，情報が正確に伝わるよう，定められた用語が使われる。たとえば，「時々雨」は，とぎれとぎれの雨が降り，その合計時間が予報期間の50%未満（6時間の予想なら3時間）であることを示す。「一時雨」は，とぎれない雨が降り，その時間が予報期間の25%未満であることを示す。「所により雨」は，雨の予想される地域が散在し，その合計面積が対象地域全体の50%未満であるときに使われる。

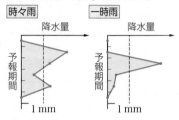

所により雨

例　予報地域が東京23区の場合

■ 降水量1mm以上の雨が降ると予想された地域

しかし，「晴れ，夕方から曇り，所により雨で雷を伴う」というような予報の場合，天気マークには反映されないことがあるので，予報を注意深く聞く必要がある。

Q 正午に最高気温にならないのはなぜ？▶p.80

A 地球の表面や大気の温度は，太陽放射の影響を強く受ける。たとえば，太陽高度が高く，太陽放射の吸収量の大きな低緯度地域は，吸収量の小さな高緯度地域と比べて暖かい。ところが，同じ地点での1日を比べると，太陽高度が高く，太陽放射の吸収量が最も大きいはずの正午で1日の最高気温になるわけではない。また，太陽放射を吸収しつづけた夕方に最高気温になるわけでもない。これらの間の時刻に最高気温に達する。これはなぜか。

地球の表面に注目すると，太陽放射を吸収してあたためられる一方，その温度に応じた地球放射を行って冷めるしくみもある。正午を過ぎて太陽放射が弱まっても，地球放射を上回っている間は，地球の表面はあたためられつづけることになる。よって，最高気温になるのは太陽放射と地球放射が同程度になる時刻である。ちなみに，夜は太陽放射がなく，地球放射で冷えつづけるため，日の出の時刻あたりが最低気温になると考えられる。これは，よく晴れた風の弱い夜に顕著である。

ただし，実際には，周囲の暖かいところ・寒いところから風が吹き込んできて気温が変化することもあるため，放射だけで気温を考えることは適当ではない。

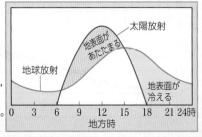

Q なぜ，台風には「目」があるのか。▶p.87

A 宇宙から撮影した雲の画像を見ると，台風の中心には「目」とよばれる，直径数十km程度の雲のない領域が存在することがわかる。目の存在がわからない台風もあるが，これは上空の雲に目がおおわれているためである。

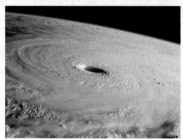

台風では，海面を通ってあたためられて湿った空気が，中心へと吹き込む。ただし，空気はまわるように吹き込むため（▶p.83），「角運動量保存の法則」という法則にしたがって，中心付近ではその速度が大きくなる（▶p.96）。小さな半径・大きな速度でまわる空気には外向きに強い遠心力がはたらくため，吹き込んだ空気は中心まで到達できず，中心付近をらせんを描きながら上昇する。吹き込んだ空気は湿っているため，この上昇気流によって積乱雲ができる。この積乱雲は，目の壁とよばれ，台風の目を形づくる。

中心付近にできた目の壁で上昇した空気は，上空で外側へ吹き出すが，一部は目の壁で囲まれた中心で下降気流になるため，中心では雲ができない。これが台風の目である。

台風の目の中は，目の壁で積乱雲ができるときに放出される潜熱と下降気流による断熱圧縮のため，暖かくなる（▶p.87）。その結果，上空ではより多くの空気が吹き出し，中心付近の気圧が下がる。

Q なぜ，熊谷は暑いのか。 ▶p.83, 212

A 夏の暑さが話題になるとき，埼玉県熊谷市や岐阜県多治見市などが「暑い街」として紹介されることがある。2018年7月23日には，熊谷市で国内での観測史上最高の41.1℃を記録した。

熊谷市の高温の理由は，次のように考えられている。熊谷市のまわりには，赤城山や榛名山，秩父山地などがある。風がこれらの山を越えて吹きおりるときに空気が圧縮され，断熱変化で温度が上昇する*。この風が吹きこむため，熊谷市が高温になる。

晴れた夏の日中，涼しい海風（▶p.83）で気温の上昇が抑えられる地域もある。しかし，関東平野の奥にある熊谷市に海風が吹きこむのは遅く，さらに，海風はヒートアイランド（▶p.212）の東京都心を通過するため，気温の上昇を抑える効果は小さいと考えられる。

*山の地表面で加熱されるためとする説もある。

Q なぜ，海水は塩辛いのか。 ▶p.98

A 答えは，海が誕生して溶け込んだ成分のうち，最後まで海水中に残った主成分が塩化ナトリウム $NaCl$ だからである。

誕生直後の海は，HCl や SO_2 が溶け込んだ pH 1 以下の強い酸性の海水であったと考えられる。海水は岩石と反応し，Na，K，Mg，Ca，Fe などが溶けて中和されていった。

海水が中性に近づくと，大気中の CO_2 が溶け込み，Ca は $CaCO_3$ として沈殿し，Mg や K も鉱物にとり込まれていった。

やがて，光合成を行う生物が登場して O_2 を発生し始めると，海水中に残っていた Fe は反応して $Fe(OH)_3$ として沈殿し，Fe_2O_3 や Fe_3O_4 となり，縞状鉄鉱層を形成する（▶p.189）。

最終的に，海水中には水溶液中で安定な Na^+ と Cl^- が最も多く残った。こうして，塩化ナトリウムを主成分とする現在の海水ができあがったと考えられている。

Q なぜ，親潮にはプランクトンが豊富なのか。 ▶p.100

A 親潮は，日本付近を流れる寒流である。その海水には，プランクトンとよばれる水中を浮遊する小さな生物が豊富で，それらをえさとする魚も多い。

なぜ，親潮にはプランクトンが豊富なのか。それは，親潮の海水には，生物の生育に必要な，リン酸塩などの栄養塩類が多く含まれるためである。

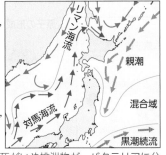

海水中の栄養塩類は，生物の死がいや排泄物が，バクテリアに分解されて溶け込んだものである。これらはしずみながら分解されていくため，深い層の海水には多くの栄養塩類が溶けている。親潮の源流にあたる海域では，栄養塩類の多く溶けた深い層の海水が上がってきて親潮の海水に混ざる。そのため，親潮の海水に含まれる栄養塩類が豊富になると考えられる。

Q JPCZって何？ ▶p.90, 94

A 日本の冬の天気は，西高東低の気圧配置が現れやすく，日本海側に雪が降る，といったことはよく知られている。テレビ等の天気予報でも紹介される JPCZ* は「日本海寒帯気団収束帯」ともよばれ，冬の日本海付近において特に大雪を降らせる帯状の雲を形成しやすい部分である。

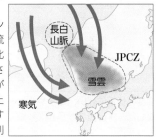

冬型の気圧配置が強まると，シベリア大陸から寒気が日本海に流れ込む。この寒気は，朝鮮半島北部にある長白山脈によって二分され，日本海で再び合流する。風がぶつかってできる収束帯では，上昇気流によって雪雲が発達しやすくなる。JPCZ が移動し，日本列島の範囲に入ると，短期間で大雪が降り，災害が起こりやすくなる。2021年1月には，北陸平野部の広範囲で断続的に強い降雪があり，記録的な大雪となった。

*Japan sea Polar air mass Convergence Zone の略。

本で深める地学

「すごすぎる天気の図鑑」 荒木健太郎著

空や雲，天気の疑問を，豊富なイラストと美しい写真で解説する一冊。気象の現象が起こるしくみを，キャラクターを用いてわかりやすく説明している。防災・減災のために雲の研究に取り組む著者が，近年の災害をもたらす豪雨や台風などについても，その発生原因を解説する。

KADOKAWA（2021年）

「海の教科書」 柏野祐二著

日本を囲む海。日本人は海から多大な恩恵を受けている。この本は，海についての最近の研究を扱いながらもわかりやすく解説した海洋学の入門書で，高校地学海洋分野＋αの話題を学ぶことができる。特に波や海流，海洋大循環などの「海洋物理学」の分野が詳しい。

講談社（2016年）

「人が死なない防災」 片田敏孝著

甚大な被害をもたらした東日本大震災において，釜石市での小中学生の生存率は99.8%であった。この高い生存率は，主体的に避難行動を行っていたためであった。震災前から釜石市の防災教育に関わっていた著者が，防災についての考え方を語る。

集英社（2012年）

基礎 1 宇宙の変遷　宇宙は，138億年前に誕生し，膨張し続けている。

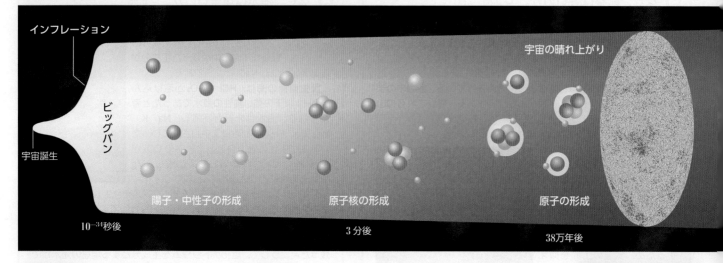

インフレーション
宇宙誕生
ビッグバン
宇宙の晴れ上がり

陽子・中性子の形成　　原子核の形成　　原子の形成

10^{-34}秒後　　　　　　　3分後　　　　　　38万年後

宇宙誕生前

　宇宙誕生前はどのような世界だったのだろうか。宇宙は時間も空間も物質も存在しない「無」の状態であったと考えられている。「無」の状態でもエネルギーのゆらぎがあり，宇宙はそのゆらぎの中で138億年前に誕生した。

ビッグバン

　宇宙誕生直後から10^{-34}秒後までの短時間に，非常に急激な膨張が起きた（インフレーション）。真空の状態が変わり，「真空のエネルギー」からばく大なエネルギーが解放され，超高温・超高密度の火の玉宇宙が形成された（ビッグバン*）。その後もインフレーションほどではないが宇宙の膨張は続き，その結果として赤方偏移（● p.112）が観測される。
＊宇宙誕生をビッグバンとよぶこともある。

ビッグバン（イメージ）

原子の形成

陽子・中性子の形成

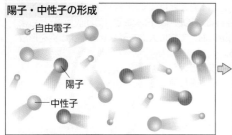

自由電子
陽子
中性子

　温度の低下に伴い，電子やクォークや光子が生成した。宇宙誕生から10^{-5}秒後，クォークが結合して陽子や中性子などが形成された。

原子核の形成

ヘリウム原子核

92%が水素，8%がヘリウムの原子核

　宇宙誕生から3分後，宇宙の温度は10^9 K*程度まで低下した。陽子と中性子が結合し，重水素やヘリウムなどの軽い原子核が形成された。

原子の形成

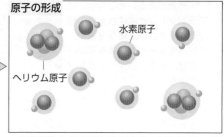

水素原子
ヘリウム原子

　宇宙誕生から38万年後，宇宙の温度は3000 K程度まで低下し，電子と原子核が結びついて原子が形成されるようになった。

＊Kは絶対温度の単位。絶対温度をT［K］，セルシウス温度をt［℃］とすると，$T=t+273$

基礎 2 宇宙の晴れ上がり

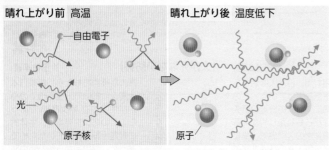

晴れ上がり前　高温
自由電子
光
原子核

晴れ上がり後　温度低下
原子

　初期の宇宙は高温で，物質は原子核と電子がばらばらのプラズマ状態であった。この状態では光は電子に散乱され，まっすぐ進めなかった。
　宇宙誕生から38万年後，宇宙の温度が下がり，原子核と電子が結びついて原子が形成されるようになると，光はまっすぐ進めるようになった（宇宙の晴れ上がり）。ただし，まだ星は存在しない（宇宙の暗黒時代）。

参考 原子の構造

モデル図　ヘリウム原子の場合

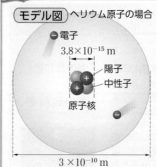

－電子
$3.8×10^{-15}$ m
陽子
中性子
原子核
$3×10^{-10}$ m

　原子は，陽子・中性子からなる原子核と，そのまわりに存在する電子からできている。陽子・中性子・電子を素粒子という。陽子は正の電気，電子は負の電気を帯び，中性子は電気を帯びていない。

原子の構成

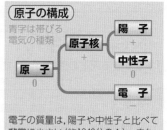

青字は帯びる電気の種類

原子 0 ─ 原子核 + ─ 陽子 +
　　　　　　　　　　　　中性子 0
　　　　　─ 電子 －

　電子の質量は，陽子や中性子と比べて非常に小さい（約1840分の1）。また，陽子のもつ電気量と電子のもつ電気量は，正負が反対で絶対値が等しい。

プチ科学　かつては，大爆発から始まるビッグバン宇宙論に対して，宇宙には始まりも終わりもないとする定常宇宙論という考え方もあった。「ビッグバン」という言葉は，定常宇宙論を主張する科学者が相手の宇宙論で主張される大爆発を揶揄する意図で使われた。

Keywords ▸ ●ビッグバン big bang　●赤方偏移 redshift　●宇宙の晴れ上がり photon decoupling
●宇宙背景放射 cosmic background radiation

NHK for School
4分でわかる!?
宇宙138億年

111

宇宙誕生　数億年後　　　　　　　　90億年後　　　138億年後　　　　190〜210億年後　　　時間の流れ
　　　　　恒星・銀河が誕生　　　　太陽系の形成　　現在　　　　　　　太陽が巨星になる？

宇宙の
暗黒時代　　　　恒星・銀河の誕生　　　　　膨張速度加速　　　　　太陽系の形成

数億年後　　　　　　　　　　　　　　　　90億年後

現在(138億年後)

1 銀河と宇宙

恒星・銀河の誕生

UDFj-39546284

ハッブル深宇宙画像

UDFj-39546284 は，宇宙誕生から4.8億年後に存在した初期の銀河として，その姿が撮影された。

銀河の衝突

宇宙誕生から数億年以内に物質の密度の高いところが自らの重力で収縮し，最初の恒星(ファーストスター)が誕生した。その後，恒星内部の核融合(▶p.142)や超新星爆発(▶p.145)で重い元素がつくられ，宇宙空間にばらまかれる。これらが集まり，次の世代の星が形成されたと考えられている。

また，宇宙誕生から5億年後くらいまでには初期の銀河も誕生していた。初期の銀河は小さく，それらが合体して大きな銀河となり，今見るような，銀河団，超銀河団が形成されたと考えられる。

太陽系の形成

宇宙誕生から90億年後，太陽系が誕生した。ガス雲から原始太陽が生まれ(▶p.142)，そのまわりをガス円盤がとり巻いた。ガス円盤の塵が集まってたくさんの微惑星が形成され，微惑星の衝突・合体により惑星が形成された(▶p.120)。

その後，太陽系第3惑星地球では生命が誕生し，現在まで多様な生物が現れている。

3　宇宙背景放射　宇宙背景放射は，ビッグバンの証拠の1つである。

宇宙背景放射の強度分布　対数目盛り▶p.227

3Kの物体が放射する
エネルギーに相当(▶p.141)

相対強度 / 波長(cm)

▶p.162
物体はその温度に応じた強度分布で電磁波(光)を放射する。空に電波望遠鏡を向けると，どの方向からも約3Kの物体と同じ強度分布の電磁波が観測される(**宇宙背景放射**)。宇宙の晴れ上がりが起こった3000Kの宇宙が放射した電磁波の波長が赤方偏移(▶p.112)で伸びてこのように観測される。これはビッグバンの証拠の1つである。

宇宙背景放射のゆらぎ

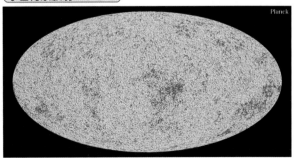

Planck

宇宙背景放射にはわずかなゆらぎが見られる。その観測と理論を組み合わせるとさまざまなことがわかる。たとえば，Planck衛星による観測で，宇宙は138億年前に誕生したことがわかった。

プチ雑学　大きな宇宙では，光の速さ(30万 km/s)でも届くまでに時間がかかる。遠方の銀河を観測することは，遠い過去に放出された銀河の光を観測することを意味する。

宇宙は，誕生以来膨張し続けている。宇宙の膨張は，遠方の銀河の赤方偏移とそれがしたがうハッブル・ルメートルの法則により確認される。

基礎 **1** 宇宙の膨張のしかた　宇宙は膨張し続けている。

宇宙の膨張 / 銀河自体は膨張しない / 膨張

宇宙は膨張し続けている。膨張により，天体間の距離は広がっていくが，銀河団や銀河のように重力で結びついた集団自体が，宇宙の膨張の影響で大きくなることはない。

なお，宇宙の膨張は，空間そのものが大きくなる現象であり，固定された空間を天体が散らばっていくわけではない。

人との関わり　ハッブル

ハッブル (1889〜1953)

宇宙の膨張は，アメリカの天文学者エドウィン・ハッブルによって発見された。

ハッブルは，ほかにも銀河の分類 (●p.117) や距離の測定など，天文学に大きな業績を残した。学生時代は陸上競技やボクシングで活躍し，大学卒業後は弁護士をやるなど，多彩な経歴をもっていた。

2 赤方偏移とハッブル・ルメートルの法則　宇宙の膨張により，銀河の赤方偏移が観察される。

A 赤方偏移

銀河団	波長(µm)	赤方偏移の割合	後退速度(視線速度)	およその距離	銀河数
おとめ座		0.0038	1180 km/s	0.59億光年	2500
おおぐま座Ⅰ		0.051	15000 km/s	6.9億光年	300
かんむり座		0.072	21000 km/s	9.6億光年	400
うしかい座		0.13	36000 km/s	17億光年	150
うみへび座Ⅱ		0.20	54000 km/s	24億光年	

波長 0.40　0.45　0.50

遠方の銀河のスペクトル (●p.138) を調べると，原子の種類によって決まるはずの吸収線の位置が波長の長い方へずれる (赤色の矢印はある吸収線のずれ)。光の波長が長くなるこの現象を**赤方偏移**といい，銀河から出た光が観測されるまでに，宇宙空間が膨張して波長が伸びたために起こる。波長が λ から $\lambda + \Delta\lambda$ に伸びるときの赤方偏移の割合 $z = \dfrac{\Delta\lambda}{\lambda}$ は，銀河までの距離 r に比例する。また，理論上，宇宙膨張による銀河の後退速度 v は，光の速度 c より十分小さいとき赤方偏移の割合 z に比例する。

B ハッブル・ルメートルの法則

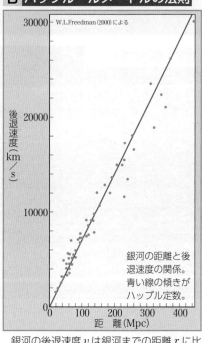

W.L.Freedman (2000) による

30000 / 20000 / 10000

後退速度 (km/s)

0　100　200　300　400

距離 (Mpc)

銀河の距離と後退速度の関係。青い線の傾きがハッブル定数。

銀河の後退速度 v は銀河までの距離 r に比例する。これは，ハッブル定数 H を用いて，$v = Hr$ と表される。観測によると H の値は，70 km/s/Mpc程度 (Mpc=10^6pc*) である。

＊pc は，距離の単位 (●p.140)。1 pc=3.26光年

ビッグバンの証拠

次の3つが，ビッグバン (●p.110) が起こったことの大きな証拠とされている。

● 宇宙の膨張 (ハッブル・ルメートルの法則)
　過去の宇宙は小さく高密度であったと推定できる。
● 宇宙背景放射 (●p.111)
　過去に宇宙全体が高温であったと推定できる。
● 水素とヘリウムの存在比
　星の核融合 (●p.139) だけでは宇宙に存在するヘリウムの量を説明できない。ビッグバンを仮定すると説明できる。

Column　オルバースのパラドックス

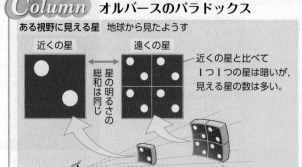

ある視野に見える星　地球から見たようす

近くの星 / 遠くの星 / 星の明るさの総和は同じ / 近くの星と比べて1つ1つの星は暗いが，見える星の数は多い。

宇宙に始まりも果てもなければどうなるか。ドイツの天文学者オルバースは次のパラドックス (矛盾) を指摘した。

星の明るさは距離の2乗に反比例するが，空の一定領域に見える星の数は距離の2乗に比例する。永遠の昔から無限に遠くまで一様に星があったとすると，遠くからでも長い時間をかけて光が届くため，夜空でも非常に明るいことになる。

オルバースのパラドックスは，宇宙に始まりがあること (宇宙の年齢の間に地球に届かないほど遠い星の光は考えなくてよい)，赤方偏移で遠くの星からの光は波長が伸びてエネルギーが小さくなること，この2つから解決できる。

Keywords ▶ ●赤方偏移 redshift ●ハッブル・ルメートルの法則 Hubble-Lemaitre law ●ハッブル定数 Hubble constant
●ダークマター dark matter ●重力レンズ gravitational lens ●ダークエネルギー dark energy

113

3 ダークマター・ダークエネルギー 宇宙は,ダークマター・ダークエネルギーといった要素が多くを占めている。

A ダークマター

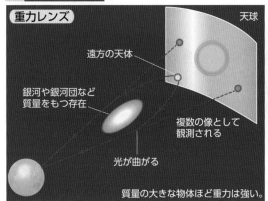

重力レンズ

遠方の天体
銀河や銀河団など質量をもつ存在
光が曲がる
複数の像として観測される
天球
質量の大きな物体ほど重力は強い。

重力レンズでゆがんで見える銀河

ESA/Hubble&NASA, A.Newman, M.Akhshik, K.Whitaker

くじら座で見られる銀河団

赤はガス(通常の物質)の多いところ,青は重力レンズ効果の観測でわかったダークマターの多いところを示す。

重力によって遠方の天体からの光が曲げられて,遠方の天体が見かけ上,複数の像として観測されたり,ゆがんで見えることがある。これを**重力レンズ効果**といい,その観測によって,質量の存在がわかる。

重力レンズ効果は実際に観測されている。重力レンズ効果の観測から,光や電磁波などでは直接観測できないが質量をもつ物質(**ダークマター**)の存在が推測されている。ほかに,銀河の回転速度が星の集中する中心部から離れても維持される(◎p.116)こと,銀河の運動速度が大きく,銀河団内にとどめるには直接観測できる物質による重力だけでは困難であることなども,ダークマターの存在を示唆している。

ダークマターの正体は今のところ明らかになっていないが,物理学で存在が予測されている超対称性粒子やアクシオンとよばれる素粒子の可能性が推測されている。

B ダークエネルギー

銀河の距離の測定

超新星
NGC4526

Ⅰa型超新星*は,光度変化から本来の明るさを推測できる。本来の明るさと観測される明るさとの比較から,Ⅰa型超新星までの距離がわかる。遠方の銀河でも超新星は観測できるため,銀河までの距離の測定に利用される。
*連星系の白色矮星の激しい爆発で生じる。

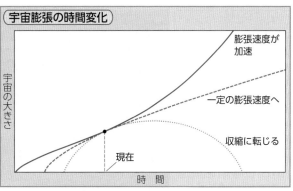

宇宙膨張の時間変化

膨張速度が加速
一定の膨張速度へ
収縮に転じる
現在
宇宙の大きさ
時間

今後の宇宙の膨張は,収縮に転じる・一定の膨張速度に近づく・膨張速度が加速するなどの可能性が考えられる。

銀河までの距離と赤方偏位(宇宙の膨張速度の目安)の観測からは,膨張速度は加速していると推測されている。この加速のエネルギー源を**ダークエネルギー**という。

C 宇宙の構成要素

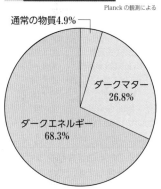

Planckの観測による

通常の物質4.9%
ダークマター 26.8%
ダークエネルギー 68.3%

宇宙の構成を調べると,直接観測できる通常の物質は約5%に過ぎず,大部分はまだ正体の分からないダークエネルギーとダークマターが占めている。

1 銀河と宇宙

参考 宇宙の距離はしご

天体の距離の測定には,ほかにもさまざまな手法が用いられる。

ハッブル・ルメートルの法則を利用

Ⅰa型超新星を利用

タリー・フィッシャー関係*を利用

*渦巻銀河の明るさと回転速度の関係

セファイド(◎p.147)を利用

分光視差(◎p.140)を利用

年周視差(◎p.140)を利用

レーダー,力学法則を利用

アンドロメダ銀河までの距離

おとめ座銀河団までの距離

銀河系の大きさ

1天文単位 1 10 100 1000 1万 10万 100万 1000万 1億 10億 100億
地球からの距離(光年)

宇宙の研究では,天体の距離の正確な測定は重要な課題である。1つの手法だけであらゆる天体の距離を測定することはできない。距離の測定にはさまざまな手法が用いられる。遠くの天体の距離を測定する手法には,より近くの天体の距離を測定する手法を使って研究された天体の性質が利用される。

たとえば,スペクトル型や変光星の周期のような測定可能な値と本来の明るさとの関係がわかれば,測定値から推測される本来の明るさと見かけの明るさからその天体までの距離を求められる(◎p.140, 147)。

このように,手法を組み合わせてより遠くの天体までの距離を測れるようにすることを宇宙の距離はしごという。

基礎

1　宇宙の階層構造　宇宙は，太陽系，銀河系，銀河団というように，天体が集団をつくる階層構造になっている。

太陽系（半径0.0005光年）　　　オリオンの腕（半径7500光年）　　　銀河系（半径5万光年）

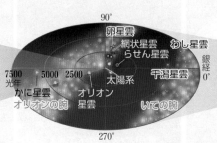

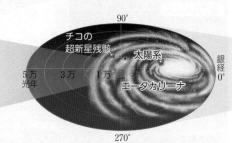

惑星領域の半径は約45億kmあり，これは光の速さで4.2時間かかる。1977年打ち上げのボイジャー2号は12年かけて海王星に接近した。惑星領域を，半径が数万天文単位におよぶオールトの雲がとり巻いている。

太陽系は，銀河系の渦巻の腕の1つ「オリオンの腕」とよばれる領域に位置している。
図中の銀経とは，銀河の中心方向を銀経0°として，そこから反時計回りの角度を測ったものである。

太陽系は銀河系の中にあるので，銀河系の円盤状のすがたは，天球にはりつく無数の星の重なりである天の川として見ることができる。太陽系は銀河系の中心からは2万8000光年離れている。

2　銀河群　3個から数十個の銀河からなる集団を銀河群という。

「理科年表」による

銀河群	視直径	距離（万光年）	後退速度*（km/s）
ちょうこくしつ座銀河群	25°×20°	700	+245
M81銀河群	40×20	1200	220
NGC5128銀河群	30×ー	1400	315
りょうけん座Ⅰ銀河群	28×14	1600	361
M101銀河群	23×16	2200	511
M66銀河群	7×4	2700	615
かみのけ座Ⅰ銀河群	11×5	4500	1031
くじら座Ⅰ銀河群	12×9	5900	1350

銀河の大多数は集団をつくる。銀河群は3個以上数十個以下の銀河を含んだ集団である。銀河系（われわれの銀河）を含む銀河群を局部銀河群といい，600万光年ほどの範囲に，銀河系とアンドロメダ銀河を中心として，大マゼラン雲・小マゼラン雲・M33・しし座銀河など50個以上の銀河が集団をつくっている。

＊視線速度ともいう。

M66銀河群

銀河群内の銀河は，互いの重力によって引き合うため，宇宙膨張でばらばらになることはない。

HCG87

狭い領域に銀河が密集した銀河群をコンパクト銀河群という。上のHCG87では17万光年の範囲に銀河が集まっている。

3　銀河団　数百個から数千個の銀河からなる集団を銀河団という。

「理科年表」による

銀河団	等級	距離（億光年）	後退速度（km/s）
おとめ座銀河団	9.4	0.59	+1180
ケンタウルス座銀河団	13.2	1.5	3300
うみへび座Ⅰ銀河団	12.7	1.6	3400
かに座銀河団	13.4	2.2	4800
ペルセウス座銀河団	12.5	2.5	5400
かみのけ座銀河団	13.5	3.2	6900
ヘルクレス座銀河団	13.8	5.1	11000
かんむり座銀河団	15.6	9.6	21000

銀河団は数百〜数千個の銀河を含み，数百万〜数千万光年の大きさがある。ただし，銀河群との間に明確な境界はない。

さらに，銀河群や銀河団が集まって1億光年を超える構造をつくるとき，これを超銀河団とよぶ。銀河系もおとめ座銀河団を中心とする局部超銀河団を構成している。

銀河群や銀河団中の空間には，高温のガスが存在する。

おとめ座銀河団

おとめ座銀河団は，銀河系に最も近い銀河団である。

Column　宇宙の大きさ

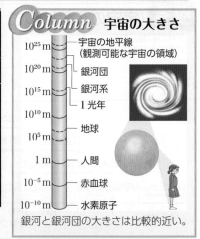

10^{25} m	宇宙の地平線（観測可能な宇宙の領域）
10^{20} m	銀河団
10^{15} m	銀河系
10^{10} m	1光年
	地球
10^{5} m	
1 m	人間
10^{-5} m	赤血球
10^{-10} m	水素原子

銀河と銀河団の大きさは比較的近い。

プチ雑学　銀河系とアンドロメダ銀河は接近している。40億年後に衝突し，その後，巨大な楕円銀河ミルコメダ（Milkomeda，銀河系（天の川銀河）Milky Way galaxyとアンドロメダAndromedaより）が形成されるといわれている。

Keywords ▶

●銀河群 group of galaxies　●銀河団 cluster of galaxies　●超銀河団 supercluster of galaxies
●宇宙の大規模構造 large-scale structure of the universe　●ボイド void
●泡構造 bubbly structure　●宇宙の地平線 cosmological horizon

国立天文台
Mitaka
宇宙の階層
構造

115

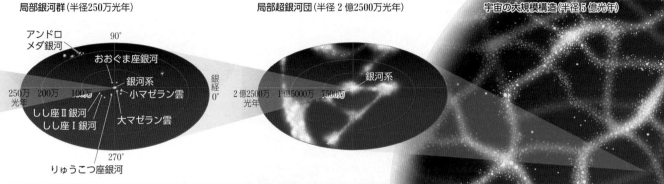

局部銀河群（半径250万光年）　　　局部超銀河団（半径2億2500万光年）　　　宇宙の大規模構造（半径5億光年）

銀河系は大マゼラン雲や小マゼラン雲をともなう。さらにアンドロメダ銀河など，近傍の大小50個以上の銀河とともに**局部銀河群**を形成している。より規模の大きい銀河の集まりは**銀河団**とよばれる。	銀河群や銀河団が集まって，**超銀河団**が形成される。銀河系は，おとめ座銀河団を中心とする局部超銀河団の一員である。 　図の座標は，比較的平らな分布を示す局部超銀河団を基準面にして表してある。

宇宙は超銀河団が密集した膜のような領域と，銀河をほとんど含まない空洞の領域（**ボイド**）からなる**泡構造**をつくっている。
　理論上，観測可能な領域（地球まで光が到達できる領域）の境界を**宇宙の地平線**という。

4　宇宙の大規模構造　宇宙は泡構造をしており，銀河があまり存在しない領域もある。

A 銀河の分布図

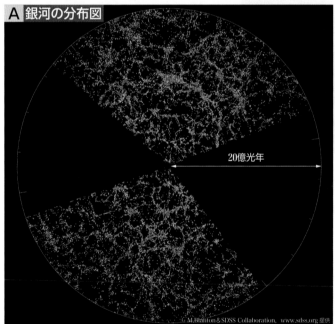

20億光年

M.Blanton&SDSS Collaboration, www.sdss.org 提供

B 大規模構造と銀河

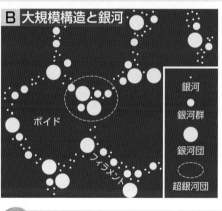

ボイド　フィラメント

銀河
銀河群
銀河団
超銀河団

銀河や銀河群，銀河団，超銀河団と宇宙の大規模構造の関係。超銀河団は，周囲との境界があいまいなので，図のような描き方をしている。

一辺が数十億光年の宇宙

銀河の分布を調べると，銀河群や銀河団，超銀河団が連なる領域（フィラメント）と，それらに囲まれた，銀河があまり存在しない1億光年程度の大きさの領域（ボイド，超空洞）が見られる。このような泡構造を**宇宙の大規模構造**という。
　銀河系から3億光年の距離に5億光年以上の長さをもつ銀河の連なり（**グレートウォール**）が見つかっているが，これも宇宙の大規模構造の一部である。

Column　初めての宇宙の地図

太陽

ハーシェルが描いた星の分布図

科学的な手法で宇宙空間内の天体の分布（宇宙の形）を初めて調べたのが，イギリスの天文学者ハーシェル（1738～1822）である。ハーシェルは，「星の真の明るさはすべて同じ（暗い星は遠い星）」「星が存在する領域では星は一様に分布する」の2つを仮定して観測を行い，上のような星の分布図を描いた。
　上の図は銀河系に相当するが，当時は星の距離の測定技術が発達しておらず，直径約6000光年・厚みは最大1000光年と見積もられていた。また，遠い星の光は途中の星間物質（ ▶ p.148）に吸収されて観測できないため，太陽を中心として観測できる範囲の星についての分布図になっている。

プチ雑学　国立天文台4次元デジタル宇宙プロジェクトのMitakaというフリーソフトを使うと，パソコン上でプラネタリウムのような星空の表示や仮想的な宇宙旅行ができる。太陽系の天体を拡大して表示したり，上の階層構造の図のように，地球，太陽系，…，宇宙の大規模構造と，ズームアウトしていくようすを表示したりすることができる。

太陽系は銀河系に属する。銀河系は円盤部とバルジ，これらをとり囲むハローからなり，太陽系は円盤部にある。宇宙には，銀河という銀河系のような天体がたくさんあり，形で分類されている。

基礎 1 銀河系の概観　太陽系が属する銀河系は，約2000億個の恒星からなる直径約10万光年の天体である。

A 天の川

大マゼラン雲
小マゼラン雲

ESO/S. Brunier 提供

赤外線で見た天の川

太陽系は**銀河系**（天の川銀河）に属する。銀河系の断面は**天の川**として見られる。左は天の川の360°パノラマ。銀河系の中心は，いて座方向にあり，その付近は天の川も特に濃く，幅も広くなっている。また，星間物質（●p.148）に光がさえぎられ，天の川が2つに分かれて見える。上は赤外線で撮影したもので，銀河系の形がわかりやすい。

銀河系は，約2000億個の恒星や星間ガス・宇宙塵などの星間物質が集まって形成されている。**円盤部**（ディスク）と**バルジ**，これらをとり囲む**ハロー**からなる。円盤部は若い星（種族Ⅰ），バルジには老いた星（種族Ⅱ）が多い（●p.149）。ハローにも老いた星からなる球状星団が点在する。

太陽は，中心から約28000光年離れた「オリオンの腕」とよばれる渦巻の腕のところにあり，この付近での銀河系の回転速度は約220 km/s である。*

*銀河系中心から太陽までの距離が26100光年，回転速度は 240 km/s という測定結果もある。

B 銀河系の構造　銀河系の想像図

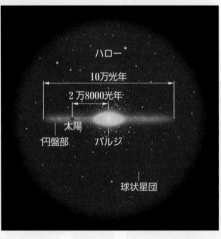

10万光年

太陽

ハロー
10万光年
2万8000光年
太陽
円盤部　バルジ
球状星団

2 銀河系の渦巻構造　水素ガスの分布から，銀河系の渦巻構造がわかってきた。

水素の分布

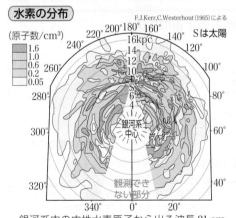

F.J.Kerr,C.Westerhout (1965) による
（原子数/cm³）
1.6
1.0
0.6
0.2
0.05
Sは太陽
16kpc
銀河系中心
観測できない部分

銀河系の回転速度曲線

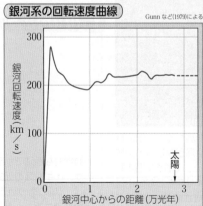

Gunn など (1979) による

銀河回転速度（km/s）

太陽

銀河中心からの距離（万光年）

銀河系中心部

EHT Collaboration

銀河系中心部のブラックホール（いて座A*）

銀河系内の中性水素原子から出る波長21 cmの電波は，星間物質にほとんど吸収されないので，これから銀河系内の水素ガスの分布がわかる。ドップラー効果から水素原子の視線速度を調べ，銀河系の渦巻構造がわかった。水素は恒星の主成分であり，渦巻の腕に星が集中していることが知られている。

銀河系の回転速度は中心部以外ではほぼ一定である。これは，外側にかなりの質量が分布することを示しており，この質量は，光や電波での観測から推定される質量よりもずっと大きい。このことから，まだ観測されていない質量をもつ物質ダークマター（●p.113）の存在が予想される。

銀河系中心部のいて座Aという領域からは，強い電波が放射されている。特に強い電波源には，いて座A*という太陽の400万倍の質量がある巨大ブラックホールが存在する。

ブラックホールへ物質が落ち込むときに解放される重力エネルギーが，強い電波の放射のエネルギー源になる。

プチ雑学　銀河系以外の銀河にも，中心部に巨大なブラックホールと考えられる大きな質量がある。そして，その質量はバルジ（楕円銀河なら本体）の質量の0.1〜0.2%であるという関係（マゴリアン関係）があることがわかった。これは，銀河がこれらの巨大なブラックホールとともに進化してきたことを示す。

1 銀河と宇宙

Keywords ●銀河系 Galaxy　●天の川 Milky Way　●円盤部 disk　●バルジ bulge　●ハロー halo　●銀河 galaxy
●楕円銀河 elliptical galaxy　●渦巻銀河 spiral galaxy　●活動銀河 active galaxy

117

基礎 3 銀 河　われわれの銀河系と同様に星や星間物質が集まった天体を銀河といい，形で分類される。

楕円銀河 — NGC4486, M87, おとめ座

渦巻銀河 — NGC224, M31（アンドロメダ銀河），アンドロメダ座

渦巻銀河 — NGC5194, M51, りょうけん座

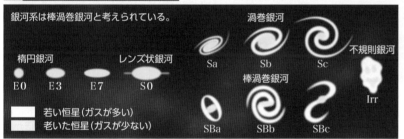

棒渦巻銀河 — NGC1300, エリダヌス座

不規則銀河 — NGC3034, M82, おおぐま座

衝突する銀河 — NGC2207とIC2163, おおいぬ座

A 銀河の分類（ハッブル分類）

銀河系は棒渦巻銀河と考えられている。

渦巻銀河
不規則銀河

楕円銀河　　　　レンズ状銀河
E0　E3　E7　　　S0

Sa　Sb　Sc

棒渦巻銀河
SBa　SBb　SBc

Irr

□ 若い恒星（ガスが多い）
□ 老いた恒星（ガスが少ない）

　銀河を形により，楕円E，レンズ状S0，渦巻S（棒構造があるものはSB）に分類する。さらに，Eを偏平率（○p.7）の小さいものから順に0～7，Sを渦巻の閉じたものから開いたものへa，b，cに分ける。また，不規則な形の銀河をIrrとした。

B おもな銀河

「理科年表」などによる

銀　河	型*	等級	視直径	距離（万光年）
おとめ座 M87	E0−1p	9.6	7′×7′	5390
NGC5128	S0p	8.0	18×14	1190
おとめ座 M104	SAa	9.3	9×4	3680
アンドロメダ銀河 M31	SAb	4.4	180×63	250
りょうけん座 M51	SAbcp	9.0	11×8	2800
さんかく座 M33	SAcd	6.3	62×39	296
おおぐま座 M101	SABcd	8.2	27×26	2270
エリダヌス座 NGC1300	SBbc	11.4	6×4	6900
小マゼラン雲	SBmp	2.8	280×160	20
大マゼラン雲	SBm	0.6	650×550	16
おおぐま座 M82	I0	9.3	11×5	1150

＊改訂ハッブル分類（ドゥ・ボークルール分類）による。

4 活動銀河　中心部から非常に強い電磁波を放射する銀河を活動銀河という。

クェーサー（準恒星状天体） — 3C273, おとめ座

セイファート銀河 — NGC7742, ペガスス座

電波銀河 — NGC4486, M87, おとめ座

　非常に遠方の（古い）銀河の，異常に明るい核。このような**活動銀河**は，中心部の巨大ブラックホール（○p.161）へ物質が落ち込んで解放される重力エネルギーがエネルギー源といわれる。

　クェーサーよりは放射エネルギーは小さいが，異常に明るい核と，特徴的なスペクトルをもつ。多くは渦巻銀河である。アメリカの天文学者セイファートが発見した。

　通常の銀河と比べて強い電波を放射している銀河を電波銀河という。多くは楕円銀河である。中心核の活動は激しく，中心からガスのジェットを吹き出しているものもある。

プチ雑学　「おもな銀河」にあるドゥ・ボークルール分類は，ハッブル分類をより詳細にしたもの。渦巻銀河の分類で，cの後ろにd，mが追加されたほか，棒構造がないものをSAとしてSBとの中間をSABとした。不規則銀河の分類にはImとI0があり，銀河同士の相互作用などにより見かけの形状が特異なものがI0である。

太陽系は，太陽とそのまわりを公転する惑星・衛星，小惑星，太陽系外縁天体，彗星，天体間の空間をただよう塵などで構成される。これらの中で太陽は圧倒的な大きさである。

基礎 1 太陽系の構造　太陽のまわりを8つの惑星が公転している。公転面は互いに近く，公転の向きは同じである。

大きさの比較

ガリレオ衛星 ●●●●

木星(Jupiter) (1321)
火星(Mars) (0.151)
月(Moon) (0.0203)
地球(Earth) (1.000)
水星(Mercury) (0.056)
金星(Venus) (0.857)
太陽(Sun) (1304000)
タイタン(Titan) (0.07)
土星(Saturn) (764)
天王星(Uranus) (63)
海王星(Neptune) (58)
トリトン(Triton) (0.01)
エリス(Eris)
冥王星(Pluto) (0.007)

(数字)：体積(地球=1)
衛星の数は代表的なものを示してある。

太陽からの距離と自転軸

水星	地球						
0.4	1						
太陽	金星 火星	木星	土星	天王星	海王星		冥王星
	0.7 1.5	5.2	9.6	19.2	30.1		39.7

太陽系を構成する天体　太陽とそのまわりを公転するすべての天体をまとめて**太陽系**という。

惑星	地球型：水星, 金星, 地球, 火星		木星型：木星, 土星, 天王星(1781), 海王星(1846)　(　)は発見年	
	小惑星		**太陽系外縁天体** (〇p.129)	
準惑星	ケレス(セレス)		冥王星型天体：冥王星, エリスなど	
太陽系小天体	多数の小惑星(火星と木星の軌道の間に多い)	彗星	多数の太陽系外縁天体	
衛星	惑星などのまわりを公転する天体　月(地球), ガニメデ(木星), タイタン(土星), トリトン(海王星)など			

太陽のまわりを公転し，自己の重力で球状になれるほど大きな質量をもち，軌道付近にはほかに大きな天体が存在しない天体を**惑星**(〇p.163)とよぶ。冥王星のように，十分大きな質量をもっていても，軌道付近のほかの天体を排除するほどの影響力がない天体は，**準惑星*** とよばれる。

＊英語名は dwarf planet

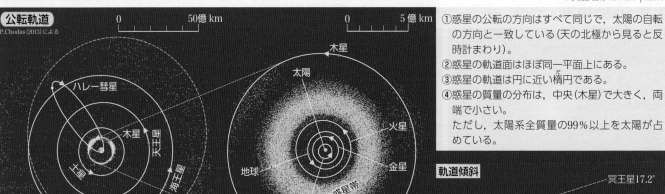

公転軌道
P.Chodas (2013)による

0　　50億km
0　　5億km

ハレー彗星
木星
天王星
土星
海王星
冥王星

太陽
火星
地球
金星
水星
小惑星帯

① 惑星の公転の方向はすべて同じで，太陽の自転の方向と一致している(天の北極から見ると反時計まわり)。
② 惑星の軌道面はほぼ同一平面上にある。
③ 惑星の軌道は円に近い楕円である。
④ 惑星の質量の分布は，中央(木星)で大きく，両端で小さい。
　ただし，太陽系全質量の99%以上を太陽が占めている。

軌道傾斜

冥王星17.2°
水星7.00°
金星3.39°
地球
火星1.85°　木星1.30°
土星2.49°　海王星1.77°　天王星0.77°

プチ雑学 かつて冥王星は惑星として扱われていたが，その軌道周辺で小天体や冥王星よりも大きなエリスがみつかり，惑星の定義が問題になった。2006年に国際天文学連合が惑星の定義を明確にした結果，冥王星は惑星の定義からはずれた。

Keywords ▶ ●太陽系 solar system ●惑星 planet ●衛星 satellite ●小惑星 asteroid ●彗星 comet
●太陽系外縁天体 trans-Neptunian object ●地球型惑星 terrestrial planet ●木星型惑星 Jovian planet

119

基礎 2 惑 星　太陽に近い惑星は，比較的小さく，公転周期も短い。

『理科年表』NASA などによる

惑　星		水　星	金　星	地　球	火　星	木　星	土　星	天王星	海王星	冥王星*
軌道長半径	(10⁶ km)	57.9	108.2	149.6	227.9	778.3	1429.4	2875.0	4504.4	5941.13
	(天文単位)	0.3871	0.7233	1.0000	1.5237	5.2026	9.5549	19.2184	30.1104	39.714
太陽からの最大距離(天文単位)		0.467	0.7282	1.0167	1.666	5.455	10.085	20.108	30.381	49.8
太陽からの最小距離(天文単位)		0.308	0.7184	0.9833	1.381	4.950	9.0246	18.329	29.839	29.7
軌道離心率		0.2056	0.0068	0.0167	0.0934	0.0485	0.0554	0.0463	0.0090	0.253
黄道面に対する軌道の傾斜角(°)		7.004	3.395	0.002	1.848	1.303	2.489	0.773	1.770	17.1
対恒星公転周期	(日)	87.970	224.70	365.256	686.98	4332.6	10759	30688	60182	90465
	(年)	0.24085	0.61520	1.00002	1.88085	11.8620	29.4572	84.0205	164.770	247.68
軌道平均速度	(km/s)	47.36	35.02	29.78	24.08	13.06	9.65	6.81	5.44	4.72
	(地球=1)	1.590	1.176	1.000	0.8086	0.4385	0.324	0.229	0.183	0.158
会 合 周 期		115.9	583.9	──	779.9	398.9	378.1	369.7	367.5	366.7
地球からの最遠距離(天文単位)		1.48	1.74	──	2.68	6.47	11.08	21.10	31.33	50.32
地球からの最近距離(天文単位)		0.52	0.25	──	0.36	3.93	7.99	17.26	28.78	28.64
太陽からの引力（10⁻⁴ N/kg）		395.9	113.4	59.30	25.55	2.191	0.6495	0.1606	0.0654	0.0380
視半径（平均）	(″)	5.49	30.16	──	8.94	23.46	9.71	1.93	1.17	0.04
赤 道 半 径	(km)	2439.7	6051.8	6378.1	3396.2	71492	60268	25559	24764	1185
	(地球=1)	0.383	0.949	1.000	0.532	11.21	9.45	4.01	3.88	0.19
偏平率（赤道半径−極半径／赤道半径）		0	0	0.00335	0.00589	0.06487	0.09796	0.02293	0.01708	0?
質量 (10²⁵ kg)		0.03301	0.4867	0.5972	0.06414	189.81	56.83	8.683	10.24	0.0013
	(地球=1)	0.005527	0.8150	1.0000	0.1074	317.83	95.16	14.54	17.15	0.0022
平 均 密 度 (g/cm³)		5.43	5.24	5.51	3.93	1.33	0.69	1.27	1.64	1.83
赤道での重力加速度 (m/s²)		3.70	8.87	9.78	3.69	23.12	8.96	8.69	11.00	0.58
	(地球=1)	0.38	0.91	1.00	0.38	2.36	0.92	0.89	1.12	0.06
脱 出 速 度 (km/s)		4.25	10.36	11.18	5.02	59.53	35.48	21.29	23.49	1.2
	(地球=1)	0.380	0.927	1.000	0.449	5.325	3.174	1.904	2.101	0.11
自 転 周 期 (日)		58.65	243.02(逆)	0.9973	1.0260	0.414	0.444	0.718(逆)	0.671	6.4(逆)*
軌道面に対する赤道の傾斜角(°)		～0	177.36	23.44	25.19	3.12	26.73	97.77	27.85	122.5
平均受熱量 (地球=1)		6.67	1.91	1.00	0.43	0.037	0.011	0.0027	0.0011	0.0007
ア ル ベ ド (反射率)		0.06	0.78	0.30	0.16	0.73	0.77	0.82	0.65	～0.6
極 大 光 度 (等)		−2.4	−4.7	──	−3.0	−2.8	−0.5	5.3	7.8	13.7
衛 星 数		0	0	1	2	95<	149<	27<	14<	5

物体表面に光が垂直に入射するとき，入射光のエネルギーに対する反射光のエネルギーの割合をアルベド（▶ p.80）という。アルベドは大気がない水星や月では小さく厚い大気におおわれた金星や木星では大きい。

＊冥王星は惑星ではないが，比較のために掲載している。

A 太陽系天体の質量と密度

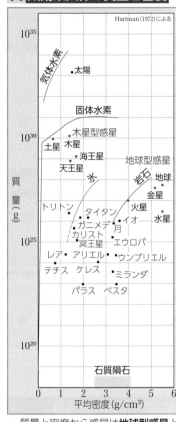

Hartman (1972)による

質量と密度から惑星は**地球型惑星**と**木星型惑星**の２種に分けられる。

基礎 3 おもな衛星　太陽系の衛星の中で，月は比較的大きなほうである。

『理科年表』などによる

番　号	衛　星	発見年	光度(等)	軌道長半径(10⁴ km)	周期(日)	離心率	半径(km)	質　量
地 球Ⅰ	月	──	−12.6	38.4399	27.3217	0.0555	1737.4	0.012300
火 星Ⅰ	フォボス	1877	11	0.937	0.3189	0.0151	13×11×9	1.67×10⁻⁸
Ⅱ	ダイモス	1877	12	2.35	1.2624	0.0002	8×6×5	2.43×10⁻⁹
木 星Ⅰ	イ オ	1610	5	42.2	1.7691	0.0041	1821	4.70×10⁻⁵
Ⅱ	エウロパ	1610	5	67.1	3.5512	0.0094	1562	2.53×10⁻⁵
Ⅲ	ガニメデ	1610	5	107.0	7.1546	0.0013	2632	7.81×10⁻⁵
Ⅳ	カリスト	1610	6	188.2	16.6890	0.0074	2409	5.67×10⁻⁵
土 星Ⅰ	ミマス	1789	13	18.6	0.9424	0.0196	198	6.61×10⁻⁸
Ⅱ	エンケラドゥス	1789	12	23.8	1.3702	0.0048	252	1.90×10⁻⁷
Ⅲ	テチス	1684	10	29.5	1.8878	0.0001	531	1.09×10⁻⁶
Ⅳ	ディオーネ	1684	10	37.7	2.7369	0.0022	561	1.93×10⁻⁶
Ⅴ	レ ア	1672	10	52.7	4.5175	0.0002	764	4.06×10⁻⁶
Ⅵ	タイタン	1655	8	122.2	15.9454	0.0288	2575	2.37×10⁻⁴
天王星Ⅰ	アリエル	1851	13	19.1	2.5204	0.0012	579	1.56×10⁻⁵
Ⅱ	ウンブリエル	1851	14	26.6	4.1442	0.0039	585	1.35×10⁻⁵
Ⅲ	タイタニア	1787	13	43.6	8.7059	0.0011	789	4.06×10⁻⁵
Ⅳ	オベロン	1787	13	58.4	13.4632	0.0014	761	3.47×10⁻⁵
Ⅴ	ミランダ	1948	15	13.0	1.4135	0.0013	236	0.8 ×10⁻⁶
海王星Ⅰ	トリトン	1846	13	35.5	5.8769	0.0000	1353	2.09×10⁻⁴
Ⅱ	ネレイド	1949	20	551.5	360.13	0.7507	170	3.01×10⁻⁷
冥王星Ⅰ	カロン	1978	18	1.96	6.39	0.0	604	0.1

光度は衝（▶ p.156）の位置にあるときの平均等級。質量はそれぞれの母星の質量を１とした値である。

Column 太陽系の果てへ

ボイジャー

　宇宙の観測の多くは地球から行われるが，太陽系内の天体については，探査機による観測も行われる。1977年にアメリカによって打ち上げられたボイジャー１号・２号は，木星・土星・天王星・海王星の観測を行い，大きな成果を挙げた。

　その後も航行・通信を続け，2012年に太陽系（太陽風が届く範囲）を脱出した。ボイジャー１号の太陽からの距離は太陽－海王星間の距離の５倍を超えている。

プチ雑学 上の表における地球の対恒星公転周期（１恒星年）365.256日は，p.151の１太陽年365.2422日と異なる。これは，恒星年が恒星に対して太陽が黄道を１周する周期であるのに対し，太陽年は太陽が春分点（▶ p.150）を通過する周期であるためである。恒星の位置は変わらないが，春分点の位置は地球の自転軸の向きの変化（▶ p.153）により移動する。

基礎 1 太陽系の誕生

原始太陽系円盤中に形成された微惑星が，衝突・合体をくり返して成長し，惑星ができた。

A 形成過程

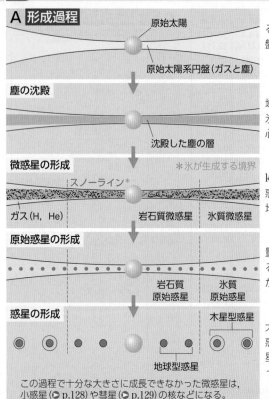

- 原始太陽
- 原始太陽系円盤（ガスと塵）
- 塵の沈殿
- 沈殿した塵の層
- 微惑星の形成
- スノーライン* ＊氷が生成する境界
- ガス（H，He）　岩石質微惑星　氷質微惑星
- 原始惑星の形成
- 岩石質原始惑星　氷質原始惑星
- 惑星の形成
- 木星型惑星
- 地球型惑星

この過程で十分な大きさに成長できなかった微惑星は，小惑星（◎ p.128）や彗星（◎ p.129）の核などになる。

分子雲（◎ p.142）内の密度の高い領域で，重力による収縮が起こり，原始太陽とそれをとり巻くガスの円盤（**原始太陽系円盤**）が形成される。

円盤内の温度の違いから，現在**地球型惑星**のある領域には岩石・金属が主体，**木星型惑星**のある領域には氷が主体の塵（固体微粒子）が存在する。塵は円盤の中心面に沈殿する。

塵は分子間力や重力で合体し，大きさ数km〜数十kmのたくさんの塊（**微惑星**）ができる。特に，木星型惑星の領域は，低温なので揮発性の物質も固体になり，地球型惑星の領域と比べて大きな微惑星ができる。

微惑星は衝突・合体し，**原始惑星**へと成長する。質量の大きなものほど重力が強いので，より早く成長する。また，木星型惑星の領域ではより大きな原始惑星ができる。

円盤のガス（HやHeなど）は，木星型惑星の領域の大きな原始惑星に集まり，木星や土星のような巨大な惑星ができる。公転速度が小さく成長が遅かった天王星や海王星は，木星・土星ほどはガスをとり込めなかった。

原始太陽系円盤

微惑星の衝突

微惑星の成長

原始惑星系円盤の観測

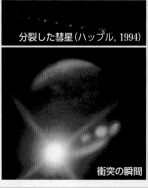

系外惑星

ALMA (ESO/NAOJ/NRAO) /Benisty et al.

原始太陽系円盤と同様のもの（原始惑星系円盤）の存在が太陽系の外で確認されている。上は原始惑星系円盤と形成中の系外惑星。

Column 木星と彗星の衝突

分裂した彗星（ハッブル，1994）

衝突の瞬間

衝突の痕跡（ハッブル，1994）

天体の衝突は，現在でも起こることがある。たとえば，1994年7月，シューメーカー・レビー第9彗星が木星に衝突し，その痕跡が観測された。

B 太陽と太陽系の大きさ 実習

太陽と惑星

バランスボール

①太陽を直径50cmのバランスボールの大きさとしたとき，太陽系の天体の大きさはどの程度か。ほかの丸いものと比べて予想する。

②p.119，p.134のデータから実際に計算する。

例 太陽の直径：約1400000 km
水星の直径：約4900 km
求める水星の直径をx cmとすると，
$$1400000 : 4900 = 50 : x$$
$$x ≒ 0.18 \quad 0.18\,\text{cm（約2mm）}$$

太陽系の広がり

①直径50cmの太陽が自宅や学校にあるとしたとき，太陽系の天体がどれくらい離れた場所を公転しているか。p.119，p.134のデータから実際に計算する。

②①で求めた値をもとに，地図上に円を描く。

プチ雑学　恒星のまわりの原始惑星系円盤や系外惑星を直接撮影する場合，そのままでは恒星が明るすぎて，暗い円盤や惑星をうまく撮影できない。そこで，撮影では恒星の光をさえぎる装置が用いられる。

●太陽系 solar system　●原始太陽系円盤 protosolar disk
Keywords ▶
●地球型惑星 terrestrial planet　●木星型惑星 Jovian planet　●微惑星 planetesimal
●原始惑星 protoplanet　●系外惑星 extrasolar planet

NHK for School
太陽系の誕生(CG)
121

基礎 2 地球型惑星と木星型惑星　太陽系の惑星は，地球型惑星と木星型惑星に分けられる。

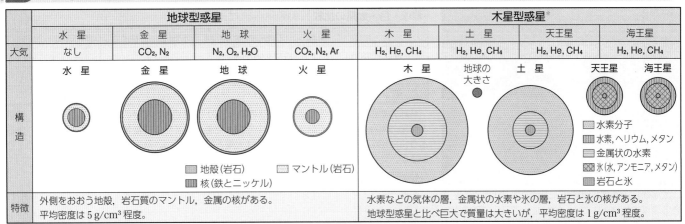

	地球型惑星				木星型惑星*			
	水　星	金　星	地　球	火　星	木　星	土　星	天王星	海王星
大気	なし	CO_2, N_2	N_2, O_2, H_2O	CO_2, N_2, Ar	H_2, He, CH_4	H_2, He, CH_4	H_2, He, CH_4	H_2, He, CH_4

構造（欄）:
- □ 地殻（岩石）　▨ マントル（岩石）
- ▥ 核（鉄とニッケル）

木星型惑星の凡例:
- □ 水素分子
- ▥ 水素, ヘリウム, メタン
- □ 金属状の水素
- ▨ 氷（水, アンモニア, メタン）
- ▥ 岩石と氷

特徴	外側をおおう地殻，岩石質のマントル，金属の核がある。平均密度は 5 g/cm³ 程度。	水素などの気体の層，金属状の水素や氷の層，岩石と氷の核がある。地球型惑星と比べ巨大で質量は大きいが，平均密度は 1 g/cm³ 程度。

　惑星はその特徴や性質から地球型惑星と木星型惑星に分けられる。これは太陽系形成時に惑星のもととなった塵の組成による。たとえば，H_2O は太陽に近い領域では気体になるが，スノーラインとよばれる線より遠い領域では氷として塵の大部分を占めた。これが現在の木星型惑星を形成している。

*木星と土星を巨大ガス惑星，天王星と海王星を巨大氷惑星と分けることもある。

基礎 3 原始地球の形成　地球表面がマグマにおおわれ，マグマに含まれる鉄が沈んだため，内部の層構造ができた（▶ p.188）。

「生命はRNAから始まった」による

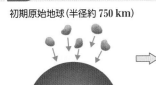

初期原始地球（半径約 750 km）

直径 10 km 程度の無数の微惑星が数十 km/s の速さで衝突・合体して成長し，初期の原始地球ができる。

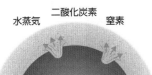

水蒸気　二酸化炭素　窒素

衝突で微惑星内部のガスが放出され（衝突脱ガス），原始大気*になる。
*ジャイアントインパクト後のマグマオーシャンから放出されたガスが大気になったという説もある。

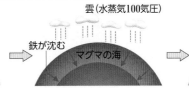

雲（水蒸気100気圧）
鉄が沈む　マグマの海

衝突のエネルギーと大気による保温効果で岩石がとけ，地表はマグマにおおわれる（マグマオーシャン）。密度の大きな鉄やニッケルは沈んで核になる。

原始地球
海　地殻
マントル　核

マグマにおおわれた表面は冷えて地殻になり，水蒸気は海になり，現在のような層構造ができる。大気中の二酸化炭素は海に溶け，温室効果（▶ p.81）が弱まり，気温は低下した。

基礎 4 系外惑星　太陽以外の恒星にも惑星が見つかっている。

名称	質量（木星＝1）	軌道長半径（天文単位）	離心率	周期（日）
GJ581b	0.05	0.041	0.022	5.4
Kepler-22b	0.113	0.849	0.0	289.9
ペガスス座51番星b	0.47	0.052	0.0069	4.2
HD209458b	0.69	0.047	0.0082	3.5
WASP-19b	1.14	0.017	0.0046	0.79
HD189733b	1.14	0.031	0.0041	2.2
HD20782b	1.9	1.381	0.97	591.9
TRAPPIST-1e	0.002	0.028		6.1

「The Extrasolar Planets Encyclopaedia」による

　太陽系以外にある惑星を**系外惑星**という。2020年6月までに4000個以上の惑星が見つかっている。間接的な方法による検出が中心であるが，観測技術の進歩により最近では直接観測も可能になってきた。
　木星のような巨大惑星で中心の星のすぐ近くをまわり公転周期の短いホットジュピターや，公転軌道の離心率が大きなエキセントリックプラネットなど，太陽系の惑星とはようすの大きく異なるものも見つかっている。

参考　系外惑星と太陽系

　太陽系の惑星と大きく異なる系外惑星の研究を背景に，太陽系の形成過程について，ニースモデルやグランドタックモデルという，新たな説が提案されている。これらの説では，形成された惑星が互いの重力の影響でその軌道を大きく変え，今の太陽系になったとする。

A 系外惑星の検出法

ドップラーシフト法

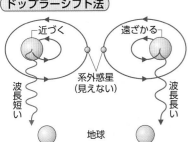

近づく　遠ざかる
系外惑星（見えない）
波長短い　波長長い
地球

　惑星の重力による中心の星の動きの変化（正確には共通重心の周りでの動き▶ p.146）を，中心の星からの光のドップラー効果を利用して検出する。この方法により惑星の質量の下限値が推測できる。

トランジット法

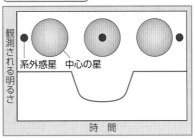

観測される明るさ
系外惑星　中心の星
時　間

　惑星が中心の星の前を横切ることによる明るさの変化を検出する。この方法により惑星の大きさが推測できる。ドップラーシフト法で推測される質量との組み合わせで密度が推測できる。
　さらに，中心の星からの光のスペクトルの変化から，惑星の大気組成を推測できる。

プチ推学　初めて発見された系外惑星は，1995年にスイスのチームが発表したペガスス座51番星bといわれている。このチームが発見第1号になった理由の1つとして，ホットジュピターの公転周期の短さ（数日程度）が挙げられる。他の研究チームでも同様の観測データはあったが，これほど短い公転周期は想定されていなかったため，見落とされていた。

2太陽系

基礎 1 地球と月

地球の衛星である月には，多くの探査機が送られている。月は人類が到達した唯一の地球外の天体でもある。

JAXA/NHK 提供

月面から見た地球（かぐや，2008）

太陽からの適度な距離が，水が液体の状態で存在できる環境を地球上につくり出した。こうして形成された広大な海にやがて生物が誕生した。大量の液体の水と生物が存在する天体は太陽系で地球だけである。

地球・月・太陽の比較
＊地球を1として比較。　「理科年表」による

	半径	質量＊	平均密度	重力加速度＊	自転周期	明るさ	地球との距離	視半径
地 球	6378 km	1	5.52 g/cm³	1	1日	—	—	—
月	1737 km	0.0123	3.34 g/cm³	0.17	27.32日	−12.6等級	38万km	0.259°
太 陽	696000 km	332946	1.41 g/cm³	28.01	25.38日	−26.75等級	1.5億km	0.267°

地球の衛星である月の半径は，地球の約4分の1（質量は約80分の1）である。これは，惑星と衛星の半径の比としては太陽系の中で最大である。また，日食（● p.123）の写真からわかるように，月の見かけの大きさ（視半径）は太陽とほぼ等しい。月の半径は太陽の約400分の1であるが，地球−月間の距離も地球−太陽間の距離の約400分の1であるためである。

地球と月との距離

地球　　　　　　　　　　　　　　　　　月

直径約12800 km　　距離約380000 km　　直径約3500 km

月は，地球の直径の約30倍の距離にある。この距離は少しずつ広がっている（● p.152）。

2 月の表面

月の表面で，明るい領域は高地，暗い領域は海とよばれ，構成する岩石にも違いがある。

A 表面のようす

（表側）

プラトー
虹の入江
雨の海
アルキメデス
アペニン山脈
エラトステネス
コペルニクス
ケプラー

寒さの海
アリストテレス
アトラス
ヘルクレス

晴れの海
危難の海
静かの海
豊かの海

雲の海
湿りの海

神酒の海

ティコ

（写真の上が北，右が東）

月の表面には，明るくて**クレーター**の多い**高地**（または**陸**）とよばれる部分と暗くてクレーターの少ない**海**とよばれる部分がある。

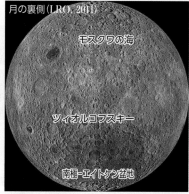

月の裏側（LRO, 2011）

モスクワの海

ツィオルコフスキー

南極−エイトケン盆地

月は公転周期と自転周期が一致するため，地球には常にほぼ同じ面が向いている。地球側の面を表側（near side），反対側を裏側（far side）とよぶ。裏側にはほとんど海の部分がない。

参考 月探査の歴史

打ち上げ	探査機	成果など
1959年	ルナ1号（旧ソ）	月から6000 kmのところを通過。
	ルナ2号（旧ソ）	月面に衝突。
1966年	ルナ9号（旧ソ）	月面軟着陸。
1969年	アポロ11号（米）	人類初の月面着陸。
1994年	クレメンタイン（米）	広範囲の地形・地質を調査。水の存在を示唆。
2003年	スマート1（欧州）	イオンエンジンにより月へ到達。
2007年	かぐや（日）	重力分布，地形や鉱物の調査。
	嫦娥1号（中）	鉱物の調査。
2008年	チャンドラヤーン1（印）	鉱物の調査。
2009年	LRO（米）	高解像度画像の撮影。水の存在の確認。

近年，月での長期滞在へ向けた調査が行われている。

B 高地と海

ダイダロスクレーター付近

雨の海

大気も液体の水もなく侵食作用のない月では，多くのクレーターがそのままの形で残る。その最大のものは直径が1300 kmにもおよび，直径60 kmほどの微惑星が衝突してできたとされている。「雨の海」や「晴れの海」などは大規模な衝突でできたクレーターが玄武岩質溶岩に埋められてできたものと思われる。

月の岩石の化学組成の例
＊おもに斜長石からなる岩石。

酸化物	高地の岩石 斜長岩＊	海の岩石 玄武岩
SiO_2	44.5 %	45.5 %
TiO_2	0.35	4.1
Al_2O_3	31.0	13.9
FeO	3.46	17.8
MnO	——	0.26
MgO	3.38	5.95
CaO	17.3	12.0
Na_2O	0.12	0.63
K_2O	——	0.21
P_2O_5	——	0.15
Cr_2O_3	0.04	——
合 計	100.15	100.50

Taylor(1975)による

高地の石

海の石

高地の岩石はCaに富む斜長石を多く含むので，Al_2O_3やCaOが多い。そのため地球からは高地は白っぽく見える。

海の岩石は輝石とチタン鉄鉱を多く含むので，FeOやTiO_2が多い。そのため地球からは海は黒っぽく見える。

プチ雑学　月の表面は，厚さ数cmから数十mのレゴリスとよばれる粒子の層におおわれている。塵などの衝突で月の表面の物質が砕けてできたもので，月面探査の際，機械の不具合や宇宙服に付着したレゴリスの吸入による健康被害の発生が報告されている。

Keywords ○ ●地球 earth ●月 moon ●クレーター crater ●ジャイアント・インパクト説 giant impact hypothesis
●日食 solar eclipse ●月食 lunar eclipse

国立天文台
暦計算室

123

基礎 3 月の起源と構造　月の起源を説明する説として，現在，ジャイアント・インパクト説が有力である。

A 月の起源

火星サイズの天体｜マントル｜核｜双方から放出されたマントルや核の混合物｜破砕物質が集積して誕生した月｜原始地球

　月がどのようにして地球の衛星になったかについての代表的な仮説としては「**ジャイアント・インパクト説**」がある。これによれば，原始地球の形成末期(約45.5億年前)に，火星程度の大きさの天体が地球に衝突し，地球と衝突天体の双方から物質が放出され，その破砕物質が急速に集積して，1か月ほどで月が誕生したと考えられる。
※衝突は複数回あったとする説もある。

B 月の内部

国立天文台(2015)による

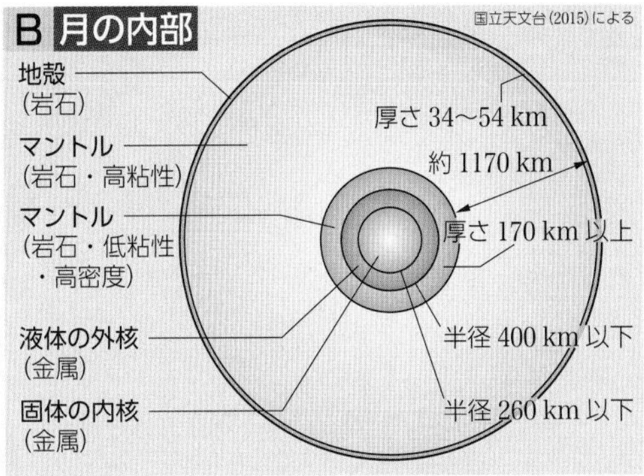

地殻(岩石)｜厚さ 34～54 km
マントル(岩石・高粘性)｜約 1170 km
マントル(岩石・低粘性・高密度)｜厚さ 170 km 以上
液体の外核(金属)｜半径 400 km 以下
固体の内核(金属)｜半径 260 km 以下

　アポロ計画により月に置かれた地震計や月の変形の観測データから，上のような内部構造が推定されている。液体の外核の存在は，誕生時に月全体が融解した状態であったことを示すともいわれている。

4 日食・月食　太陽・地球・月の位置関係により，日食や月食が起こる。

A 日食

ダイヤモンドリング

トルコ, 1999
月表面のくぼみから光がもれ，指輪に見える。

金環食

北マリアナ諸島, 2002
月で太陽がかくれきらないときもある。

撮影：福島英雄・坂井眞人

B 月食

（右上の月食連続写真）

2 太陽系

C 日食・月食のしくみ

日食のしくみ
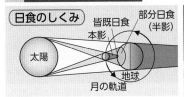
太陽｜皆既日食 本影｜部分日食(半影)｜地球｜月の軌道

　日食は，月が太陽をかくす現象。月は地球上へ影を落とす。

月食のしくみ
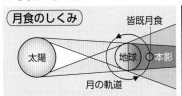
太陽｜皆既月食 本影｜地球｜月の軌道

　月食は，地球が月に影を落とし，月が欠けて見える(暗くなる)現象。

地球に落ちた月の影

太陽をかくす月

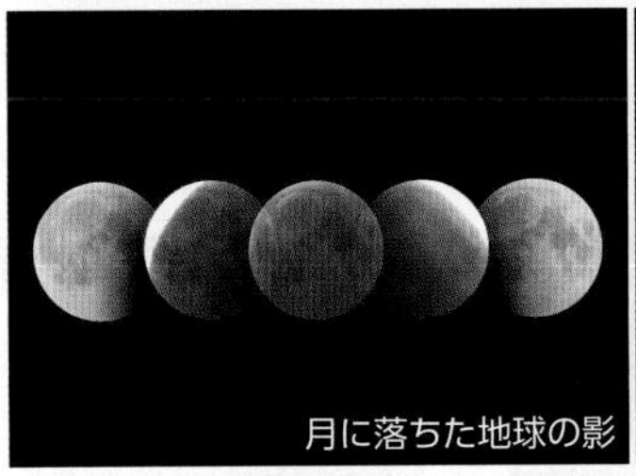

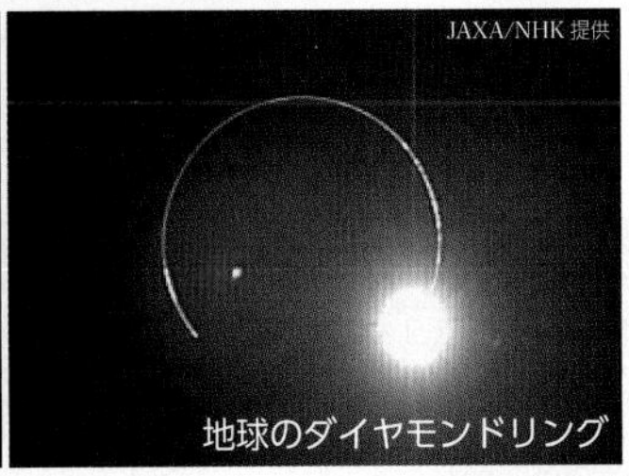

撮影：福島英雄・宮地晃平・片山真人

　右側の写真では，地球からの照り返しにより，太陽をかくす月の表面の模様が見える。写真で，月のまわりに白く広がっているのはコロナ(○p.134)という太陽の大気。

月に落ちた地球の影｜地球のダイヤモンドリング

JAXA/NHK 提供

　月食のとき，月から見た太陽は右側の写真のように地球にかくされる。地球をとり巻く大気は光を屈折するため，地球の周りにリング状の光が見られる。この光には，散乱されにくい波長の長い赤い光が多いので，皆既月食では赤い月が観察される。

月周回衛星「かぐや」のハイビジョンカメラで撮影

日食・月食が起こる条件

太陽の光｜地球の公転面｜月｜月の軌道面｜地球｜約5°

　月の軌道面は地球の公転面から約5°傾いている。満月や新月でも太陽・地球・月が一直線に並ばないと，皆既食は起こらない。

日本で見られる日食

日	種類	日	種類
2030/ 6/ 1	金環食	2035/ 9/ 2	皆既食
2031/ 5/21	部分食	2041/10/25	金環食
2032/11/ 3	部分食	2042/ 4/20	皆既食

種類は日本で最も欠けて見える観測点が基準。

日本で見られる月食

日	種類	日	種類
2025/ 3/14	部分食	2028/ 7/ 7	部分食
2025/ 9/ 8	皆既食	2029/ 1/ 1	皆既食
2026/ 3/ 3	皆既食	2029/12/21	皆既食

月が暗くなるだけの半影月食は省略。

プチ雑学　月の極地には，クレーターがつくる影によって，太陽光の当たらない場所がある。ここには水が氷として存在する可能性が指摘されていた。2009年，カベウスクレーターにロケットを衝突させたところ，舞い上がった塵の分析から水の存在が確認された。

地球型惑星とよばれる水星，金星，火星には地球と共通した特徴がある。その1つに表面が岩石でおおわれていることがある。このため，これらの惑星の表面には多様な地形が存在する。

基礎 1 水　星　水星は昼夜の激しい温度差と，表面上の多数のクレーターが特徴的である。

水星の表面（メッセンジャー，2011）

クレーター（マリナー10号，1974）

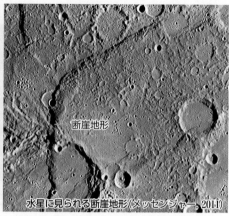

断崖地形

水星に見られる断崖地形（メッセンジャー，2011）

太陽から28°以上離れない（◯ p.156）ので，水星を観察できる機会は少ない。大気がなく，昼の温度は430℃以上，夜は－170℃にも達する。表面は多数のクレーターにおおわれ，数百kmにわたる断崖地形も散在している。断崖地形は，水星の冷却による収縮もしくは太陽の潮汐力でできた表面のしわと考えられている。

基礎 2 金　星　金星の大気の主成分は二酸化炭素であり，その温室効果で表面の温度は460℃にも達する。

金星の表面（マゼランによるレーダー画像）

中央から右に広がる明るい部分がアフロディテ大陸

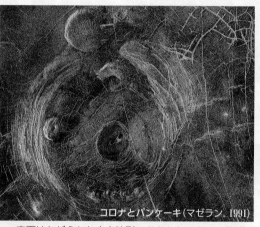

コロナとパンケーキ（マゼラン，1991）

紫外線で見た雲
（パイオニア・ビーナス号，1979）

地表で90気圧にも達する大気が存在する。その主成分が二酸化炭素であるため，温室効果で地表の温度が460℃にも達し，水は存在しない。

表面はなだらかな火山地形でおおわれており，海溝などのプレートテクトニクスの証拠は見つかっていない。直径60〜2000 kmほどの同心円状の山脈からなるコロナや，パンケーキとよばれるドーム状構造など，マグマが地面を押し上げたと思われる地形が見つかっている。濃密な大気のため小さなクレーターは少ない。

高度60 km付近の硫酸粒子からなる厚い雲による反射で，金星は非常に明るく見え，明けの明星・宵の明星として親しまれている。この雲のため地表のようすは光学望遠鏡では見ることができず，レーダーで調べられている。

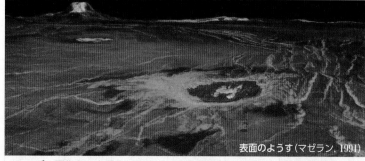

表面のようす（マゼラン，1991）

レーダー画像を3次元化したもの。金星表面の60％は平原，24％は高地，16％は山脈・火山であり，平原のほとんどは溶岩流におおわれている。

Column　昼間に見える金星

青空に浮かぶ昼間の金星

昼間は空の明るさにまぎれ，ほとんどの星は見られない。しかし，最大光度のときの金星は例外で，明けの明星のときは太陽の約40°西，宵の明星のときは太陽の約40°東を見ると，昼間でも肉眼で見られる。ただし，その際は太陽を直接見ないように注意する。

プチ雑学　金星の大気には，4日間で金星を1周する，高速の流れがある。100 m/sまで達するこの流れは「スーパーローテーション」とよばれる。2020年，金星探査機「あかつき」の観測によって，熱潮汐波が金星の大気の流れを加速させていることがわかった。熱潮汐波は，大気が昼間に熱せられ，夜に冷却されることで生じる。

2 太陽系

基礎 ③ 火 星　火星表面には，巨大な峡谷や火山，過去に液体の水が存在したことを示唆する地形が見られる。

A 表面のようす

火星の表面（バイキング1号, 1980）

NASA/JPL-Caltech/MSSS/Kevin M.Gill

火星の光景（マーズ・サイエンス・ラボラトリー, 2022）

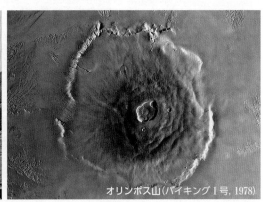

オリンポス山（バイキング1号, 1978）

火星は，地球に近い自転周期・自転軸の傾きをもつ（○p.119）。かつては液体の水が存在したといわれ，生命存在の可能性も議論されている。

火星の土壌は地球と比べて鉄を多く含み，その表面は，大気中の塵や地表の岩石に含まれる酸化鉄のため赤みがかっている。水平な縞模様は，形成された地層だと考えられている。

オリンポス山は太陽系最大の火山で，その大きさは，高さ25 km，すそ野の直径600 kmにもおよぶ。頂上には直径60 km×80 kmのカルデラ状の火口がある。火星にはほかにも多様な火山地形が発見されている。

B 火星の水

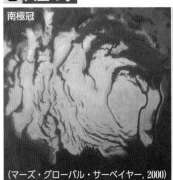

南極冠

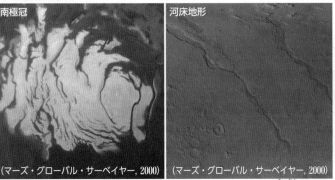

河床地形

（マーズ・グローバル・サーベイヤー, 2000）　（マーズ・グローバル・サーベイヤー, 2000）

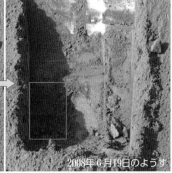

2008年6月15日のようす　2008年6月19日のようす

火星の平均気温は約−60℃と低いため，水は液体ではなく，極冠や凍土として存在する。また，河川や洪水の跡のような地形や海水のにがりのような物質（硫酸塩鉱物）が見つかっていることから，かつては温暖で液体の水があったと考えられている。

火星探査機フェニックスが堀ったあとに観察された白いかたまりが，4日後には消えていた。観測地点の気温から固体の二酸化炭素（ドライアイス）とは考えられず，固体の水（氷）が存在したと考えられている。このように地下にはまだ氷が存在するといわれている。

C 火星の大気

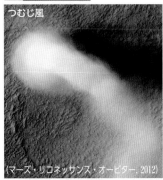

つむじ風

火星の日没

（マーズ・リコネッサンス・オービター, 2012）　（マーズ・パスファインダー, 1997）

火星は二酸化炭素を主成分とする大気をもち，つむじ風や砂嵐，雲が発生することがある。ただし，火星の大気は非常に薄く，大気圧は地球の0.6%しかない。

地球では青い光は大気で散乱されて赤い光が遠くに届くため，夕焼けは赤い。火星では大気中の塵で赤い光が散乱されて青い光が届くため，青い夕焼けが見られる。

D 火星の衛星

フォボス

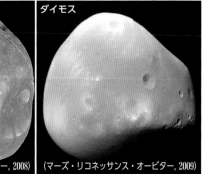

ダイモス

（マーズ・リコネッサンス・オービター, 2008）　（マーズ・リコネッサンス・オービター, 2009）

火星には，フォボスとダイモスという2つの衛星が見つかっている。大きさは，フォボスが約13 km×11 km×9 km，ダイモスが約8 km×6 km×5 kmとどちらも非常に小さく，不規則な形をしている。この2つの衛星は，もともとは小惑星だったものが火星の重力にとらえられたものと考えられている。

プチ雑学　火星は英語でMarsというが，これはギリシャ神話の軍神アレスのことである。さそり座の1等星アンタレスは，赤い星であり，その名前には火星に対抗するもの（アンチ・アレス）という意味がある。

木星型惑星とよばれる木星，土星，天王星，海王星には，表面が気体でおおわれ，多数の衛星と環をもつという共通の特徴がある。

基礎 1 木 星

木星は太陽系最大の惑星であり，表面には大気の流れによってできた縞模様が見られる。巨大ガス惑星。

北極

北赤道縞帯
赤道帯
南赤道縞帯

大赤斑

南極　（ボイジャー2号, 1979）

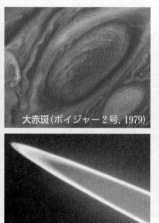

大赤斑（ボイジャー2号, 1979）

木星の環（ボイジャー2号, 1979）

A 木星の衛星　ガリレオ衛星

1000 km

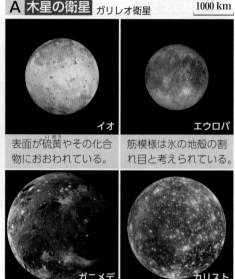

イオ
表面が硫黄やその化合物におおわれている。

エウロパ
筋模様は氷の地殻の割れ目と考えられている。

ガニメデ
半径約2600 kmの太陽系最大の衛星。

カリスト
表面はクレーターでおおわれている。

太陽系最大の惑星で，半径は地球の約11倍，質量は地球の約320倍。自転周期は約10時間で，この速い自転による遠心力で赤道方向にふくらんでいる。水素とヘリウムが主成分の，太陽の組成に似た厚い大気の層をもち，平均密度は 1.3 g/cm³ と小さい。速い自転と大気の流れのため表面には縞模様が見られる。縞模様の色は，雲の粒の大きさや雲の厚さ，含まれる元素の違いによるといわれる。また，**大赤斑**とよばれる地球の2倍以上の大きさの渦や**環**(リング)もある。

基礎 2 土 星

土星は惑星の中で最も平均密度が小さく，本体の2倍以上の半径の巨大な環をもつ。巨大ガス惑星。

（ボイジャー2号, 1981）

A 土星の環

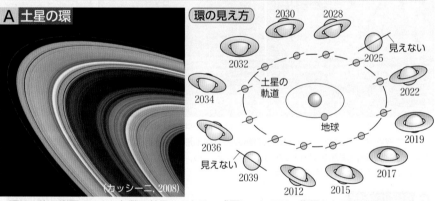

（カッシーニ, 2008）

環の見え方

2030　2028

2032　　見えない 2025

2034　土星の軌道　　2022

2036　　地球　　2019

見えない　　　　2017

2039　2012　2015

質量は地球の約95倍もあるが，おもに水素やヘリウムからなるため，平均密度は 0.7 g/cm³ で水より小さい。表面に帯状の縞模様が見られ，約11時間で自転している。大きな環が特徴。

環は，氷や岩石でできた無数の粒子からなる。成因については，衛星となるまで成長できなかったとする説，衛星や彗星が潮汐力(▶ p.165)で砕けてできたとする説などがあるが，まだわかっていない。土星の環は，はっきりしたものだけでも中心から半径約14万kmにまで広がっているが，厚みは数百mしかなく，真横から見ると見えなくなる。

B 土星の衛星　左上の白線は 100 km を表す。

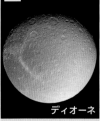

赤外光で撮影

ミマス
中央のクレーターはミマスの直径の3分の1にもなる。

エンケラドゥス
氷におおわれた天体。筋模様は断層と考えられている。

ディオーネ
表面全体がクレーターでおおわれている氷衛星。

タイタン
土星最大の衛星。窒素が主成分の厚い大気(1.5気圧)をもつ。

タイタンの表面

タイタンには，探査機ホイヘンスが着陸し，氷でできた大地に河川状の地形が発見されている。液体のメタンが流れた跡と推定され，タイタンでは，地球の水のように，メタンの循環が起こっていると考えられている。

（ホイヘンス, 2005年）

プチ雑学　木星の4つの大きな衛星イオ・エウロパ・ガニメデ・カリストは，ガリレオ・ガリレイによって発見された(1610年)ため，ガリレオ衛星とよばれる。ガリレオは，土星も観察していたが，環については衛星として認識していた。その後，1655年，ホイヘンスにより環として認識された。

基礎 ③ 天王星　天王星は自転軸が公転面に対してほぼ平行であるという特徴をもつ。巨大氷惑星。

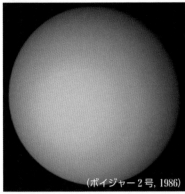

(ボイジャー2号, 1986)

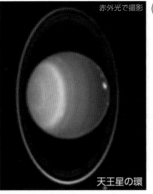

赤外光で撮影

天王星の環

自転軸の傾き

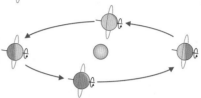

98° 自転が反時計回りに見える側を北極とすると、自転軸は公転面に垂直な線から98°傾いている。

天王星は，自転軸が公転面に対してほぼ平行（横倒し）の状態で公転している。これは，かつて原始惑星（○ p.120）が衝突したためといわれるが，詳しくはわかっていない。

A 天王星の衛星

ミランダ

氷と岩石からなると考えられる27個の衛星が確認されている。大きな衛星が5個あり，その1つミランダには深い溝が見られる。

岩石を含む氷の大きな核と，水素を主成分とする大気をもつ。大気はヘリウムや少量のメタンも含み，上層にはメタンの氷の雲がある。メタンに赤色の光が吸収されて，青緑色に見える。13本の環をもつ。

基礎 ④ 海王星　海王星は天王星に似ているが，活発な大気の活動が見られる。巨大氷惑星。

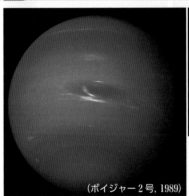

(ボイジャー2号, 1989)

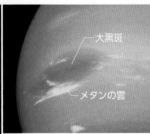

大黒斑

メタンの雲

環が5本見つかっている。

大きさ，内部構造，組成とも天王星に似ている。表面温度も内側をまわる天王星に近く，内部に熱源があるといわれる。この熱が原因と思われる活発な大気の活動により，表面に縞模様や大黒斑とよばれる渦が見られる。また，表面にはメタンの氷の白い雲も見られる。

A 海王星の衛星

噴煙

トリトン

海王星最大の衛星。黒い噴煙が観測され，火山活動があるといわれる。

○ p.163

参考　惑星探査機の成果

地震計

インサイトが設置した地震計

NASAは2018年，火星の地震や熱流量から内部構造を調査する目的で，火星探査機インサイトを打ち上げた。火星においても地震は発生する。2022年5月，マグニチュード5と推定される地震が発生した。地震波観測（○ p.14）により，火星の核は液状であることが明らかになった。一方で，熱流量調査のために地下掘削を試みていたが，土砂が予想外に固まりやすいことがわかり，断念した。

NASAは2011年，木星の起源を調査する目的で，木星探査機ジュノーを打ち上げた。木星には強力な磁場があり，ハッブル宇宙望遠鏡（○ p.161）などの観測から，オーロラが発生することが知られていた。ジュノーは木星の極の上空から，オーロラの全体像を観測することに成功した。また，木星の磁場が永年変化（○ p.11）していることも明らかにした。永年変化は，風によって引き起こされていると考えられている。

Bonfond/ULiege/SwRI/NASA

木星のオーロラ（ジュノー，2020）

Column　惑星の観察

木星

木星とその衛星

木星の4つの大きな衛星（ガリレオ衛星）は，双眼鏡や口径10 cm以下の比較的小さな望遠鏡でも見られ，位置の変化を観察することができる。発見したガリレオが使っていた望遠鏡も，口径5 cm程度かそれ以下のものであった。

ほかに，金星の満ち欠けや土星の環，天王星（6等級）も，比較的小さな望遠鏡で見ることができる。

プチ科学　1977年3月10日，天王星が9等星の星の前を通る星食という現象があった。このとき，天王星が通る前後で星のまたたきが観測された。このまたたきは，天王星の環が星の光をさえぎったためと考えられた。天王星の環の発見である。

基礎 1 小惑星　小惑星は，おもに火星と木星の軌道の間に分布する小天体である。

A 小惑星の軌道

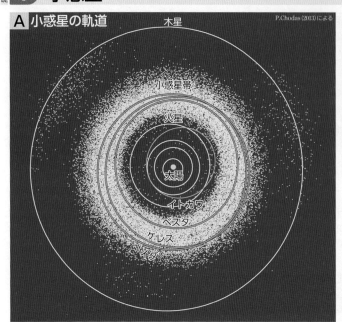

P.Chodas (2013)による

木星　小惑星帯　火星　太陽　イトカワ　ベスタ　ケレス　イダ

小惑星の大部分は火星と木星の軌道の間に分布する。数十万個みつかっているが，ほとんどは大きさが数 km 以下のいびつな形の天体である。
惑星の大きさまで合体・成長できなかったものや成長途中で衝突・破壊されたものが小惑星になったと考えられている（● p.120）。

直径 939 km

ケレス（ドーン，2015）

最大の小惑星。球形で，準惑星でもある。水の氷が検出されている。セレスとも表記される。

長いところで 573 km

ベスタ（ドーン，2012）

明るいため，暗い空なら肉眼で見られる可能性がある。鉄とニッケルからなる核をもつといわれている。

長いところで 59.8 km　ダクティル

イダ（ガリレオ，1993）

衛星をもつ小惑星もみつかっている。写真はイダとその衛星ダクティル。

長いところで 1.0 km　JAXA，東大など

リュウグウ（はやぶさ 2，2018）

小惑星探査機はやぶさ 2 がサンプル採取を行った小惑星。

小惑星の分布

ローウェル天文台のデータによる

木星との公転周期の比

1/3　2/5　3/7　1/2　木星

4000

2000

小惑星の数

2.0　2.5　3.0　3.5　4.0　4.5　5.0

ベスタ　ケレス　パラス　ヒルダ群　トロヤ群

軌道長半径（天文単位）

公転周期が木星の公転周期の1/3，2/5，3/7，1/2になる軌道付近は，木星の重力の影響で追い出されやすく，小惑星がほとんど存在しない。

B おもな小惑星

「理科年表」，NASAなどによる

	小惑星	直径 (km)	質量 (10^{20} kg)	軌道長半径 (天文単位)	離心率	軌道傾斜角 (°)	衝における平均等級
	1　ケレス	939	8.7	2.77	0.078	10.6	6.8
	2　パラス	582×556×500	3.18	2.77	0.230	34.8	7.7
	3　ジュノー	282×249×220	0.2	2.67	0.257	13.0	8.4
	4　ベスタ	573×557×446	3	2.36	0.089	7.1	5.5
トロヤ群	588　アキレス	135	−	5.21	0.147	10.3	15.0
	624　ヘクター	225	−	5.25	0.024	18.2	8.4
	911　アガメムノン	170	−	5.27	0.067	21.8	−
アポロ群	433　エロス	38×15×14	$6.69×10^{-5}$	1.46	0.223	10.8	9.5
	1566　イカルス	1.4	$1×10^{-8}$	1.08	0.827	22.8	11.5
	25143　イトカワ	0.54×0.29×0.21	$3.51×10^{-10}$	1.32	0.280	1.6	17.4
	162173　リュウグウ	1.0×1.0×0.9	−	1.19	0.190	5.9	16.1

軌道の特徴によって，トロヤ群，アポロ群などに分類される。

Column　はやぶさ 2

「はやぶさ 2」1 回目のタッチダウン

イラスト：池下章裕

JAXA提供

5 mm

リュウグウのサンプル

小惑星には太陽系初期のようすがとどめられており，小惑星の研究が太陽系の理解につながると考えられている。

日本の小惑星探査機はやぶさは，小惑星イトカワで採取した微粒子を地球に持ち帰ることに成功した（2010年）。

そして，2014年に打ち上げられた探査機はやぶさ 2 は，小惑星リュウグウで 2 度のサンプル採取を行い，サンプルが入ったカプセルは2020年に回収された。岡山大などがリュウグウのサンプルを解析したところ，生命の起源の手がかりとなるアミノ酸や，多くの有機物が検出された。

プチ雑学　「イトカワ」という小惑星の名称は，日本の宇宙開発の父 糸川英夫に由来する。糸川英夫は，1955年にペンシル・ロケットの実験を行い，その後も，カッパロケット，ラムダロケットなどの開発に関わり，日本の宇宙開発の扉を開いた。

基礎 2 太陽系外縁天体

冥王星のように，海王星の外側をまわる主に氷でできた天体を，太陽系外縁天体という。

太陽系外縁天体の軌道

P.Chodas (2016) による

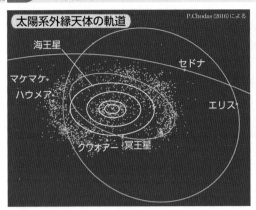

海王星の外側をまわる天体を**太陽系外縁天体**という。特に，質量が大きく準惑星に分類される冥王星やエリスは，冥王星型天体ともよばれる（● p.118）。

太陽系外縁天体は，成長が遅くてまわりからガスや塵がなくなり，惑星まで成長できなかった微惑星の生き残りと考えられている。

冥王星

（ニューホライズンズ，2015）

冥王星とその衛星

1930年に発見。かつては惑星に分類されていた。活動を停止して凍りついた天体と考えられていたが，探査機が到達し，今も活動が続いていることがわかったほか，大気も確認された。

基礎 3 彗星

彗星は，本体である氷の核とそれをとり巻くコマ，太陽と反対方向へ伸びる尾からなる。

A 彗星の構造

ヘールボップ彗星（1997）

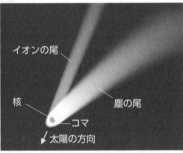

太陽に近づくと熱でガスや塵を放出する小天体。**コマ**と**尾**に分けられ，コマの中心には数km〜数十kmの大きさの核がある。イオンの尾は太陽風により太陽と反対方向へまっすぐ伸びる。塵の尾は広い幅をもち，ゆるやかな弧を描いて伸びる。

尾が伸びる向き

彗星の核

ハートレイ第2彗星（EPOXI）

核は塵の混ざった氷の塊で，汚れた雪玉にたとえられる。小惑星とのちがいは，観測時のガスや塵の放出の有無であり，明確ではない。

B おもな周期彗星

NASA による

周期彗星	周期 （年）	軌道長半径 （天文単位）	離心率	軌道傾斜 （°）
エンケ	3.30	2.21	0.847	11.8
テンペル第1	5.51	3.12	0.519	10.5
ポンス・ウインネッケ	6.34	3.43	0.637	22.3
ヴィルド第2	6.39	3.44	0.540	3.2
ジャコビニ・チンナー	6.52	3.52	0.706	31.8
テンペル・タットル	32.92	10.33	0.906	162.5
キロン	50.7	13.7	0.383	7
ハレー	76.1	17.94	0.967	162.2
ヘールボップ	2500	182	0.995	89.2
百武	〜40000	〜1165	0.9998	124.9

公転周期が200年以下の彗星を短周期彗星，200年以上のものを長周期彗星という。

軌道の形は，離心率（● p.157）の大きなゆがんだ楕円のものが多い。さらに，放物線や双曲線の軌道で，1度太陽に接近するだけで，あとは太陽系の外へ向かうものもある。

軌道の傾きは，短周期彗星は軌道傾斜が小さく惑星に近いものが多いが，長周期彗星はばらばらである。これは起源のちがいを反映している可能性がある。

周期彗星の軌道

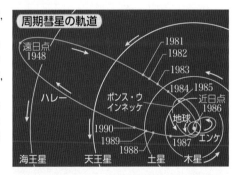

C 彗星の起源

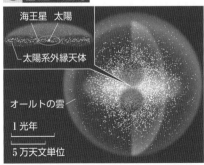

短周期彗星は，太陽系外縁天体が起源と考えられている。

長周期彗星は，太陽から数万天文単位の距離に小天体が球殻状に分布する**オールトの雲**が起源と推測されている。

人との関わり　ベツレヘムの星

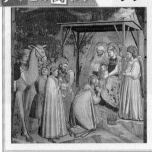

新約聖書には，ベツレヘムでキリストが生まれたとき，星（ベツレヘムの星）が現れたと書かれている。

中世のフィレンツェの画家ジョットは，スクロヴェーニ礼拝堂のフレスコ画で，ベツレヘムの星を彗星として描いた（左の絵上部の赤い星）。これは，ジョットが1301年に出現したハレー彗星を見た影響といわれている。

プチ雑学　ハレー彗星は，エドモンド・ハレーの研究により，周期彗星であることが初めて明らかになった彗星であり，周期彗星番号1番である。1986年に太陽へ接近したときには，多くの探査機により調べられた。次回，太陽に接近するのは，2061年である。

2 太陽系

太陽系の空間には塵があり，これらが大気に突入するときに発光すると，流星として観察される。大きな塵で燃え尽きずに地表に落下したものが隕石である。

1 流星 流星は，太陽系内にある塵が高速で地球の大気に突入し，発光したものである。

太陽系の空間には，小さな塵があり，それらは地球に降り注いでいる。

流星は，おもに数cm程度以下の大きさの塵が高速（10 km/s～70 km/s 程度）で大気に衝突したとき，塵が蒸発してできたプラズマが光ったものである。

流星になれないほど小さな塵や流星の燃えかすは宇宙塵とよばれる。

火球

大きな物質が落下すると，火球という極めて明るい流星になる。落下したものが隕石として発見されることもある。

流星痕

流星が流れたあと，数秒程度（長いものだと数十分），流星痕という煙のようなものが残ることがある。

A 流星群

ペルセウス座流星群

観測者から見た流星の経路（放射状に見える）
天頂
放射点
流星の発光高度（約120 km）
流星の消滅高度（約80 km）
観測者
実際の流星の経路（平行に落下）

特定の時期に流星が増えるのが**流星群**である。流星群では，空の一点（放射点）を中心に放射状に流星が見える。流星群には，この点の近くの星座や星の名前がつけられる。

流星群の源

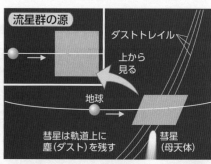

ダストトレイル
上から見る
地球
彗星は軌道上に塵（ダスト）を残す
彗星（母天体）

彗星や小惑星などは母天体とよばれ，軌道上にダストトレイルという塵の分布を残す。ここを地球が通過すると，塵が大気中に次々と突入するため，流星群が見られる。

B おもな流星群

※しし座と10月りゅう座は毎年ではなく周期的に観測される。「理科年表」「天文年鑑」などによる

流星群名（略符）	出現期間	放射点 赤経	放射点 赤緯	性状	母天体名	流星群名（略符）	出現期間	放射点 赤経	放射点 赤緯	性状	母天体名
しぶんぎ座（QUA）	1月02− 05	229°	+49°	中～速		10月りゅう座（DRA）	10月08− 09	263°	+56°	緩～中	ジャコビニ・チンナー
4月こと座（LYR）	4月20− 23	272	+31	中～速	サッチャー1861 I	オリオン座（ORI）	10月18− 23	095	+16	速，痕	ハレー
みずがめ座 η（ETA）	5月03− 10	336	−01	速，痕	ハレー	おうし座南（STA）	10月23−11月20	050	+13	緩	エンケ
やぎ座 α（CAP）	7月25−8月10	307	−08	緩		おうし座北（NTA）	10月23−11月20	054	+21	緩	エンケ
みずがめ座 δ 南（SDA）	7月27−8月01	339	−17	中		しし座（LEO）	11月14− 19	153	+22	速，痕	テンペル・タットル
ペルセウス座（PER）	8月07− 15	048	+57	速，痕	スイフト・タットル	ふたご座（GEM）	12月11− 16	113	+33	中	フェートン？
はくちょう座 κ（KCG）	8月10− 31	290	+54	緩		こぐま座（URS）	12月21− 23	217	+76	緩	タットル

C 黄道光

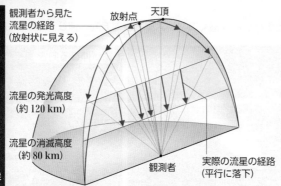

黄道光

黄道面（地球の公転軌道面）付近には，多くの塵がある。太陽光がこの塵に散乱されて見られる光の帯を黄道光といい，春の夕方の西の空や秋の早朝の東の空に見えることがある。

Column 隕石の衝突

ロシアの隕石落下

2013年 2月15日，ロシアのチェリャビンスク州に直径約18 m，質量約11000 t（大気圏突入時）と推定される隕石（小天体）が落下した。この隕石の衝突で1500人以上が負傷した。

隕石の衝突は，恐竜絶滅の原因になったといわれる（● p.193）など，大きな被害をもたらす可能性がある。対策として，小惑星を観測し，地球に接近・衝突するものがないか調べられている（スペースガード）。

今のところ，近い将来，衝突が予想される小惑星はみつかっていない。仮に衝突が予想されるときの対策として，NASAは2022年，探査機ダート（DART）を直径 160 m の小惑星ディモルフォスに衝突させる実験を行い，軌道が変化したことを確認した。

プチ雑学 周期彗星のような母天体の軌道は少しずつ変化し，それぞれ別々の細いダストトレイルをつくる。母天体が地球の軌道付近を通過しはじめる初期の頃が，母天体の通過に合わせて流星群の大出現が起こるが，惑星の重力の影響などでダストトレイルが広がり，ほかの軌道と区別がつかなくなると，毎年観測される流星群になる。

基礎 2 隕 石　地球に落下する隕石の多くは，小惑星のかけらである。

A 隕石の分類

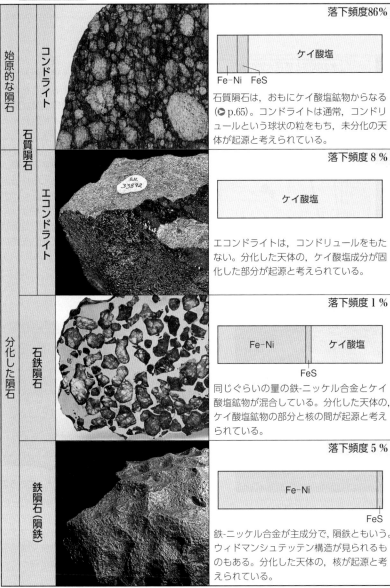

落下頻度86%

| | ケイ酸塩 |
Fe-Ni　FeS

石質隕石は，おもにケイ酸塩鉱物からなる（○ p.65）。コンドライトは通常，コンドリュールという球状の粒をもち，未分化の天体が起源と考えられている。

落下頻度8 %

| | ケイ酸塩 |

エコンドライトは，コンドリュールをもたない。分化した天体の，ケイ酸塩成分が固化した部分が起源と考えられている。

落下頻度1 %

| Fe-Ni | ケイ酸塩 |
FeS

同じぐらいの量の鉄-ニッケル合金とケイ酸塩鉱物が混合している。分化した天体の，ケイ酸塩鉱物の部分と核の間が起源と考えられている。

落下頻度5 %

| Fe-Ni | |
FeS

鉄-ニッケル合金が主成分で，隕鉄ともいう。ウィドマンシュテッテン構造が見られるものもある。分化した天体の，核が起源と考えられている。

（左表）
始原的な隕石 — 石質隕石 — コンドライト
　　　　　　　　　　　　エコンドライト
分化した隕石 — 石鉄隕石
　　　　　　　鉄隕石（隕鉄）

宇宙から地球へ落下した岩石を隕石という。多くは小惑星のかけらであるが，月や火星のかけらもある。隕石から太陽系の初期のようすがわかると考えられている。

隕石の母天体

未分化の天体　　　　　　　分化した天体

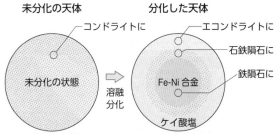

　　　　　　コンドライトに　　　　　　　エコンドライトに
　　　　　　　　　　　　　　　　　　　　石鉄隕石に
　　　　　　　　　　　　　　　　　　　　鉄隕石に
未分化の状態　⇒　Fe-Ni 合金
　　　　　　溶融　　　　　　ケイ酸塩
　　　　　　分化

天体が大きくなると，放射性同位体の崩壊等による熱で，天体の溶融が起こり，重い鉄成分は内部，軽いケイ酸塩成分は表層へと分化する。起源となった天体の分化の有無，分化後のどの部分のかけらかが，隕石の違いの原因と考えられる。

小惑星どうしの衝突

小惑星どうしの衝突で，飛び散った塵が尾のように伸びるようす。このようにして生じたかけらが地球に飛び込み，隕石になると考えられる。

B 隕石の構造

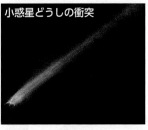

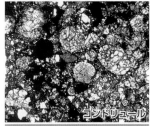
コンドリュール

コンドライトに見られる球状の粒をコンドリュールという。直径1 mm 弱で主成分はかんらん石などのケイ酸塩鉱物。通常は地球の岩石では見られない構造である。

ウィドマンシュテッテン構造

ニッケルの多い鉄隕石は，断面を磨いて硝酸で腐食させると，三角形〜平行四辺形からなる条線（幅約0.1〜2.5 mm）の独特の模様（ウィドマンシュテッテン構造）が現れる。

C クレーター

メテオクレーター
（バリンジャー隕石孔）

　隕石や小天体の衝突でできる写真のような地形を，**クレーター**という。地球上では現在200個弱がみつかっている。
　写真は，1891年にアメリカのアリゾナ州で発見された直径約1.26 kmのクレーター。

参考 南極隕石

　これまでに発見された隕石の約7割は南極で発見されたものである。南極では，落下した隕石が氷河に運ばれて特定の場所に集まりやすい上に，氷上の隕石は目立ち，発見されやすいためである。

プチ科学　隕石には水が含まれるものがある。これらの隕石の落下が地球の水の起源であるとする説がある。

クローズアップ 地学

水の惑星・地球

「水の惑星」といわれる地球。表面をうすく広くおおう海が，おだやかで安定した環境をつくり出し，維持してきた。そんな「水の惑星」の特徴を見てみよう。

太陽系内の水

ハビタブルゾーンの分布

さまざまな見積もりがある。これは一例。

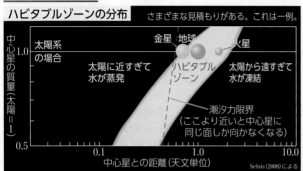

Selsis (2008) による

生命の存在が可能な領域をハビタブルゾーンとよぶが，液体の水が存在できる領域を指すことが多い。ハビタブルゾーンは中心星の放射の強さ（質量による）と中心星からの距離で決まる。

「地球はなぜ「水の惑星」なのか」による

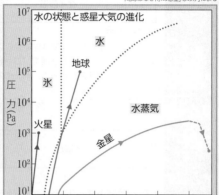

水の状態と惑星大気の進化

惑星初期として，表面に大気はなく，表面温度が太陽放射と宇宙空間への放射で決まる場合を考える。金星では，初期の温度が高く，水は水蒸気となる。水が蒸発すると温室効果（● p.81）が強まり，さらに炭酸塩も蒸発して，金星には主に炭酸ガスからなる高温で厚い大気が形成されたと考えられる。火星では，初期の温度が低く，水は氷として存在する。水がほとんど蒸発しないため，火星の温室効果は弱く，低温の大気が形成されたと考えられる。

水の由来

炭素質コンドライト

ベスタ

太陽からの熱の影響を受け，地球ができたとき（● p.120），その周辺は岩石と金属だけで水はほとんど存在していなかった可能性がある。そこで，太陽から離れ，氷が存在できる領域にあった小天体が衝突して，地球に水をもたらしたという説がある。たとえば，炭素質コンドライトとよばれる隕石（● p.131）の質量の約10%は水である。また，小惑星ベスタには，水をふくむ鉱物があるといわれている。

水がつくる大陸

花こう岩

沈み込み帯では，マントルが水の作用でとけて玄武岩質マグマになる（● p.51）。このマグマの熱が下部地殻を融解させ，花こう岩質マグマをつくる。相対的に軽い花こう岩マグマは地下の浅いところまで貫入し，大陸地殻になった。

水の特異性

流氷

水は次のような特異な性質をもつ。
- つくりの似たほかの分子と比べ，沸点・融点が高い。
- 比熱が大きい（温まりにくく冷めにくい）。
- 蒸発熱が大きいため，なかなか蒸発せず，液体のまま存在しやすい。
- 液体（水）よりも固体（氷）の方が密度が小さい。
  よって，氷が水面に浮かんで，水と低温の大気との接触を防ぐため，海全体の凍結が妨げられる。

水がもつこれらの性質が，地球の温度変化を抑える。
さらに，水は次の性質ももつ。
- いろいろな物質を溶かす。
  生物の体内では，水に溶けた状態で，物質の交換や化学反応が行われる。

水分子の水素結合

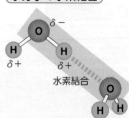

水素結合

水分子は，形が直線状ではないために極性をもち，水素結合する。これが水の特異な性質をもたらす。

海流のはたらき

海水は海流として移動し，赤道側から極側へと大量の熱を運ぶ。そのため，大西洋を北上する海流により，ヨーロッパの気候は温暖に保たれる。

蒸発で塩分の濃度が高くなった海水は，寒冷な大気に冷やされ，密度が大きくなって深層へと沈み込む。そして，約2000年かけて循環する。この海洋大循環（● p.101）によって深海底に酸素が供給され，深海は低温に保たれる。

冬のハンメルフェスト（ノルウェー）

大西洋を北上する海流の影響で，ハンメルフェストの港は，北緯70.7°という高緯度にも関わらず，冬でも海がこおらない不凍港である。

水の循環

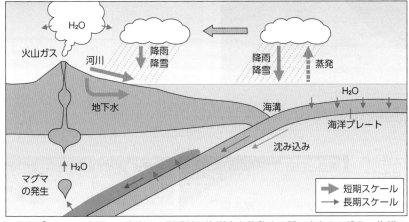

→ 短期スケール
→ 長期スケール

海洋プレートの岩石は，海嶺での形成時や海洋底を移動する間に水をとり込み，海溝で地球内部へと沈み込む。周囲の熱により，沈み込んだプレートはとり込んでいた水を放出する。この水によって，マントルをつくるかんらん岩の融点が下がり，マグマが発生する（● p.51）。水はマグマに溶け，噴火によって火山ガス（● p.54）として大気に戻る。

海と陸の共存

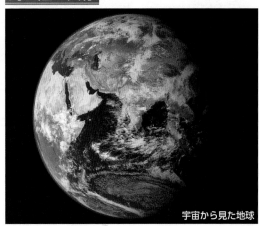

宇宙から見た地球

海水が今より20%多ければ，陸地の大半は水没する。陸地がなければ，岩石の風化を通じた炭素循環も海へのミネラル供給も，今の地球のようには起こらない。海とともに陸地が存在することは，地球の大きな特徴である。

海は永遠か

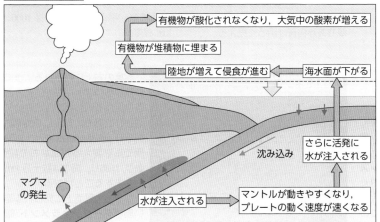

有機物が酸化されなくなり，大気中の酸素が増える

有機物が堆積物に埋まる

陸地が増えて侵食が進む ← 海水面が下がる

さらに活発に水が注入される

水が注入される → マントルが動きやすくなり，プレートの動く速度が速くなる

古い時代の地球内部は高温で，沈み込む海洋プレート内の水はすぐに放出され，マントルまで入ることができなかった。冷えてきた約7億5000万年前，プレートがマントルに水をもたらすようになり，図のような変化が起こったとする説がある。

干からびた海（イメージ）

将来，次のような経緯で海がなくなるとする説がある。
● 太陽が光度を増し，15億年後には1.1倍になると予想される。すると，地球での水の蒸発がさかんになり，その水は成層圏で紫外線により分解され，宇宙空間へと出て行く。
● 地球内部の温度が下がり，沈み込む海洋プレートからの水の放出が減ると，長期的な水の循環がなくなり，海水が減る。

太陽は高温の気体のかたまりである。その表面では，黒点やプロミネンスなどさまざまな活動を観察できる。

3太陽の活動

基礎 1 太陽のすがた
太陽は，地球の約109倍の半径をもつ高温の気体のかたまりである。

A 太陽の構造

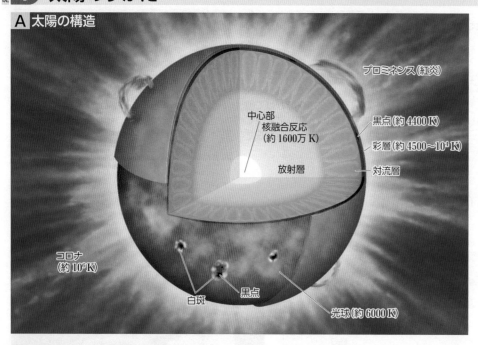

プロミネンス(紅炎)
黒点(約4400 K)
彩層(約4500～10⁴ K)
対流層
中心部
核融合反応
(約1600万 K)
放射層
コロナ
(約10⁶ K)
白斑
黒点
光球(約6000 K)

B 太陽の諸量

「理科年表」による

地球から見た視直径	31.99′
半　　　　径	6.960×10^5 km（地球の半径×109.1）
質　　　　量	1.9884×10^{30} kg（地球の質量×332946）
平 均 密 度	1.41 g/cm³
表面での重力加速度	2.74×10^2 m/s²（地球の重力加速度×28.01）
脱 出 速 度	617.5 km/s
自 転 周 期	25.38日（カリントン周期*）
赤道面の傾斜	7.25°
実 視 等 級	−26.75
有 効 温 度	5777 K
中 心 温 度	1.58×10^7 K
総 放 射 量	3.85×10^{26} W

太陽は高温の気体のかたまりで，放射する光や熱のエネルギーは，地球などの惑星に大きな影響を与えている。

*太陽面上の緯度±16°付近の自転周期に相当。

基礎 2 太陽表面のようす
太陽の表面には，黒点や粒状斑が見られる。外側にはコロナが広がっている。

A 光球

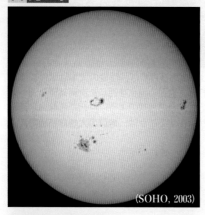

(SOHO, 2003)

可視光線で見る太陽の表面を光球という。望遠鏡で太陽を投影すると，中心部に比べ周縁部ほど暗くなる。これを周縁減光(周辺減光)という。光球には，黒いしみのような部分(黒点)や明るい斑点(白斑)がある。また，光球全体に粒状斑が見られる。

黒点と白斑

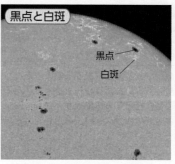

黒点
白斑

写真では，周囲より低温の領域である黒点は暗く，周囲より高温の領域である白斑は明るく見える。

粒状斑

国立天文台／JAXA提供

(ひので, 2006)

光球内部の対流によってできる微小な構造。平均的な大きさは1000 km程度。

B 彩層とコロナ

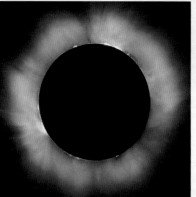

Luc Viatour提供

皆既日食(▶p.123)になると，光球の外側の大気の層が見やすくなる。
写真で，黒い月の周囲に見られるピンク色の薄い層が彩層，彩層から立ち上って見えるのがプロミネンス(紅炎)である。外側に白く広がるのは最も外側の大気の層でコロナという。コロナからは，電気を帯びた粒子の高速の流れ(太陽風▶p.137)が放出されている。

プロミネンス

(SOHO, 1999)

写真の右上に見られるように，彩層からコロナにかけて炎のように上がる気体がプロミネンス(紅炎)である。安定して長時間見られるもの(静穏型)と，短時間で形を変える短命なもの(活動型)があり，高さは数十万 kmにも達することがある。
なお，太陽面上に見られる暗い筋はダークフィラメント(暗条)とよばれるが，これはプロミネンスが影になったところである。

プチ雑学 周縁減光は，光球がガスの層であることを示している。周縁部からの光は，光球のガス層を斜めに(中央部からの光よりも長い距離を)通過するため，強く吸収を受ける。したがって，周縁部からの光は，比較的温度が低くて暗いガス層上層部からの光が主になる。

Keywords ▸ | ●光球 photosphere　●周縁減光 limb darkening　●黒点 sunspot　●白斑 faculae
●粒状斑 granulation　●彩層 chromosphere　●コロナ corona
●プロミネンス(紅炎) prominence

国立天文台
三鷹太陽地上観測

135

3 太陽の自転　太陽は自転しているが，その速度は緯度によって異なる。

A 黒点の移動

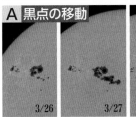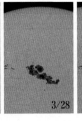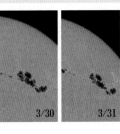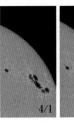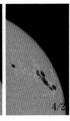

3/26　3/27　3/28　3/29　3/30　3/31　4/1　4/2

黒点の移動の観察から，太陽が自転していることがわかる。太陽の自転の向きは惑星の公転の向きと同じである。

太陽の自転周期　恒星に対する値

緯　度	自転周期(日)	緯　度	自転周期(日)
0°	25.1	±45°	27.3
±15°	25.4	±60°	28.4
±30°	26.2	±90°	29.5

太陽の自転周期は全体で一定ではなく(**差動回転**)，高緯度ほど長い。これは太陽が固体ではないことを示す。

なお，地球から見た自転周期は上の恒星に対する値より長い。地球から見た自転周期は，$26.90 + 5.2\sin^2\phi$（ϕは太陽面上の緯度）で表される。

差動回転と磁力線

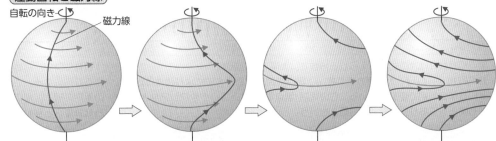

自転の向き　磁力線

太陽内部を南北方向に貫いている磁力線は，差動回転により東西方向に伸ばされ，太陽に巻きついて増幅される。この磁力線の束が浮き上がると，黒点ができると考えられている。

4 黒　点　黒点は周囲より温度の低い領域で，形成には磁場が関わっている。

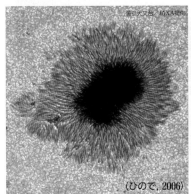

国立天文台，JAXA提供
(ひので, 2006)

黒点は，中央部の暗い部分(**暗部**)とその外側の薄暗い部分(**半暗部**)からなり，半暗部には線状の構造がある。中緯度から赤道面に多く現れる(● p.136)。

また，東西方向に並ぶ対として現れることも多い。

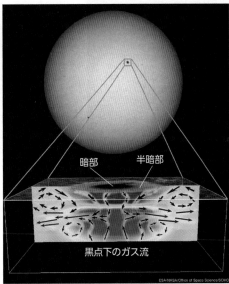

暗部　半暗部

黒点下のガス流

ESA/NASA/Office of Space Science/SOHO

黒点は，光球面に垂直に 0.2 T 程度(1 T＝10000 G)の強い磁場をもつ。光球内のガスはプラズマという状態にあり，プラズマには磁力線を横切る方向に動きにくいという性質がある。そのため，内部からの熱を運ぶ対流が妨げられ，低温の領域が発生すると考えられている。

黒点形成のモデル

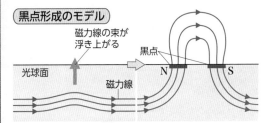

磁力線の束が浮き上がる
黒点
光球面　N　S
磁力線

光球内に磁力線の束があるとする。束内はガス以外に磁場による圧力もあり，束内のガスの圧力が小さくても束はつぶれない。しかし，これはガスの密度が小さい状態なので束は浮き上がる。すると，図のようにN極とS極が光球面に対で現れ，黒点が形成される。

基礎 5 太陽面の現象　太陽面の現象には磁場が関係するものも多い。

層	名　称	寿命	温度(K)	その他の特徴	層	名　称	寿　命	温度(K)	その他の特徴
光球	粒状斑	10分	～6000		コロナ	プロミネンス	数分～数か月	～7000	磁場 0.0005～0.01 T 電子数密度 10^{11}個/cm³
	振動斑	5分(周期)	6000			コロナ・コンデンセーション	3週間	～2×10^6	電子数密度 10^9個/cm³
	超粒状斑	～20時間	6000	水平流速 0.4 km/s		コロナ流線	数か月	～10^6	電子数密度 10^8個/cm³
	黒　点	6日～2か月	4400	磁場 0.2 T		フレア(コロナ域)	数分～数時間	～2×10^7	電子数密度 10^{10}個/cm³
	白　斑	～18分	6000+数百度	磁場 0.1 T					
彩層	プラージュ(羊斑)	1～6か月	≧6000	平均磁場 0.005 T					
	スピキュール	1～8分	～7000	電子数密度 10^{11}個/cm³					
	フレア(彩層域)	数分～数時間	～10000	電子数密度 10^{13}個/cm³					

表中の数値は代表的な値であって，目安に過ぎない。
「理科年表」による

プチ雑学　JFA(日本サッカー協会)のシンボルマークには，三本足の烏が描かれているが，これは中国の古典にある三足烏という烏である。三足烏には太陽に住むという伝説がある。この伝説は，昔の人が太陽面上に黒点を見つけたことに由来するといわれている。

3 太陽の活動

太陽表面には，黒点やフレアなど活発な活動が見られる。太陽の活発な活動は，磁気あらしやオーロラなど地球に影響を与える。

1　太陽の活動の変化　黒点の観察から太陽活動が約11年周期で変動していることがわかる。

A 黒点相対数

実線はSILSOのデータによる

1755〜1766年の活動をサイクル1として，活動周期には番号がつけられている。

マウンダー極小期

黒点相対数 R は次の式で与えられる指数で，太陽活動を示す。

$$R = k(10g + f)$$

（f：太陽面の黒点数，g：黒点群数，k：観測方法により決まる定数）

R は約11年の周期で変動している。この周期（**黒点周期**）は，コロナやフレアなどの活動とも関係しており，太陽活動周期ともいう。

B 蝶形図　出現した黒点の緯度分布

NASAのデータによる

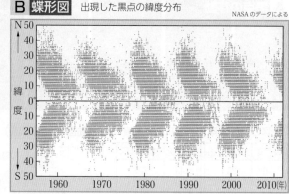

横軸に時間，縦軸に黒点の出現場所の緯度をとると，上のような図になる。この図をその形から蝶形図という。約11年の周期の間に，黒点の出現場所は，南北どちらとも中緯度から低緯度へと移動していく。

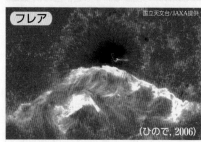

SOHOが撮影した太陽の11年間

人 との関わり　気候への影響

こおったテムズ川（1677年）

　マウンダー極小期（1645〜1715年）の頃は気温が低かったとされる。イギリスのテムズ川は，現代では凍結しないが，当時は毎年のように凍結しており，その様子が描かれている。また，寒冷な気候による農作物の不作は，社会不安につながった（17世紀の危機）。

　太陽活動の停滞により宇宙線（太陽系外からの高エネルギー粒子）が増え，宇宙線が雲の発生をうながし，気温を低下させるという説もあるが十分な証拠はなく，太陽活動と気候との関係はまだ明らかではない。

2　太陽の活発な活動　太陽表面ではフレアやコロナ質量放出など活発な活動が起こっている。

フレア

国立天文台/JAXA提供

（ひので，2006）

　おもに黒点付近で**フレア**とよばれる爆発が見られる。コロナ中で磁場のひずみが限界に達し，たまったエネルギーが放出される現象と考えられる。

コロナ質量放出

（SOHO，2007）

　大量のコロナガスが放出される現象。放出される量は 10^{12} kg，放出速度は $30 \sim 3000$ km/s。大きなフレアやプロミネンスの噴出にともなって起こることが多い。

コロナの変化

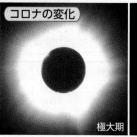

極大期　　　極小期

　コロナの形状も，太陽活動の周期にともなって変化する。黒点の多い極大期には，コロナは大きく丸く広がる。黒点の少ない極小期には，コロナは赤道方向にのびて楕円状に広がる。これは太陽の磁場構造の変化による。

プチ雑学 日本のX線天文衛星「あすか」は，1993年2月に打ち上げられて以来，さまざまな成果を挙げていた。しかし，2000年7月15日に発生した磁気あらしの影響で膨張した地球大気の抵抗により，姿勢をくずしたのをきっかけに，観測停止になった。

3 太陽の活動

3　太陽風　太陽から電気を帯びた粒子が放出されている。

A　太陽風と地球磁気圏

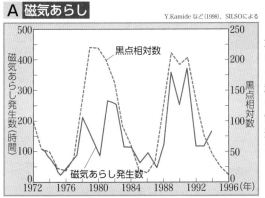

バンアレン帯の強さと高度

強さ (counts/s)

バンアレン帯

オーロラ帯

バンアレン内帯

バンアレン外帯

磁気圏境界面

境界領域

太陽風

プラズマ・シート

プラズマ圏

バンアレン帯

オーロラ帯

ニュートラル・シート磁気圏尾部

磁気赤道

太陽風のデータ

	10^8
粒子密度 (個/cm³)	10^8 $2 \sim 5$
温　度(K)	10^6 10^5
流　速(km/s)	(10) 500
プラズマ流フラックス (1/cm²・s)	10^{14} 2×10^8
エネルギー密度 (W/cm²)	10^{-5} 5×10^{-8}
磁場の強さ (G)	~ 1 $(2 \sim 5) \times 10^{-5}$

上段：太陽コロナ／下段：地球軌道

　コロナからは，電気を帯びた粒子（電子や陽子）が放出されている。この流れを**太陽風**という。

　地球周辺では，太陽風の粒子は地磁気に捕えられる。そして高度3500 km 付近と13000〜20000 km 付近にドーナツ型に寄せ集められて強い放射線帯をつくる。この帯を発見者の名にちなみ**バンアレン帯**という。

4　太陽活動の地球への影響　太陽活動により，磁気あらしやオーロラが発生する。

A　磁気あらし

Y.Kamide など(1998)，SILSOによる

（磁気あらし発生数（時間）／黒点相対数）

　太陽活動が活発になると，太陽風などを介して**磁気あらし**（◎p.11）が発生しやすくなり，短波通信の障害が起こる。また，フレアにともなう強いX線や紫外線も，電離層に影響を与え，短波通信に障害をもたらす（**デリンジャー現象**）。

人 との関わり　宇宙天気予報

　1989年 3月13日，カナダのケベック州で大規模な停電が起き，600万人に影響を与えた。これは，オーロラを流れる大きな電流の急激な変化で，地上の送電線や高圧線に，変圧器がこわれるほどの大きな誘導電流が流れたのが原因といわれている。なお，この日は北緯30°付近でもオーロラが見られたといわれている。

　ほかにも太陽活動は，通信への影響やGPS（◎ p. 6）の乱れ，人工衛星の誤作動にもつながるなど，生活に影響を与える。そこで，太陽活動についての情報を提供する宇宙天気予報が公表されている。

B　オーロラ

カナダ

陸別町（北海道, 2001.11.24）

NASA/Goddard Space Flight Center Scientific Visualization Studio

宇宙から見たオーロラ (2005.9.11)

　太陽風の粒子は加速され，高速で地球の大気中の分子や原子に衝突し，分子や原子を高エネルギーで不安定な状態にする。安定な状態にもどるときに，エネルギーを光として放出するため**オーロラ**が生じる。

プチ雑学　オーロラ上部の赤色の光は酸素原子が放つ。酸素原子が赤色の光を放つプロセスは時間がかかるため，ほかの原子・分子と衝突しにくい，大気の薄い高度でないと見られないのである。下部の緑色の光も酸素原子が放つが，このプロセスは短時間であるため，比較的大気の濃い高度でも見られる。

3 太陽の活動

太陽光線のスペクトルを調べると，太陽の大気には水素が多く含まれることがわかる。太陽本体も水素が質量の多くを占め，水素の核融合反応によって大きなエネルギーが発生している。

1　分　光　光は，波長の違いによって分解できる。

A　分光のしくみ

光の色の違いは光の波長の違いである。

光の屈折の程度（屈折率）は，波長（色）によって異なる。波長の異なる光が同じ方向から来たとしても，図のようにプリズムで分けられる。これを分光という。

波長の長い光（赤）
プリズム
波長の短い光（紫）

波長の短い光ほど大きく屈折

B　スペクトルの観察　実習

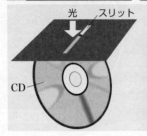

光　スリット
CD

白色蛍光灯のスペクトル

CD に光を反射させることで光を分けることもできる。これは，光の回折・干渉という現象を利用している。

2　太陽光線のスペクトル

スリット
プリズム

白色光とされる太陽光にはさまざまな波長の光が混ざっている。プリズムを通すと，波長によって分解され，赤から紫までの虹模様ができる。このように単色光に分解されることを光の分散，できた光の配列をスペクトルという。

色が連続的に変わるスペクトルを連続スペクトルという。

気体を入れた放電管から出る光のスペクトルは，その気体特有の波長の光が線状に強く現れる（輝線）。また，連続スペクトルをもつ光を気体中に通すと，輝線と同じ位置に吸収線（暗線）が現れる。輝線や吸収線のようなスペクトルを線スペクトルという。

紫　K H　H_δ　g　H_γ　　　　H_β　b4 b2 b1 E　　　D2 D1　赤
0.4 μm　　　　　　0.5 μm　　　　　0.6 μm

Column　虹のしくみ

太陽
紫 赤
副虹
赤
紫
主虹
太陽の方向
40°　54°
観測者

大気中に浮かぶ水滴がプリズムの役割を果たし，太陽光が分解されて目に届くのが虹である。太陽光が水滴内で1回反射したもの（主虹）と2回反射したもの（副虹）の2本が見られることもある。

A　太陽光のおもな吸収線

「理科年表」による

記号	波長（μm）	吸収元素	強　度[1]	記号	波長（μm）	吸収元素	強　度[1]
	0.381585	Fe	1272	d	0.438356	Fe	1008
L	0.382044	Fe	1712	H_β	0.486134	H	3680
	0.382589	Fe	1519	b4	0.516733	Mg[2]	935
	0.383231	Mg	1685	b2	0.517270	Mg	1259
	0.383830	Mg	1920	b1	0.518362	Mg	1584
	0.385992	Fe	1554	E	0.526955	Fe[2]	478
K	0.393368	Ca^+[2]	20253	D2	0.588997	Na[2]	752
H	0.396849	Ca^+[2]	15467	D1	0.589594	Na	564
	0.404583	Fe	1174	H_α	0.656281	H	4020
H_δ	0.410175	H[2]	3133		0.849806	Ca^+	1470
g	0.422674	Ca	1476		0.854214	Ca^+	3670
H_γ	0.434048	H	2855		0.866217	Ca^+	2600

＊1 強度は等積幅で，10^{-13} m の単位である。＊2 他の元素とも関係がある。

太陽光線の連続スペクトルの中には，数万本の吸収線（暗線）がある。この吸収線はフラウンホーファー線ともいわれ，おもな線には赤い方からA，B，C，…と記号がつけられている。吸収線ができるのは，内部から発せられた光が，一部の波長のものについて，外側の温度の低い層を通るときに吸収されるためである。この吸収線から，太陽の大気組成が推定できる。

B　吸収線

エネルギー準位と光

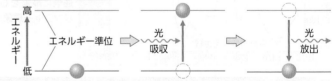

高　エネルギー準位
エネルギー　低
光吸収
光放出

原子の種類により特有のいくつかのエネルギー状態（エネルギー準位）がある。原子はエネルギー準位の差に応じた波長の光を吸収・放出する。

吸収線ができるしくみ

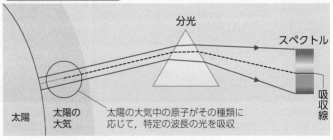

分光
スペクトル
吸収線
太陽
太陽の大気
太陽の大気中の原子がその種類に応じて，特定の波長の光を吸収

プチ雑学　ヘリウムは，地球上で発見される前に，コロナのスペクトルの観測から発見された。ヘリウムという名称はギリシャ語で太陽を意味する helios に由来する。

3 太陽の活動

Keywords ○

●スペクトル spectrum　●連続スペクトル continuum spectrum　●輝線 emission line
●吸収線(暗線) absorption line(dark line)　●線スペクトル line spectrum
●フラウンホーファー線 Fraunhofer line　●核融合 nuclear fusion

139

3 太陽の大気　太陽の大気の主成分は，水素である。

A 太陽の大気組成

元　素		割　合	元　素		割　合
水　　素	H	100,000,000	ニッケル	Ni	200
ヘリウム	He	8,510,000	ナトリウム	Na	178
酸　　素	O	66,100	クロム	Cr	70.8
炭　　素	C	33,100	塩　　素	Cl	39.8
窒　　素	N	9,120	リ　ン	P	33.1
ネ オ ン	Ne	8,320	マンガン	Mn	25.1
鉄	Fe	3,980	チ タ ン	Ti	13.5
ケ イ 素	Si	3,310	コバルト	Co	12.6
マグネシウム	Mg	2,630	カリウム	K	8.91
硫　　黄	S	1,580	フッ素	F	3.98
アルゴン	Ar	631	銅	Cu	3.16
アルミニウム	Al	245	バナジウム	V	2.51
カルシウム	Ca	200	亜　鉛	Zn	1.58

左の表は，太陽の大気中の水素原子1億個あたりの各原子の個数である。

太陽光線のスペクトルの吸収線を調べることによって太陽の大気組成を推定できる。その大部分は水銀より原子量の小さい軽い元素で，地球にも存在する。

B 太陽の大気の温度

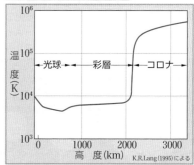

高度500km ぐらいまでは高度が上がると温度は下がるが，それ以上では温度が上がり，コロナでは100万Kにもなる。

基礎 **4** 太陽のエネルギー源　太陽のエネルギー源は，水素からヘリウムがつくられる核融合反応である。

核融合反応
ppチェイン*

＊pは陽子(proton)を意味する。

陽電子　電子の反物質。電子と反応し，電磁波を出して対消滅する。

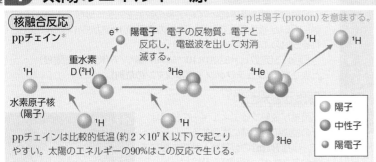

ppチェインは比較的低温(約 2×10^7 K以下)で起こりやすい。太陽のエネルギーの90%はこの反応で生じる。

●	陽子
●	中性子
●	陽電子

4個の水素の原子核が融合して1個のヘリウムの原子核をつくる($4^1H \longrightarrow {}^4He$)。このとき，$^1H$原子の相対質量は1.0078で，$^4He$原子の相対質量は4.0026であるから，$4 \times 1.0078 - 4.0026 = 0.0286$だけ質量の欠損が起こる。質量はエネルギーと等価であり，光速度を c (=3.00×10^8 m/s)とすると，質量 m [kg]は，mc^2 [J]のエネルギーに相当する(相対性理論)。

太陽で1kgの水素が完全にヘリウムに変換した場合，0.0071 kgだけ質量の欠損が起こり，これに相当するエネルギーが放出されることになる。その量は 6.4×10^{14} J である。

参考 CNOサイクル

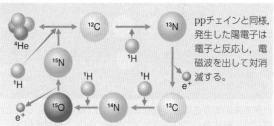

CNOの原子核は，サイクルを1周するともとに戻るため，化学反応の触媒のような役割を果たしているといえる。

ppチェインと同様，発生した陽電子は電子と反応し，電磁波を出して対消滅する。

起こりやすい核融合反応の過程は，温度によって異なる。質量が太陽と同程度もしくはそれ以下の主系列星(●p.142)の中心部では，おもにppチェインによる核融合反応が起こる。

一方，太陽より質量の大きな主系列星の中心部はより高温であり，おもにCNOサイクルによる核融合反応が起こる。

5 太陽の内部

柴田など(2011)による

エネルギーの伝わり方

中心核で発生したエネルギーが表面まで到達するのに数百万年かかるといわれている。

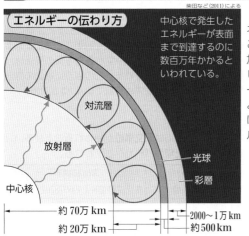

中心核の核融合反応で発生したエネルギーは電磁波として放出される。この電磁波は周囲のガスを加熱し，加熱されたガスは再び電磁波を放出し，このくり返しで外側へエネルギーが運ばれる。この領域は放射層とよばれる。放射層の外側の対流層ではガスの対流によって光球までエネルギーが運ばれる。

人 との関わり　地上に太陽を

比較的起こりやすいとされる，水素の同位体重水素 D (^{2}H)と三重水素 T (^{3}H)を用いた反応が研究されている。

核融合反応は，少量の燃料から大きなエネルギーを得られるため，将来のエネルギー源としての利用が考えられている。実現のため，核融合反応が起こる高温・高密度の状態を長時間維持する技術の研究が行われている。現在，工学技術の実証を目指して実験炉ITERの建設が国際協力により進められている。

プチ科学雑学　コロナが100万Kもの高温になる理由は，まだ明らかになっていない。コロナ加熱問題として現在研究が進められている。

恒星の明るさと色

恒星から届く光(電磁波)を通して、距離、大きさ、表面温度、大気の元素組成といったさまざまな情報を得ることができる。

基礎 1 恒星の見かけの明るさ 星の明るさは等級という尺度で表され、等級が小さいほど明るい星を示す。

星の明るさは**等級**で表される。地球から見たときの等級を**見かけの等級**という。1等星は6等星(肉眼で見える最も暗い星)の100倍の明るさであり、1等級の差に対する光の強さの比(光比) n は

$n^5 = 100$ より、 $n = 10^{\frac{2}{5}} = 2.5118\cdots\cdots \fallingdotseq 2.512$

となる。1等星よりさらに明るい星は0等星、-1等星……となる。

明るさの差を面積で表す

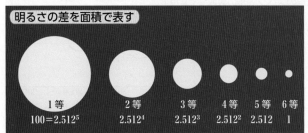

| 1 等 | 2 等 | 3 等 | 4 等 | 5 等 | 6 等 |
| $100 = 2.512^5$ | 2.512^4 | 2.512^3 | 2.512^2 | 2.512 | 1 |

明るさと距離との関係

光の強さは距離の2乗に反比例する。そのため距離が10倍になると、明るさは $1/10^2$ 倍。等級の差 m は、光比 $n = 2.512$ として、 $2.512^m = 10^2$ より、 $m \fallingdotseq 5$

つまり、5等級暗くなる。

恒星の数

明るさ(等級)	星 数	星数累計	明るさ(等級)	星 数	星数累計
-0.5等以上	2	2	6.5～ 8.5	59000	68000
-0.5～0.5	7	9	8.5～10.5	470000	540000
0.5～1.5	12	21	10.5～12.5	3200000	3700000
1.5～2.5	67	88	12.5～14.5	19000000	23000000
2.5～4.5	900	990	14.5～16.5	100000000	120000000
4.5～6.5	7600	8600	16.5～18.5	420000000	540000000

2 絶対等級

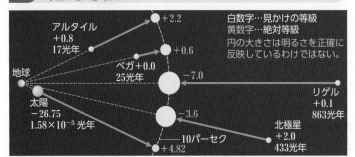

白数字…見かけの等級
黄数字…絶対等級
円の大きさは明るさを正確に反映しているわけではない。

アルタイル +0.8 17光年 +2.2
ベガ +0.0 25光年 +0.6
地球 -7.0
太陽 -26.75 1.58×10⁻⁵光年
リゲル +0.1 863光年
-3.6
北極星 +2.0 433光年
10パーセク +4.82

恒星本来の明るさは、距離を10パーセク(32.6光年)としたときの明るさに換算して比較する。これを見かけの等級に対して**絶対等級**という。見かけの等級が m 等級で、距離が d 光年の恒星の絶対等級を M 等級とすると、

距離の違いによる明るさの比 $= \left(\dfrac{32.6}{d}\right)^2$

$10^{\frac{2}{5}(M-m)} = \left(\dfrac{32.6}{d}\right)^2$ よって、 $M - m = 5\log_{10}\dfrac{32.6}{d}$

また、年周視差を p とすると、 $M = m + 5 + 5\log_{10}p$

3 明るさと諸量

明るさと表面温度

恒星の放射は黒体(すべての波長の放射を完全に吸収する物体)の放射に近いと考えられている。黒体の表面の $1\,m^2$ から1秒間に放出される放射のエネルギー $E\,[W/m^2]$ は、

$E = \sigma T^4$ (定数 $\sigma = 5.670 \times 10^{-8}\,W/m^2\cdot K^4$, $T\,[K]$:表面温度)

と表される(**シュテファン・ボルツマンの法則**)。

明るさと大きさ

恒星が放射するエネルギーの総量は、その恒星の表面積に比例する。したがって、半径 $R\,[m]$ の恒星が1秒間に放射する全エネルギー(光度) $L\,[W]$ は、

$L = 4\pi R^2 \cdot E = 4\pi R^2 \cdot \sigma T^4$

光度 L と表面温度 T から、半径 R が求められる。

例 半径が太陽の約690倍のベテルギウスは絶対等級 -5.5と非常に明るい。

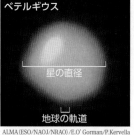

ベテルギウス
星の直径
地球の軌道

ALMA (ESO/NAOJ/NRAO)/E.O' Gorman/P.Kervella

4 恒星の距離 年周視差や分光視差を求めることにより、恒星までの距離を知ることができる。

年周視差

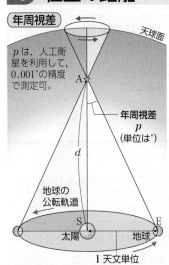

p は、人工衛星を利用して、 $0.001''$ の精度で測定可。

天球面
A
年周視差 p (単位は ")
d
地球の公転軌道
S 太陽
E 地球
1 天文単位

年周視差(○p.155)は非常に小さく、

$AS \fallingdotseq AE$

$SE \fallingdotseq \overset{\frown}{SE}$ (Aを中心とした円弧)

と近似できる。したがって、恒星Aまでの距離 d を半径とし、中心角 p をもつ円弧の長さは、**1天文単位**に等しい。つまり、

$d = \dfrac{360 \times 60 \times 60}{2\pi p}$ (天文単位)

$= \dfrac{3.262}{p}$ (光年)

恒星の距離は年周視差に反比例する。年周視差 $1''$ の恒星までの距離を**1パーセク**といい、年周視差 p の恒星の距離 d は、

$d = \dfrac{1}{p}$ (パーセク) $= \dfrac{3.262}{p}$ (光年)

分光視差

遠方にあり年周視差が小さくて測定できない恒星は、スペクトル観察から**HR図**(○p.142)を用いて絶対等級を推定し、 $M = m + 5 + 5\log_{10}p$ の式から p (**分光視差**という)を求めて距離を出す。距離の測定には、他に変光星(○p.147)や超新星(○p.113)を利用する方法がある。なお、上の方法で使われるHR図のスペクトル型と絶対等級の関係は、年周視差による距離の測定データから導かれる。このように複数の方法の積み重ねで、より遠方の天体の距離が求められていく(○p.113)。

距離を表す単位

惑星など太陽系内の天体の距離には**天文単位**が使われることが多い。恒星など太陽系以外の天体には**光年**や**パーセク**が使われる。

単 位	基 準	km に換算
天文単位(au)	地球・太陽間の距離	1 天文単位 $= 1.495978707 \times 10^8$ km
光 年(ly)	光が1年間に進む距離	1 光 年 $= 9.46073047 \times 10^{12}$ km
パーセク(pc)	年周視差が $1''$ である距離	1 パーセク $= 3.0856776 \times 10^{13}$ km

プチ雑学 距離を表すパーセク(parsec)という語は、定義に関わる2つの語、視差を意味する英語 parallax と秒(角度の単位 ")を意味する英語 second を合わせてできた。

4 恒星の性質と進化

●等級 magnitude　●見かけの等級 apparent magnitude　●絶対等級 absolute magnitude
Keywords ●シュテファン・ボルツマンの法則 Stefan-Boltzmann law　●年周視差 annual parallax
●分光視差 spectroscopic parallax　●ウィーンの変位則 Wien's displacement law　●スペクトル spectrum

141

5 恒星の色　恒星の表面温度が高いほど，恒星から放射される最大エネルギーをもつ光の波長は短くなる。

オリオン座

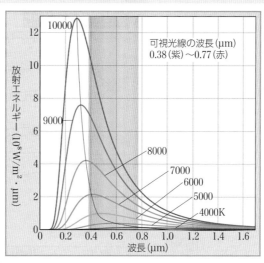

可視光線の波長 (μm)
0.38 (紫) ～0.77 (赤)

放射エネルギー (10⁸ W/m²·μm)

波長 (μm)

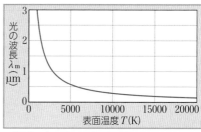

光の波長 λ_m (μm)

表面温度 T (K)

恒星の光の色は，温度が高くなるにつれて赤，黄，白，青へと変わる。最大のエネルギーをもつ波長を λ_m [m]，恒星の表面温度を T [K] とすると，

$$\lambda_m \cdot T = b \ (b = 2.898 \times 10^{-3} \text{m·K})$$

（ウィーンの変位則）

これより，恒星からくる光の最大エネルギーを示す波長から，恒星の表面温度がわかる。

6 恒星のスペクトルとその型　スペクトルは輝線と吸収線の特徴によっていくつかの型に分類される。

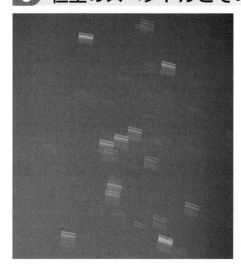

　恒星の光を分光器で分散させると，赤，橙，黄，緑，青，あい，紫の順に配列した色の帯ができる（● p.138）。これを**スペクトル**といい，どの色が最も強く輝くかは，その恒星の表面温度で決まる。また，恒星の大気の成分，性質，圧力などによって，スペクトル中に暗い**吸収線**（暗線：フラウンホーファー線）が現れる。恒星のスペクトルは，輝線や吸収線の特徴から，下のように分類される。各スペクトル型は，さらに10段階に細分され，O5，B2，A0などと表される。太陽のスペクトル型は G2 である。

恒星のスペクトル型と色・表面温度

※R型とN型を合わせてC型とすることも多い。

スペクトル型

O ─── B ─── A ─── F ─── G ─── K ─── M ─── L ─── T
　　　　　　　　　　　　　　　　　　R ─── N
　　　　　　　　　　　　　　　　　　S

表面温度 (K)

| 45000 (O5) | 29000 (B0) | 9600 (A0) | 7200 (F0) | 6000 (G0) | 5300 (K0) | ～3000 (R, N, S) | ～1700 (L) | ～1100 (T) |

色

| 青白色 | 白色 | 淡黄色 | 黄色 | 橙色 | 赤色 |

20000 15000　10000　7000　　5000　4000　3000　(K)

7 スペクトル型とその特徴　スペクトルから恒星の表面温度や大気の元素組成が読み取れる。

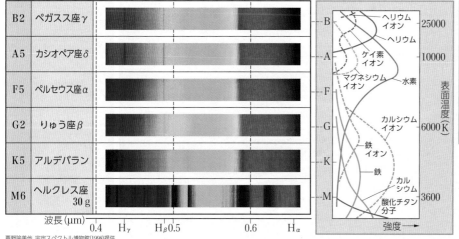

B2	ペガスス座γ
A5	カシオペア座δ
F5	ペルセウス座α
G2	りゅう座β
K5	アルデバラン
M6	ヘルクレス座 30 g

波長 (μm)　0.4　H_γ　H_β 0.5　0.6　H_α

ヘリウムイオン／ヘリウム／ケイ素イオン／マグネシウムイオン／水素／カルシウムイオン／鉄イオン／鉄／カルシウム／酸化チタン分子

B 25000　A 10000　F／G 6000　K／M 3600　表面温度 (K)

強度 →

O	ヘリウムイオンなどの吸収線がある
B	水素と中性ヘリウムの吸収線がある
A	水素の吸収線が強い
F	金属の吸収線がしだいに強くなる
G	カルシウムイオンなど金属の吸収線がある
K	金属の吸収線が強く，分子の吸収線も現れる
M	金属や酸化チタンなどの分子の吸収線がある

　恒星のスペクトル型が系統的に並ぶのは，光球やそれを包む大気中の温度の相違による。温度の上昇とともにガス中の分子が原子に分離し，次いで電子も分離してイオンと電子になり，それらがスペクトルに現れる。スペクトル線から表面温度や表面付近の物質の量・状態などがわかる。

栗野諭美他 宇宙スペクトル博物館(1998)提供

4 恒星の性質と進化

プチ科学　肉眼で見えるとされる6等星までの星は，現在では約8600個観測されている。ただし，その半分が天球の下側にあり，さらに地平線付近の大気による減光などもあるため，一度に肉眼で見える星の数は多くても3000個ほどである。

太陽など恒星にも寿命がある。恒星の誕生から終末までの進化の過程は，質量によって異なる。太陽程度の質量の恒星は，主系列星，赤色巨星，白色矮星へと変わると考えられている。

1 HR図　図中の位置から恒星の大きさがわかる。

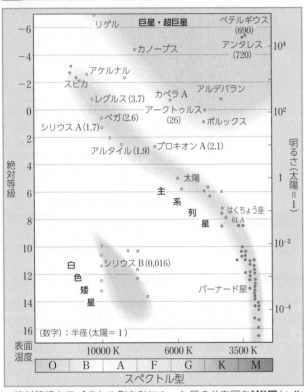

絶対等級とスペクトル型を軸にとった星の分布図をHR図（ヘルツシュプルング・ラッセル図）という。同じ表面温度で明るい星，同じ明るさで表面温度が低い星，つまり，右上の星は半径が大きい。

2 恒星の進化　質量の大きな恒星ほど早く赤色巨星になる。

A 赤色巨星への進化

野本など（2009）による

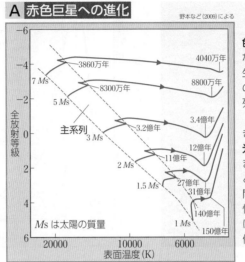

Ms は太陽の質量

主系列星・赤色巨星・白色矮星は，恒星の進化の異なる段階を示す。恒星の一生の大半は，中心部で水素の核融合反応が起こる主系列星である。

主系列星には，質量が大きいほど明るいという**質量光度関係**（◎p.146）がある。また，質量が大きな恒星ほど水素の消費も多く，短期間で赤色巨星へ移行する。恒星が主系列星である時間は，質量の2〜3乗に反比例する。

内部構造の進化　※各層の厚みの比は実際とは異なる。

主系列星　赤色巨星　Si + Mg

水素の反応で生じた He　He　C + O　Fe

水素の反応が起こる場所

核融合反応で中心部のHがHeになると，Hの反応は周りの球殻部分にうつる。中心部ではHeがC，Oに変わる反応が起こる。質量の大きな星では中心部の反応がくり返され，最終的には安定な原子核をもつFeが合成される。

B 恒星の一生

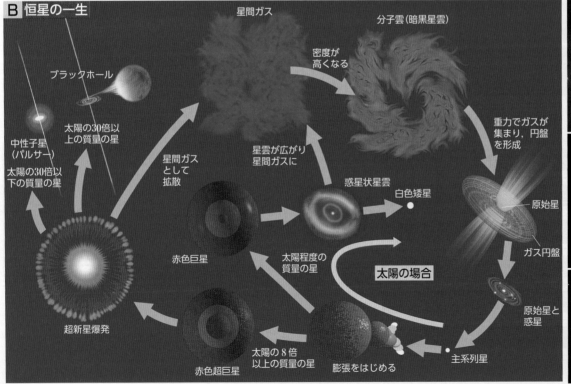

ブラックホール
中性子星（パルサー）
太陽の30倍以上の質量の星
太陽の30倍以下の質量の星
星間ガスとして拡散
星雲が広がり星間ガスに
星間ガス
分子雲（暗黒星雲）
密度が高くなる
重力でガスが集まり，円盤を形成
惑星状星雲
白色矮星
原始星
ガス円盤
超新星爆発
赤色巨星
太陽程度の質量の星
太陽の場合
原始星と惑星
太陽の8倍以上の質量の星
赤色超巨星
膨張をはじめる
主系列星

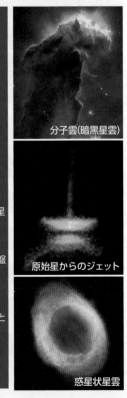

分子雲（暗黒星雲）
原始星からのジェット
惑星状星雲

プチ雑学　星の形成につながる星間雲の収縮は，超新星爆発による衝撃波や銀河の渦巻構造の原因とされる密度波などをきっかけに起こると考えられている。

3 太陽の進化　現在，主系列星である太陽は，赤色巨星，白色矮星になっていくと考えられている。

太陽の進化経路

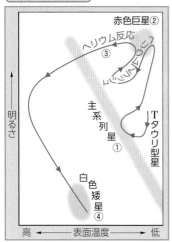

①現在の太陽をはじめ，多くの恒星では，中心部で水素の核融合反応（●p.139）が起きている。これを主系列星という。

②今後，太陽の中心部は水素の反応でできたヘリウムの芯となり，その周辺の球殻で水素の反応が進む。このとき中心部は収縮して温度が上がるが，外層は膨張して表面温度が下がり，赤色巨星になる。赤色巨星の半径は現在の200倍にもなるといわれている。

③中心温度が1億Kになると，ヘリウムの反応が起こる。

④ヘリウムの反応で中心部に炭素と酸素の芯ができる。このときの外層（水素とヘリウムの層）がはがれて広がってできるのが**惑星状星雲**で，残った芯は白色矮星になる（●p.145）。白色矮星は，余熱で光るだけで内部での反応は起こらないため，次第に冷えて暗くなる。

参考　Tタウリ型星

Adam Block/Mount Lemmon SkyCenter/University of Arizona 提供

Tタウリ

太陽程度の質量で，原始星の頃と比べて周辺のガスが減り，主系列星になる直前の星をTタウリ型星*という。重力収縮により解放されるエネルギーで光る。収縮が進み中心温度が約10^7Kになると，核融合反応が始まる。これが主系列星である。

*おうし座T型星ともいう。

4 恒星の諸量

	星　名		赤経	赤緯	スペクトル型	見かけの等級	絶対等級	有効温度(K)	質量(太陽=1)	半径(太陽=1)	平均密度(g/cm³)	年周視差	距離(光年)
巨星	北極星	αUMi	02ʰ32ᵐ	+89°16′	F7: Ib－Ⅱv	2.0	−3.6	—	6	46	—	0.008″	433
	アルデバラン	αTau	04 36	+16 31	K5Ⅲ	0.8	−0.8	3300	4	60	$3×10^{-5}$	0.049	67
	ぎょしゃ座ζ	ζAur	05 02	+41 04	K4Ib	4.0	−2.9	3700	8.3	160	$2.4×10^{-6}$	0.004	786
	リゲル	βOri	05 15	−08 12	B8Iae:	0.1	−7.0	—	—	—	—	0.004	863
	カペラA	αAur	05 17	+46 00	G5Ⅲe+G0Ⅲ	0.1 d	−0.5	5500	4.2	12	0.0034	0.076	43
	ベテルギウス	αOri	05 55	+07 24	M1−2Ⅰa−Ⅰab	0.42	−5.5	3600	15	690	$8×10^{-7}$	0.007	498
	ケンタウルス座β	βCen	14 04	−60 22	B1Ⅲ	0.6	−4.8	21000	25	11	0.026	0.008	392
	アークトゥルス	αBoo	14 16	+19 11	K1Ⅲb	−0.06	−0.3	4200	8	26	$4×10^{-4}$	0.089	37
	アンタレス	αSco	16 29	−26 26	M1.5Ⅰab−Ib	0.96	−5.2	3500	3	720	$4×10^{-7}$	0.006	554
	はくちょう座32A	32Cyg	20 15	+47 43	K6I	4.2	−3.4	3200	23	350	$7.5×10^{-7}$	0.003	1059
	ペガスス座β	βPeg	23 04	+28 05	M2.5Ⅱ−Ⅲ	2.42	−1.5	3300	9	110	$3×10^{-6}$	0.017	196
主系列星	太陽		—	—	G2V	−26.75	4.82	5777	1	1	1.41	—	—
	カシオペア座ηA	ηCas	00 49	+57 49	G0V	3.44	4.6	5940	0.87	1.03	1.14	0.168	19.4
	カシオペア座ηB	ηCas	00 49	+57 49	M0V	7.22	8.3	3800	0.54	0.81	1.41	0.168	19.4
	ほうおう座ζA	ζPhe	01 08	−55 15	B6V	3.9	−0.9	15000	6.1	3.4	0.22	0.011	299
	ほうおう座ζB	ζPhe	01 08	−55 15	A0V	5.8	1.0	11000	3.0	2.0	0.53	0.011	299
	アケルナル	αEri	01 38	−57 14	B3Vpe	0.5	−2.7	—	—	—	—	0.023	140
	シリウスA	αCMa	06 45	−16 43	A1V	−1.44	1.45	10400	2.14	1.7	0.55	0.379	8.6
	カストル	αGem	07 35	+31 53	A1V+A2Vm	1.6 d	0.6	—	—	—	—	0.064	51
	プロキオンA	αCMi	07 39	+05 13	F5Ⅳ−V	0.40	2.67	6450	1.78	2.1	0.25	0.285	11.5
	レグルス	αLeo	10 08	+11 58	B7V	1.35	−0.6	13000	—	3.7	—	0.041	79
	ケンタウルス座α	αCen	14 40	−60 50	G2V+K1V	−0.3 d	4.1	—	—	—	—	0.755	4.3
	へびつかい座70A	70Oph	18 05	+02 30	K0V	4.03	5.5	5290	0.89	0.85	2.0	0.197	16.6
	へびつかい座70B	70Oph	18 05	+02 30	K6V	5.98	7.4	4250	0.66	0.80	1.8	0.197	16.6
	ベガ	αLyr	18 37	+38 47	A0Va	0.03	0.6	9500	3.0	2.6	0.16	0.130	25
	アルタイル	αAql	19 51	+08 52	A7V	0.77	2.2	8250	1.7	1.9	0.8	0.195	17
	はくちょう座61A	61Cyg	21 07	+38 45	K5Ve	5.20	7.49	5100	0.9	1.0	1	0.286	11.4
	クリューガー60A		22 28	+57 42	M2V	9.59	11.58	3150	0.26	0.32	11	0.250	13.0
	クリューガー60B		22 28	+57 42	M5Ve	11.41	13.40	2950	0.16	0.25	14	0.250	13.0
	フォーマルハウト	αPsA	22 58	−29 37	A3V	1.16	1.7	9300	—	1.8	—	0.130	25
白色矮星	ファン・マーネン星		00 49	+05 24	DG	12.37	14.23	7500	0.14	0.007	$6×10^5$	0.235	13.9
	エリダヌス座o²B	o²Eri	04 15	−07 39	DA	9.6	11.1	12900	0.44	0.020	$8×10^4$	0.201	16.3
	シリウスB	αCMa	06 45	−16 43	DA	8.58	11.47	14800	1.06	0.016	$4×10^5$	0.374	8.7

『理科年表』などによる

スペクトル型のローマ数字はⅠ超巨星，Ⅱ輝巨星，Ⅲ巨星，Ⅳ準巨星，Ⅴ主系列星を表す。a，b，…はそれをさらに細分する分類。
見かけの等級のdは視差1′以下の重星の合成等級。太陽の質量＝$1.988×10^{30}$kg，太陽の半径＝$6.960×10^5$km
距離は，年周視差を用いて算出。

プチ科学 重い恒星の中心部は，鉄が蓄積され，次第に収縮して温度が上昇していくが，100億Kを超えると鉄が分解する反応が起こる。すると圧力が急激に低下し，自らの重さで加速度的に収縮する（重力崩壊）。中心部が中性子のかたまりになると収縮が止まり，そこへ外側から落下してきた物質がはね返されることで衝撃波が発生し，超新星爆発が起こる。

4 恒星の性質と進化

1 星の誕生　星間雲の中で星は形成される。その様子は赤外線を用いて観測されている。

A 星の一生

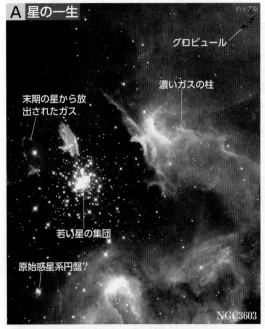

グロビュール

濃いガスの柱

末期の星から放出されたガス

若い星の集団

原始惑星系円盤？

NGC3603

星の一生のさまざまなすがたが見られる。右上には星がつくられるグロビュール，左下には原始惑星系らしい円盤がある。中央やや左には質量が大きく高温の若い星の集団が見られる。（距離2万光年）

B 星が生まれるところ

Adam Block/Mount Lemmon SkyCenter/University of Arizona 提供

わし星雲（M16, NGC6611）

星と星の間にあるガスと塵が集まって，**星間雲**（●p.148）をつくる。星間雲の中で密度の高い領域（分子雲）が重力により収縮し，星が誕生する（●p.142）。上はそのような星間雲の1つ，へび座のわし星雲の一部で，「創造の柱」とよばれることもある。左の最も高い柱の高さは約4光年ある。柱の先端に「星の卵」がある。（距離5500光年）

C 生まれたての星

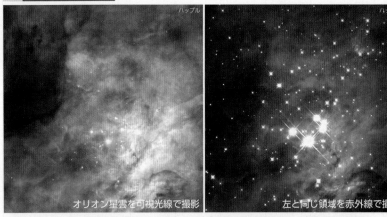

オリオン星雲を可視光線で撮影

左と同じ領域を赤外線で撮影

赤外線を用いて，星間雲に埋もれた生まれたての星を観測できる。（距離1500光年）

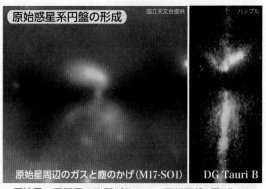

原始惑星系円盤の形成　国立天文台提供

原始星周辺のガスと塵のかげ（M17-SO1）

DG Tauri B

原始星に星間雲の物質が集まり，回転円盤が形成される。円盤と垂直方向に，ガスの高速の流れが観測されるものもある。（距離左4200光年，右450光年）

若い星

HH32

散開星団 NGC290

星からの物質の強い流れが周囲をとり巻いていたガスや塵を吹き飛ばし，星はすがたを現す。星の形成が集団で起こると，**散開星団**（●p.149）ができる。（距離左1000光年，右20万光年）

褐色矮星

褐色矮星？　CHXR73

中心部で水素の核融合反応が起こらないほど質量が小さな（太陽質量の8％以下）星を**褐色矮星**という。

4 恒星の性質と進化

プチ雑学　オリオン座の1等星ベテルギウスは，激しくガスを噴き出し，収縮が進んでいるようすが観測されている。非常に不安定な状態にあると考えられ，近い将来，超新星爆発が起こるといわれている。ただし，これは星の一生という時間スケールでの話であり，「近い将来」といっても100万年後という可能性もある。

Keywords ▶
●星間雲 interstellar cloud　●原始星 protostar　●褐色矮星 brown dwarf
●惑星状星雲 planetary nebula　●白色矮星 white dwarf　●超新星爆発 supernova explosion
●中性子星 neutron star　●ブラックホール black hole

NHK for School
巨大な星の最期
超新星爆発
145

2 星の死　質量に応じて，恒星の終末は異なる。

A それほど重くない星の死　太陽の8倍以下の質量をもつ星は，ゆっくりと物質を放出して惑星状星雲をつくり，最後に白色矮星を残す。

IRAS19475+3119

形成途中の**惑星状星雲**（● p.142，148）。赤色巨星が周囲に物質を放出していき，中心に**白色矮星**が残る。（距離15000光年）

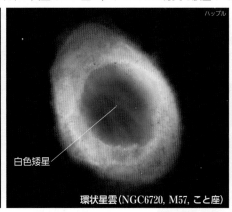

白色矮星

環状星雲（NGC6720, M57, こと座）

今から6000〜8000年前に形成された惑星状星雲。直径約1光年。青い部分は高温のガス，中心の白い星は白色矮星。（距離2600光年）

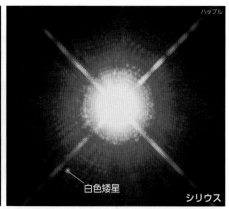

白色矮星

シリウス

太陽以外の恒星で，地球から見て最も明るい星であるシリウスは，白色矮星を伴星にもつ連星（● p.146）である。（距離8.6光年）

B 重い星の死　太陽の8倍以上の質量をもつ星は，超新星爆発を起こし，超高密度の中性子星（パルサー）やブラックホールを残す。

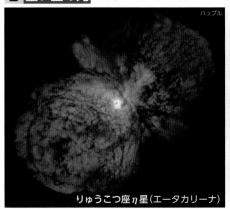

りゅうこつ座η星（エータカリーナ）

超新星爆発（● p.147）をする直前の不安定な天体で，質量は太陽の100倍以上。1843年に物質の大噴出があった。（距離8000光年）

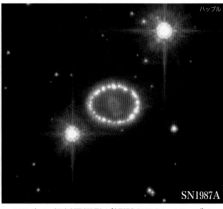

SN1987A

1987年に超新星爆発が観測された。リングは2万年前に放出された物質が衝撃波で加熱されて輝いたもの。（距離16万光年）

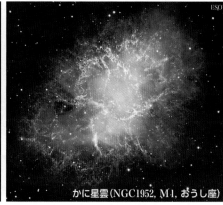

かに星雲（NGC1952, M1, おうし座）

1054年に観測された超新星爆発で残された星間雲。このような天体を超新星残骸という。現在も1200 km/sで広がっている。（距離7200光年）

中性子星

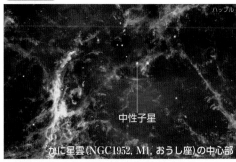

中性子星

かに星雲（NGC1952, M1, おうし座）の中心部

パルサーのしくみ
自転
磁場
放射の向き
N
S
放射の向き
磁場

中性子星は，半径10 km程度の大きさで太陽程度の質量をもつ，高密度の天体である。電子が原子核に捕獲されて中性子ができ，星全体が中性子のかたまりになっている。

強い磁場をもって自転する中性子星は，磁極から強い電磁波を，向きを変えながら放射する。これは，地球からは規則正しいパルス状の電磁波を出す**パルサー**とよばれる天体として観測される。このタイプのパルサーのパルスの間隔，つまり中性子星の自転周期は，1秒程度かそれ以下である。かに星雲の中性子星もパルサーである。

ブラックホール

ブラックホール

想像図

ブラックホールは，中性子星より密度が高く，光さえ脱出できないほど重力の強い天体である（● p.142，165）。ブラックホールそのものは観測できないが，ブラックホールが別の天体の物質を引き寄せて周囲に形成する回転円盤が，円盤内部の摩擦で高温になって放射するX線は観測できるといわれ，すでに候補も見つかっている。

4 恒星の性質と進化

連星・変光星・超新星

2つの恒星が互いに共通重心の周りを公転しているものを連星という。恒星の明るさは，連星の食現象によって変化するほか，星自体の体積変化，星の爆発などでも変化する。

1 連星　連星は，実視連星，食連星（食変光星），分光連星に分類される。

連星では接近した2つの恒星が互いに引力をおよぼしあって，共通重心の周りを公転している。連星の2つの星のうち，明るい方を**主星**，暗い方を**伴星**という。恒星の約半分は連星であると推測されている。

$m_1 a_1 = m_2 a_2$

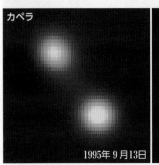

カペラ　MRAO 提供

1995年9月13日　　1995年9月28日

肉眼や望遠鏡で確認できる連星を**実視連星**という。

シリウスの主星と伴星の運動 ▶ p.145

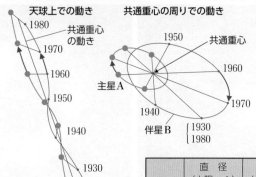

天球上での動き　　共通重心の周りでの動き

●─ 主星A
→─ 伴星B
（数字は年）

主星A　共通重心の動き
伴星B

P.v.d.Kamp(1958)による

主星の固有運動のふらつきを発見したベッセルは1844年に伴星の存在を予言した。伴星は1862年に発見された。

	直径（太陽＝1）	質量（太陽＝1）	密度（g/cm³）
主星	1.76	2.14	0.55
伴星	0.016	1.06	4×10^5

伴星の密度は水の40万倍，白金の2万倍であり，この伴星は白色矮星と考えられている。

A 分光連星

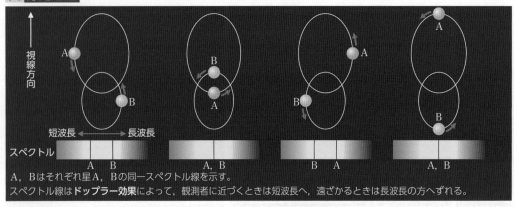

視線方向

短波長 ← → 長波長

スペクトル

A　B　　　A，B　　　B　A　　　A，B

A，Bはそれぞれ星A，Bの同一スペクトル線を示す。
スペクトル線は**ドップラー効果**によって，観測者に近づくときは短波長へ，遠ざかるときは長波長の方へずれる。

分光連星は，肉眼や望遠鏡では2つの星が分かれて見えないが，そのスペクトル線の位置が周期的に振動することから連星であると推定できる。スペクトル線のずれから公転速度を測定し，これの時間変化を調べると，軌道の形や大きさ，向きを推定することができる。

B 食連星

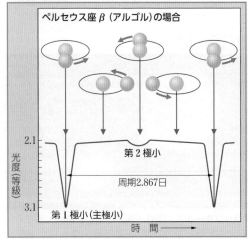

ペルセウス座β（アルゴル）の場合

光度（等級）
2.1
第2極小
周期2.867日
3.1
第1極小（主極小）
時間 →

連星の2つの星の軌道面が，地球から見て同一平面に近い場合，主星と伴星が互いに食現象（かくす現象）を起こすため，明るさが変化するものがある。このような星を**食連星（食変光星）**という。

C 連星の質量

伴星の公転周期を P，2つの星の間の平均距離を a，質量をそれぞれ m_1，m_2 とすると，重力と遠心力がつり合うことから，

$$\frac{a^3}{P^2} = G \frac{m_1 + m_2}{4\pi^2} \quad (G は万有引力定数)$$

地球の公転周期を Q，太陽と地球の間の平均距離を b，質量をそれぞれ S，E とすると，

$$\frac{b^3}{Q^2} = G \frac{S+E}{4\pi^2}$$

上の2式から，

$$m_1 + m_2 = \frac{a^3}{P^2} \cdot \frac{Q^2}{b^3} (S+E)$$

公転周期を年，距離を天文単位で表すと，$Q=1$，$b=1$ となる。また，E は S に比べて無視できるほど小さい。したがって，この星の年周視差を p''，a の見かけの角度を A'' とすると，$ap = A$ なので，

$$m_1 + m_2 = \frac{A^3 S}{p^3 P^2}$$

右辺はすべて観測によって求められるので，この式から連星の質量の和が求められる。

質量光度関係

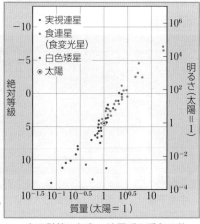

・実視連星
・食連星（食変光星）
・白色矮星
⊙ 太陽

絶対等級
明るさ（太陽＝1）
質量（太陽＝1）

左の計算に加え，連星系の重心の位置がわかれば，m_1 と m_2 が求められる。この方法で求めた恒星の質量と絶対等級との間には上のような関係がある。

プチ雑学　イギリスのグッドリックは，アルゴルを観測してその規則的な変光のようすを調べ，食現象で明るさが変化するという説を唱えた(1782年)。当時，グッドリックはまだ17歳だった。さらにグッドリックは，ケフェウス座δ星の変光も発見するなど，変光星研究に貢献したが，肺炎により21歳でこの世を去った。

Keywords ▶ ●連星 binary star ●主星 primary star ●伴星 companion star ●分光連星 spectroscopic binary
●食連星(食変光星) eclipsing binary(eclipsing variable) ●質量光度関係 mass-luminosity relation
●脈動変光星 pulsating variable ●周期光度関係 period-luminosity relation ●超新星 supernova

147

2 変光星　明るさが周期的に変化する恒星の中には，その周期と絶対等級の間に一定の相関関係をもつものがある。

明るさが変化する星を**変光星**という。変光星には食変光星（食連星）や星自体の大きさが膨張・収縮の脈動をくり返して明るさが変化する**脈動変光星**がある。

さらに，星の表面で起こる爆発で数万倍の明るさになる**新星**（激変星）や星の末期の大爆発で1億倍以上の明るさになる**超新星**も変光星に分類されることがある。

おもな変光星

『理科年表』『天文年鑑』による

変光星	光度変化(等級)	周期(日)	分類
くじら座o(ミラ)	2.0～10.1	332	長周期変光星
ふたご座ζ	3.6～4.2	10.15	短周期変光星
ケフェウス座δ	3.5～4.4	5.37	短周期変光星
ペルセウス座β	2.1～3.4	2.87	食変光星
オリオン座α*	0.0～1.3	2110	半規則型変光星

＊ベテルギウス

A 脈動変光星の種類

分類		変光周期	変光の範囲
短周期変光星	こと座RR型	0.2～1.2日	0.2～2等
	セファイド	1～200日	0.05～2等
長周期変光星(ミラ型)		80～1000日	2.5～11等

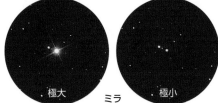

極大　ミラ　極小

光度曲線

こと座RR 周期0.567日

ミラ 周期332日

B セファイド(ケフェウス型変光星)

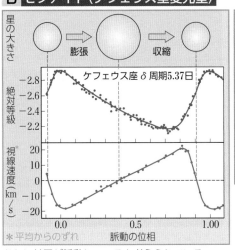

星の大きさ　膨張　収縮

ケフェウス座δ 周期5.37日

＊平均からのずれ

脈動の位相

おもに外層が脈動していると考えられている。

周期光度関係

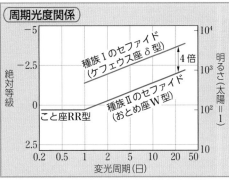

種族Ⅰのセファイド（ケフェウス座δ型）

種族Ⅱのセファイド（おとめ座W型）

こと座RR型

4倍

セファイドには変光周期と絶対等級との間に一定の関係がある（**周期光度関係**）。これにより，変光周期からその星の絶対等級がわかり，見かけの等級との比較からその星までの距離がわかる。この方法で遠方の星間雲や星団の距離を求められる。

C 変光星のHR図

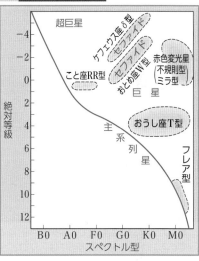

超巨星

ケフェウス座δ型／セファイド／おとめ座W型／赤色変光星（不規則型・ミラ型）

こと座RR型

巨星

おうし座T型

主系列星

フレア型

スペクトル型

4 恒星の性質と進化

3 新星

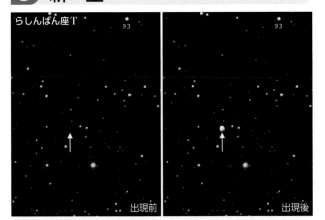

らしんばん座T

出現前　出現後

新たに星ができたかのように星が数日のうちに明るくなり，その後数か月から数年かけてもとの明るさに戻る現象を，**新星**という。

白色矮星と普通の星が近くをまわる連星系では，白色矮星の表面に相手の星からガスが流れ込み，ある程度たまるとそこで加速度的に核融合反応が進み，明るく輝く。これが新星として観察される。

4 超新星

Australian astronomical Observatory, David Malin/PPS通信社

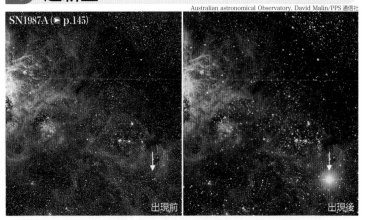

SN1987A (▶ p.145)

出現前　出現後

星が新星よりもさらに明るくなる現象を，**超新星**という。超新星では，星全体が爆発し，銀河に匹敵する明るさになる。

質量が太陽の8倍以上の星は，赤色巨星になった後，中心部の重力崩壊により爆発し，超新星として観測される（▶ p.142）。爆発後，中心部には中性子星やブラックホールが残る（▶ p.145）。

プチ雑学　超新星は，上の解説以外のしくみでも現れる。Ⅰa型とよばれる超新星では，連星系の白色矮星にガスがたまった結果，新星のように表面だけでなく，白色矮星自体で暴走的な核融合反応が起こって爆発し，明るく輝く。最大光度が比較的均一なので，見かけの明るさから距離がわかる（▶ p.113）。

星間物質が集中する星間雲で特に密度の高いところは、恒星が誕生する場になる。同時期に集団で誕生した星の集まりは星団になる。星間雲も星団も銀河系で見ることができる天体である。

基礎 1 星間雲 星間物質が周囲より高密度に分布する部分を星間雲という。

恒星間の空間には平均密度 $1 \times 10^{-24}\,\text{g/cm}^3$ 程度の星間物質がある。星間物質は、水素やヘリウムを主成分とする星間ガスと、重元素を主成分とする固体の微粒子である宇宙塵（星間塵）からなる。星間物質の質量の約99%は星間ガスである。

星間物質の分布は不均一で、周囲より密度の高い塊を星間雲という。星間雲は数十〜数百光年の広がりをもつ。スペクトル観測によると、星間雲の密度が高い部分には一酸化炭素（CO）・青酸（CN）・水素（H_2）などの分子が存在し、分子雲とよばれる。ここから星が誕生すると考えられている（● p.142）。

A 星間雲の種類

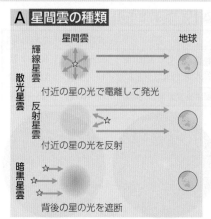

散光星雲　輝線星雲　星間雲　　地球
付近の星の光で電離して発光

反射星雲
付近の星の光を反射

暗黒星雲
背後の星の光を遮断

暗黒星雲の分子スペクトル

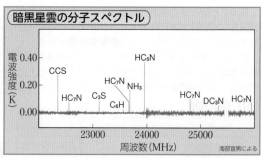

電波強度（K）／周波数（MHz）

CCS　HC$_5$N　HC$_7$N　C_3S　C_6H　HC$_7$N　NH$_3$　HC$_7$N　DC$_3$N　HC$_7$N

23000　24000　25000

海部宣男による

おうし座の星間雲（TMC1）を構成する物質を示す、分子スペクトルチャートの一部。炭素原子がつながった直線炭素鎖分子が見られる。これらのほとんどは、地球上では見られない、暗黒星雲特有の分子である。

B 散光星雲

Adam Block/Mount Lemmon SkyCenter/University of Arizona 提供

ばら星雲（NGC2237-38-44-46, いっかくじゅう座）

星にガスが吹き払われて、中央部は空洞になっている。ガスのある周辺部には、グロビュールとよばれる分子雲が見られる。
（距離4600光年　赤経 06h 32m　赤緯 +05°03′）

NASA, HST, C.R.O'Dell and S.K.Wong(Rice U.)

オリオン星雲（NGC1976-7, M42, オリオン座）

生まれたての星からなる四重星トラペジウム（写真中央、● p.144）など、高温で明るい星の光を受けて、星間物質が電離して発光している。
（距離1500光年　赤経 05h 35m　赤緯 -05°27′）

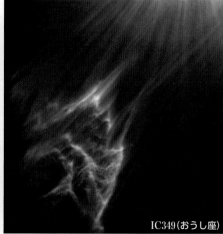

IC349（おうし座）

プレアデス星団の星の1つであるメローペ（写真の右上）からの光を反射して輝いている。メローペと星間雲は0.06光年離れている。
（距離380光年　赤経 03h 46m　赤緯 +23°56′）

C 暗黒星雲

ESO

馬頭星雲（オリオン座）

バーナード33ともよばれる。密集している星間物質が背後の散光星雲 IC434 からの光を遮断するため、その部分だけ黒く見える。
（距離1100光年　赤経 05h 41m　赤緯 -02°24′）

名古屋大学・国立天文台提供

おおかみ座3暗黒星雲（おおかみ座）

近赤外線で撮影すると、可視光線では見えない背後の星が見える。ある程度透過できる近赤外線を使って、暗黒星雲の構造が研究されている。
（距離450光年　赤経 16h 09m　赤緯 -39°06′）

D 惑星状星雲 ● p.145

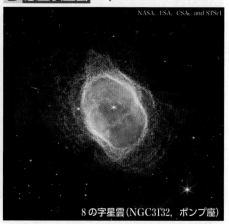

NASA, ESA, CSA, and STScI

8の字星雲（NGC3132, ポンプ座）

中心部にある2つの星のうち、暗い方の星（白色矮星）がかつて放出したガスが広がってできた。白色矮星からの紫外線の放射で光る。
（距離3800光年　赤経 10h 07m　赤緯 -40°26′）

プチ雑学 明るい星間雲・星団・銀河については、天体名とともに M45 などと示されることがある。これはメシエのカタログの番号を表す。このカタログは、フランスの天文学者メシエが彗星を探す際に彗星と混同しやすい天体をまとめたもので、110 の天体が記載されている。

●星間雲 interstellar cloud ●星間物質 interstellar matter ●星間ガス intersteller gas
●散光星雲 diffuse nebula ●暗黒星雲 dark nebula ●惑星状星雲 planetary nebula
●散開星団 open cluster ●球状星団 globular cluster ●種族Ⅰ populationⅠ ●種族Ⅱ populationⅡ

Keywords ▶

149

基礎 **2 星 団** 星団には，若い星からなる散開星団と老いた星からなる球状星団がある。

散開星団
プレアデス星団（すばる, M45, おうし座）

球状星団
NGC6205（M13, ヘルクレス座）

プレセペ星団（M44, かに座）

NGC6093（M80, さそり座）

A 散開星団と球状星団

	散開星団	球状星団
形	不定形	球状に密集
分布密度	多様	中心部でとくに密集
星の数	数十～数百個	数万～数百万個
実直径	5～30光年	数百光年
天球上の位置	天の川周辺に多い	全天に分布
実際の位置	銀河系円盤部	銀河系ハロー部
星の色	青白色，白色が多い	赤色巨星が多い
種 族	種族Ⅰ	種族Ⅱ
重元素含有率	太陽程度（約2％）	太陽の数分の1～1/100
年 齢	0～60億年（若い星）	100億年以上（老いた星）

　同時期に生まれた多数の星が，群れをなしたものを**星団**という。星団は形から，**散開星団**と**球状星団**に区別される。銀河系では，散開星団は約1500個，球状星団は約150個みつかっている。

星団の分布（イメージ）

● 球状星団

球状星団

太陽系

円盤部

（万光年）

10↑
1↓
（万光年）

5　3　0　3　5
（万光年）

▨ は質量密度が太陽系付近の値より大きい領域
□ はガスの存在する領域（銀河系全体の約10％）

　球状星団は，銀河系のハローに分布し，銀河系の中心を焦点とした楕円運動をしている。また，散開星団は，銀河系の円盤部（ディスク）に分布している。
　まだ銀河系の形や大きさがよくわかっていなかった頃，アメリカの天文学者シャプレーは，球状星団の分布を調べ，太陽系が銀河系の中心ではないことや銀河系の大きさを推定（▶ p.162）した。

人 との関わり 「星はすばる」

　平安時代の有名な随筆『枕草子』では，「星はすばる。彦星。タづつ。よばひ星すこしをかし（星はすばるがいい。彦星，宵の明星もいい。流れ星は少し面白い）」と書かれている。この「すばる」とは，プレアデス星団のことである（彦星はアルタイル，宵の明星は金星）。
　プレアデス星団は，明るい星々が集まった目立つ天体であり，「すばる」という言葉は，会社名や歌のタイトル，望遠鏡の名前にもなっている。

4 恒星の性質と進化

B 散開星団と球状星団のHR図

散開星団 プレアデス

散開星団 ヒアデス

球状星団 NGC5272（M3）

明るさ（太陽＝1）
10^3　10^2　10　1　10^{-1}

表面温度（×10^4K）
1　0.7 0.6 0.5 0.4　0.3

　散開星団は重元素が多く若い**種族Ⅰ**の星からなる星団，球状星団は重元素が少なく古い**種族Ⅱ**の星からなる星団である。ゆえに散開星団の星はほとんどが主系列星だが，球状星団には赤色巨星が多数存在する。

C おもな星団

「理科年表」による

散開星団	星 座	赤 経	赤 緯	視直径	距 離（光年）	星の数
NGC188	ケフェウス	00^h 44.4^m	＋85° 20′	13′	5050	120
NGC869	ペルセウス	02 19.1	＋57 09	29	7170	200
NGC884	ペルセウス	02 22.5	＋57 07	29	7500	150
プレアデス（M45）	おうし	03 47.0	＋24 07	109	410	100
ヒアデス	おうし	04 26.9	＋15 52	329	160	
NGC2362	おおいぬ	07 18.8	－24 56	8	5050	60
プレセペ（M44）	かに	08 40.0	＋19 59	95	590	50
かみのけ	かみのけ	12 25.1	＋26 07	275	280	80

球状星団	星 座	赤 経	赤 緯	潮汐直径	距 離（万光年）	スペクトル型
NGC2419	やまねこ	07^h 38.1^m	＋38° 53′	17′	27.45	F5
NGC5139	ケンタウルス	13 26.8	－47 29	114	1.73	F5
NGC5272（M3）	りょうけん	13 42.2	＋28 23	76	3.39	F6
NGC5904（M5）	へび	15 18.6	＋02 05	57	2.45	F7
NGC6205（M13）	ヘルクレス	16 41.7	＋36 28	50	2.51	F6
NGC6341（M92）	ヘルクレス	17 17.1	＋43 08	30	2.67	F2
NGC6656（M22）	いて	18 36.4	－23 54	58	1.04	F5
NGC7078（M15）	ペガスス	21 30.0	＋12 10	43	3.36	F3／4

プチ雑学 　宇宙の進化の初期に生まれた星は，**ファーストスター（初代星）**とよばれる。これは，重元素をまったく含まない，水素とヘリウムだけからなる星と考えられ，このような星は種族Ⅲに分類される。ファーストスターはまだみつかっていないが，太陽の数十倍の質量をもつ，寿命の短い星であったと考えられている。

1 天 球　天体は，天球という仮想の丸い球面にはりついているように見える。

A 天球の概要

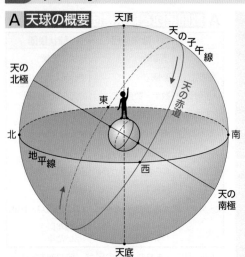

天体により地球からの距離は異なるが，その違いは感じられず，天体が球面上にあるように見える。この見かけの球を天球という。

天球の特徴
- 地球は天球の中心にあって静止している。
- 天球の半径は無限大である。
- 天球上の距離は地球から見たときの角度で表す。
- **天の北極**と天頂を通る大円を**天の子午線**といい，天体が天の北極よりも南点側の天の子午線を通過するときのことを**南中**という。

B 天球の考え方

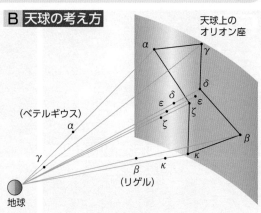

天球上のオリオン座

（ベテルギウス）

（リゲル）

天球上では近くに見える同じ星座の星でも，地球から見たときの方向が近いだけであり，実際の距離が近いとは限らない。

2 座 標　天球上の天体の位置は座標で表される。

A 地平座標

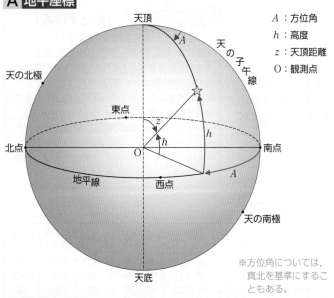

A：方位角
h：高度
z：天頂距離
O：観測点

※方位角については，真北を基準にすることもある。

座標	基準	座標の原点	測り方	備考
方位角 A	地平線	南点	方位の南点から西回り 360°まで　（東回りは−）	24 h =360° 1 h = 15°
高度 h	垂直圏	垂直圏と地平線との交点	地平線から上方に，星までの仰角　（下方は−）	1 m = 15′ 1 s = 15″
天頂距離 z	垂直圏	天頂	天頂から星までの角	$h+z=90°$

地平線からの**高度 h** と南点からの西回りの**方位角 A** で，ある瞬間にある地点から見た天体の天球上での位置を表す。**地平座標**はわかりやすいが，同一天体についての座標の値が，観測地点や観測する時刻によって変わるため，不便な場合もある。

	方位角	高度
南点（方位の南）	0°	0°
西点（方位の西）	90°	0°
北点（方位の北）	180°	0°
東点（方位の東）	270°	0°

B 赤道座標

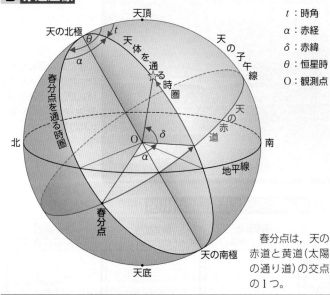

t：時角
$α$：赤経
$δ$：赤緯
$θ$：恒星時
O：観測点

春分点は，天の赤道と黄道（太陽の通り道）の交点の1つ。

座標	基準	座標の原点	測り方	備考
時角 t	赤道	赤道と子午線との交点	原点から西回り 24 h まで（東回りは−）	
赤経 $α$	赤道	春分点	春分点から東回りに 24 h	24 h =360° 1 h = 15°
赤緯 $δ$	時圏	時圏と赤道との交点	天の赤道から北へ+90° 天の赤道から南へ−90°	1 m = 15′ 1 s = 15″

ある瞬間の天体の位置を表す地平座標に対し，**赤道座標**は天体の住所ともいえる。春分点と天の赤道を基準に，地球の経度・緯度に似た表現をとる。
　たとえば，天の北極に近い北極星の赤道座標は，赤経 $2^h31^m47^s$ 赤緯 +89° 16′ である。

	赤 経	赤 緯
春分点	0 h（ 0°）	0°
夏至点	6 h（ 90°）	+23.4°
秋分点	12 h（180°）	0°
冬至点	18 h（270°）	−23.4°

プチ雑学 天球上の太陽の位置を24等分した目印を二十四節気といい，春分や夏至がその例である。二十四節気は2016年にユネスコの無形文化遺産に登録された。

3 恒星時　春分点の時角を恒星時という。

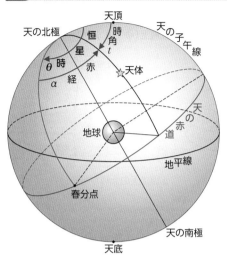

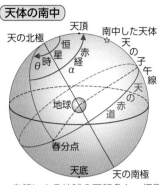

天体の南中

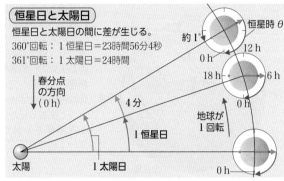

恒星日と太陽日

恒星日と太陽日の間に差が生じる。

360°回転：1恒星日＝23時間56分4秒

361°回転：1太陽日＝24時間

自転による地球の回転角を，恒星を基準として示したものを**恒星時**という。春分点が南中する時刻を0時，次に南中するまでの時間を1恒星日＝24恒星時とする。よって，春分点の時角θが恒星時を表す。θと赤経αの星の時角tとの間には $t = \theta - \alpha$ が成り立つ。この星が南中するとき，tは0であるから $\theta = \alpha$。したがって，恒星時は赤経のわかった天体が南中する時刻から求められる。

1平均恒星日＝24平均恒星時＝$23^h56^m04^s$ 平均太陽時＝0.99727平均太陽日

4 視太陽時と平均太陽時　太陽の位置から決められる時刻を視太陽時というが，視太陽時は一様にはならない。

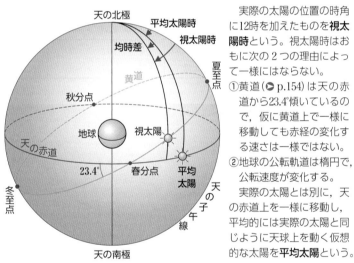

実際の太陽の位置の時角に12時を加えたものを**視太陽時**という。視太陽時はおもに次の2つの理由によって一様にはならない。

①黄道（◎ p.154）は天の赤道から23.4°傾いているので，仮に黄道上で一様に移動しても赤経の変化する速さは一様ではない。

②地球の公転軌道は楕円で，公転速度が変化する。

実際の太陽とは別に，天の赤道上を一様に移動し，平均的には実際の太陽と同じように天球上を動く仮想的な太陽を**平均太陽**という。

A 均時差

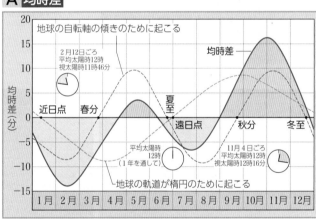

均時差は視太陽時と**平均太陽時**の差である。

均時差＝視太陽時－平均太陽時＝平均太陽の赤経－視太陽の赤経

5 世界時　世界共通の時刻系を世界時という。

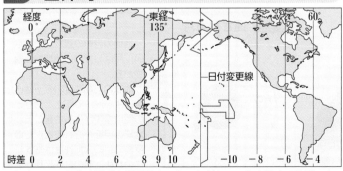

経度0°での平均太陽時を**世界時**という。ただし，これを決める地球の自転速度は変化するので（◎ p.152），実用上，原子時計で正確に時を刻み，世界時との誤差を0.9秒以内に調整した協定世界時（UTC）が使われる。**日本標準時**は東経135°を基準とし，協定世界時より9時間進めた時刻である。

人との関わり　うるう年

通常1年は365日だが，実際に地球が太陽の周りを1周するには365.2422日（1太陽年）かかる。このずれが蓄積すると，暦と実際の季節が合わなくなる。そこで，ずれを解消するために1年を366日とする**うるう年**がもうけられている。現在多くの国で使われている**グレゴリオ暦**では，

①西暦年が4で割り切れる年をうるう年とする。

②①に該当する年でも100で割り切れる年はうるう年としない。

③②に該当する年でも400で割り切れる年はうるう年とする。

と定められている。最近では2000年が③に該当するうるう年であった。これにしたがい，グレゴリオ暦と太陽年の400年の長さを比べると，

　グレゴリオ暦　　146097日

　太　陽　年　　146096.88日

となり，400年で0.12日，つまり約3時間のずれですむ。

プチ雑学　世界時と協定世界時のずれを調整するため，協定世界時では必要に応じてうるう秒という秒を挿入もしくは削除することがある。2022年，協定世界時を制定する国際度量衡局は，うるう秒の挿入を停止することを決めた。

天体の日周運動は，地球の自転によって起こる見かけの現象である。
地球の自転は，フーコーの振り子で確認できる。

1　天体の日周運動　地球の自転により，1日で1回転，天球上の天体が回転しているように見える。

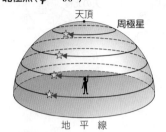

天球上の天体は時間とともに東から西へ回転しているように見える。これを**日周運動**という。極点や赤道以外の地点の天体の日周運動では，周極星と出没星が見られる。天体の日周運動は地球の**自転**によって生じる見かけの現象で，1周に要する時間は23時間56分4秒である。

A　緯度による日周運動の違い　北緯φで観測した場合

北極点（φ = 90°）
天頂に天の北極がある。

赤道上（φ = 0°）
北点に天の北極がある。

周極星　地平線下に没しない。

北の空の星の動き

北天の星は天の北極を中心にして1時間に約15°の速さで左回りに回転している。
北極星（写真中央付近の明るい星）も天の北極から約1°離れているのでやはり円運動をする。

周極星と出没星

周極星　赤緯が +90°〜 +(90°−φ)の星
出没星　赤緯が +(90°−φ)〜 −(90°−φ)の星
全没星（地平線上に現れない）　赤緯が −(90°−φ)〜 −90°の星

例

北極星（こぐま座α星）	北緯85°	+90° > +89° > +5°	周極星
赤緯 +89°	北緯35°	+90° > +89° > +55°	周極星
ベガ（こと座α星）	北緯85°	+90° > +39° > +5°	周極星
赤緯 +39°	北緯35°	+55° > +39° > −55°	出没星
シリウス（おおいぬ座α星）	北緯85°	−5° > −17° > −90°	全没星
赤緯 −17°	北緯35°	+55° > −17° > −55°	出没星

出没星　天の赤道に平行に，東から上がって西の地平線に没する。

東の空の星の動き（オリオン座）

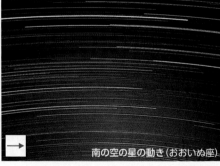

南の空の星の動き（おおいぬ座）

西の空の星の動き（オリオン座）

2　地球の自転の遅れ　海水と海底との摩擦により，地球の自転速度は低下している。

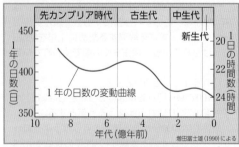

樹田富士雄（1990）による

化石の記録などから1年の日数が減少していることがわかった。これは地球の自転速度の低下を意味する。自転速度の低下は，潮汐（◎ p.103）によって移動する海水と海底との間に摩擦が生じ，この摩擦が地球にブレーキをかけるためであるといわれる。

デボン紀サンゴの日輪

現在のサンゴの日輪（成長線）は1年分で365本であるが，4億年前のサンゴの日輪は1年分で400本程度である。

参考　遠ざかる月

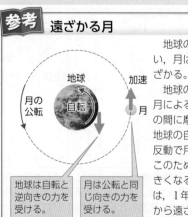

地球は自転と逆向きの力を受ける。

月は公転と同じ向きの力を受ける。

地球の自転の遅れにともない，月はしだいに地球から遠ざかる。
地球の自転速度の低下は，月による潮汐で海水と海底との間に摩擦が生じて起こる。地球の自転が遅れると，その反動で月の公転速度は増す。このため，月の公転半径が大きくなるのである。現在，月は，1年で約3.8 cmずつ地球から遠ざかっている。

プチ雑学　成長の速さの変動により，サンゴには成長線とよばれる線が見られる。現在採集されるサンゴの1年分の成長線は，夏は粗く冬は密に形成され，本数は365本であることから，1日に1本できると考えられる。

3 フーコーの振り子による自転の確認 地球の自転により，振り子の振動面が回転して見える。

A フーコーの振り子

国立科学博物館のフーコーの振り子

フーコー（フランス，1819〜1868）が1851年パリのパンテオン寺院で長さ67mの鋼線に28kgの鋼球をつり下げた振り子で実験した。振り子は約16秒の周期で振れたが，時間が経つにつれて振動面が右へ回転することがわかった。この現象も，地球が自転していることの証拠の1つである。

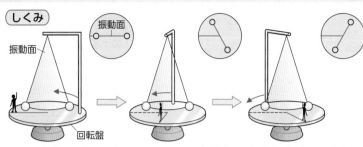

しくみ

振動面の向きは変わらないため，回転盤上では振動面が回転して見える。

B 緯度による違い

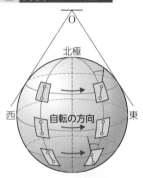

振動面は，北半球では時計回り，南半球では反時計回りに回転するように見える。赤道上では回転しない。

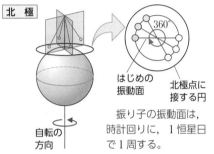

北極

振り子の振動面は，時計回りに，1恒星日で1周する。

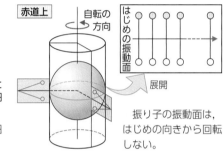

赤道上

振り子の振動面は，はじめの向きから回転しない。

フーコーの振り子の回転角

緯度 (ϕ)	1時間の 回転角	1周に要 する時間	緯度 (ϕ)	1時間の 回転角	1周に要 する時間
90°	15.04°	23h56m	40°	9.67°	37h14m
80	14.81	24 18	30	7.52	47 52
70	14.13	25 28	20	5.14	69 59
60	13.03	27 38	10	2.61	137 50
50	11.52	31 15	0	0.00	∞

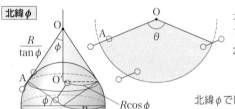

北緯ϕ

北緯ϕの緯線に接する円錐を展開してできるおうぎ形（中心角θ）の弧の長さを考えると，

$$2\pi \cdot \mathrm{OA} \cdot \frac{\theta}{360°} = 2\pi \cdot \mathrm{O'A} \text{となり，} \quad \frac{\theta}{360°} = \sin\phi$$

北緯ϕでは，地球が1回転する間に振り子の振動面がθだけ回転するので，振動面が1回転する周期T'は，地球の自転周期をTとして，$T' = \dfrac{T}{\sin\phi}$で表される。

4 歳差運動 月や太陽の引力の影響で，地球の自転軸の向きは変化している。

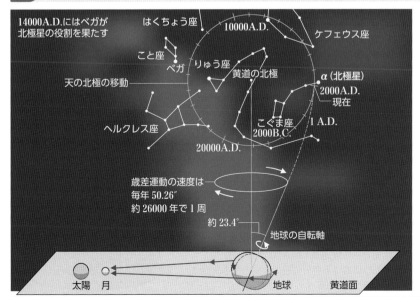

14000A.D.にはベガが北極星の役割を果たす

はくちょう座 / 10000A.D. / ケフェウス座 / こと座 / ベガ / りゅう座 / 黄道の北極 / α（北極星）2000A.D.現在 / 天の北極の移動 / こぐま座 2000B.C. / 1 A.D. / ヘルクレス座 / 20000A.D. / 歳差運動の速度は毎年50.26″約26000年で1周 / 約23.4° / 地球の自転軸 / 太陽 / 月 / 地球 / 黄道面

地球の自転軸は黄道面（● p.154）に対して約66.6°傾いている。月や太陽の引力を受けた地球の赤道上の両端の地点には，図のように，同じ大きさで反対向きの力（偶力）がはたらき，自転軸を起こそうとする。このため，地球の自転軸はこまの首振り運動に似た動き（**歳差**）をする。歳差は天の北極の移動として観測される。

こまの首振り運動

回転の向き ＝ 首振り運動の向き

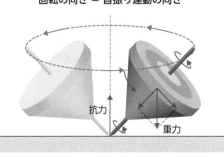

抗力 / 重力

 天体の日周運動だけでは，動いているのが天体か地球かまではわからない。振り子の振動面は地球の自転の影響を受けないため，フーコーの振り子に見られる振動面の回転は地球の自転の証拠になる。

地球の公転

太陽や恒星の1年間の動きは，地球の公転によって起こる見かけの現象である。さらに，太陽の南中高度の変化は，地球の自転軸の傾きも原因である。

1 太陽の年周運動　太陽は天球上の黄道を1年かけて1周する。

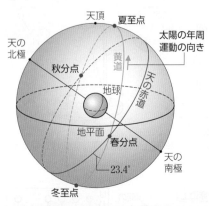

太陽は天球上を1日に約1°西から東へ移動し，1年（1恒星年＊：365.2564日）で1周する（**太陽の年周運動**）。太陽の移動する経路（**黄道**）は天の赤道に対して23.4°傾いている。

太陽の年周運動は地球の**公転**によって生じる見かけの現象である。

	赤緯	赤経	太陽が通過する月日
春分点	0°	0h	3月21日頃
夏至点	+23.4°	6h	6月22日頃
秋分点	0°	12h	9月23日頃
冬至点	-23.4°	18h	12月22日頃

＊暦では1太陽年が使われる。●p.151

A 黄道12星座

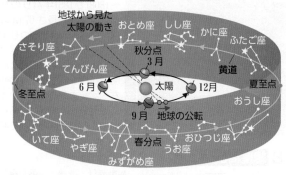

黄道上にならぶ12の星座を黄道12星座という。

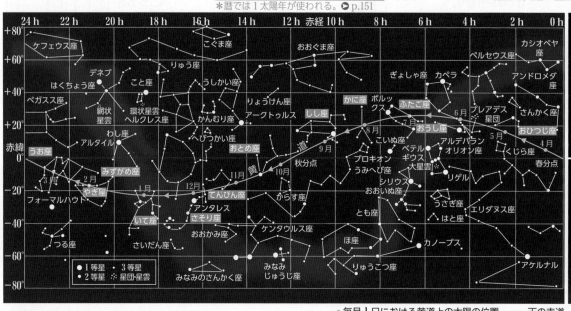

●毎月1日における黄道上の太陽の位置　── 天の赤道

夏の星座
はくちょう座

冬の星座
オリオン座と冬の大三角

2 地球の公転による現象　地球の公転のため，季節により見える星座は異なる。

地球の公転と自転による現象

同じ時刻でのオリオン座の位置の変化を模式的に示したもの。

- 太陽の赤経が1日に約1°ずつ増えていく。
- 恒星日と太陽日に約4分の差が生じる（●p.151）。よって，太陽以外の恒星は毎日約4分，毎月約2時間ずつ早く出没する。その結果，1か月後の同じ時刻には約30°西に移動して見える。

自転軸の傾きによる現象

太陽の高度

公転と季節変化

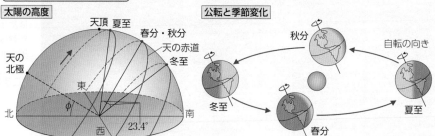

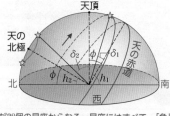

- 自転軸が傾いているため，太陽が子午線を通過（**南中**）するときの高度が季節によって異なる。

北緯φの地点での赤緯＋δの天体の南中高度

天頂の南側で子午線通過：$h_1 = 90° - \phi + \delta_1$

天頂の北側で子午線通過：$h_2 = 90° + \phi - \delta_2$

例 東京（北緯35°）における春分の日の太陽の南中高度は，
$h = 90° - 35° + 0° = 55°$

プチ雑学 紀元前の中国では，西洋天文学の影響を受けずに独自に星座が誕生した。これは「二十八宿」と呼ばれ，おおよそ黄道に沿って並んだ28個の星座からなる。星座にはすべて，「角」，「房」，「心」などといった漢字一文字の名前がつけられていた。

❸ 年周視差 地球から見たときと太陽から見たときの方向の違いがなす角度を年周視差という。

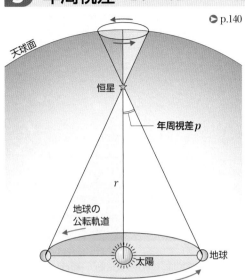

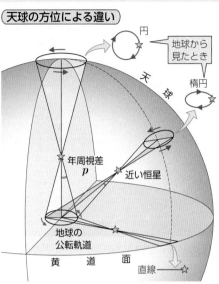

▶ p.140

恒星名	年周視差 p	距離 r（光年）
ケンタウルス座α星	0.755″	4.3
バーナード星	0.548″	5.9
ウォルフ 359星	0.421″	7.7
シリウスA	0.379″	8.6
ロス 154星	0.337″	9.7
はくちょう座 61番星	0.287″	11.4
プロキオンA	0.285″	11.5
ファンマーネン星	0.235″	13.9

「理科年表」による

対象は静止していても，観測点が動けば対象の見える方向は変わる。恒星についても，地球の公転のために地球から恒星が見える方向は1年周期で変化する。この変化量の半分の角度を**年周視差**という。恒星は遠方にあるため，年周視差の値は小さく，1838年に初めて測定された。過去には年周視差が観測できないことを理由に地動説を否定する説もあった。

❹ 年周光行差 年周光行差は，地球の公転に由来する，星の位置の見かけの変化を表す量である。

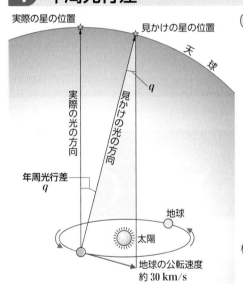

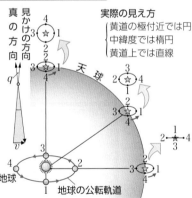

光速度を c，地球の公転速度を v，黄道の極付近の星の光行差を q〔rad〕とすると，

$$c \cdot q = v \quad \text{よって，} \quad q = \frac{v}{c}\ (20.5″) \text{となる。}$$

光行差を雨でたとえると上のようになる。
雨がまっすぐ降っているとき，動かずに立っている場合は傘をまっすぐにさせばよい。しかし，動き出すと雨は前方から斜めに降ってくるように見える。動く速度が速くなるにつれて，それはさらに顕著になる。

5 惑星の運動

❺ ドップラー効果 地球の公転によるドップラー効果で，恒星から届く光の見かけの波長は変化する。

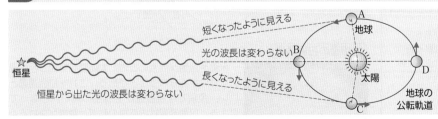

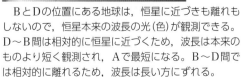

救急車のサイレンの音は，救急車が近づくときは高く，遠ざかるときは低く聞こえる。音源と観測者の動きにより観測される振動数が変わるこの現象を，**ドップラー効果**という。

光でもドップラー効果は起こる。恒星から出た光を地球で観測する場合，公転で地球が恒星に近づくときは恒星からの光の波長は短く（振動数は大きく），遠ざかるときは長く（振動数は小さく）見える。これは地球の公転の証拠であり，1890年に観測に成功した。

BとDの位置にある地球は，恒星に近づきも離れもしないので，恒星本来の波長の光（色）が観測できる。D〜B間では相対的に恒星に近づくため，波長は本来のものより短く観測され，Aで最短になる。B〜D間では相対的に離れるため，波長は長い方にずれる。

視差 1″は，長さ 1 cm の物体をおよそ 2 km 離れたところから見たときの長さ（角度）に相当する。

1 惑星の視運動　公転速度の違いと太陽からの位置関係が惑星の見かけの動きを複雑にする。

A 黄道とある年の惑星の動き

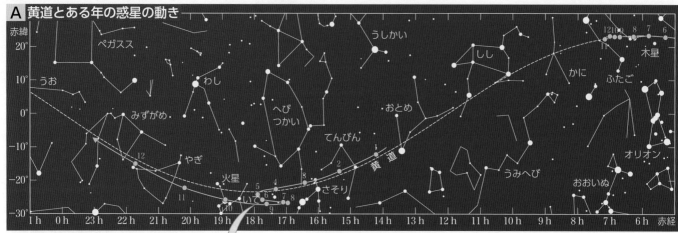

天球上の惑星の動き
軌道面の傾きのため黄道から少し外れる

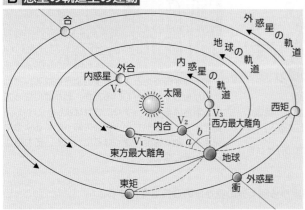

惑星はほぼ黄道に沿って西から東へ公転している。太陽に近い惑星ほど公転速度は大きいので，動く地球から見たほかの惑星は，西から東に動く(**順行**)だけでなく，東から西にも動く(**逆行**)。また，向きを変える点では止まって(**留**)見える。逆行は**内合**や**衝**前後に見られる。

火星の動き

プレアデス星団
火星
アルデバラン
1990年9月23日

火星
プレアデス星団
アルデバラン
1990年10月23日

B 惑星の軌道上の運動

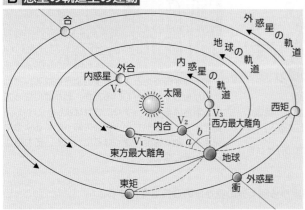

金星の満ち欠け

	V_1 25″	$V_1 \sim V_2$ 44″	V_2 58″	$V_2 \sim V_3$ 44″	V_3 25″	V_4 9.8″

視直径(秒)

$V_1 \sim V_4$については左図参照　上が北

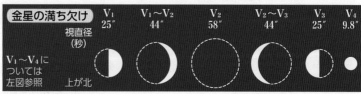

内惑星の軌道半径

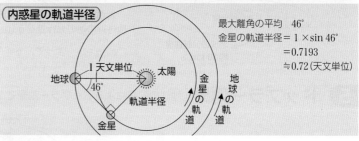

最大離角の平均　46°
金星の軌道半径 $= 1 \times \sin 46°$
$= 0.7193$
$≒ 0.72$(天文単位)

内惑星 水星 金星	**外合**(V_4)：見えにくい。
	内合(V_2)：見えにくい。日面通過が起こることがある。
	東方最大離角(a)：日没後に西の空。水星<28° 金星<49°
	西方最大離角(b)：日の出前に東の空。水星<28° 金星<49°
外惑星 火星・木星・土星 など	**合**：見えない。
	衝：一晩中見える。観測の好機。
	西矩：夜半から日の出にかけて東から南の空。
	東矩：日没後から夜半にかけて南から西の空。

内惑星の日面通過

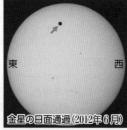

東　西
金星の日面通過 (2012年6月)

　水星や金星が内合のとき，太陽面を東から西へ通過するのが見られることがある。これを日面通過といい，金星では視直径が 1′ 程度の黒い円となって見える。日面通過は内惑星の軌道と黄道が交わる点付近で内合になると起こる現象で，金星は2117年12月11日，2125年12月8日に，また，水星は2019年11月11日，2032年11月13日に起こることが予報されている。

　惑星の**会合周期** S (たとえば衝から衝までの時間) を観測すると，その惑星の公転周期 P を求めることができる。

内惑星 $\dfrac{1}{S} = \dfrac{1}{P} - \dfrac{1}{E}$　外惑星 $\dfrac{1}{S} = \dfrac{1}{E} - \dfrac{1}{P}$　(E：地球の公転周期)

プチ雑学　古代ギリシャ人は，惑星が西から東に動くだけでなく，停止したり，逆向きに動いたりと複雑な運動をすることから，この天体を「さまようもの，放浪するもの($\pi \lambda \alpha \nu \alpha \omega$, planeo)」と名づけた。これが英語 planet (惑星)の語源である。日本では，かつては遊星とよばれていた。

5 惑星の運動

Keywords ▶ ● 順行 direct motion　● 逆行 retrograde motion　● 留 stationary　● 内合 inferior conjunction　● 衝 opposition
● 内惑星 inner planet　● 外惑星 outer planet　● 外合 superior conjunction　● 東方最大離角 greatest eastern elongation
● 西方最大離角 greatest western elongation　● 会合周期 synodic period　● ケプラーの法則 Kepler's law

157

❷ ケプラーの法則　惑星の運動に関する3つの法則がケプラーによって見出された。

- ● **第1法則（楕円軌道の法則）**
  惑星の軌道は，太陽を焦点の1つとする楕円である。
- ● **第2法則（面積速度一定の法則）**
  太陽と惑星を結ぶ線分が，等しい時間におおう面積は等しい。
- ● **第3法則（調和の法則）**
  惑星と太陽との間の平均距離の3乗と，惑星の公転周期の2乗との比は，どの惑星をとっても一定である。
  惑星の平均距離を a，公転周期を P とすると，
  $$\frac{a^3}{P^2} = 一定$$

ケプラー

ケプラーはチコ・ブラーエの残した資料をもとに火星の軌道を計算した。そして，それまで円や円の組み合わせだと考えられていた惑星の軌道が，実は太陽を焦点とする楕円であることに気づいた（●p.163）。ケプラーの発見した3法則は，のちにニュートンにより証明された。

軌道の決定

火星と地球との会合周期から，火星の公転周期約1.88年を得る。火星は1.88年ごとに軌道上の同じ位置 M_1 に戻ってくるから，E_1 で火星を観測し，春分点と太陽や火星のなす角を調べる。そして1.88年後，E_2 の位置に来たとき再び同様の観測をすることによって，火星の空間における位置 M_1 を知ることができる。このような方法で火星の軌道を決定することができる。

参考 楕円の性質

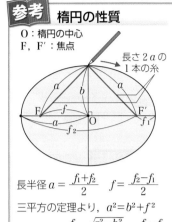

O：楕円の中心
F，F′：焦点

長半径 $a = \dfrac{f_1 + f_2}{2}$　$f = \dfrac{f_2 - f_1}{2}$

三平方の定理より，$a^2 = b^2 + f^2$

離心率 $e = \dfrac{f}{a} = \dfrac{\sqrt{a^2 - b^2}}{a} = \dfrac{f_2 - f_1}{2a}$
$$(0 \leqq e < 1)$$

円は $e = 0$ であり，つぶれた楕円ほど e が大きい。

A 第1法則・第2法則

$A_1 A_2$，$B_1 B_2$，$C_1 C_2$ は同時間の移動距離。
速度は近日点で最大，遠日点で最小。
◢ の面積は同じ。

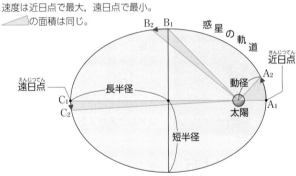

B 第3法則

惑星	軌道長半径（平均距離）a（天文単位）	対恒星公転周期 P（太陽年）	$\dfrac{a^3}{P^2}$
水　星	0.3871	0.24085	0.9999
金　星	0.7233	0.61520	0.9998
地　球	1.0000	1.00002	1.0000
火　星	1.5237	1.88085	1.0000
ケレス	2.767	4.60	1.00
木　星	5.2026	11.8620	1.0008
土　星	9.5549	29.4572	1.0053
天王星	19.2184	84.0205	1.0055
海王星	30.1104	164.7701	1.0055
冥王星	39.714	248	1.02

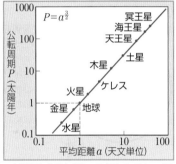

対数目盛りを用いて点をとると，ほぼ一直線上に並ぶ。

5 惑星の運動

C 軌道間の移動　ホーマン軌道

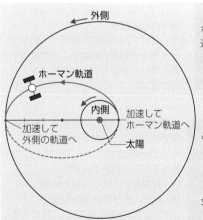

地球と木星が太陽を中心とする円軌道を公転するとして，この間をホーマン軌道でうつるのにかかる時間を考える。
それぞれの軌道の（長）半径を，
地球：1，木星：5，ホーマン軌道：A
（単位は天文単位）
それぞれの軌道での公転周期を，
地球：1，ホーマン軌道：T
（単位は年）
とすると，ケプラーの第3法則より，
$\dfrac{A^3}{T^2} = \dfrac{1^3}{1^2} = 1$ なので，$T = \sqrt{A^3}$
$2A = 1 + 5$ より，$A = 3$ なので，
$T = \sqrt{3^3} ≒ 5.2$
求める時間は，ホーマン軌道の公転周期 T の半分なので，2.6年。

ホーマン軌道は，惑星探査機などが2つの軌道の間をうつる軌道として考えられた。内側の軌道から外側の軌道へうつる場合，上図のように内側の軌道を出発するときと外側の軌道に達するときに加速して，外側の軌道へうつる。

Column チチウス・ボーデの法則

1766年，ドイツの天文学者チチウスは，当時知られていた惑星と太陽との距離に関する次の規則を発表した。
惑星の軌道長半径を a（天文単位）とすると，
$$a = 0.4 + 0.3 \times 2^n$$（各惑星と n との対応は表の通り）
ボーデが1772年の著書でこの法則を広めたため，チチウス・ボーデの法則とよばれる。
1781年発見の天王星は $n = 6$ の場合に当てはまったため，話題になった。その後，$n = 3$ に相当する天体が探され，1801年に小惑星ケレスが発見された。しかし，1846年発見の海王星は法則に合わず，この法則は現在では偶然の一致と考えられている。

惑星	水星	金星	地球	火星	ケレス小惑星	木星	土星	天王星	海王星	冥王星
n	$-\infty$	0	1	2	3	4	5	6	7	8
a	0.4	0.7	1.0	1.6	2.8	5.2	10.0	19.6	38.8	77.2
実際	0.39	0.72	1.00	1.52	2.77	5.20	9.55	19.2	30.1	39.5

1 天体望遠鏡 [実習] 夜空の天体は非常に暗いので，望遠鏡を用いて観測する。

A 望遠鏡の種類

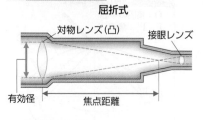

屈折式

対物レンズ(凸)　接眼レンズ
有効径　焦点距離

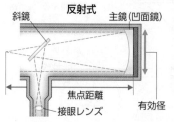

反射式

斜鏡　主鏡(凹面鏡)
焦点距離
接眼レンズ
有効径

	屈折式	反射式
利 点	●すぐに観測できる ●像のゆがみが少ない	●鏡筒が短く，扱いやすい ●色収差が発生しない
欠 点	●鏡筒が長く，重い ●色収差[*1]が発生する	●鏡筒内気流[*2]を安定させるため，観測前30分程度放置が必要 ●視野周縁部で像がゆがむ

＊1 像のできる位置や大きさが光の波長によって異なること。
＊2 鏡筒内と外気の温度差で，鏡筒内に発生する気流。像が乱れる要因。

B 架台の種類 望遠鏡を載せる台を架台という。

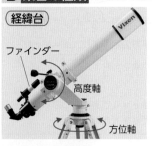

(経緯台)

ファインダー
高度軸
方位軸

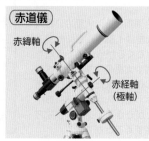

(赤道儀)

赤緯軸
赤経軸
(極軸)

天体の追尾

経緯台での追尾　赤道儀での追尾
東　南　西

経緯台は高度軸と方位軸の2軸で操作し，導入はしやすいものの，追尾で操作が多い。
赤道儀は極軸を天の北極に合わせる必要はあるが，極軸1軸のみを操作するため，追尾が容易である。

C 天体の導入

(ファインダー調整)

調節ねじ　目標物(鉄塔)

①望遠鏡を低倍率にし，視野の中心に，1km以上遠くにある目標物を入れる。
②ファインダーの調節ねじを回して，目標物がファインダー内の十字線の交点にくるように合わせる。
③調節ねじをしっかりしめ，ファインダーが動かなくなった状態にする。

(赤道儀での導入)

赤緯微動ハンドル
赤緯クランプ
赤経クランプ
赤経微動ハンドル
天の北極
極軸望遠鏡
バランスウェイト

①望遠鏡の極軸を，極軸望遠鏡をのぞき，天の北極(北極星)に合わせる。
②赤経・赤緯クランプをゆるめ，目標天体を片目で捉えながら，視線上にファインダーが入るように動かす。
③クランプをしめ，ファインダーの中心に目標天体が入るように，微動ハンドルで調整する。

2 太陽観測 [実習]

太陽投影板

投影された太陽

減光フィルター

太陽の光量を活かして，投影板に太陽の像を投影して観測することができる。

注意点
●失明するため，太陽を直接目で見ないこと。
●接眼レンズ付近は光が集まっているため，投影板と接眼レンズの間には手を入れないこと。
●太陽の導入はファインダーのふたを閉めた状態で，太陽の方向に向けた鏡筒の影が円形になるところで行うこと。

金属蒸着した減光フィルターや特殊なHαフィルター[*3]を用いても観測することができる。

＊3 Hα線(○p.138)のみを透過するフィルター。

3 天体の見つけ方

(北極星の見つけ方)

カシオペヤ座
A　B
P　Q　北極星
北斗七星
北

北極星は次のようにして見つけられる。
●北斗七星のひしゃくの先にある2つの星(A，B)の5倍の長さを，ひしゃくの先端Aからのばす。
●カシオペヤ座の両端にある2つの星がつくる線をそれぞれのばし，その交点Pと真ん中にある星Qの5倍の長さを，Qからのばす。

(簡易的な角度)

A　5°

B　10°

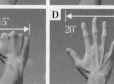
C　15°　　D　20°

腕を完全にのばした状態で，簡易的に角度を調べることができる。
A　ピースで約5°
B　こぶし1個分で約10°
C　親指を立てたこぶしで約15°
D　パーに広げた状態で約20°
ほかにも，小指の幅で約1°などがあり，星座を見つける際のおよその指標となる。
※個人差が大きいため，あくまで目安の角度である。

プチ雑学 赤道儀には，天体の自動追尾機能がついたものもある。赤道儀にカメラを接続して天体写真を撮影する際には，自動追尾機能を使うことで星を点像として撮影できる。

5 惑星の運動

クローズアップ 地学

江戸時代の天文学

かつての日本では，古い中国の暦がそのまま使われていた。17世紀後半になってようやく天体観測にもとづいた日本独自の暦に改められた。その後，西洋からの知識を取り入れた，科学的な天文学が日本でも始まった。

初めての日本独自の暦

天球儀

春海が制作に関わった天球儀。春海が観測した星々の位置は，1699年に『天文成象』という星図として刊行された。

暦は天体の動きにもとづいてつくられ，日食や月食などの予報も含む。日本では862年以来江戸時代まで，中国から伝えられた宣明暦が使われていた。しかし，宣明暦はほとんど変更なく使われ続けたため，江戸時代には誤差が目立ってきた。

渋川春海(1639〜1715)は，自身の天体観測や中国との経度差をもとに中国の授時暦を補正した貞享暦をつくった。この暦は1685年から使われるようになった。春海は，囲碁棋士であったが，貞享暦の功績により幕府の初代天文方になった。

天文将軍吉宗

徳川吉宗

享保の改革で知られる徳川吉宗(1684〜1751)は，それまで行われていた海外の書物の輸入制限をゆるめた。これにより，西洋天文学の知識が日本に入ってくるようになった。

吉宗自身も暦に関心をもち，観測機器を改良しながら，城内で天体観測を行っていたといわれている。また，西洋天文学にもとづいた暦に改めることも計画していた。

クレーターの名前になった天文学者

アサダクレーター

月の表面

月のクレーターに名前がつけられた日本人は10人いる。その1人が大坂の天文学者麻田剛立(1734〜1799)である。剛立は暦や天文の研究を行い，望遠鏡で月のクレーターを発見している。

剛立は，先事館という私塾を開き，高橋至時や間重富らを育てた。2人は後に，日本初の西洋天文学にもとづいた暦である寛政暦をつくった。

日本地図をつくった理由

写真提供／呉市入船山記念館・所蔵／宮原昌弘氏

伊能忠敬たちの測量の様子

高橋至時が寛政暦をつくるために天文方になった頃，そこへ暦について学びに来たのが，伊能忠敬(1745〜1818)である。

忠敬は天体観測を行いながら正確な測量を行い，日本地図をつくったことで知られるが，測量の目的には，緯度1度の距離を測り，地球の正確な大きさを知ることもあったといわれる(● p.6)。

国産の望遠鏡

国友藤兵衛がつくった望遠鏡

望遠鏡が日本にもたらされたのは，(最も早い記録では)1613年である。その後，日本でも望遠鏡がつくられるようになった。

大坂の岩橋善兵衛(1756〜1811)は，高性能の望遠鏡を量産し，さらに1793年には京都の黄華堂で日本初の天体観測会を行うなど望遠鏡を広めていった。伊能忠敬も善兵衛の望遠鏡を使っていた。

また，近江の鉄砲鍛冶師の国友藤兵衛(1778〜1840)は，日本で初めて反射望遠鏡をつくり，黒点の長期観測などの天体観測を行った。

日本の星座

ベテルギウス

リゲル

オリオン座

現在では，星座の名称として，一般的には国際天文学連合が定めた88の星座が使われるが，かつて日本独自で命名された星座もあった。

たとえば，オリオン座は鼓星，さらに2つの1等星について，赤いベテルギウスは平家星，青白いリゲルは源氏星とよばれていた。これは源平合戦での旗の色と星の色を対応させたものである。

基礎 1 宇宙の観測　電磁波の波長によって，観測の仕方や得られる情報が異なる。

A 電磁波

電磁波は，**波長**によって，X線，電波，**赤外線**などとよばれ，ヒトの目がとらえる「光」も**可視光線**とよばれる電磁波の一種である（◯ p.81）。

天体は，温度など状態・性質に応じていろいろな波長の電磁波を放つため，電磁波からその天体の情報が得られる。

可視光線や波長の長い電波は大気に吸収されにくいため，地表からも観測可能だが，γ線・X線・紫外線は大気に吸収されやすいので，おもに大気圏外の宇宙望遠鏡を用いて観測される。

さらに近年，電磁波ではなく重力波による観測も始まりつつある。

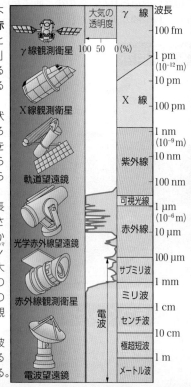

※100 μm〜1 mの電磁波はマイクロ波ともよばれる。

B いろいろな波長で見る天の川

左上は観測対象

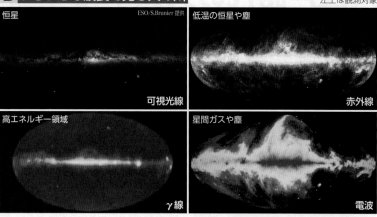

恒星　　ESO/S.Brunier 提供	低温の恒星や塵
可視光線	赤外線
高エネルギー領域	星間ガスや塵
γ線	電波

空全体をいろいろな波長の電磁波を用いて観測し，天の川（銀河系の中心方向）を中心として世界地図のように表したもの。波長により見え方が大きく異なることがわかる。

物体が放つ電磁波で最も強い波長は，温度に反比例する（ウィーンの変位則◯ p.141）。つまり，高温の物体からは波長の短い電磁波，低温の物体からは波長の長い電磁波が強く放たれる。たとえば，可視光線は表面温度が数千〜数万度の恒星から強く放たれる。一方，赤外線や電波は低温の星間ガスや塵から，X線は高温の中性子星やブラックホール周辺の高温のガスから強く放たれる（◯ p.142〜145）。

また，可視光線では地球に届くまでにある物質に吸収されて観測できない場合でも，その物質に吸収されにくい別の波長を用いて観測できることもある（◯ p.148）。

観測する波長を使い分けることで目的とする観測ができる。

基礎 2 巨大望遠鏡　日本の国立天文台は，ハワイ島に設置したすばる望遠鏡という巨大望遠鏡で，多くの成果を挙げている。

A すばる望遠鏡

側面ルーバ　　鏡筒　　主鏡

楕円柱型ドーム
ルーバ（通風窓につけたよろい戸）やウィンドスクリーンなどを自動制御して，望遠鏡周辺に適切な空気の流れをつくり出す。

可動ウィンドスクリーン

前面ルーバ

回転支持架台
重力のかかり方が単純で解析しやすい経緯儀式架台を採用した。天体の追尾は，角度0.12秒の高精度でコンピュータ制御される。

国立天文台がハワイ島のマウナケア山頂（標高4200 m）に建設した可視光・赤外線観測用の大望遠鏡。有効口径8.2 mの主鏡は世界最大級である。厚さわずか20 cmの主鏡が，261本のコンピュータ制御のアクチュエーターによって常に最適な形状に補正されるなど，最先端の技術が駆使されている。望遠鏡の本体は，高さ22.2 mで，重さが555トンある。楕円柱型ドームの高さは43 m。

望遠鏡本体

国立天文台提供

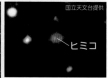

国立天文台提供

ヒミコ

すばる望遠鏡で観測された距離129.7億光年の原始銀河団 z66OD（左の青色部分*）と，その中で見つかった巨大ガス雲天体ヒミコ（上）。

＊青色は銀河団を構成する銀河の密度に応じて着色している。

B TMT計画

国立天文台 TMT プロジェクト室提供

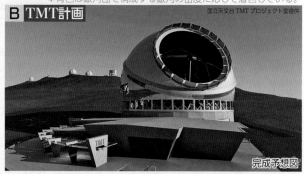

完成予想図

□径30 mの望遠鏡（Thirty Meter Telescope）をつくる計画。日本やアメリカ，カナダなどが進めている。

プチ雑学　マウナケア山頂は，天気がよく，大気が安定して像のゆらぎが少ないなど，天体観測に適している。そのため，上のイラストにも描かれているように，すばる望遠鏡以外にも巨大望遠鏡をもつ各国の天文台が建設されている。

Keywords ◉
●電磁波 electromagnetic wave　●波長 wavelength　●赤外線 infrared (IR)
●可視光線 visible light　●望遠鏡 telescope

日本天文学会
天文学辞典
161

基礎 ③ 電波望遠鏡　電波はパラボラアンテナをもつ電波望遠鏡で観測される。

A アルマ望遠鏡

Clem & Adri Bacri-Normier(wingsforscience.com)/ESO提供

撮影されたブラックホール

提供：Event Horizon Telescope / ZUMA Press / アフロ

　アルマ(ALMA)望遠鏡は，大気に吸収されやすいミリ波・サブミリ波を観測する電波望遠鏡で，東アジア・北米・ヨーロッパ・チリの協力でチリのアタカマ高地(標高5000 m)に設置された。66台のアンテナを1つの巨大な電波望遠鏡として扱う。アンテナは，最大18.5 kmまで広げて配置でき，口径18.5 kmの電波望遠鏡と同等の分解能※をもつ。右側の画像は，EHTというプロジェクトで，アルマ望遠鏡など世界8か所にある電波望遠鏡を用いて撮影に成功した，M87(◉p.117)の中心にある巨大ブラックホールの影。
＊2点を見分ける能力。通常，口径の大きな望遠鏡ほど分解能は高い。

④ ニュートリノの観測

A スーパーカミオカンデ

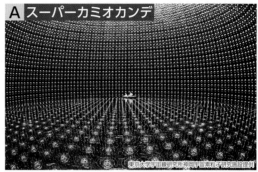

東京大学宇宙線研究所神岡宇宙素粒子研究施設提供

　ニュートリノは，太陽内部の核融合反応(◉p.139)や超新星爆発(◉p.142)などで生じる粒子である。ニュートリノは，非常に透過性が高く，観測は難しいが，天体内部のようすを知る手がかりになる。スーパーカミオカンデは，ノイズを避けるために地下1000mに置かれた大きな水槽の水でニュートリノをとらえる。

⑤ 重力波天文学　重力波天文学という，新たな学問分野が始まりつつある。

LIGOの外観

　2015年に世界で初めて重力波を検出したアメリカの重力波望遠鏡LIGO。2本の長い腕をもつ。日本でも重力波望遠鏡KAGRAの運転が始まった。

　重力は質量をもつ物体による空間(正確には時空)のゆがみと考えられている。物体が動くと空間のゆがみはのび縮みの波として伝わる。これを重力波という。
　重力波は2015年に初めて検出された。重力波天文学という新たな分野の幕開けである。
　そして，2017年には，重力波望遠鏡が検知した中性子星の合体という現象を，他の望遠鏡が電磁波で観測した。このように重力波や電磁波など複数の方法を用いた研究を，マルチメッセンジャー天文学という。

重力波検出のしくみ

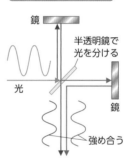

鏡
半透明鏡で光を分ける
光
鏡
強め合う

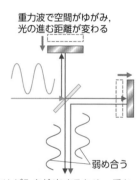

重力波で空間がゆがみ，光の進む距離が変わる
弱め合う

　重力波による空間の小さなゆがみを検出するため，重なる光の波が強め合ったり弱め合ったりする，干渉という現象を利用する。上のように，2つの光を干渉させると，重力波による空間のゆがみが，干渉の変化として現れる。

5 惑星の運動

⑥ 宇宙望遠鏡　宇宙望遠鏡は，大気の影響のない宇宙空間で観測を行い，大きな成果を挙げてきた。

A ハッブル宇宙望遠鏡

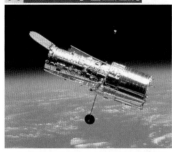

　大気のゆらぎのない宇宙空間で観測を行うため，像が乱れない。1990年に打ち上げられたハッブル宇宙望遠鏡は，口径2.4 mの反射望遠鏡で大きな成果を挙げた。

B ジェームズ・ウェッブ宇宙望遠鏡

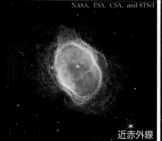

NASA, ESA, CSA, and STScI

近赤外線

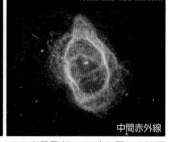

NASA, ESA, CSA, and STScI

中間赤外線

　ジェームズ・ウェッブ望遠鏡は，ハッブル宇宙望遠鏡の後継機として2021年に打ち上げられた。口径6.5 mの反射望遠鏡をもち，主鏡は18枚の六角形型の鏡から構成される。

　ジェームズ・ウェッブ望遠鏡が，8の字星雲(◉p.148)を異なる波長の赤外線で撮影したもの。左は波長0.6 μmから5 μmの近赤外線，右は波長5 μmから28 μmの中間赤外線を検出して撮影された。観測から，8の字星雲が塵に覆われていることがわかった。また，右の画像からは，中心に明るさの異なる2つの天体があることがわかる。

プチ雑学　光(電磁波)の速さは有限(約30万 km/s)であり，光が1年かけて進む距離を1光年とよぶ。100光年離れた天体からの光を観測する場合，それはその天体の100年前の姿を観測していることになる。したがって，遠くの天体を観測することで，昔の宇宙のようすがわかる。

年代	第3章に関連する発見・できごと	人名(国名)
B.C.600頃	日食・月食のサロス周期の発見 ○ p.123	(バビロニア)
150頃	歳差の発見 ○ p.153	ヒッパルコス (ギリシャ)
129	「ヒッパルコス星表」の完成	ヒッパルコス (ギリシャ)
A.D.150頃	「アルマゲスト」で天動説を提唱	プトレマイオス (ギリシャ)
1543	「天球回転論」で地動説を提唱 ○ p.154	コペルニクス (ポーランド)
1582	グレゴリオ暦制定(現行太陽暦,1年365.2425日) ○ p.151	クラウィウス(独,伊),グレゴリоб13世(伊)
1608	望遠鏡の発明	リッペルハイ(蘭)など
1609-10	望遠鏡による天体についての発見(木星の衛星,月のクレーター,天の川の正体など)	ガリレイ(伊)など
1609-19	ケプラーの法則の発見 ○ p.157	ケプラー(独)
1656	土星の環の確認 ○ p.126	ホイヘンス(蘭)
1687	「プリンキピア」で,運動の3法則と万有引力の法則の公表	ニュートン(英)
1705	周期彗星(ハレー彗星)の発見 ○ p.129	ハレー(英)
1718	恒星の固有運動の発見	ハレー(英)
1728	年周光行差の発見 ○ p.155	ブラッドレー(英)
1772	チチウス・ボーデの法則の発表 ○ p.157	チチウス(独),ボーデ(独)
1781	天王星の発見 ○ p.127	ハーシェル(英)
1785	銀河系の概念を確立 ○ p.115	ハーシェル(英)
1801	小惑星第1号(ケレス)の発見 ○ p.128	ピアッツィ(伊)
1814-15	太陽スペクトルの暗線の発見 ○ p.138	フラウンホーファー(独)
1838-39	恒星の年周視差の発見 ○ p.155	ベッセル(独)など
1846	海王星の発見 ○ p.127	ルベリエ(仏),アダムス(英),ガレ(独)
1850頃	天体写真術の確立	ボンド(米),ド・ラ・リュー(英)
1863-66	恒星スペクトルの分類 ○ p.141	ハギンス(英),ラザフォード(米),セッキ(伊)
1866	彗星と流星の関係の解明 ○ p.128	スキャパレリ(伊)
1905	特殊相対性理論を提唱	アインシュタイン(独,スイス)
1908-12	セファイドの周期光度関係の発見 ○ p.147	リービット(米)
1911-14	HR図の発表 ○ p.142	ヘルツシュプルング(デンマーク),ラッセル(米)
1915-16	一般相対性理論を提唱	アインシュタイン(独,スイス)
1925	恒星の主成分が水素であることの発見 ○ p.139	ペイン(英,米)
1927, 1929	ハッブル・ルメートルの法則の発見 ○ p.112	ルメートル(ベルギー),ハッブル(米)
1930	冥王星の発見 ○ p.129	トンボー(米)
1931	宇宙電波の発見 ○ p.161	ジャンスキー(米)
1938-39	太陽の熱源を原子核反応で説明 ○ p.139	ワイゼッカー(独),ベーテ(米)
1946	ビッグバン宇宙論を提唱 ○ p.110	ガモフ(帝ロシア,米)
1957	最初の人工衛星スプートニク1号	(ソ連)
1961	人類初の有人宇宙飛行ボストーク1号	(ソ連)
1965	宇宙背景放射の発見 ○ p.111	ペンジアス(米),ウィルソン(米)
1969	アポロ11号による人類初の月着陸	(米)
1976	バイキング火星着陸	(米)
1978-86	宇宙の大規模構造の発見 ○ p.115	ハクラ(米),ゲラー(米)など
1987	超新星1987Aからのニュートリノ検出 ○ p.161	小柴昌俊(日本)
1990	ハッブル宇宙望遠鏡打ち上げ ○ p.161	(米など)
1992	太陽系外縁天体の発見 ○ p.129	ジュイット(米),ルー(米)
1995-96	系外惑星の発見 ○ p.121	マイヨール(スイス),ケロー(スイス)
1998-99	宇宙の加速膨張の発見 ○ p.113	パールマター(米),シュミット(オーストラリア),リース(米)など
2006	惑星の再定義 ○ p.118	国際天文学連合
2010	小惑星探査機はやぶさ帰還 ○ p.128	(日本)
2016	重力波を観測 ○ p.161	LIGOチーム(米)

ノイズの正体

1946年,ガモフは,元素合成についての研究から,宇宙がかつては超高温・超高密度であったと主張した。これは,のちにビッグバン宇宙論とよばれた(○ p.110)。一方で,ビッグバン宇宙論と対立する,宇宙は始まりも終わりもなくつねに同じ姿であったとする定常宇宙論の支持者も多かった。どちらが正しいか,なかなか結論は出なかった。

使われたアンテナ
ウィルソン(左)とペンジアス(右)

1965年,ペンジアスとウィルソンは,電波で天体を観測するためにアンテナを点検していて,ノイズに気づいた。近くの大都市ニューヨークからの電波とも考えたが,ノイズは空全体からほぼ同じ強度で届いていた。アンテナについたハトのふんの影響も考えて掃除をしたが,それでもノイズは消えなかった。検討を行い9か月が過ぎた頃,友人の助言を受けて近くの大学のディッケに相談したところ,それがビッグバン宇宙論の証拠である宇宙背景放射(○ p.111)であるとわかった。

2人はこの分野の専門ではなかったが,ノイズの正体を追究した結果,大発見につながった。

大 論争 The Great Debate

実験・観察だけでなく,それらにもとづいた討論も科学の発展には重要である。1920年4月26日,ワシントンの科学アカデミーの講堂で,のちに「大論争」とよばれる討論会があった。討論のテーマは,宇宙の大きさと渦巻星雲(○ p.117)の正体であった。討論に参加したシャプレー(○ p.149)とカーチスは,それぞれ図のように考えていた。

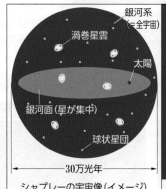
渦巻星雲
銀河系(=全宇宙)
太陽
銀河面(星が集中)
球状星団
30万光年
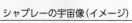
シャプレーの宇宙像(イメージ)

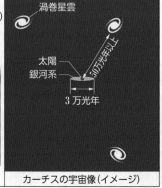
渦巻星雲
太陽
銀河系
3万光年
カーチスの宇宙像(イメージ)

ただし,残念ながら,この討論会では2人の議論が十分にかみ合わず,結論は出なかった。

その後,ハッブル(○ p.112)がセファイドの周期光度関係(○ p.147)から渦巻星雲までの距離を求め,渦巻星雲が非常に遠方にあることがわかり,銀河系と同等の星の集まり(銀河)と考えられた。宇宙はこれらが無数に分布する広大な空間であった。

なお,現在の視点でふり返ると,銀河系における太陽の位置はシャプレー,渦巻星雲の理解の仕方はカーチスのほうが正しかったといえる。

天 動説から地動説へ

16世紀のヨーロッパでは，プトレマイオスが「アルマゲスト」に記した天動説（地球を中心として太陽や恒星がまわる）が，教会が認める宇宙の見方であった。それに対しコペルニクスは，太陽を中心として地球がまわる地動説を主張した（1543年）。地動説には，惑星軌道の大きさを求められる利点があった。

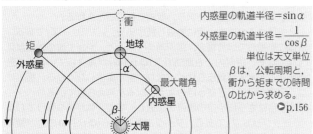

内惑星の軌道半径 $= \sin\alpha$

外惑星の軌道半径 $= \dfrac{1}{\cos\beta}$

単位は天文単位
β は，公転周期と，衝から矩までの時間の比から求める。
● p.156

高精度な観測を行っていたチコは，天動説と地動説の中間的な説を提案していた。しかし，チコの助手ケプラーは，地動説が正しいと考え，チコの死後，引きついだ観測記録を地動説の視点で分析した。そして，火星が円軌道を描くとすると，観測結果と比べて 8′（8分）のずれが生じることに気づいた。チコの観測精度は非常に高かったため，ケプラーはこのずれの原因を考え，火星は楕円軌道を描くという結論を出した。ほかにも惑星の運動についての法則を発見し，ケプラーの法則（● p.157）としてまとめた（1619年）。

その後，17世紀後半には，ニュートンが万有引力の法則からケプラーの法則を導いた。また，ブラッドレーによる年周光行差の発見（1728年）やベッセルによる恒星の年周視差の発見（1838年）により，地動説は観測からも裏付けられた（● p.157）。

望 遠鏡が拓いた世界

観測技術の進歩は，科学の発展に大きな影響を及ぼしてきた。1608年，望遠鏡が発明された。ケプラーと同時代の科学者ガリレイは，望遠鏡で天体を観測し，以下のような発見・考察を行った。

● 月にクレーターなど（● p.122）の凹凸，太陽に黒点（● p.134）がある。天上界は完全であるとする当時の自然観と合わない。
● 木星に衛星がある（● p.126）。天動説のように，地球だけが宇宙の運動の中心とは考えにくい。
● 惑星は円盤として拡大されるが，恒星は点にしか見えない。よって，恒星は非常に遠方にあると考えられ，地動説の証拠になる年周視差を観測することはむずかしい。

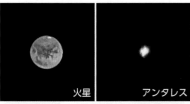

同じ倍率で撮影した惑星（火星）と恒星（アンタレス）。恒星は，ふつうの望遠鏡で拡大してもぼやけて見えるだけである。

火星　アンタレス

● 金星の満ち欠け（● p.156）。地動説なら説明できる。

これらをもとに，ガリレイは地動説を主張した。ただし，その結果，ガリレイは宗教裁判にかけられ有罪（1992年に撤回）となった。

その後，望遠鏡は巨大化するなどの発展を遂げ（● p.160），さらに，実用的な写真の技術の発明（1839年）により，客観的な記録・精密な測定が可能になり，さまざまな成果がもたらされた。

海 王星の発見

1781年，ハーシェル（● p.115）が天王星を発見した。これは偶然の発見であったが，海王星（● p.127）は理論的な予測から発見された。

天王星は，過去に恒星として観測されていたことがわかり，その記録から公転軌道が求められた。しかし，1820年代以降，天王星の位置の理論的な予測と実際の観測のずれが目立ってきた。原因として未知の惑星による重力の影響が考えられた。

未知の惑星

天王星と未知の惑星が重力で引き合う

天王星

太陽

ルベリエ（● p.107）は，未知の惑星の重力を仮定して，万有引力の法則を使って複雑な計算を行い，その惑星の位置を予測した。この予測をもとに観測を始めたガレは，その最初の晩（1846年9月23日）に，予測の位置から約1°しか離れていないところに星図にはない星を発見した。これが海王星であった。なお，発見につながらなかったが，ルベリエより前にアダムスも同様の予測をしていた。

2人が予測した軌道や質量は，実際の海王星とはずれがあり，予測の位置の近くでみつかったのは偶然といわれることもある。しかし，海王星はかつてガリレイに恒星として記録されており，予測のもとで探したおかげで，惑星と判断できたともいえる。

惑 星の再定義

1930年，冥王星（● p.129）がトンボーにより発見された。当時，冥王星は太陽系9番目の惑星であった。つまり，太陽系を構成する天体は，太陽，9個の惑星（とその衛星），小惑星，彗星とされた。

しかし，1978年には冥王星の質量が月よりも小さいこと，1992年以降には冥王星に似た多くの天体が海王星の外側をまわっていることがわかった。そして，2003年に発見された天体エリスは，冥王星より大きいと考えられた。

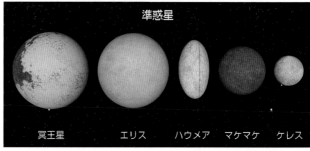

準惑星

冥王星　エリス　ハウメア　マケマケ　ケレス

上のような事情を背景に，惑星の定義は何か，冥王星は惑星なのか，という議論が起こった。そして，2006年，国際天文学連合の総会で惑星の定義が決議され，冥王星やエリスは惑星ではなく準惑星とされた。また，海王星の外側をまわる冥王星のような天体は，太陽系外縁天体とよばれた。

太陽系を構成する天体は，太陽，8つの惑星（とその衛星），小惑星，彗星，太陽系外縁天体とされた。なお，小惑星と太陽系外縁天体の中の大きなもの（ケレスや冥王星，エリスなど）は準惑星ともよばれる（● p.118）。

新たな発見により，それまで厳密に定義されていなかった「惑星」の定義が決まり，太陽系の見方も変わったのである。

Q 空と宇宙の境目は？

A かつては，星のある天上界と人々が暮らす地上界とは区別されていた。しかし，ニュートンの万有引力の法則の発見により，天上界と地上界で同じ法則が成り立つことがわかり，統一的に理解されるようになった。

さて，それでは地球の上空のどこからを宇宙（宇宙空間）と考えれば良いのであろうか。実のところ，地球の大気は，高度とともに徐々にうすくなるため（◉p.74），宇宙空間との間の明確な境目は見いだせない。そのため，境目は人為的に設けられる。よくいわれるものの1つが，国際航空連盟（FAI）で決めた，カーマンライン（高度100 km）である。この高度では，大気がうすいため，揚力を得るのに必要な速度が，地球を周回できる速度になってしまう。

国際宇宙ステーションは高度約400 kmの軌道で地球を周回している。上の定義にしたがえば宇宙空間ではあるが，東京と大阪の直線距離ぐらいであり，地球から月までの距離約38万kmと比べ，ずっと地球に近い。

空と宇宙の境目としては，カーマンライン以外に，NASAが大気圏再突入高度としている高度122 kmや，熱圏より上（外側）の外気圏という層の上端（高度10000 km）が，挙げられることもある。

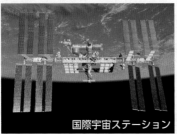
国際宇宙ステーション

Q 宇宙に終わりはあるの？ ◉p.113

A 現在，宇宙が膨張している状況から，宇宙は今後どうなっていくのか。考えられる3つの可能性を紹介する。

1つ目は宇宙がやがて膨張から収縮に転じてつぶれてしまう「ビッグクランチ」である。物質の量がとても多い場合，物質の重力が強まって宇宙の膨張は止まり，収縮に転じるとされる。

2つ目はこのまま永遠に膨張し続ける「ビッグフリーズ」である。永遠に膨張していく場合，銀河同士でみると，やがて隣の銀河が見えなくなる。銀河内でも星間ガス（◉p.142）が減少していき，核融合を起こす水素が集まりにくくなり，星が誕生しなくなる。最後には，宇宙がほとんど空っぽのようになると考えられている。

3つ目はさらに宇宙の膨張が加速し，宇宙全体が張り裂けてしまう「ビッグリップ」である。ダークエネルギー（◉p.113）の力が強くなると，膨張が加速され，重力で結びついた銀河どうしや，銀河を構成する恒星などはばらばらになる。さらには，原子をつくる陽子や中性子，電子さえも引き離し，空間自体も引き裂かれてしまうという説である。

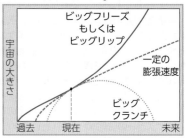

現在の観測データからは，ビッグクランチの可能性は低く，ビッグフリーズかビッグリップの可能性が高いといわれている。

Q 火星はなぜ赤い？ ◉p.125

A 夜空に赤く輝く火星は，昔から多くの人の注目を集めてきた。

火星の表面のようす

火星に探査機が送られるようになると，赤い色の原因は，表面を赤い土がおおっており，その土に鉄の酸化物が多く含まれることがわかった。

鉄の酸化物を含む赤褐色土壌は，地球上では，熱帯や亜熱帯など高温多湿な気候条件の地域で，岩石の酸化などの化学反応（化学的風化）を経てつくられる。現在の火星の平均気温は−60℃であり，液体の水も現在のところみつかっておらず，寒冷乾燥な気候であるが，どのようにしてこれらの鉄の酸化物ができたのだろうか。

寒冷乾燥な気候条件でも紫外線などの影響で鉄の酸化物ができる可能性は指摘されている。しかし，火星もかつては温暖湿潤な気候で，赤褐色土壌はその証拠である，と考える人は多い。実際，火星には，水が流れたあとと思われる地形や水で運ばれてきたと思われる堆積物がみつかっている。そのため，かつては表面の3分の1が海でおおわれ，さらに厚い大気をもっていたとも考えられている。しかし，重力が弱かったために大気は逃げ，気圧が下がったために水も蒸発していった，そして，残った水は永久凍土として地表や地下に残っているといわれている。

Q どうしたら宇宙へ行けるの？

A 実業家のイーロン・マスクは，宇宙開発企業のスペースX社を立ち上げ，2020年11月，民間で初めて国際宇宙ステーションへの有人飛行を実現させるという快挙を達成した。近年増えてきた，このような民間の宇宙開発企業が開発競争を行うことで，人工衛星の打ち上げにかかるコストは大幅に削減され，市場規模も拡大してきている。この先もコストが削減され，安全性も高まり，宇宙に行く人は増えていくと考えられる。あなたも宇宙開発の会社を起業するのはいかがだろうか。

しかし，今までに宇宙に行ったことがある職種で考えると，大半は宇宙飛行士で，基本的には宇宙の探査や，宇宙における科学的実験，機械の整備や修理を行う活動が主流である。例えば，日本人として初めて国際宇宙ステーションの船長をつとめた若田光一さんは，航空機のエンジニアから宇宙飛行士となっている。

JAXAは2021年に新たに宇宙飛行士の募集を行った。今から宇宙へ行くことを志すならば，宇宙飛行士を目指すのもよいだろう。宇宙飛行士になるための資質として，自然科学系の専門的な知識を持ち，かつ，仲間と協力して課題を解決しようとする人柄や，きびしい任務と訓練に耐えられる心身が求められる。

クルードラゴン（スペースX社）

Q ブラックホールに近づくとどうなるのか？ ○p.142,145

A ブラックホールは，光さえ脱出できないほど重力の大きな天体で，質量の大きな恒星が超新星爆発を起こしたあとに残ると考えられている（○p.142, 145）。また，銀河の中心にもあるといわれている。

物体がブラックホールに近づくとどうなるか。比較的小さな，自転していないブラックホールであれば，近づく間に潮汐力という力で引きちぎられると考えられる。潮汐力とは，１つの物体でも場所によって重力の大きさや引かれる向きが異なるために生じる力である。たとえば，ブラックホールに近い側と遠い側では，近い側のほうがより大きな重力で引かれるため，物体全体では引きのばされるような力がはたらく。

なお，実際には，近くの天体が引きのばされ，図のような円盤になって，ブラックホールのまわりをまわりながら近づくという現象が起こっていると考えられる。

ESO/L. Calcada/M.Kornmesser 提供
ブラックホール
想像図

Q たまに耳にする旧暦って何？ ○p.151

A 現在の暦（新暦）は，地球の公転周期にもとづく「太陽暦」である。旧暦はかつて使われた「太陰太陽暦（天保暦）」がもとになっている。旧暦明治５年12月３日を新暦明治６年１月１日とすることで，移行が行われた。

「太陰太陽暦」は，月の満ち欠けの周期にもとづく太陰暦を，太陽暦で補正するものである。月の満ち欠けにもとづくので，毎月１日は新月，３日は三日月，15日は満月であった。しかし，月の満ち欠けの周期は約29.5日なので，12か月で約354日になる。これだけでは太陽暦の１年より約11日短く，実際の季節と合わないので，19年間に平均７回の閏月を入れる。このため，旧暦では同じ日付でも，太陽の高さは大きく異なる。そこで，季節の目安には，天球上の太陽の位置を24等分した二十四節気が用いられた。

二十四節気の例とその意味（日付は目安）

立春(2/4)：春のはじまり	雨水(2/19)：雪が雨になる
啓蟄(3/5)：冬ごもりした虫が目覚める	芒種(6/5)：稲の種をまく
処暑(8/23)：暑さがおさまる	小雪(11/22)：雨が雪になる

Q 月がなかったらどうなっていた？ ○p.152

A 月の重力が地球に及ぼす影響の中で大きなものは，潮汐（○p.103, 152）と地球の自転軸の安定化である。

潮汐にともなうブレーキで地球の自転速度は遅くなっている。もしも月がなかったら，地球の自転速度は今よりずっと速く，１日はもっと短いはずである。

地球と月

また，自転軸の傾きは他の天体の重力の影響で変化する。公転面に垂直な向きからの自転軸の傾きは，地球では月からの強い重力によって太陽や他の惑星からの重力の影響がおさえられ，±1°程度の範囲で変化するだけである。小さな衛星しかない火星では，木星からの強い重力の影響で，その傾きが±10°程度の範囲で大きく変化する。月がなければ，地球の自転軸も，数十万年の周期で数十°も変化すると考えられ，気候も大きく変動したはずである。

Q 夏は太陽に近いの？ ○p.154

A 季節の変化は，地球と太陽との位置関係で決まる。位置関係といっても，楕円軌道上での地球と太陽との距離の違いで季節が変化するわけではない。たとえば，地球が太陽から最も遠いのは７月上旬で，北半球は夏である。そもそも地球の軌道は円に近く，太陽との距離の変化は小さい。

夏至　冬至

季節の変化には太陽高度の変化が関係している。地球の自転軸は公転面に垂直な向きに対して傾いているため，地球が太陽のまわりを公転する１年の間に太陽高度が変化する。太陽高度が高いと，一定面積での太陽放射の吸収量が大きくなり，地面が温められて気温が上がる（○p.84）。このように，太陽高度の変化が季節の変化をもたらす。

もし，地球の自転軸が公転面に垂直だとしたら，太陽高度は１年間を通して一定であり，季節の変化は起こらない。

本で深める地学

「新・天文学入門」 　嶺重慎・鈴木文二編著

わたしたちはどこから来たのだろう。地球，太陽系，そして，銀河，宇宙の成り立ちを知ることで，その答えを考えられる。豊富なカラー写真・図解と読みやすい文章で，しっかり理解しながら学べる天文学の入門書。さらに，最近の研究についても紹介されている。

岩波書店（2015年）

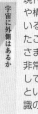

「宇宙に外側はあるか」 　松原隆彦著

現代の宇宙論では，宇宙の誕生や構造はどのように考えられているか。これまでにわかってきたこと，研究中の課題などを，さまざまなたとえを用いながら，非常にやさしい文章で解説。そして，「存在」という言葉の意味といった，われわれの世界の認識の仕方までも問う。

光文社（2012年）

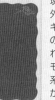

「系外惑星と太陽系」 　井田茂著

現在，数千個みつかっている系外惑星。ホットジュピター，エキセントリックジュピターなどの多様な系外惑星の発見は，それまでの太陽系形成の標準的なモデルをゆさぶった。系外惑星研究の最先端と，そこから生まれる太陽系・地球への問いを，わかりやすく解説。

岩波書店（2017年）

地表は水，大気，太陽光などから絶えず風化・侵食作用を受け，すがたを変え続けている。風化・侵食作用でできた岩石のかけらは，水や大気などによって運搬され，堆積することで新たな地形を生む。

基礎 1 　地表を変化させる過程 　水や大気などによる複数の作用がからみ合って地表のようすを変化させる。

○p.211 水の循環

風化や**侵食**で生じた砕屑物（岩石のかけら）は水や風などに**運搬**され，地表に**堆積**する。このような作用は，河川，海，氷河，風などのはたらきによって起こる。

また，大雨や地震をきっかけに地すべり（○p.97）が起こると，崖をともなう独特の地形ができる。

基礎 2 　風　化 　風化によって岩石は砕かれたり，化学的に変質したりする。

物理的風化 （機械的風化）	水の凍結による膨張や気温変化による体積変化で機械的に砕かれる。寒冷地や乾燥地に起きやすい。
化学的風化	地下水や雨水と化学反応を起こし，変質する。温暖で湿潤な地域に起きやすい。 例　石灰岩の溶食 　　長石類の粘土鉱物化（カオリンなどの生成）

モニュメントバレー（アリゾナ州・ユタ州，アメリカ）

節理（岩石・岩盤中の平らな割れ目）の細かい部分で，**物理的風化（機械的風化）**が進み，岩くず・土は風で飛ばされて岩山ができる。

玉ねぎ状風化

泥岩や花こう岩などにブロック状の節理ができ，そこに雨水が浸み込んで，玉ねぎ状の割れ目ができる。

（富津市，千葉）

構造土

（トムラウシ山，北海道）

水の凍結にともなう機械的風化により，寒冷地には岩くずが大量に生産されている。岩くずが，霜柱による地面の押し上げなどの影響を受けて移動し，地表の凍結割れ目（地面が冷やされ収縮してできる割れ目）に集積すると，**構造土**とよばれる幾何学模様ができると考えられている。

カルスト地形

ドリーネ

カレンフェルト

（秋吉台，山口）

石灰岩は CO_2 を含む雨水や地下水に溶けやすく，溶食（**化学的風化**の一種）され，カレンフェルトやドリーネなどが形成される。地下には鍾乳洞が形成される。

カレンフェルト：ピナクル（柱状になった石灰岩）が多く露出する地形。

ドリーネ：すりばち状の凹地。

プチ雑学 　花こう岩の場合，物理的風化によって発達した小さな割れ目に水が浸み込み，そこでさらに化学的風化が進むことが顕著に見られる。花こう岩地帯ではこのような風化作用が地下100 mにも達することがある。これは深層風化とよばれ，花こう岩地帯で起きる土砂くずれの原因の1つと考えられている。

基礎 ③ 自然水の作用　水の侵食作用・運搬作用・堆積作用により，さまざまな地形が形づくられる。

	侵食作用	運搬作用	堆積作用
河川水	侵食力は流速のおよそ2乗に比例 　下方侵食…V字谷，河岸段丘形成 　側方侵食…蛇行，三日月湖形成 溶解作用	運搬力は流速のおよそ6乗に比例 [運搬の方法] 浮流・跳動 → 粘土・砂 転動 → 礫	河川成層の形成 　山　麓…扇状地形成 　平野部…自然堤防，氾濫原（沖積平野）形成 　河　口…三角州形成
海水	海流，潮流，波浪による海食作用 …海食崖，海食台形成	沿岸流，海流，潮流，乱泥流による運搬	海成層（浅海成層・深海成層）形成 砂し，砂州，深海扇状地形成
湖沼水	湖岸段丘の形成	湖沼水による分級作用	[湖沼成層の形成と湖沼の一生] 　幼年期→壮年期→老年期 　→沼沢期→湿原期
氷河	谷氷河，山麓氷河，氷床（大陸氷河）による氷食作用…U字谷，カール（圏谷）形成	1日につき数cm～数十mの速さで流動	モレーン（氷堆石）による礫堤の形成 氷河湖底で氷縞粘土の堆積
地下水	溶解作用によって石灰岩台地にカルスト地形（鍾乳洞など）の形成	石灰岩の溶食 $CaCO_3 + CO_2 + H_2O \longrightarrow Ca(HCO_3)_2$ 石灰岩　　　　　　　　溶解	鍾乳洞内に石じゅん，鍾乳石生成 $Ca(HCO_3)_2 \longrightarrow CaCO_3 + CO_2 + H_2O$ 　　　　　　　　石じゅん 　　　　　　　　鍾乳石
	水に溶けた状態で流れる		

人との関わり　泥の被害

泥の撤去作業（福岡）2017.7.8

洪水が発生すると，土砂が家屋などに流れ込む。水が引いた後には泥が残され，大きな被害をもたらす。礫や砂よりも泥が残りやすいのは，泥が一度堆積すると動きにくい性質をもつためである。

粒径と流速の関係

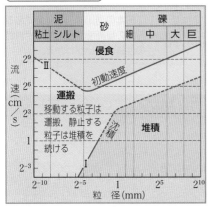

Ⅰは動いている粒子が堆積を始める境界を，Ⅱは堆積する粒子が動き始める境界を示している。

流速が遅くなるとき（運搬→堆積）

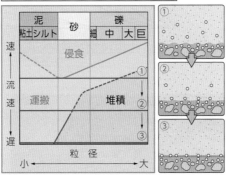

流速が①→②→③と遅くなると，運搬されている粒子のうち，大きい粒子から堆積する。砂は，①では運搬されていたものが，②③では堆積するようになる。しかし，泥は，流速が0に近い③でも堆積せず運搬され続ける。

流速が速くなるとき（運搬→侵食）

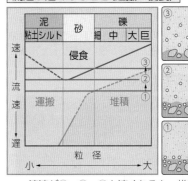

流速が①→②→③と速くなると，堆積を続ける粒子のうち，まず砂が動き始める（②）。泥は粒子同士の粘着力が強く，一度堆積すると動きにくいため，砂より後に動き始める。③では，泥に続き，礫が動き始める。

④ 地下水の作用

鍾乳洞

安家洞（岩手）

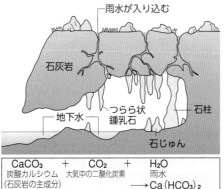

雨水が入り込む

石灰岩

つらら状鍾乳石

地下水

石柱

石じゅん

$CaCO_3$　　　　+　　　CO_2　　　+　　　H_2O
炭酸カルシウム　　大気中の二酸化炭素　　雨水
（石灰岩の主成分）
　　　　$\longrightarrow Ca(HCO_3)_2$
　　　　炭酸水素カルシウム（水溶性）

石灰岩（○ p.175）は二酸化炭素を含む水により溶食され，洞窟を形成する。カルスト地形の一種。

⑤ 雨水の作用

阿波の土柱（徳島）

砂礫層が雨の侵食作用を受けてできた柱状の地形。柱の頂部に大きな礫などがあって，その下の部分が侵食を免れて柱状に残った。

プチ雑学　中国の桂林では，地表から突き出した塔形の奇石が立ち並ぶ風景が見られる。これは，古生代に形成された石灰岩が隆起し，雨水によって侵食されてできたもので，タワーカルストとよばれる。

地表の変化(2)

河川を流れる水の作用によって、山が削られ、低地や海に土砂が運び込まれる。海水の作用は、岩を削り取ったり、沿岸部に土砂でできた地形を築いたりするはたらきをもつ。

Google Earth
河川の作用

基礎 1 河川の作用

河川の上流では侵食作用が、下流では堆積作用が強くはたらく。

A 侵食作用

V字谷

黒部渓谷(富山)

河川の侵食作用は、流れ込む海や湖の水面の高さを限界(侵食基準面)としてはたらく。これより離れた上流では、V字谷のような地形が見られる。土地の隆起が著しいと深い谷、岩盤が硬いと狭い谷が形成される。

ポットホール

飛水峡(岐阜)

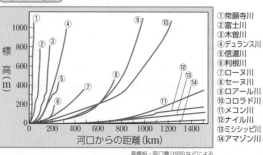

(下呂市金山町、岐阜)

川底や川岸の硬い岩にできる深い円形の穴。甌穴、かめ穴ともいう。川底にあった節理や割れ目などにくぼみができると、小石が入り込み、渦による回転で円形の穴を押し広げてつくられる。大きくなると隣の穴とつながる。

河川の勾配

①常願寺川
②富士川
③木曽川
④デュランス川
⑤信濃川
⑥利根川
⑦ローヌ川
⑧セーヌ川
⑨ロアール川
⑩コロラド川
⑪メコン川
⑫ナイル川
⑬ミシシッピ川
⑭アマゾン川

(縦軸：標高(m)、横軸：河口からの距離(km))

高橋裕・阪口豊(1976)などによる

(河川の縦断曲線／縦断面／河口／上流)

日本の河川は勾配が急である。河川の縦断面から、勾配や岩盤の性質の違いがわかる。

B 堆積作用

扇状地

(甲州市、山梨)

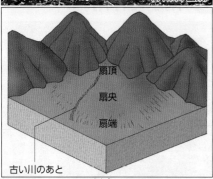

(扇頂／扇央／扇端／古い川のあと)

山のふもとなどの河床勾配が急減するところでは河川水の流速も急減し、谷口から砂礫を堆積する。流路の度重なる変更によって、谷口を頂点とした扇状の堆積地形(扇状地)を形成する。扇状地では、河川の水は地下を流れやすい。

自然堤防と後背湿地

三日月湖

釧路湿原(釧路町、北海道)

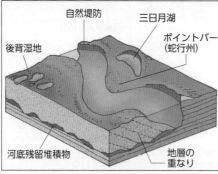

(後背湿地／自然堤防／三日月湖／ポイントバー(蛇行州)／河底残留堆積物／地層の重なり)

中・下流では河川が蛇行して流れることが多い。洪水時に河川から水があふれ、両岸には砂などが堆積してできた自然堤防ができる。自然堤防の背後には、シルトや粘土などが堆積した水はけの悪い低地(後背湿地)が見られる。

三角州

(高島市、滋賀)

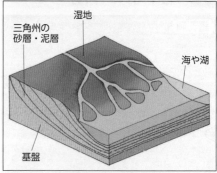

(三角州の砂層・泥層／湿地／海や湖／基盤)

三角州は河川が運搬する砂泥が河口付近に堆積してできる。運搬物の量や海流などに応じて、鳥趾状・円状・尖状などに変化する。三角州上には分流が多く発達し、分流と分流の間は湿地になる場合が多い。

プチ雑学　水中の Ca や Mg の濃度を硬度という値で表す。硬度の高い水を硬水、低い水を軟水という。ヨーロッパの水は、テチス海の堆積物でできた石灰質の地域に長時間留まるため、硬水が多い。逆に日本の水は、地中での滞留時間や河川の長さが短いため、軟水が多い。

Keywords ▶ ●V字谷 V-shaped valley ●扇状地 fan ●自然堤防 natural levee ●後背湿地 back marsh ●三角州 delta
●海食崖 abrasion cliff ●海食台(波食台) abrasion platform (wave-cut bench) ●砂し sand spit ●砂州 bar

169

2 海の作用
海岸に沿った急な崖や砂しのような地形は海水の作用を受けてできたものである。

A 侵食作用

海食崖

満潮
干潮

海食台(波食台)

海食崖

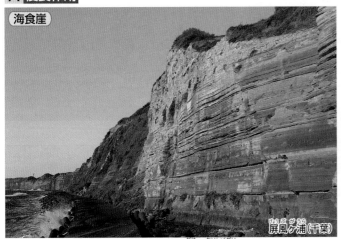

屏風ケ浦(千葉)

波の侵食の強い海岸につくられた急な崖を**海食崖**という。海による侵食は，水面近くで最も強い。

海食洞

穴通磯(岩手)

波の侵食によって海岸の岩石に生じた洞穴。節理や小さな断層など弱いところがあると，そこからくずれて穴があきやすい。

海食台

知多半島(愛知)

波の侵食によって海面近くの岩盤が平坦な地形になったものを**海食台(波食台)**という。海食崖の根元につくられることが多い。

鬼の洗濯板(宮崎)

砂岩と泥岩の互層が波の作用で平らに侵食されてできた海食台で，干潮時に海面上に現れる。砂岩に比べ侵食されやすい泥岩がより削られて，凹凸ができた。「鬼の洗濯板」とよばれる（▶p.208）。

B 堆積作用

砂 し

野付崎(北海道)

堆積作用で形成される海岸地形

①沿岸州
②砂し
③砂州(狭義)
④陸けい島
⑤潟(ラグーン)
⑥古い潟

砂し*は，沿岸流で運ばれた土砂が，湾流の影響を受け，くちばし(嘴)状に堆積したもの。
*砂嘴と書く。

砂 州

天橋立(京都)

砂州は，砂しが発達して，湾口をふさいだもの。砂州ができると，内側の湾(**潟，ラグーン**)では三角州が前進し，埋め立てが進む。

陸けい島

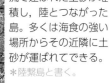

函館山(北海道)

陸けい島*は，沿岸流で運ばれた土砂が堆積し，陸とつながった島。多くは海食の強い場所からその近隣に土砂が運ばれてできる。
*陸繋島と書く。

プチ雑学 泥の粒子は負の電荷を帯びているため，粒子同士は反発し河川水中では分散している。しかし，海に流れ込むと，陽イオンと出会って電荷を失い，粒子は集まろうとする。そして，集まって重くなった粒子は海底に沈殿する(凝析)。このようにして河口付近では泥が急速に沈殿し，三角州が形成される。

1 氷河の作用　氷河の作用により，カール(圏谷)やU字谷が形成される。

A 氷河

ゴルナー氷河(スイス)

(南極)

世界の氷河

上田(1992)による

		南　極	グリーン ランド	山岳 氷河	計
面積	(10⁶km²)	11.97	1.68	0.55	14.2
体積	(10⁶km³)	29.33	2.95	0.11	32.4
平均の厚さ	(m)	2488	1755	200	
全質量交換年数(年)		15000	5000	50～1000	

　氷河は，積雪が温度変化や押し固め(圧密)によって氷となり，重力によって流れ下るものである。その速度は氷河の規模・形状などによって異なるが，ほとんどの氷河は1年あたり数mから数百m程度の速度で流動する。

氷床(大陸氷河)：大陸を覆うほどの巨大な氷河。現在確認されている氷床は，南極とグリーンランドの2か所。

山岳氷河：山岳地域に発達する氷河。

B 氷河の作用による地形

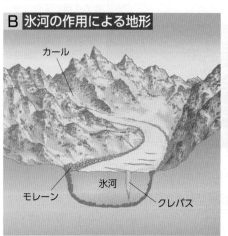

カール
モレーン　　氷河　　クレバス

カール

千畳敷カール(長野)

シエラネバタ山脈(アメリカ)

山頂付近に形成される大きくえぐられた谷を**カール**(圏谷)という。カールは馬蹄形をした壁とほぼ平坦な底からなる。カールの底に水がたまり，湖になっているものもある。

フィヨルド

(ノルウェー)

　重力によって氷河が下方に移動するとき，底面や側面が削られて，底が丸く幅の広い侵食谷が形成される。氷河が消失した後，その谷がU字形の断面をもつことから**U字谷**とよばれる。**フィヨルド**はU字谷に水が入って川のようになったものである。

擦痕

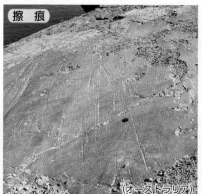

(オーストラリア)

　氷河は底面や側面の基盤を削り，その岩片を含んだまま流れ下る。このとき岩片が基盤の岩盤をひっかいて線状の傷跡を残す。これが**擦痕**で，氷河の流動方向を知る手がかりになる。大きなものは溝状になる。

モレーン

(カナダ)

　氷河が夏期に後退すると，その末端部や側面に岩片が堆積する。この堆積物を**モレーン**(氷堆石)といい，岩片の大きさが不ぞろいで，多くは角ばっているなどの特徴がある。

プチ雑学　2012年4月，日本で初めて氷河の現存が認められた。氷河と認められたのは，富山県立山連峰の雄山にある御前沢雪渓と，同じく立山連峰の剱岳にある三ノ窓雪渓と小窓雪渓の計3か所である。これらの氷河は，地球温暖化の指標や過去の地球環境を知る手がかりになるのではないかと期待されている。

1 地層と岩石

2 風の作用　砂丘は風の作用によりできた独特の地形である。

A 風の作用による地形

鳥取砂丘(鳥取)

中国山地の花こう岩の風化した砂が河川によって運ばれ,河口の両側に東西16km,南北2kmにわたって吹き上げられてできた砂丘。

サハラ砂漠(モロッコ)

砂漠は亜熱帯高圧帯や寒冷地で形成されやすい。礫砂漠や砂砂漠などがある。世界最大のサハラ砂漠はアフリカ大陸の面積の約4分の1を占める。

ウルル(オーストラリア)

ウルル(エアーズロック)は先カンブリア時代末に形成された砂岩が雨や風で侵食されてできた。ほぼ直立した層状の構造が見られる。

B 風成塵

風成塵とは風に運搬される細かい粒子のことである。風成塵には,砂漠のような乾燥地域から飛来する土壌粒子や,火山灰,花粉などがあり,ほかにも工場や自動車からの煤煙など人為的なものも含まれる。風成塵のなかには数千kmもの距離を浮遊するものもある。

サハラダスト
大西洋　西サハラ　モーリタニア
0　150 km

サハラ砂漠で発生したダストストーム(砂嵐)で上空へ舞い上げられた土壌粒子は,ハルマッタンとよばれる貿易風(◐p.84)に乗って大西洋に運ばれる(サハラダスト)。粒子の一部は大西洋を越えてカリブ海沿岸にまで達する。

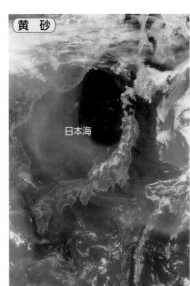
黄砂
日本海

タクラマカン砂漠,ゴビ砂漠,黄土高原などの乾燥地帯から舞い上がった土壌粒子が偏西風(◐p.84)に乗って,韓国や日本などの東アジアの広範囲に飛来する現象を**黄砂**という。粒子の一部は太平洋を越えて北アメリカやグリーンランドにまで達する。

日本では春によく観測される。

3 堆積の場所　場所によって堆積する物質は異なる。

A 堆積場所による地層の分類

陸成層	陸上成層	風成層	砂丘,砂漠の砂,火山灰土,黄土
		氷成層	氷縞粘土,モレーン(氷堆石)
	陸水成層	河成層	扇状地,沖積平野,段丘,河床堆積物
		湖沼成層	湖底堆積物
沿岸成層		三角州成層	三角州堆積物
		潟成層	潟および内湾堆積物
		海浜成層	沿岸堆積物,潮間帯堆積物
海成層		浅海成層	大陸棚堆積物(岩石の破片)
		半深海成層	大陸斜面堆積物
		深海成層	微生物の遺骸,軟泥,火山灰

B 世界の海底における堆積物の分布　西村(1983)などによる

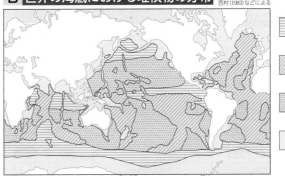

珪質軟泥(オパールを多く含む)
石灰質軟泥(方解石を多く含む)
赤粘土(生物起源物質をほとんど含まない)
大陸棚

海底には,河川からの砕屑物のほかに,珪質や石灰質でできたプランクトンの遺骸(◐p.174)や,風によって陸から運び込まれた土壌粒子や火山灰などが堆積する。

プチ雑学　風成塵の一部は,大陸から離れた海洋中に落下し,赤粘土になる。このようにして風成塵によって海洋中にもたらされるリンや鉄などのミネラル分が,植物プランクトンの繁殖に大きな役割を果たしているといわれている。

1 地層と岩石

堆積物が層状に積み重なってできる地層には過去の地球の情報が多く含まれている。地層の重なる順序や堆積構造などから，地表環境の変化や堆積時の水の流れなどを読み解くことができる。

基礎 1 地 層 下のほうの地層ほど古い時代に堆積したものである。

不整合面

グランドキャニオン（コロラド高原，アメリカ）

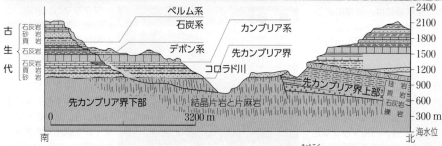

古生代

ペルム系
石炭系
デボン系
カンブリア系
先カンブリア界
コロラド川
先カンブリア界下部　結晶片岩と片麻岩　先カンブリア界上部

2400
2100
1800
1500
1200
900
600
300 m
海水位

0　　　　3200 m
南　　　　　　　　　　　　北

グランドキャニオンは，コロラド川の侵食によってつくられた大峡谷で，長い年月の間に堆積した地層の重なりを見ることができる。写真の中央部やや上には大きな傾斜不整合が見られるが，この上位にはカンブリア紀の地層が重なり，さらに平行不整合をはさんで，その上にはデボン紀〜ペルム紀までの地層が重なっている。また，傾斜不整合の下位は後期先カンブリア時代の地層である。その下位の前期先カンブリア時代の地層はこの写真には見られない。（不整合◉ p.26）

水平な地層

（睦沢町，千葉）

傾いた地層

（長岡市，新潟）

堆積物は下から上へと重なり，地層をつくる。地層と地層の間に見られる境界面を層理面（地層面）という。一連の地層においては下のものほど古く上のものほど新しい（地層累重の法則）。地層の堆積していった順序を層序という。

2 堆積のようす 海水面の上下運動の歴史は地層の重なり方に現れる。

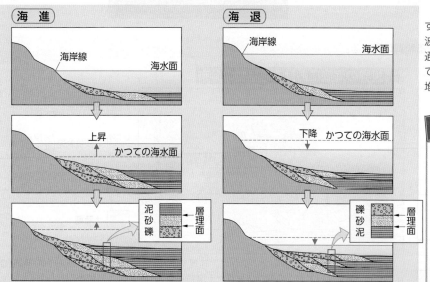

海 進

海岸線
海水面

上昇
かつての海水面

泥
砂
礫
層理面

海 退

海岸線
海水面

下降　かつての海水面

礫
砂
泥
層理面

海岸線が内陸部へ移動することを海進，沖合へ移動することを海退という。この移動は，海水面の変動や波が堆積物を削ったり，堆積物がたまることで起こる。通常，海岸付近に粗粒，沖合に細粒が堆積して地層ができるが，その重なり方は，海進と海退とで異なる。堆積の休止期間は層理面として記録される。

参考 シーケンス層序学

近年さかんに使われるようになった考え方で，海水面の上下運動に注目して地層を区分していく方法である。

地層の堆積は，寒冷化などにともなう海水面の低下と温暖化などによる相対的な海水の進入のくり返しで起きる。そこに注目して海水面の上下の1サイクルを地層から読み取って地層を区分する。単に地層の上下関係だけでなく，いつ，どこでどのように，といったでき方に重点を置いている。

プチ雑学　地層を形成するのに関わる自然現象は，過去も現在も本質的には変わらないという考えを斉一説（◉ p.207）という。この説はイギリスの地質学者ハットンによって提唱され，のちにライエルによって広められた。「現在は過去を解く鍵である」というライエルの言葉は斉一説を象徴するものである。

1 地層と岩石

Keywords ○ ●層理面(地層面) stratification plane ●地層累重の法則 law of superposition ●層序 stratigraphic succession **173**
●斜交層理 cross-bedding ●斜交葉理(クロスラミナ) cross lamination (cross lamina) ●漣痕(リプルマーク) ripple mark
●級化層理(級化成層・級化構造) graded bedding ●乱泥流(混濁流) turbidity current ●タービダイト turbidite

基礎 3 堆積構造　堆積構造は，地層の上下関係や当時の水の流れなどを反映する。

A 斜交葉理
※矢印は層理面の位置を表す。

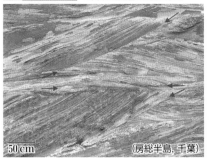
(房総半島，千葉) 50cm

　水流や風のある環境で粒子が堆積するときは，層理面と斜交する細かな縞模様ができることがある。これを**斜交層理**(厚さ数十cm以上)・**斜交葉理**(**クロスラミナ**，厚さ数cm程度)という。縞模様を切っているほうが上位の地層である。堆積時の流れの方向を推定するのに役立つ。

B 漣痕

(海陽町，徳島)

　水底に波形の模様が残ったものを**漣痕**(リプルマーク)という。上方にとがった形をするので，地層の上下判定に役立つ。一方向の流れによってできたとがった部分は，上流側では緩やかな傾斜を，下流側では急な傾斜をもつという特徴があるため，堆積時の流れの方向(写真では左下から右上)を推定できる。

漣痕と斜交葉理の関係
　水の流れや風によって，地層の上面には漣痕が，内部には斜交葉理が形成される。

●直線状の漣痕と(平板型)斜交葉理

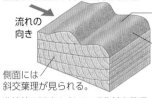
流れの向き
上流側の斜面では表面が侵食される。
下流側の斜面では粒子が堆積し，葉理(ラミナ)を形成する。
側面には斜交葉理が見られる。

●曲線状の漣痕と(トラフ型)斜交葉理

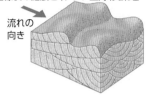
流れの向き

※流速が速くなるにつれて，漣痕の形状は，直線状 → 曲線状 → 舌状(左の写真)あるいは三日月状に変化。

C 級化層理

(三浦半島，神奈川) 10cm

　下部には粗粒な粒子，上部ほど細粒な粒子からなる地層を**級化層理**(**級化成層・級化構造**)という。時間とともに運搬する水流が弱くなったときなどに生じる。また，乱泥流などによって運ばれて堆積した場合にも生じる。地層の上下判定に役立つ。

級化層理の再現 実習

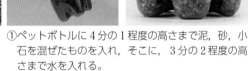
泥 砂 小石

①ペットボトルに4分の1程度の高さまで泥，砂，小石を混ぜたものを入れ，そこに，3分の2程度の高さまで水を入れる。
②ふたを閉め10秒ほどよく振り，水平なところに置く。
③しばらくしたあと，ペットボトル内にできた堆積物の重なり方を観察する。

乱泥流による堆積物

タービダイト
(室戸市，高知)

　陸上の河川から運ばれた砂などの砕屑物は大陸棚や大陸斜面に運ばれる。地震の発生によって海底地すべり(**乱泥流・混濁流**)が発生すると，それらの堆積物が深海底に再堆積し，海底扇状地などが形成される。そのときの堆積物(**タービダイト**)には，級化層理や流痕が見られる。

D 流痕

(下仁田町，群馬) 10cm

フルートキャスト
流れの向き
地層の底面
地層の上面

　水の流れによって水底が削りとられたのちに，そのくぼみを埋めるようにして上から新たな地層が堆積するとき，その地層の底面にできる，ふくらみをもった模様を**流痕**という。地層の上下判定や堆積時の流れの方向(写真では左下から右上)の推定に役立つ。写真の流痕はフルートキャストとよばれる。

E 火炎構造

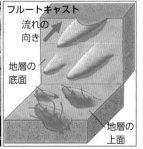
(三浦半島，神奈川) 10cm

　下の層(白く見える火山灰層)が未固結の状態のときに，上に堆積した地層(砂層)の重みなどで境界が不規則になり，炎のような構造になったものを**火炎構造**(**フレーム構造**)という。

F インブリケーション

(浜松市，静岡)

　礫が平らな面を上流側に向けて並んで堆積した構造を**インブリケーション**(**覆瓦構造**)という。堆積時の流れの方向(写真では右から左)を推定できる。写真は現在の河原で見られるものである。

プチ雑学　1929年，グランドバンクスとよばれる大西洋北西部に広がる沖合で地震が起こり，そのあとに海底ケーブルが次々と切断されるという事故があった。これは地震が引き金となって起きた乱泥流が原因であると考えられている。このときの計算によると，乱泥流の速度は時速数十km程度だと推定される。

1 地層と岩石

基礎 1 堆積物と堆積岩

海底や陸上などに降り積もった堆積物は，続成作用をへて固結し，堆積岩になる。

A 堆積物と堆積岩の分類 岩石サイクル ◯ p.32

					泥岩	粘土岩	頁岩・粘板岩
						シルト岩	
砕屑岩	砕屑物	$\frac{1}{256}$	泥	粘土			
		$\frac{1}{16}$		シルト			
		$\frac{1}{8}$	砂	微粒	砂岩		
		$\frac{1}{4}$		細粒			
		$\frac{1}{2}$		中粒			
		1		粗粒			
		2		極粗粒			
		4	礫	細礫	礫岩		
		64		中礫			
		256		大礫			
		粒径(mm)		巨礫			
火山砕屑岩	火山砕屑物	2	火山灰		凝灰岩		
		64	火山礫		火山礫凝灰岩(基地：火山灰)		
		粒径(mm)	火山岩塊		凝灰角礫岩(火山灰の基地多い)		
					火山角礫岩(火山灰の基地少い)		
生物岩	生物の遺骸	CaCO₃…貝殻, フズリナ, 有孔虫, サンゴなど			石灰岩…貝殻石灰岩, フズリナ石灰岩, 有孔虫石灰岩, サンゴ石灰岩など		
		SiO₂…放散虫, 珪藻の殻など			チャート…放散虫チャート, 珪藻土など		
		C, H, N, O…植物			石炭		
化学岩	化学的堆積物	CaCO₃			石灰岩		
		SiO₂			チャート		化学的沈殿により生成
		CaCO₃・MgCO₃			苦灰岩		
		NaCl・KCl			岩塩		
		CaSO₄・2H₂O			石こう		

※右側に「続成作用」という縦書きの文字あり。

※堆積物には，このほかに宇宙起源のものなどがある。

人との関わり ▶ チャートの利用

チャートは緻密で非常に硬い岩石であり，その硬度は鉄を上回る。その硬さを生かして，旧石器・縄文時代には，石器の材料として使われていた。

また，チャートに金属を打ちつけると，金属のほうが欠け，これが火花となって散るため，チャートは火打ち石としても利用されていた。

B 続成作用

堆積物が岩石になる過程。圧密作用とセメント化作用がある。

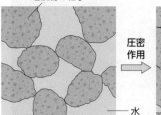

堆積物の粒子

上に積もった堆積物の重みにより，下のほうの堆積物は圧縮される。

圧密作用 →

水

圧縮により堆積物の粒子のすき間に含まれていた水が押し出され，粒子が密に配列する。

セメント化作用＊ →

CaCO₃ や SiO₂ などの鉱物

水に溶けていた CaCO₃ や SiO₂ などが粒子間に沈殿し，粒子と粒子を強く結びつけ，堆積岩を形成する。
＊膠結作用ともいう。

C 堆積物をつくる生物

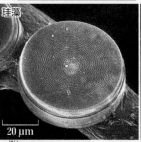

珪藻　20 μm
珪質の殻をもつ植物プランクトン。極〜温帯北部に多産し，珪藻軟泥をつくる。

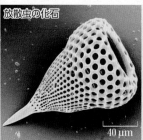

放散虫の化石　40 μm
珪質の殻をもつ動物プランクトン。放散虫軟泥が固化するとチャートになる。

現生の放散虫
生きている放散虫は，殻の穴から仮足を伸ばし，捕食や移動などに使用する。

円石藻　3 μm
植物プランクトン。表面の鱗片はココリス(円石)とよばれ，石灰質軟泥をつくる。

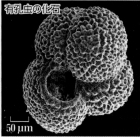

有孔虫の化石　50 μm
NEON ja 提供
海洋に広く分布している原生生物。殻は石灰質のものが多く，有孔虫軟泥をつくる。

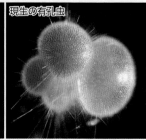

現生の有孔虫
有孔虫には，上のような水中を浮遊して生活するものと，海底で生活するものがいる。

D 河川礫と海浜礫

河川礫　平面図　断面図

海浜礫

断面図　平面図

波　流水　ころがる

波　往復運動

水によっていつも同じ方向に転がりながら運ばれる河川礫は，細長い形になりやすい。一方，波によって寄せては返す往復運動をする海浜礫は，平たく丸い形になりやすい。

礫はその平面を上流側に向け，まるで瓦を重ねたように堆積することがある。このような構造はインブリケーション(◯ p.173)とよばれ，過去の流れの向きを探る手がかりになる。

※礫の細長さの程度は，運搬のしかただけでなく，岩石の組織などにも影響を受ける。

プチ雑学　西太平洋のサンゴ礁海域で見られる星砂(ホシズナ)は，文字通りの砂ではなく，有孔虫の殻である。日本では沖縄県の西表島や竹富島などで見られる。

Keywords ●続成作用 diagenesis ●堆積岩 sedimentary rock ●砕屑岩 clastic rock ●火山砕屑岩 pyroclastic rock
●生物岩 biogenic rock ●化学岩 chemical rock ●泥岩 mudstone ●砂岩 sandstone ●礫岩 conglomerate
●凝灰岩 tuff ●石灰岩 limestone ●チャート chert

基礎 **2** **おもな堆積岩** 堆積岩はその岩石が形成された当時の環境を知る手がかりである。

露頭	岩石	特徴	顕微鏡写真
泥岩	1 cm	粒径が1/16 mm以下の粒子を泥といい，それが続成作用を受けて固結したものを泥岩という。比較的粗いもの(1/16〜1/256 mm)をシルト岩というときがある。さらに押し固められると頁岩・粘板岩(板状にはがれやすい)になる。	
砂岩	(長野市, 長野)	粒径が2 mm〜1/16 mmの粒子を砂といい，それが固結したものを砂岩という。顕微鏡下では角がとれた粒子の集合体で，石英粒子が多いものがある。	
礫岩	(ひたちなか市, 茨城)	粒径が2 mm以上の粒子を礫といい，それが固結したものを礫岩という。巨礫から細礫までさまざまな大きさの礫があり，いろいろな礫岩が存在する。丸い礫が集合したものを円礫岩，角ばった礫が集合したものを角礫岩という。	
凝灰岩	(日本キャニオン, 青森)	火山灰が堆積・固結したもので，陸上で堆積したものや，水中で堆積したものなどがある。風化作用を受けてさまざまな色を帯びたり，熱の影響で変質する場合も多く，噴出した火山ごとに特徴がある。	
石灰岩	(秋吉台, 山口)	サンゴやフズリナ(紡錘虫)などの古生物の集合したものが固結してできており，$CaCO_3$が主成分である。熱帯地方の暖海に生息する生物が含まれることから熱帯で形成されたと考えられる。	フズリナ
チャート	(各務原市, 岐阜)	放散虫などの生物の遺骸が，堆積・固結したもの。SiO_2を主成分とする。チャートは，深海で堆積したもので，プレートの移動とともに大陸に付加したものである。非常に硬く，かつては火打ち石などにも利用された。	電顕写真

1 地層と岩石

プチ雑学 チャートには白色，灰色，赤褐色，緑色，黒色などさまざまな色のものがある。赤褐色は主に赤鉄鉱，緑色は緑泥石，黒色は炭素化合物などによる。このように色は堆積したときの環境を推定する材料の1つになる。

地表で見られる地層には，岩石の種類や地質構造，化石の有無，さらに，走向・傾斜といった様々な情報がある。これらの情報を組み合わせることで地下における地層の分布を推測することができる。

基礎 1　地質調査　実習　地表で見られる岩石や地層の分布，またそれらの相互関係などを明らかにする作業を地質調査という。

用具

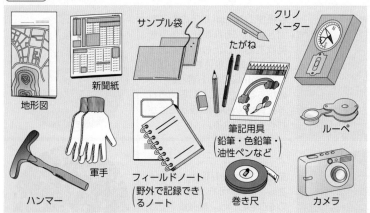

サンプル袋

クリノメーター

新聞紙

たがね

地形図

軍手

ハンマー

フィールドノート（野外で記録できるノート）

筆記用具（鉛筆・色鉛筆・油性ペンなど）

ルーペ

巻き尺

カメラ

服装など

ヘルメット（帽子）

両手が自由に使えるリュックサック（雨具を用意しておくとよい）

手袋

長袖・長ズボンがよい

はき慣れた靴

方法

- 調査地域の文献を調べておく。
- できるだけ傾斜方向のルートなどを考え，露頭があれば注意深く観察する。

おもな注意点

- 地層の走向，傾斜，断層・褶曲・不整合などの有無
- 岩石の特徴，化石の有無，岩石の貫入関係（変成作用の有無）
- 地層の新旧関係，他の露頭との相互関係

2　走向と傾斜の測定　実習　走向・傾斜を測ることで地層の広がりを推測することができる。

A　クリノメーター

- 外側の目盛りは走向の測定に用いる。
- 内側の目盛りは傾斜の測定に用いる。
- 磁針で走向を読む。
- ハート形の傾斜指針で傾斜を読む。
- 使用しないとき，針を固定する止め金。
- 走向測定のための水準器。

B　走向の測定　層理面と水平面との交線の方向を走向という。

層理面（地層面）

走向

水平面

① クリノメーターの長辺を層理面に密着させる。
② 水準器の中の気泡を見て，水平に保つ。
③ 磁針が示す目盛り（外側）を読む。クリノメーターの東西の記号は逆になっており，そのまま読み取ればよい。

走向の表し方

走向

走向は，北（North）を基準にして，東（East）または西（West）にどれだけずれているかで表す（例：N50°E）。ただし，方向がちょうど南北，東西である場合は，それぞれ「N-S」，「E-W」と表す。

北50°東（N50°E）

C　傾斜の測定　層理面と水平面とのなす角を傾斜という。

傾斜の方向

水平面

傾斜角

① 走向と垂直にクリノメーターの長辺を層理面に密着させる。
② ハート形の傾斜指針が指す目盛り（内側）で傾斜角を読む。
③ クリノメーターを水平に戻し，磁針で傾斜の方向を測る。

傾斜の表し方

傾斜

傾斜角30°

傾斜は，傾斜角と（8方位で表した）傾斜の方向を合わせて表記する（例：30°SE）。

D　真の傾斜と見かけの傾斜

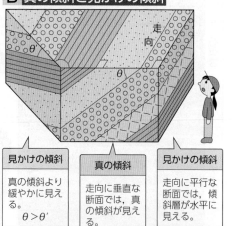

走向

見かけの傾斜
真の傾斜より緩やかに見える。
$\theta > \theta'$

真の傾斜
走向に垂直な断面では，真の傾斜が見える。

見かけの傾斜
走向に平行な断面では，傾斜層が水平に見える。

地層の傾斜は見る方向によって違う。

プチ雑学　クリノメーターに見られる東と西を反転させるという発想は，江戸時代に金沢清左衛門によって考案された。当初は測量のためではなく，航海用の方位磁石に使用することを目的としたものであった。

Keywords ● ●走向 strike　●傾斜 dip　●ルートマップ route map　●地質図 geological map
●地質断面図 geological profile　●地質柱状図 geological columnar section

177

3 地質図の作成 　実習　ルートマップから地質図をつくる。

A 実際の露頭　崖などのように，地層や岩石のようすがわかるところを露頭という。

※平坦な地形として描いてある。

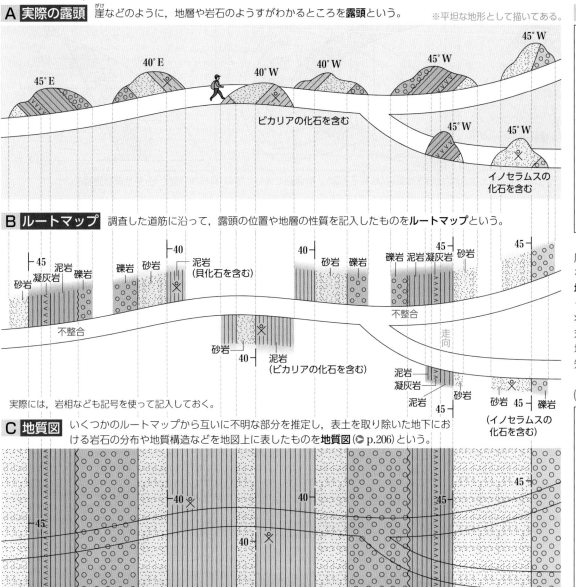

45°E　40°E　40°W　40°W　45°W　45°W
ビカリアの化石を含む
45°W　45°W
イノセラムスの化石を含む

B ルートマップ　調査した道筋に沿って，露頭の位置や地層の性質を記入したものをルートマップという。

45　泥岩　40　泥岩（貝化石を含む）　40　砂岩　礫岩　45　砂岩　45
砂岩　凝灰岩　礫岩　礫岩　砂岩　礫岩　泥岩　凝灰岩　砂岩
不整合　不整合
砂岩　40　泥岩（ビカリアの化石を含む）　走向
泥岩　凝灰岩　泥岩　45　砂岩　砂岩　45　礫岩
（イノセラムスの化石を含む）

実際には，岩相なども記号を使って記入しておく。

C 地質図　いくつかのルートマップから互いに不明な部分を推定し，表土を取り除いた地下における岩石の分布や地質構造などを地図上に表したものを地質図（◯ p.206）という。

45　40　40　45
40
45

D 地質断面図　走向・傾斜をもとに，地下における沿直方向の地層の分布や構造を表したものを地質断面図という。走向と直交する断面で作成すると，地層の傾きが読み取りやすいが，断層や褶曲などの表したい構造がわかりやすい断面で作成することもある。

E 地質柱状図

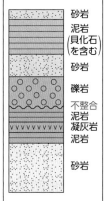

砂岩
泥岩（貝化石を含む）
砂岩
礫岩
不整合
泥岩
凝灰岩
泥岩
砂岩

地層の重なる順序や厚さ，種類，特徴などを柱状に表したものを地質柱状図という。いくつかの地点で地質柱状図をつくり，地層を対比することで，その地域の地層のようすを知ることができる。

地質図の記号

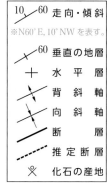

10／60　走向・傾斜
※N60°E，10°NWを表す。

60　垂直の地層
＋　水平層
背斜軸
向斜軸
断層
推定断層
化石の産地

1 地層と岩石

地質図には，地下における岩石や地層の分布，地質構造などの情報がある。学術的な観点だけでなく，自然災害への対策，資源探査，土木工事などの観点からも重要な資料である。

1 地質図と立体図との関係
地下のようすを表すのに，地質図や地質断面図が用いられる。

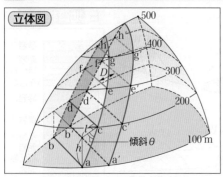

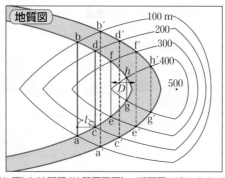

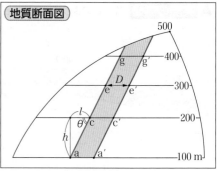

岩石や地層の分布を地図で表したもの(真上から見た図)を地質図(地質平面図)，断面図で表したもの(真横から見た図)を地質断面図という。

2 地質図の読み方
地質図から地層の走向，傾斜，厚さを求めることができる。

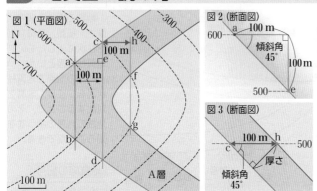

図のような地質図で，A層の走向，傾斜，厚さ(層厚)を求める。

① 地層境界線と等高線との交点を結んだ方向が走向になる。600 m の等高線との交点を図 1 のように a，b とすると，直線 a-b は走向線で，走向は南北である。走向線は水平面と層理面の交線だから，走向線上で層理面は同じ標高である。

② 傾斜は 2 本の走向線から求める。500 m の走向線 c-d を描く。a-b で 600 m，c-d で 500 m の標高に層理面があるから，傾斜の方向は地層の低い方，つまり東になる。地図の縮尺から，この 2 本の走向線の水平距離は 100 m である。東に 100 m 水平移動すると，標高が 100 m 減少することから，傾斜角は 45°(図 2)。

③ A層の上面と下面が，同一の 500 m の等高線と交わる点をそれぞれ結んで 2 本の走向線 c-d と f-g を描く。走向線の距離(c-h 間の距離)を地図から求めると 100 m で，これは A層の上面と下面の水平距離である。図 3 で，傾斜から A層の厚さを求める。A層の厚さは，100 m × sin45° ≒ 71 m。

3 地形と地層境界線の関係
地質図上での地層境界線の形は，地形と地層の傾斜によって決まる。

地層境界線の描き方

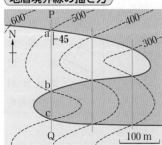

a 点で観察された地層の走向が南北，傾斜が 45° 東であったとする。a 点を通る走向線 P-Q をひく。a 点の標高は 500 m なので，500 m の等高線との交点 b，c をとる。傾斜から，東に 100 m 水平移動すると 100 m 低くなる。P-Q から 100 m ごと東に平行線をひき，該当する等高線との交点を求める。これらの交点を順に結ぶと，地層境界線(赤い線)になる。

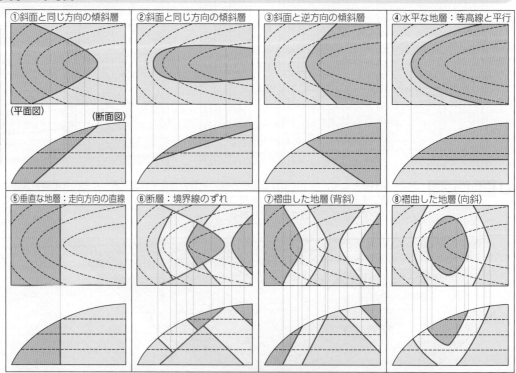

① 斜面と同じ方向の傾斜層　② 斜面と同じ方向の傾斜層　③ 斜面と逆方向の傾斜層　④ 水平な地層：等高線と平行

(平面図)　(断面図)

⑤ 垂直な地層：走向方向の直線　⑥ 断層：境界線のずれ　⑦ 褶曲した地層(背斜)　⑧ 褶曲した地層(向斜)

1 地層と岩石

4 地質図の例　新潟県柏崎市付近。背斜や向斜が見られる。

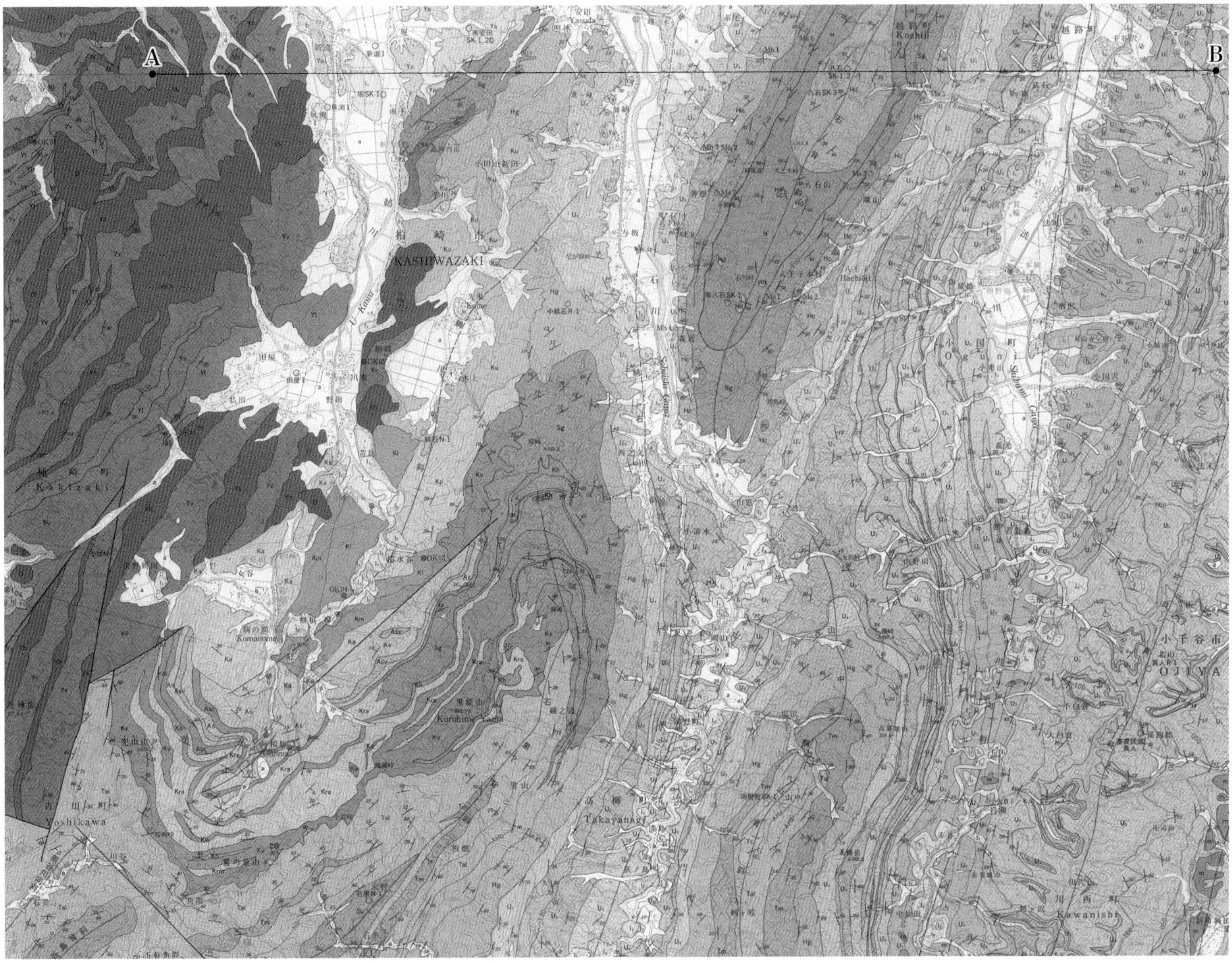

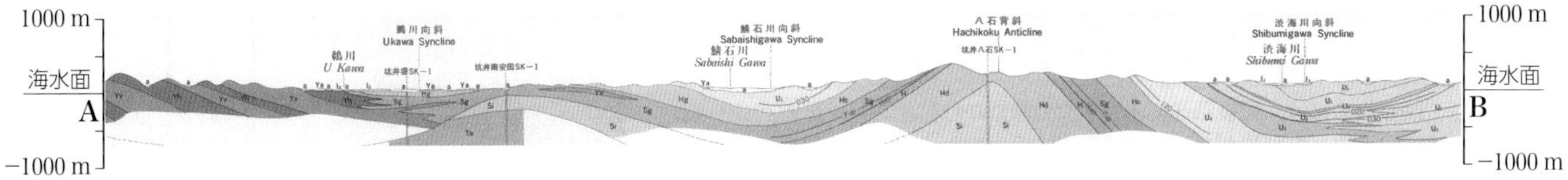

海水面　1000 m　0 km　1 km　2 km　3 km

A — B 地質断面図

鵜川向斜 Ukawa Syncline／鵜川 U Kawa／柏崎南安田 SK-1／杭井南安田 SK-1／鱗石川向斜 Sabaishigawa Syncline／鱗石川 Sabaishi Gawa／八石背斜 Hachikoku Anticline／杭井八石 SK-1／渋海川向斜 Shibumigawa Syncline／渋海川 Shibumi Gawa

1000 m／海水面／−1000 m

凡例

時代	記号	岩相
完新世	a	礫，砂，シルト
	t	礫，砂
	l₃	礫，砂，シルト
更新世	l₂	礫，砂，シルト
	l₁	礫，砂，シルト
	m	礫，砂，シルト
	h₂	礫，砂，シルト
	h₁	礫，砂，シルト
	Ya	シルト砂互層
	Ku	礫
	Kp	角閃石輝石安山岩火砕岩
	Kl	角閃石輝石安山岩溶岩
	Km	角閃石輝石安山岩質泥流堆積物
	Ka	砂礫シルト互層

	記号	岩相
	U₄	海成砂，砂礫，シルト
	U₃	海成シルト，砂，砂礫
	U₂	砂シルト互層
	U₁	礫，砂，シルト
	Hc	砂質シルト岩，砂質シルト岩砂岩互層
	As	砂岩，シルト岩
	Asc	火山性礫岩
鮮新世	Asv	角閃石輝石安山岩火山角礫岩，溶岩
	Hg	砂質シルト岩，砂質シルト岩砂岩互層
	Sg	暗緑灰色塊状泥岩
	H	安山岩溶岩，火山砕屑岩
	Kra	砂岩泥岩互層
	Krm	暗灰色塊状泥岩
	Kh	角閃石輝石安山岩火山砕屑岩，溶岩

	記号	岩相
	Kv	輝石安山岩火山砕屑岩，溶岩
	D	安山岩
	Yt	凝灰角礫岩，火山性砂岩
	Yh	角閃石輝石安山岩溶岩，火砕岩
	Yv	輝石安山岩かんらん石輝石安山岩溶岩，火砕岩
	Hd	砂岩泥岩互層
	Ts	厚層砂岩，砂岩泥岩互層
	Tal	砂岩泥岩互層
	Tm	暗灰色塊状泥岩
中新世	Su	暗灰色塊状泥岩
	Si	塊状泥岩，砂岩泥岩互層
	Og	黒色泥岩，砂岩泥岩互層
	Te	塊状泥岩，泥岩勝ち砂岩泥岩互層

1：50,000　地質図幅「岡野町」／産業技術総合研究所地質調査センター

チ学　上で紹介している地質図は，地質図幅とよばれる産業技術総合研究所地質調査総合センターが発行する最も一般的な地質図である。地質図にはこのほかにも，おもに地下水が蓄えられている地層を表した水理地質図や，火山の火口や噴気孔の位置，火口付近における溶岩流や火砕流の分布を示す火山地質図などがある。

180　化石

化石は，私たちに過去の生物の情報を伝えてくれる。また，地層に含まれる化石の種類を調べることで，地層の年代や堆積した環境を推定できる。

基礎 **1** 化 石　過去の生物（古生物）の遺骸や生活の痕跡が地層中に残されたものが化石である。

A 体化石

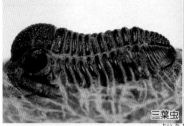

三葉虫

恐竜

始祖鳥の羽

20cm　軟体部の残るマンモス

生物の体（の一部）が残ったものを**体化石**という。軟体部は分解されやすいため，殻や骨，歯などの硬い部分が残ったものや，鉱物に置換されたものが多い。生物の姿や大きさのほか，骨の内部構造や血管の跡などから軟組織も推測できる。

皮膚や体毛，筋肉などの軟体部や胃の内容物まで残った珍しい化石。マンモスの子どもである。

B 生痕化石

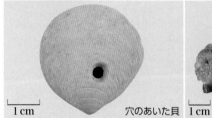

1 cm　穴のあいた貝

1 cm　糞化石

恐竜の足跡

移動した跡（はい跡，足跡など）や排泄物，食べ跡など，生活の痕跡が残されたものを**生痕化石**という。体化石からではわからない，古生物（地質時代の生物）の行動や生態などを知るための重要な手がかりとなる。たとえば，恐竜の足跡から，草食恐竜が集団で移動していたようすなどが推測されている。

C 化石のでき方

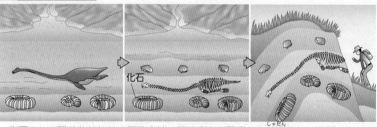

化石

化石として残るためには，死後急速に埋められて酸素から遮断され，分解を免れる必要がある。このため，堆積物がたまりやすい水中の生物が化石として残りやすい。硬い殻や骨が残りやすいが，条件がよければ軟体部も残ることがある。

参考　生きている化石

現在でも過去の生物に近い形質を維持した生物を，**生きている化石**といい，過去の生物を知る手がかりになる。シーラカンスは，デボン紀～白亜紀の化石として産出する魚類で，1938年に現生種が発見された。歩くように泳ぐ。

現生のシーラカンス

シーラカンスの化石

D 示準化石と示相化石

地質年代		
A		―示相化石
B		
C		
D		―示準化石
分　布		

年代の決定や地層の対比に役立つ化石を**示準化石**という。進化が速く，短期間に広い分布をもち，産出数の多いものが利用しやすい。また，地層の堆積したときの環境（気温・水温・水深など）の推定に役立つ化石を**示相化石**という。類似の現生生物などから生息環境を推定できる。生息条件が限られ，現地性（生活の場で化石化）のものが利用しやすい。

示相化石の例

造礁性サンゴ

1 cm　シジミ

暖かく，水の澄んだ浅い海に生息する。

河口付近の汽水（海水と淡水が混ざった水）域や，湖沼などの淡水域に生息する。

プチ雑学　生きている化石には，シーラカンスのほかに，イチョウ，メタセコイア，カブトガニ，オオサンショウウオなどがある。

2 地球と生命の歴史

2 化石を用いた研究

年代決定や過去の環境の推定に微化石など小さな化石が大きな役割を果たしている。

A 微化石

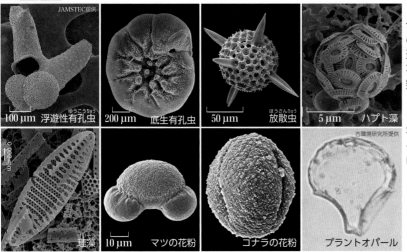

| 100 μm 浮遊性有孔虫 | 200 μm 底生有孔虫 | 50 μm 放散虫 | 5 μm ハプト藻 |
| 珪藻 | 10 μm マツの花粉 | コナラの花粉 | プラントオパール |

JAMSTEC提供／古環境研究所提供

ミリメートル～マイクロメートルの大きさの微小な生物の化石を**微化石**という。微化石は，地層中に大量に存在するため，統計的に処理することで一連の地層中の連続した変化を追跡できる。時代によって形態や種類が異なるため，示準化石として非常に有効である。また，環境によって生息する種類が異なるため，示相化石としても有効である。

花粉は外膜が分解されにくく，植物の種類ごとに形が異なり，広範囲に散布されるため，過去の植生の復元や気候・水域の変遷などの推定に利用されている。プラントオパールはイネ科植物などに含まれ，分解されにくいため，花粉と同様に利用できる。

B フズリナ（紡錘虫）の進化

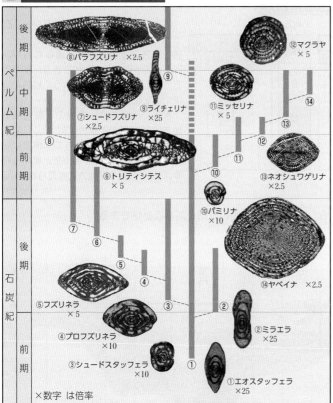

⑧パラフズリナ ×2.5
⑫マクラヤ ×5
⑨ライチェリナ ×25
⑦シュードフズリナ ×2.5
⑪ミッセリナ ×5
⑥トリティシテス ×5
⑬ネオシュワゲリナ ×2.5
⑩パミリナ ×10
⑤フズリネラ ×5
⑭ヤベイナ ×2.5
④プロフズリネラ ×10
②ミラエラ ×25
③シュードスタッフェラ ×10
①エオスタッフェラ ×25

×数字 は倍率

		ペルム紀	後期
			中期
			前期
		石炭紀	後期
			前期

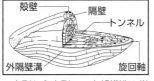

殻壁／隔壁／トンネル／外隔壁溝／旋回軸

フズリナ（紡錘虫）は有孔虫の一種で，石炭紀に急速な発展をとげ，ペルム紀末には絶滅した。そのため，古生代後期の重要な示準化石である。サンゴのような浅海性の化石とともに産することが多く，示相化石としても価値が高い。小型から大型へ，内部構造の単純なものから複雑なものへと，形態の変化が認められる。現在，約5000種が知られ，地層の細分や対比に利用されている。

C 放散虫の進化

画像提供：石賀裕明，産総研地質調査総合センターウェブサイト（https://www.gsj.jp/），名古屋大学博物館，名古屋大学理学部地球惑星科学科，斎藤眞（1989）©日本地質学会，堀利栄，松岡篤

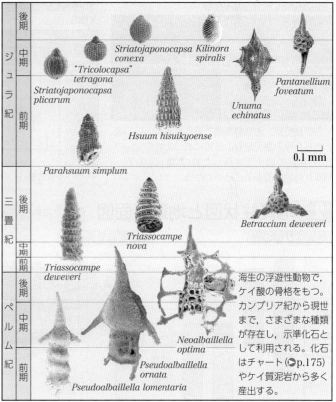

Striatojaponocapsa conexa / *Kilinora spiralis*
"*Tricolocapsa*" *tetragona*
Striatojaponocapsa plicarum
Pantanellium foveatum
Unuma echinatus
Hsuum hisuikyoense
Parahsuum simplum
Betraccium deweveri
Triassocampe nova
Triassocampe deweveri
Neoalbaillella optima
Pseudoalbaillella ornata
Pseudoalbaillella lomentaria

	ジュラ紀	後期
		中期
		前期
	三畳紀	後期
		中期
		前期
	ペルム紀	後期
		中期
		前期

0.1 mm

海生の浮遊性動物で，ケイ酸の骨格をもつ。カンブリア紀から現世まで，さまざまな種類が存在し，示準化石として利用される。化石はチャート（◯p.175）やケイ質泥岩から多く産出する。

放散虫は，古生代カンブリア紀に現れてから，現在に至るまで進化を重ねてきている。その化石は，世界中でみつかっている。

1970年代から，示準化石として放散虫の化石が用いられるようになってきた。放散虫の化石を用いた年代測定により，それまで古生代に堆積したと考えられていた日本列島の骨格となる地層の多くが，中生代のジュラ紀に堆積していたことがわかった。このように，放散虫の化石を用いた年代測定により，日本列島の地史を大きく書き換える結果となったことを放散虫革命とよぶことがある。

2 地球と生命の歴史

基礎 1 地層の対比
離れた地層の新旧関係は，かぎ層や不整合，化石などを基準にして調べることができる。

凝灰岩層・不整合面による地層の対比

A地方 B地方 C地方 D地方

〰〰不整合面

凝灰岩層・不整合面による地層の対比の凡例：
- 石灰岩
- 泥岩
- 凝灰岩
- 砂岩
- 礫岩
- 砂岩と泥岩の互層

示準化石・不整合面による地層の対比

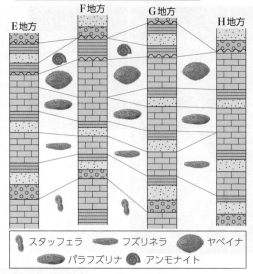

E地方 F地方 G地方 H地方

- スタッフェラ
- パラフズリナ
- フズリネラ
- アンモナイト
- ヤベイナ

離れた地層の上下関係は，その地域に広く分布し，岩質や色，含有物，化石などによってほかの地層と区別できる地層（**かぎ層**）や，不整合面などを基準にして調べることができる。これを**地層の対比**という。ある地域で堆積が中止しても，ほかの地域では続いているので，地層の対比によって厚い地層の堆積順序（**相対年代**）を推定できる。

なお，かぎ層には，火山灰層（広域テフラ〇p.203）や凝灰岩層のような特徴的な地層，示準化石（〇p.180）を含んだ地層がよく用いられる。

また，地層中の岩石に残された地磁気の向きを比較することでも，年代を推定できる（〇p.11）。

火山灰層による対比の例

長野県松本市　静岡県小山町

左は長野県，右は静岡県で見られる火山灰の層。どちらも今の鹿児島県の位置にあった姶良火山の約3万年前の噴火で堆積したもの（〇p.203）で，同年代の地層であることがわかる。

示準化石・不整合面による対比の例

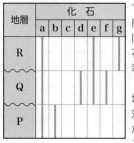

X地方

地層	化石 a	b	c	d	e	f	g
F							
E							
D							
C							
B							
A							

〰〰不整合面

Y地方

地層	化石 a	b	c	d	e	f	g
R							
Q							
P							

産出する化石を調べると，B層とP層でa・b，D層とQ層でa・d・e・f，F層とR層でa・e・gが共通しており，同時代の地層として対比できる。示準化石による対比では，このように複数の示準化石を使う。

また，X地方のC-D間の不整合はY地方のP-Q間の不整合に相当し，C層に対比される地層は，Y地方では堆積しなかったか侵食されてしまったと考えられる。同様にE層もY地方では見られない。

2 地質柱状図と地質断面図
複数の地質柱状図から，その地域の地層の分布を知ることができる。

地質柱状図の例

① ② ③ ④ ⑤

地質断面図の例

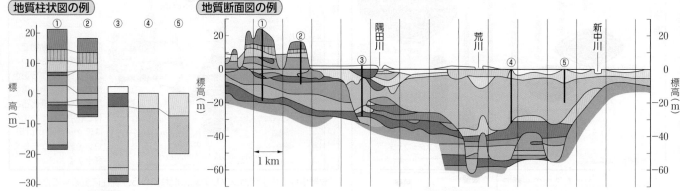

隅田川　荒川　新中川

1 km

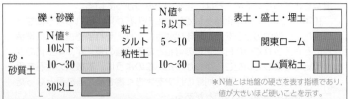

凡例：
- 礫・砂礫
- 砂・砂質土（N値*：10以下／10〜30／30以上）
- 粘土・シルト・粘性土
- N値*：5以下／5〜10／10〜30
- 表土・盛土・埋土
- 関東ローム
- ローム質粘土

＊N値とは地盤の硬さを表す指標であり，値が大きいほど硬いことを示す。

自然の露頭（〇p.177）がほとんど見られない平野部，特に低地では，**ボーリング**（地下深く地層を円筒形に切り出すこと）を行い，得られた土壌サンプルから**地質柱状図**を作成できる。地質柱状図を一定の方向に並べることで，地下の**地質断面図**を描くことができ，こうした地質断面図を東西，南北にいくつか並べれば，平野全体の地層の分布を知ることができる。

プチ雑学　木の年輪が一年に一層ずつ形成され，その幅が気温や降水量などの気候によって異なることを利用した年代測定法があり，これを年輪年代法という。

標高（m）

2 地球と生命の歴史

Keywords ▶ ●地層の対比 stratigraphic correlation ●かぎ層 key bed, marker bed ●相対年代 relative age
●地質柱状図 columnar section ●地質断面図 geological profile ●半減期 half-life
●放射年代 radiometric age ●炭素14年代 radiocarbon date

183

❸ 放射年代　岩石や地層・化石の年代は，放射性同位体を使って測定できる。

A 半減期

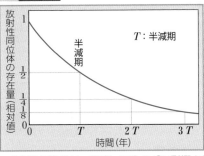

同じ元素に属する原子で，中性子の数が異なるものを**同位体**という。同位体の中には，放射線を出して別の種類の原子に変わる（壊変する）もの（**放射性同位体**）がある。

放射性同位体は，温度・圧力などに影響されず，一定の速度で安定な原子に変化する。放射性同位体の量がはじめの半分になるまでに要する時間を**半減期**といい，次の式が成り立つ。

$$N = N_0 \left(\frac{1}{2}\right)^{\frac{t}{T}}$$
N_0：はじめの量，
N：t 年後の量，T：半減期

B 放射年代の測定法
※ 10^4：1万，10^5：10万，…，10^8：1億　兼岡(1988)などによる

測定法	放射性同位体	最終生成同位体	半減期(年)	測定年代(年) 10^4 10^5 10^6 10^7 10^8 10^9	測定対象
U-Pb 法	^{238}U	^{206}Pb	4.5×10^9		岩石(鉱物)
	^{235}U	^{207}Pb	7.0×10^8		
Th-Pb 法	^{232}Th	^{208}Pb	1.4×10^{10}		
Rb-Sr 法	^{87}Rb	^{87}Sr	4.9×10^{10}		
K-Ar 法	^{40}K	$^{40}Ar, ^{40}Ca$	1.3×10^9		
^{14}C 法	^{14}C	^{14}N	5.7×10^3		木材・貝殻など

放射性同位体の最初の量と，岩石などに実際に含まれる量がわかれば，半減期から年代を決定できる。おもな種類は表の通りで，このように放射性同位体の壊変を利用して求めた年代を**放射年代**（数値年代）という。そのほかの方法にはフィッショントラック法（FT法）がある。この方法では，^{238}U の自発核分裂で飛び出す粒子が鉱物に傷（飛跡）を残すことを利用する。鉱物が古いほど傷が増えるので，その本数から年代を決定できる。数万年から数億年前の年代測定に有効である。

C 炭素14年代測定

①生きている植物体
二酸化炭素をとり入れて，光合成を行っているので，^{14}C の比率は大気中と同じ。

②枯死した植物体
植物が枯れると光合成が行われなくなり，大気から二酸化炭素をとり入れることもない。

③5700年後の植物体
^{14}C の半減期だけ経過したため，^{14}C の2分の1が壊変して ^{14}N になる。

④11400年後の植物体
^{14}C の半減期の2倍だけ経過したため，^{14}C の4分の1が壊変して ^{14}N になる。

○：^{14}C　○：^{12}C　●：^{14}N

※実際には，大気中の ^{14}C の数は ^{12}C の数の約1兆分の1程度である。

^{14}C は，壊変して ^{14}N になる一方で，宇宙からの放射線によって大気上空で ^{14}N から生成される。このため，CO_2 として大気中に存在する ^{14}C の量は一定になっている。

光合成によって植物体にとり込まれる ^{14}C と ^{12}C の比率は大気と同じで，生きている間は代謝によってその割合も一定に保たれている。しかし，死とともに大気との炭素交換がなくなり，体内の ^{14}C の量が減りはじめるため，遺骸（化石）中の ^{14}C の量を測定することで放射年代（^{14}C年代）を求めることができる。

Column 水月湖の年縞

水月湖(福井県)　年縞

湖沼の底などに積もった堆積物の層がつくる縞模様を**年縞**という。水月湖は，水深が深く，川からの直接流入もないため，きれいな年縞が形成される。また，湖底の沈降が続いており堆積物の層が厚く，過去7万年分の年縞が採取された。このように状態のよい年縞は貴重で，層を数えることで年代がわかり，堆積物を調べることで堆積当時の環境などを知ることができる。

^{14}C 年代は，^{14}C の比率の変動などによる誤差がある。水月湖の年縞は，約5万年前までの ^{14}C 年代と縞の数の比較によって，^{14}C 年代の補正にも活用されている。

D ルビジウム－ストロンチウム法

岩石形成時

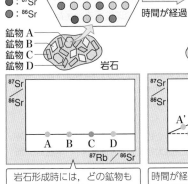

○：^{87}Rb
●：^{87}Sr
●：^{86}Sr

鉱物 A
鉱物 B
鉱物 C
鉱物 D
岩石

時間が経過　→　さらに時間が経過　→

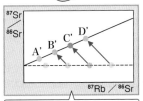
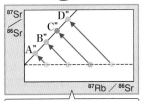

岩石形成時には，どの鉱物も ^{87}Sr／^{86}Sr は同じなので，A～D は水平な直線上に並ぶ。

時間が経つと ^{87}Rb が減少し，その分 ^{87}Sr が増加する。各点は左上に移動し，直線上に並ぶ。

さらに時間が経つと，各点の位置はさらに左上に移動するため，直線の傾きは大きくなる。

^{87}Rb は壊変して ^{87}Sr になる。岩石形成後，時間とともに ^{87}Rb の量は減少し，^{87}Sr の量は増加する。一方，^{86}Sr は安定同位体であるため，岩石形成後は変化しない。^{86}Sr を基準にした，^{87}Rb／^{86}Sr（元素比）と ^{87}Sr／^{86}Sr（同位体比）を利用して，精度の高い放射年代が求められる。

マグマから同時にできた鉱物 A～D を含む岩石があるとする。岩石形成時，鉱物によって ^{87}Rb／^{86}Sr は異なるが，^{87}Sr／^{86}Sr はどの鉱物でも同じである。時間とともに，A～D の ^{87}Rb／^{86}Sr と ^{87}Sr／^{86}Sr は，それぞれ同じ割合で変化するため，変化後の点は一直線上に並ぶ。この直線を**アイソクロン**という。時間が経つほど，縦軸との交点（初生値）を基点にアイソクロンの傾きは大きくなるため，この傾きから岩石の形成年代を求められる。

また，岩石の一部で元素の出入りがある場合は，測定値は直線上に並ばないため，この方法で年代測定に適した試料か評価することができる。

プチ雑学 試料に ^{14}C が含まれる割合はごく微量であるため，炭素14年代測定には試料が多く必要で計測にも時間がかかるという問題があった。しかし，加速器質量分析法が開発され，わずかな試料，短時間での計測が可能になった。

2 地球と生命の歴史

46億年前に誕生した地球は，太陽からのエネルギーや地球内部の状態の変化，生物との関わりの中で，環境の変化を重ねながら現在にいたっている。

基礎 1 地球史　地球誕生から現在まで，46億年の地球の歴史（◯ p.206）が解明されつつある。

地質年代 (単位は億年前)	46 冥王代 40 太古代(始生代) 25 原生代 5.4 顕生代 45 35 30 20 15 10 5 0
太陽光度 (現在＝1)	0.7　　増加　　0.8　　増加　　1.0
微惑星衝突率 (現在＝1)	▲ 1000　　1　　一定 ジャイアント・インパクト（◯ p.123, 188）
地球半径 (現在＝1)	1 一定 0
プレート テクトニクス	マグマオ クレータ 弧状列島の 小大陸の形成② 小大陸の衝突 大陸の分裂と衝突 ーシャン ーの形成 形成と衝突 と大陸の形成⑥ 核，マント ▲ マントル2層対流① 地磁気の増大④ マントル全層対流③ 海水逆流開始 ルの形成 大陸地殻誕生 超大陸 コロンビア ロディニア ゴンドワナ パンゲア (ヌーナ)
大気の構成	二酸化炭素，窒素 二酸化炭素の固定 窒素，酸素 →
酸素濃度 (現在＝1)	$\frac{1}{100}$ ▽ 1 オゾン層の誕生 ▽▽
海洋の構成	水，二酸化炭素 ………………………… → 水，塩化ナトリウム 原始海洋の形成 赤鉄鉱の沈殿(縞状鉄鉱層) 塩分濃度急上昇
地球環境	縞状鉄鉱層 赤色砂岩 ウラン鉱床 氷河時代　　　　　　　　　　　全球凍結　　全球凍結
生物の歴史	化学合成生物 原核生物 真核生物 多細胞生物 生命の誕生 光合成のはじまり⑤ 生物の多様化 生物の上陸 緑色光合成細菌

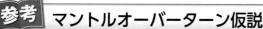

細胞の誕生(?)	シアノバクテリア 好気性細菌 シアノバクテリア 紅色光合成細菌 共生 葉緑体になる 植物 共生 動物 核 ミトコンドリアになる 古細菌

丸山茂徳(1994, 1997)，丸山茂徳，磯崎行雄(1998)，伊藤繁，岩城雅代(1995)，平朝彦(2001)などによる

参考 マントルオーバーターン仮説

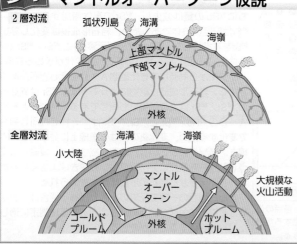

2層対流
弧状列島 海溝
上部マントル
下部マントル
外核

全層対流
海溝 海嶺
小大陸
マントル
オーバー
ターン
大規模な
火山活動
コールド 外核 ホット
プルーム プルーム

太古代から原生代にかけての地球の変化を，地球内部のマントルの変化で統一的に説明する説を，マントルオーバーターン仮説という。

誕生からすぐの地球はまだ内部が高温だったため，地球表面で冷えたプレートは沈む途中で温められて深く沈むことができず，上部マントルと下部マントルは別々に対流していた(2層対流，①)。沈み込み帯では弧状列島がつくられ，それがプレート運動で衝突することで，小大陸ができていった(②)。

地球が冷えてマントルが硬くなると，地球表面で冷えたプレートは上部・下部マントルの境界に溜まるようになった。そして27億年前，境界に溜まった大量のプレートの残骸がマントルの底まで落下し(コールドプルーム，◯ p.24)，マントル全体での大きな対流が始まったと考えられている(③)。

さらに，コールドプルームによって外核が冷やされたことで，外核内部では液体金属が大きく対流し始めたため，地磁気が増大したとされる(④)。地磁気の増大によって地表に届く放射線量は減少し，安全になった浅海ではシアノバクテリアが登場して光合成が始まった(⑤)。また，マントルの対流規模が大きくなったことで，小大陸が大きく移動して衝突し，やがて超大陸が形成されたとされる(⑥)。

スキ雑学 生物のDNAは，酸素と反応すると変化する。酸素のない環境下では，DNAは細胞内でむき出しの状態でも安全であったが，酸素の増加にともなって，DNAを酸素から守る必要がでてきた。そのため，核膜でDNAを保護する，真核生物が出現したと考えられている。

基礎 2 大気の歴史 地球史を通じて，二酸化炭素は減少し，酸素は増加した。

A 大気成分の変化

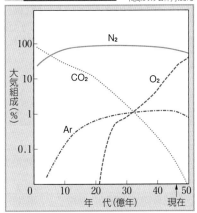

「地球システム科学」による

初期の大気の大半は，地球の内部から脱ガス (○p.121) したものと推測される。

海洋形成後，大気の主成分だった二酸化炭素は，海水に溶け込んで石灰岩などに変化し，次第に減少した。光合成が始まると (○p.189)，二酸化炭素はさらに減少する一方，酸素が増加し始めた。

窒素は，反応せずに残り，現在では最も多い成分となった。アルゴンは，放射性同位体 ^{40}K の崩壊で ^{40}Ar が発生するため，大気の誕生後に少しずつ増加した。

B 二酸化炭素の歴史

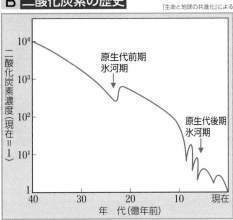

「生命と地球の共進化」による

二酸化炭素は温室効果ガスであるため，その量の変化は気候変動に大きな影響を与える (○p.81)。

大気中の二酸化炭素濃度は，多少の増減を繰り返しながら，全体としては減少し続けてきた。このまま減少を続けると，植物の光合成が困難になるとされる。

太陽は次第に光度を増してきたが，それに合わせるように二酸化炭素は減少し，適度な温室効果によって，地球はほぼ温暖な状態に保たれてきた。原生代前期・後期には，二酸化炭素が大きく減少し，全球凍結 (○p.189) が起こったと推測される。

C 酸素の歴史

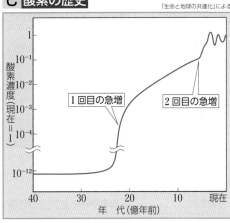

「生命と地球の共進化」による

酸素は光合成生物がつくり出し，その量の変化は生物の進化に大きな影響を与えてきた。

大気中の酸素濃度は，多少の増減を繰り返しながら，全体としては増加し続けてきた。特に，全球凍結後の約22億年前と約6億年前の2回急増し (大酸化イベント)，全球凍結と関係が指摘されている。

約22億年前，酸素濃度が現在の100分の1に達すると真核生物の誕生が促され，約6億年前，現在に近い濃度が多細胞生物の誕生を促したといわれる。また，酸素濃度の急増はオゾン層の形成をもたらし，生物の陸上進出への条件が整っていった。

基礎 3 生物の初期進化 原核生物どうしが細胞内共生して，真核生物が誕生したと考えられている。

原核生物から真核生物へ
※核膜の形成と好気性細菌の共生の順序は明らかではない。

原核生物 — 細胞膜
DNA

細胞膜が内側に折れこむ

核膜
好気性細菌
ミトコンドリア → **動物**

シアノバクテリア
葉緑体 → **植物**

原核生物	真核生物
・DNA が核膜に包まれていない。 ・細胞内の構造が単純。 ・すべて単細胞生物。	・DNA が核膜に包まれている。 ・細胞内の構造が発達。 ・単細胞生物と多細胞生物。

地球に最初に現れたのは原核生物である。初期の原核生物は酸素のない環境で生活する嫌気性細菌であった。その後，光合成を行うシアノバクテリアが出現し，光合成によって酸素が増加すると，好気性細菌が出現した。この時期に，嫌気性細菌に他の原核生物が共生して，現在の真核生物の祖先が誕生したと考えられている。

ミトコンドリアと葉緑体が，核とは別の DNA を持つことなどから，真核生物のミトコンドリアは好気性細菌が，葉緑体はシアノバクテリアが共生してできたと考えられている (細胞内共生説)。

基礎 4 地球史の長さを実感する 実習 地球の歴史を長さや1年に置き換え，時間の長さを感覚的にとらえる。

長さに置き換える方法

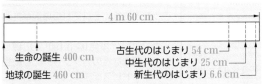

たとえば，1億年を 10 cm に置き換えると，図のようになる。全地球史46億年が 4 m 60 cm なのに対し，顕生代は 54 cm に過ぎない。

1年に置き換える方法

1月1日	地球の誕生
3月5日	生命の誕生
7月18日	真核生物の出現
11月19日	顕生代の始まり
11月26日	生物の陸上進出
12月12日	恐竜・哺乳類の出現
12月26日	恐竜の絶滅
12月31日	10:40 人類の出現
	23:40 ホモ・サピエンスの出現

46億年を1年 (365日) に置き換えると，1億年は8日ほどになる。すると，表のような暦になる。

これらの方法によって，生物は地球の歴史の中で大半を原始的なままでいたことや，人類が出現してから現在まで，まだほんのわずかしか経っていないことなどがわかりやすくなる。

2 地球と生命の歴史

地球と生物は互いに影響し合って変遷してきた。生物種が大きく変化する時期があり，それによって年代を区分している。

基礎 **1** 地質年代の区分　生物の変遷をもとに，地球の歴史を年代分けしている（● p.207）。

先カンブリア時代			古　生　代 (Pz)					
冥王代 (めいおうだい)	太古代 (始生代) (たいこだい)	原生代 (げんせい)	カンブリア紀(Cm)	オルドビス紀(O)	シルル紀(Sl)	デボン紀(Dv)	石炭紀(Cb)	ペルム紀(二畳紀, Pm) (にじょうき)
46億　40億	25億	6億　5.41億	4.85億	4.44億	4.19億	3.59億	2.99億	2.52億
地球の誕生 / 最古の岩石	最古の化石	最古の動物化石	有孔虫・放散虫・海生無脊椎動物出現。海藻類のほとんどすべての種類が出現。	無脊椎動物のほとんどすべての系統が出現。海生の藻類が発展。脊椎動物の出現。	三葉虫・フデイシ・頭足類の繁栄，貝類の発展。海生の藻類が繁栄。	ウミサソリ類，サンゴ類の繁栄。最古の陸生植物クックソニアの出現。	アンモナイト類・初期の両生類イクチオステガ出現。	は虫類の出現。昆虫類・フズリナの繁栄。ロボク・リンボク・フウインボクの繁栄。	三葉虫・フズリナの絶滅。両生類の繁栄。ロボク・リンボクなどの衰退。ソテツ類の発展。

	藻類時代		シダ植物時代	

おもな示準化石

三葉虫

フズリナ(紡錘虫)

カンブリア紀以降
（古生代, 中生代, 新生代）
を**顕生代**という。
（けんせいだい）

パンゲアの形成

環境の特徴

温　暖	寒冷化	温暖多湿	寒冷化	氷期	温暖化

PALEOMAP Project
(www.scotese.com)
による

カンブリア紀

デボン紀

ペルム紀　パンゲア

A 古生代

三葉虫　腕足類　古生代の海

イクチオステガ　アカントステガ　デボン紀の沼地

石炭紀の森林

古生代初期は，サンゴや腕足類などの海底に固着して生活する生物や，三葉虫やウミサソリなどの海底をはい回って生活する底生生物が中心であった。脊椎動物が出現したのもカンブリア紀からである。

生物の上陸は，オルドビス紀から始まり，シルル紀，デボン紀にかけて本格化した。この時期，増加した酸素を材料にオゾン層が形成された。このため，有害な紫外線が地表に届かなくなり，生物の上陸が可能になったと推測される。

石炭紀には，シダ植物が大森林を形成した。光合成が盛んになり，枯死した植物は地中に埋もれた（のちに石炭になる● p.218）ため，二酸化炭素は減少し，気候は寒冷化した。一方，酸素は増加して，昆虫類が巨大化したとされる。

基礎 **2** 大量絶滅　古生代以降，白亜紀末の恐竜の絶滅など，5回の大量絶滅があった。

Sepkoski (1990) による

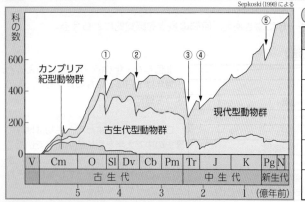

大量絶滅の原因

時期	有力視されている原因
①オルドビス紀末	気温の低下（氷河の発達）
②デボン紀後期	気温の低下，海洋無酸素事変
③ペルム紀末 (P-T境界)	スーパープルームの活動による環境の変化（● p.191）
④三畳紀末	海水面の低下，気候の乾燥化
⑤白亜紀末 (K-Pg境界)	小惑星の衝突による環境の激変

多くの生物種が同じ時期に絶滅する現象を**大量絶滅**という。古生代に入って以降，特に大きな大量絶滅が5回起こったとされ，それぞれの原因が推測されている。

カンブリア爆発（● p.190）で出現した，三葉虫などのカンブリア紀型動物群はオルドビス紀末に，その後繁栄した腕足類・ウミユリなどの古生代型動物群はペルム紀末に多くが絶滅し，その後は現代型動物群が繁栄している。

近年，生物種の絶滅のペースが速くなっており，人間活動が原因と考えられている。そのため，現在，「6回目の大量絶滅」が進んでいるといわれることもある。

年代は ICS(2021) による

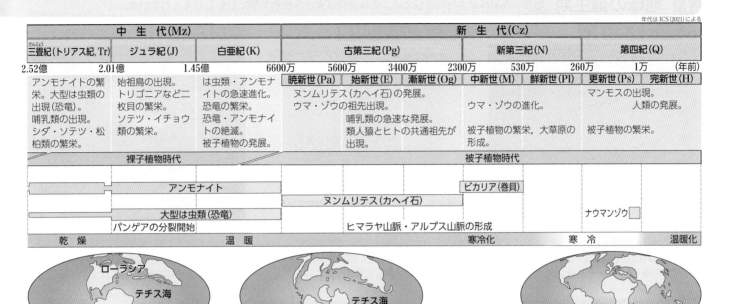

中 生 代(Mz)			新 生 代(Cz)						
三畳(さんじょう)紀(トリアス紀, Tr)	ジュラ紀(J)	白亜紀(K)	古第三紀(Pg)			新第三紀(N)		第四紀(Q)	
2.52億　　2.01億	1.45億	6600万	5600万	3400万	2300万	530万	260万	1万	(年前)
			暁新世(Pa)	始新世(E)	漸新世(Og)	中新世(M)	鮮新世(Pl)	更新世(Ps)	完新世(H)
アンモナイトの繁栄。大型は虫類の出現(恐竜)。哺乳類の出現。シダ・ソテツ・松柏類の繁栄。	始祖鳥の出現。トリゴニアなど二枚貝の繁栄。ソテツ・イチョウ類の繁栄。	は虫類・アンモナイトの急速進化。恐竜の繁栄。恐竜・アンモナイトの絶滅。被子植物の発展。	ヌンムリテス(カヘイ石)の発展。ウマ・ゾウの祖先出現。哺乳類の急速な発展。類人猿とヒトの共通祖先が出現。			ウマ・ゾウの進化。哺乳類の繁栄、大草原の形成。		マンモスの出現。人類の発展。被子植物の繁栄。	

裸子植物時代　　　　　　　　　　　　被子植物時代

- アンモナイト
- ヌンムリテス(カヘイ石)
- ビカリア(巻貝)
- 大型は虫類(恐竜)
- ナウマンゾウ
- パンゲアの分裂開始
- ヒマラヤ山脈・アルプス山脈の形成

乾　燥　　　　温　暖　　　　寒冷化　　　寒　冷　　　温暖化

ローラシア / テチス海 / ゴンドワナ　ジュラ紀
テチス海　白亜紀
新第三紀

B 中生代

ティラノサウルス／アンキロサウルス　白亜紀の陸上

モササウルス／アンモナイト　白亜紀の海

ジュラ紀〜白亜紀は温暖な気候が続き、陸上では長期にわたって恐竜が繁栄した。恐竜が大型化した一方、三畳紀に現れた哺乳類は、中生代を通じて小型であった。また、恐竜の一部からは鳥類が現れた。

中生代の海では、アンモナイトや魚類、首長竜、魚竜などの遊泳性の生物が多く繁栄した。温暖な気候のため海水温が高く、海底ではしばしば酸素不足となり、堆積した有機物の分解が進まず、変質して大量の石油が生成された。

C 新生代

モエリテリウム　古第三紀の草原

新生代初期(始新世)は暖かい気候だったが、大陸の移動によって極地で独立した南極大陸では、氷河が発達した。寒冷化の進行とともに、大陸では乾燥化が進み、広大な草原が広がって、ウマやゾウなどの草食性哺乳類が増加した。

基礎 3 植物の進化

上陸した植物は、動物に先行して繁栄し、シダ植物、裸子植物、被子植物と主役が交代した。

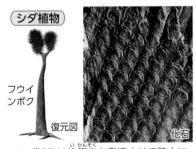

シダ植物　フウインボク　復元図／化石

裸子植物　ソテツ

アカマツ

被子植物　モクレン／ナツミカン

シダ植物は維管束(いかんそく)を発達させて陸上に適応し、森林を形成した。シダ植物は胞子で繁殖するが、配偶体(前葉体)の受精に水を必要とする。

裸子植物は種子をつくる植物のなかまで、風で花粉を飛ばして胚珠に到達させ受精する。受精に水が不要になり*、内陸へと分布を広げた。針葉樹は現在も寒冷地で繁栄している。
*ソテツやイチョウは水を必要とする。

被子植物は、花に引き寄せた昆虫に花粉を運ばせて胚珠に到達させ受精する。より効率的な受精方法で、白亜紀以降に分布を広げた。花の蜜が花粉を運ぶ昆虫を、果実が種子を運ぶ動物を引き寄せる。

プチ雑学　植物が陸上に進出した後、ちょうどカンブリア紀に動物が爆発的に多様化したように、植物の「爆発的」多様化があったと考えられている。そこから、コケ植物・シダ植物が繁栄し、シダ植物の一部が進化して種子植物が生まれた。

2 地球と生命の歴史

基礎 1 地球の誕生期
地球の内部構造や月の形成には, 天体衝突が大きな役割を果たしたと考えられている。

A マグマオーシャン

想像図

微惑星や原始惑星との衝突時に放出される熱によって地球の温度は上昇し, 濃い大気による温室効果(●p.81)もあって, 表層は岩石がとけたマグマの海(**マグマオーシャン**)に覆われた。

B 核・マントルの分離

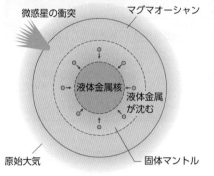

微惑星の衝突　マグマオーシャン
液体金属核
液体金属
が沈む
原始大気　固体マントル

マグマオーシャンの中では, 鉄などの密度の大きい成分は中心部へと沈んで核を形成し, ケイ酸塩などの密度の小さい成分は外側に向かって浮き上がりマントルを形成した。

C 月の形成　ジャイアント・インパクト説(●p.123)

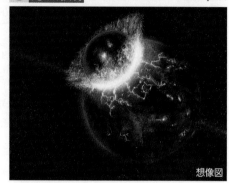

想像図

原始惑星の衝突によって地球の一部が放出され, 原始惑星の一部と合体し, 月が形成されたと考えられている。月の存在はその後の地球環境の安定に大きな役割を果たした。

基礎 2 海の形成と生命の誕生
海が形成されて地球環境が安定し, 生命が誕生した。

A 海の形成

JAMSTEC 提供
想像図

地球の温度が下がると, 大気中の水蒸気が雨となって地上に降り注ぎ, 海を形成した。二酸化炭素が海に溶け込んで沈殿し, 窒素が主成分の薄い大気へと変化した。

蒲郡市生命の海科学館提供

イスア礫岩

グリーンランド南西部イスア地域で見つかった38億年前の堆積岩。この地域では枕状溶岩も発見され, どちらも水中で形成されるため, 38億年前には海洋が存在していたと考えられる。

B 最古の岩石

アカスタ片麻岩

カナダ北部スレーブ地域で見つかった約40億年前のアカスタ片麻岩。これまで見つかった中で最古の岩石*とされる。

*カナダ東部ヌブアギトゥク地域で見つかった42億8000万年前の変成岩を最古とする説もある。

C 最古の化石

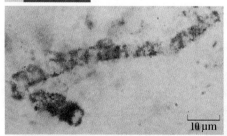

10 μm

上の写真は, オーストラリア西部ノースポールで見つかったもので, 35億年前の生物の化石とされる。世界最古の化石といわれている。

グリーンランドのイスア地域で見つかっている38億年前の炭素層は, 同位体組成の特徴から生物起源のものとされており, 少なくとも38億年前には生命は誕生していたと考えられている。

D 生命誕生の場　熱水噴出孔(ブラックスモーカー)

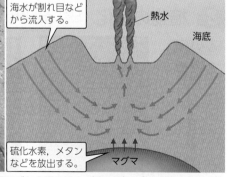

海水が割れ目などから流入する。　熱水　海底
硫化水素, メタンなどを放出する。　マグマ

海底火山活動が起こっている場所では, 割れ目などから浸み込んだ海水がマグマに熱せられ, 吹き出している。海底2000〜4000 mで多く見られ, 高水圧のため 300〜400℃の熱水が吹き出す。こうした熱水噴出孔付近には, 現在も硫化水素などを利用してエネルギーを得る化学合成細菌が生活する。有機物の合成が行われやすい熱水噴出孔付近は, 生命誕生の場の有力候補である。

プチ雑学　生物は ¹³C よりも ¹²C をとり込みやすいことが知られており, 過去の生命活動を特徴づける指標として, 炭素の同位体比($^{13}C/^{12}C$)が用いられる。

2 地球と生命の歴史

Keywords ○ ●先カンブリア時代 Precambrian age ●マグマオーシャン magma ocean ●ジャイアント・インパクト説 giant impact hypothesis
●熱水噴出孔 hydrothermal vent ●シアノバクテリア cyanobacteria ●ストロマトライト stromatolite
●縞状鉄鉱層 banded iron formation ●全球凍結 snowball earth ●エディアカラ生物群 Ediacara biota

189

基礎 3 光合成生物の誕生　光合成生物が酸素を生み，地球環境を大きく変えていった。

A ストロマトライト

現生のシアノバクテリア→

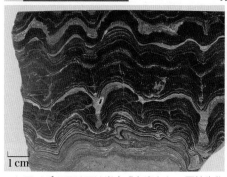

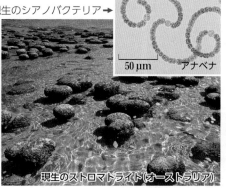

50 μm　アナベナ

現生のストロマトライト(オーストラリア)

シアノバクテリアは光合成色素をもつ原核生物で，光合成をすることで二酸化炭素を吸収し，酸素を放出して徐々に地球の大気組成を変えていった。**ストロマトライト**はシアノバクテリアの活動によって形成されたもの(生痕化石 ● p.180)で，オーストラリア西部ピルバラ地域で見つかった27億年前のものが，確かなものとしては最古。このことから，光合成で酸素が海水中に放出され始めたのはそれ以降と推定されており，縞状鉄鉱層の形成時期とも調和的である。

B 縞状鉄鉱層

1 cm

　光合成によって発生した酸素は，それまで海水中に蓄積されていた鉄イオンを酸化，沈殿させて，大量の酸化鉄層をつくった。酸化鉄に富む層と石英に富む層とが交互になった縞状構造をもつため**縞状鉄鉱層**とよばれる。

基礎 4 全球凍結と生物進化　全球凍結は，生物の大量絶滅とその後の飛躍的な進化をもたらしたと考えられる。

A 全球凍結

想像図

　約22億年前，約7億年前，約6.5億年前には，地球全体が氷河におおわれる**全球凍結**(スノーボールアース)が起こったと考えられている。これらの時代に見られる ①赤道域まで分布する氷河堆積物，②氷河堆積物を覆う炭酸塩岩(キャップカーボネート)，③光合成停止を示す炭素同位体比，④マンガン鉱床(約22億年前)や縞状鉄鉱床(約7億年前，約6.5億年前)の形成，を統一的に説明できる。

　一度全球凍結状態になると，アルベド(● p.80)が大きいため気温は上がらず，簡単には回復しない。しかし，海面凍結で火山ガス中の二酸化炭素が海洋へ溶解できず，徐々に蓄積してその量が0.1気圧程度になると，強まった温室効果によって氷河は一気にとけ，全球凍結から脱する。

B ドロップストーン

氷河　　→　　氷山

陸　　　　　　　　ドロップストーン

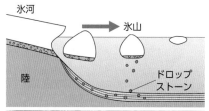

東京大学大学院理学系研究科理学部提供

約22億年前の地層(カナダ)

　ドロップストーンは，氷河堆積物のひとつである。近くの陸地から氷河が海に流れ出ると，氷がとけるにつれて，取りこまれていた礫が海底に落下する。写真からは，海底に積もった泥や砂などの上に大きな礫が落ち，その下の層をゆがめたようすが観察できる。

Column 全球凍結と生物進化の関係

　シアノバクテリアの光合成による二酸化炭素の減少が最初の全球凍結をもたらし，その後に起こった酸素の増加(大酸化イベント)が真核生物の登場につながったと考える研究者は多い。また，約7億年前，約6.5億年前の全球凍結後にも大型のエディアカラ生物群の登場があった。全球凍結を乗り越え，生物は飛躍的な進化をしたのではないかと考えられている。

C 真核生物

蒲郡市生命の海科学館提供

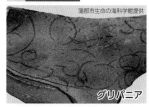

グリパニア

　アメリカ・ミシガン州のネーゴニー鉄鉱層(21億年前の地層)から見つかった直径約2cmのコイル状の化石。大きさから真核生物と考えられている。

D エディアカラ生物群

スワートプンティア　　　エルニエッタ
ディッキンソニア
スプリギナ
トリブラキディウム
チャルニア　　想像図

ディッキンソニア
トリブラキディウム

　オーストラリア南部エディアカラ丘陵をはじめ，世界各地で見つかった先カンブリア時代末(約6～5.5億年前)の化石群。それ以前の生物に比べて，扁平でからだの大きいものが多く，長さが1mを超えるものもいた。骨格・殻などの硬構造をもたない。現生の生物に対応するなかまがいないため不明な点が多いが，からだの大きさという点では，今日の生物に匹敵する。クラゲやイソギンチャクのような生物や，海底をはうスプリギナやディッキンソニアなどが見られる。

プチ雑学 オーストラリアのシャーク湾は，塩分濃度が高くほかの生物が生育しにくいため，ストロマトライトが残っている。今でも酸素の放出が観察できる。

190 古生代 基礎

	5.41	4.85	4.43	4.19		3.59		2.99	2.52 億年前
	カンブリア紀	オルドビス紀	シルル紀	デボン紀		石炭紀		ペルム紀	

46　　　　　　　　　　　　　　　　　　　　　　　　　　　5.41　2.52　0.66億年前

A カンブリア爆発　5億4100万年前, 硬組織(殻や骨, 歯など)をもった多様な生物群が出現した。

バージェス動物群 (想像図)

アノマロカリス
オパビニア
ハルキゲニア
ディノミスクス

アノマロカリス(触手)

オットイア

カナダのロッキー山脈のバージェス頁岩で見つかったカンブリア紀の化石群。海底地すべりなどの急激な現象で死滅したらしく保存がよい。現生の生物につながるさまざまな種が, 短期間に出現したように見えるので, 「カンブリア爆発(カンブリア紀の大爆発)」とよばれる。中国雲南省澄江などでも, 同様の動物化石が発見された。

B おもな示準化石　古生代には, 三葉虫などの浅海域の生物が繁栄し, 中期には陸上へと進出した。

三葉虫 シルル紀

1 cm
アメリカ産

古生代を代表する海生節足動物。

フデイシ オルドビス紀

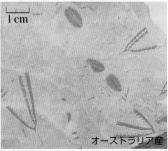

1 cm
オーストラリア産

変化に富んだ外形の半索動物。浮き袋をもち, 群体をつくって浮遊生活をしていた。

ハチノスサンゴ デボン紀

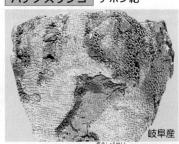

岐阜産

クサリサンゴと並ぶ造礁性サンゴ。

直角貝(オウムガイ類) デボン紀

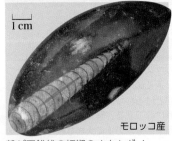

1 cm
モロッコ産

殻が円錐状の初期のオウムガイ。

ウミユリ 石炭紀

2 cm
アメリカ産

ウニ・ヒトデと同じ棘皮動物。

フズリナ(紡錘虫) 石炭紀

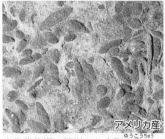

アメリカ産

古生代後期に繁栄した大型有孔虫。

腕足類 ペルム紀

ボリビア産

貝ではなく, 形状の違う2枚の殻と腕骨をもち, 固着し生活する。

プラティミラクリス 石炭紀

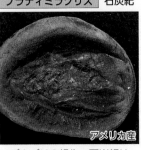

アメリカ産

ゴキブリの祖先。石炭紀は酸素濃度が高く, 昆虫が巨大化した。

ロボク 石炭紀

2
0
m

リンボク 石炭紀

石炭紀～ペルム紀には, 高さ30mに達するシダ植物が繁栄し, 湿地帯では大森林を形成した。倒木は土壌を形成したり, 石炭となったりして炭素を固定したため, 大気中の二酸化炭素が減少し, 気候は寒冷化した。

グロッソプテリス

1 cm
オーストラリア産

原始的な裸子植物であるシダ種子植物。肉厚の葉をもち, 化石はペルム紀～三畳紀にかけて産出する。

プチ雑学　生物間で捕食しあう中で, うまくえさを得たり, 食べられないようにするしくみが進化し, 多様な生物が誕生した。硬組織だけでなく, 眼の進化も, この生存競争には重要であったと考えられる。

2 地球と生命の歴史

Keywords ○ ●古生代 Paleozoic ●カンブリア紀 Cambrian ●オルドビス紀 Ordovician ●シルル紀 Silurian ●デボン紀 Devonian
●石炭紀 Carboniferous ●ペルム紀 Permian ●カンブリア爆発(カンブリア紀の大爆発) Cambrian Explosion

191

C 各時代の概観 (想像図)

オルドビス紀の海

直角貝
(オウムガイ類)

甲冑魚

石炭紀の森林

メガネウラ

アースロプレウラ

ペルム紀の沼地

ディメトロドン

D 生物の陸上進出

上陸から森林形成へ

クックソニア (シルル紀)
最古の陸上植物。高さ数 cm。根・葉がない原始的な植物。茎の先端に胞子嚢をつける。

プシロフィトン (デボン紀)
原始的なシダ植物。高さ約 60 cm。根・茎・葉の分化は不完全だが, 維管束をもつ。二また分岐する枝の先端に胞子嚢をつける。

リンボク (石炭紀)
シダ植物。高さ 30 m に達する大木となり森林を形成した。直立した幹は二また分岐し, 次第に小さな枝になって, 先端部に葉が集まる。

魚類から両生類へ

ユーステノプテロンの胸びれ → 中間体(仮説) → 両生類の前肢

□ 上腕骨 □ とう骨 ■ 尺 骨

胸びれが変化して前肢, 腹びれが変化して後肢になった。

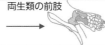

ユーステノプテロン (デボン紀)
魚類。ひれに骨格をもつ。体長約 60 cm。

アカントステガ (デボン紀)
原始的な両生類。4 本の足と尾びれをもち, 水中で生活。体長 60 cm。

イクチオステガ (デボン紀)
初期の両生類。4 本の足をもち, 水辺をはって移動。体長約 90 cm。

ペデルペス (石炭紀)
両生類。自由な陸上歩行が可能。体長約 1 m。

E 古生代末の大量絶滅 原因は, 地球内部のスーパープルーム (○ p.24) の活動によると考えられている。

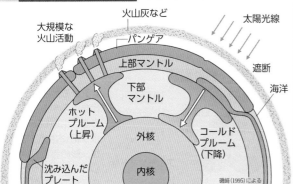

大規模な火山活動
火山灰など
パンゲア
太陽光線
上部マントル
遮断
下部マントル
海洋
ホットプルーム
(上昇)
外核
内核
コールドプルーム
(下降)
沈み込んだプレート

磯崎 (1995) による

①コールドプルームの下降
プレートが沈み込み, 上部マントルと下部マントルの間にたまった後, 巨大化して落下する。

②ホットプルームの上昇
コールドプルームの落下がきっかけになって, ホットプルームが上昇し, 火山活動が活発になる。

③大規模な火山活動
火山灰などが上空をおおって太陽光線を遮断し, 光合成生物が死滅する。

④温暖化・海洋無酸素事変
火山から二酸化炭素が放出され, 光合成が行われないため, 温暖化が進み, 酸素が欠乏する。

古生代末の大量絶滅は過去最大のものであり, 海生無脊椎動物の 9 割以上, 陸上動物の約 7 割の種が絶滅したと推定される。その原因を地球内部のスーパープルームの活動に求める説がある。

プトラナ高原(ロシア)

古生代末頃に, シベリアで大規模な玄武岩でできた台地が形成された。これは火山活動が非常に活発であったことを示しており, スーパープルームによるものだと考えられる。

(各務原市, 岐阜)

中生代初期の地層で, 赤褐色チャートの下位に黒色チャートがある。黒色の部分には赤鉄鉱(酸化鉄)がなく, 黄鉄鉱(硫化鉄)があることから, 海中が酸素欠乏状態になったこと(海洋無酸素事変)が推定される。

プチ雑学 リンボク(鱗木)は, 幹の上の葉痕(葉の落ちた跡)が鱗状に並ぶようすから名づけられた。

252	201	145	66 100万年前
三畳紀	ジュラ紀	白亜紀	
46			5.41 2.52 0.66 億年前

A 恐竜　恐竜はさまざまな環境に適応し，多様化して繁栄した。

ティラノサウルス（竜盤類）白亜紀 ▶p.209

ステゴサウルス（鳥盤類）ジュラ紀

シノサウロプテリクス（竜盤類）白亜紀

5 cm

中国産

オーウェンが当時発見されていたイグアノドンなど3種を「恐ろしい（ダイノ）トカゲ（サウルス）」と名付けたのが恐竜の由来。骨盤の構造の違いから，竜盤類と鳥盤類に分けられる。は虫類のなかまで，中生代に栄え，白亜紀末に絶滅した。

近年，羽毛をもつ恐竜の化石が次々に発見され，鳥類は恐竜から進化したとされる。

B 二枚貝

モノチス　三畳紀

1 cm　岡山産

トリゴニア　ジュラ紀〜白亜紀
（三角貝）

1 cm　ドイツ産

イノセラムス　ジュラ紀〜白亜紀

1 cm　北海道産

C 始祖鳥　ジュラ紀

ドイツ産

あごに歯があるなどの特徴もあるが，全身が羽毛でおおわれており，鳥類とされる。

D アンモナイト　アンモナイトは急速に繁栄し多様化したが，中生代末に絶滅した。

ペリスフィンクテス　ジュラ紀

1 cm　マダガスカル産

ニッポニテス　白亜紀

アンモナイト類の進化

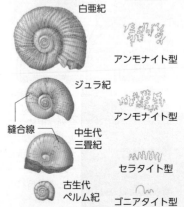

外　形	縫合線
白亜紀	アンモナイト型
ジュラ紀	アンモナイト型
中生代三畳紀	セラタイト型
古生代ペルム紀	ゴニアタイト型

縫合線

アンモナイトは中生代を代表する頭足類である。出現したのはデボン紀（古生代）であるが，殻の巻き方が密ならせん状になった頃から，急速に繁栄した。

古生代から中生代の三畳紀，ジュラ紀，白亜紀と進化するにしたがい，殻と内房の壁の接合部分である縫合線が複雑になり，外形も大きくなった。

中生代に世界中の海で大繁栄した頭足類（イカ・タコのなかま）。海洋のさまざまな場所に適応した結果，殻の巻き方などが多様化し，1万種以上が知られている。

 K-Pg境界より前にイノセラムスは絶滅している。イノセラムス絶滅の原因としては，捕食者であるカニ類の出現によって生息域が深海にうつり，そこで海水温の低下が起きたという説が有力視されている。

Keywords ◦ | ●中生代 Mesozoic ●三畳紀 Triassic ●ジュラ紀 Jurassic ●白亜紀 Cretaceous
●恐竜 dinosaur ●アンモナイト ammonite ●小惑星衝突説 asteroid impact theory

福井県立恐竜博物館
恐竜図鑑

193

E 植物　裸子植物が繁栄した。

ニルソニア　三畳紀

1 cm

岡山産

ソテツ(裸子植物)の一種。

クラドフレビス　三畳紀

1 cm

山口産

シダ植物。ゼンマイに似ている。

バイエラ　三畳紀

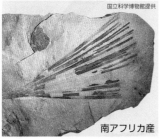

国立科学博物館提供

南アフリカ産

イチョウ類(裸子植物)。現在は
イチョウ一種のみが自生。

こはく　白亜紀

Royal Saskatchewan Museum (RSM/R.C.McKellar)/PPS通信社

ミャンマー産

樹木の出す樹脂の化石。写真は
恐竜の尾が入っためずらしいもの。

F 白亜紀の気候

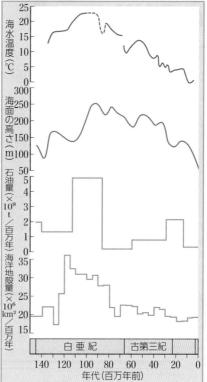

Larson(1991)を簡略化

中生代は, 比較的温暖な気候が続いた。白亜紀には, 地球の平均気温が現在より10〜15℃高く, 赤道と極の温度差も小さかったため, 両極では氷がとけ, 海水面は上昇した。

温暖・多湿な気候のもとで, 裸子植物はおおいに繁栄し, 多様な生態系がつくられた。また, 恐竜などの一部は極端に大型化した。海では大量のプランクトンが繁殖し, その遺骸が堆積して石油のもとになった(● p.218)。

この頃は, 海洋地殻の生産速度が大きくなった時期であり, 活発な火山活動によって大気中の二酸化炭素が増加し, 強い温室効果が働いたことが原因で, 温暖な気候がもたらされたと考えられている。

G 中生代末の大量絶滅　小惑星衝突説 ● p.207

K-Pg 境界層露頭
(スティーブン・クリント海岸, デンマーク)

L.Alvarez(1987)による

境界層からの距離(cm)
イリジウム濃度(ppb)

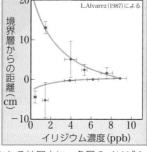

500 μm

マイクロテクタイト*

衝撃変成石英

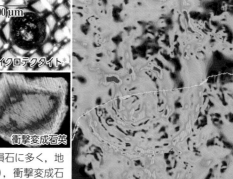

チチュルブ・クレーター(メキシコ)

クレーター
直径約180 km

メキシコのユカタン半島地下に, 円形の重力異常構造がある。そこから採取した試料の特徴から, 中生代末の小惑星衝突でできたクレーターと考えられている。

中生代と新生代の境界(K-Pg 境界)にあたる地層中に, 多量のイリジウム(隕石に多く, 地表にまれな元素), 隕石衝突でできるマイクロテクタイト(ガラス質の微小球), 衝撃変成石英(● p.30)などが含まれていることから, 小惑星衝突が大量絶滅の原因だという説が有力である。また, 津波堆積物の分布, チチュルブ・クレーターの発見, 光合成停止(粉塵やエアロゾルによる太陽光線の遮断)を示唆する炭素同位体比なども, この説を支持している。ただし, K-Pg 境界より前に起こったイノセラムスの絶滅は別の原因によるものだとされる。

＊約80万年前のもので, K-Pg 境界のものではない。

H 中生代の哺乳類　最古の哺乳類が出現したのは, 中生代の三畳紀後期だと考えられている。

メガゾストロドン　三畳紀

南アフリカ産

昆虫などを食べる, ネズミほどの大きさの小形哺乳類だったと考えられている。

レペノマムス　白亜紀

中国産

レペノマムスは中型犬〜大型犬ほどの大きさの肉食哺乳類であった。化石の胃にあたる位置から, 小形の恐竜(プシッタコサウルスの幼体)の骨が発見された。

プチ雑学　中生代末の小惑星衝突によって, 衝突地点では M11 以上の規模の地震と, 高さ約 300 m の津波が発生したと推定されている。

クローズアップ 地学

恐竜の科学

中生代におおいに栄えた恐竜。どう猛なもの，巨大なもの，角や棘（とげ）をもつものなど，さまざまな種類がわかっている。さらに，羽毛恐竜が次々に発見され，恐竜の研究はいっそう活発になっている。

は虫類の系統

恐竜とよばれるのは，竜盤類と鳥盤類の2系統である。

Hirasawa, Nagashima, Kuratani (2013) などによる

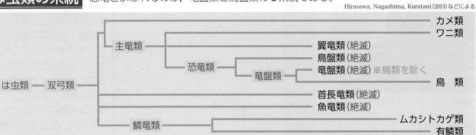

```
は虫類 ─ 双弓類 ┬ 主竜類 ┬─────────────── カメ類
              │      │                ワニ類
              │      └ 恐竜類 ┬───── 翼竜類 (絶滅)
              │              │       鳥盤類 (絶滅)
              │              └ 竜盤類 ┬ 竜盤類 (絶滅) ※鳥類を除く
              │                      └ 鳥 類
              └ 鱗竜類 ┬─────────── 首長竜類 (絶滅)
                      │              魚竜類 (絶滅)
                      └─────────── ムカシトカゲ類
                                    有鱗類
```

古生代石炭紀に出現したは虫類は，中生代にはさまざまな環境に適応して多様化していったが，白亜紀末期に環境が大きく変わり，多くが絶滅した。おおいに繁栄した恐竜も，鳥類をのぞいて絶滅した。

首長竜と魚竜

エラスモサウルス (首長竜類)
白亜紀後期　体長約13 m

首長竜類と魚竜類は，恐竜類ではない。

恐竜の系統

多くの化石が発見され，恐竜の系統が整理された。

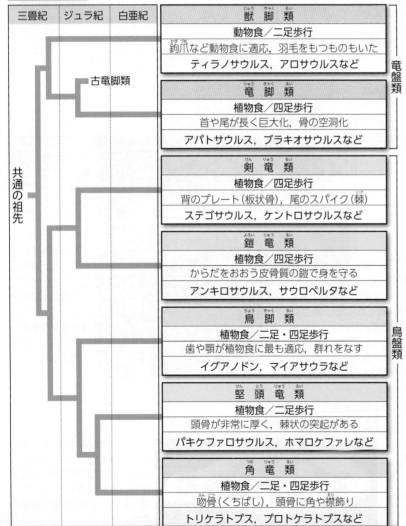

三畳紀	ジュラ紀	白亜紀		
			獣脚類	竜盤類
			動物食／二足歩行	
			鉤爪など動物食に適応，羽毛をもつものもいた	
			ティラノサウルス，アロサウルスなど	
	古竜脚類		**竜脚類**	
			植物食／四足歩行	
			首や尾が長く巨大化，骨の空洞化	
			アパトサウルス，ブラキオサウルスなど	
共通の祖先			**剣竜類**	鳥盤類
			植物食／四足歩行	
			背のプレート(板状骨)，尾のスパイク(棘)	
			ステゴサウルス，ケントロサウルスなど	
			鎧竜類	
			植物食／四足歩行	
			からだをおおう皮骨質の鎧で身を守る	
			アンキロサウルス，サウロペルタなど	
			鳥脚類	
			植物食／二足・四足歩行	
			歯や顎が植物食に最も適応，群れをなす	
			イグアノドン，マイアサウラなど	
			堅頭竜類	
			植物食／二足歩行	
			頭骨が非常に厚く，棘状の突起がある	
			パキケファロサウルス，ホマロケファレなど	
			角竜類	
			植物食／二足・四足歩行	
			吻骨(くちばし)，頭骨に角や襟飾り	
			トリケラトプス，プロトケラトプスなど	

2億5200万　2億100万　1億4500万　6600万(年前)

アロサウルス (獣脚類)
ジュラ紀後期　体長約12 m
当時最大の獣脚類で，食物連鎖の頂点に立つ。

アンキロサウルス (鎧竜類)
白亜紀後期　体長約8 m
骨でできた鎧を背や尾にもち，身を守る。

ステゴサウルス (剣竜類)
ジュラ紀後期　体長約8 m
背中に板状の骨をもつ。

イグアノドン (鳥脚類)
白亜紀後期　体長約13 m
後ろあしが発達している。群れをなしていたと考えられている。

恐竜の骨格復元

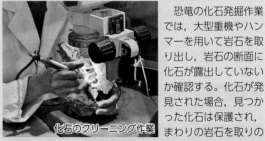

化石のクリーニング作業

恐竜の化石発掘作業では，大型重機やハンマーを用いて岩石を取り出し，岩石の断面に化石が露出していないか確認する。化石が発見された場合，見つかった化石は保護され，まわりの岩石を取りのぞくなどのクリーニング作業が行われる。その後，これまでに世界中で見つかっている化石標本と見比べて，どの恐竜の，どの部分の化石なのか鑑定される。化石が完全な状態で発掘されるとは限らないため，近いと考えられる別の恐竜を参考に，欠けている部分を補いながら骨格が復元される。

羽毛恐竜 鳥類は獣脚類の一部から進化したと考えられている。

獣脚類　白亜紀前期

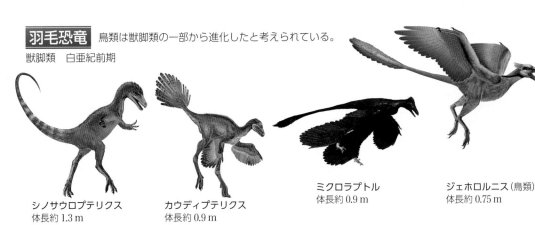

シノサウロプテリクス
体長約 1.3 m

カウディプテリクス
体長約 0.9 m

ミクロラプトル
体長約 0.9 m

ジェホロルニス (鳥類)
体長約 0.75 m

　1996年，中国遼寧省の白亜紀前期の地層から，頭から尾にかけて5 mm 程度の羽毛が生えた恐竜が報告され，シノサウロプテリクスと名づけられた（● p.192）。その後，中国を中心に羽毛恐竜が相次いで報告され，大型恐竜にも鳥類の特徴が観察されたり，翼をもつが地上を動きまわっていたらしい羽毛恐竜も発見されたりしている。

復元図の変化 恐竜の研究が進み，復元図も変化してきた。

ティラノサウルスの復元図

ティラノサウルス (獣脚類)
白亜紀後期　体長約 12 m
北アメリカで発見された最大の獣脚類。

現在のイメージ
（これは一例）

古いイメージ

　恐竜は大きなは虫類のイメージから，変温動物で行動はゆっくりだと考えられてきた。しかし，その後の研究から，恒温性をもち活発に運動するイメージへと変わった。
　ティラノサウルスは古い復元図では尾を引きずっているが，現在では尾は水平にかかれたり，羽毛が生えていたり＊と，復元図が変化してきた。
＊ティラノサウルスの羽毛の有無には諸説ある。

羽毛の色

アンキオルニス (獣脚類)
ジュラ紀後期　体長約 0.3 m

アンキオルニスは，ほぼ全身の羽毛の色が判明した。

　2010年，化石の羽毛部分にあるメラノソーム（メラニン色素を含む細胞小器官）が電子顕微鏡で観察された。メラノソームの種類で羽毛の色を推定することができる。

恐竜の呼吸システム 竜盤類 (獣脚類と竜脚類) は気のうをもっていたと考えられている。

中生代の酸素濃度

Berner (2006) などによる

縦軸：酸素濃度 (%)　現在の濃度

ペルム紀｜三畳紀｜ジュラ紀｜白亜紀
古生代｜　　　中生代
年代 (億年前)

　大気中の酸素濃度は，ペルム紀末から三畳紀にかけて低下し，ジュラ紀も低い状態が続いた。恐竜が繁栄したジュラ紀の酸素濃度は，現在と比べて30〜40%低かったと考えられる。これは現在の地球でいうと，標高 0 m の酸素濃度が富士山の山頂と同じ程度ということになる。

気のうの獲得

吸うとき
気のう　肺　気のう

吐くとき
気のうから肺へ空気が供給

空気　　空気

　鳥類は気のうという呼吸システムをもっている。気のうとは，肺の前後につながる袋状の器官である。気のうにより，息を吸うときと吐くときの両方で肺に新鮮な空気をとり入れられるため，呼吸効率が高まる。鳥類は気のうをもつため，空気の薄い上空を飛び続けられるものもいる。
　恐竜のうち獣脚類と竜脚類には，気のうがあったと考えられている。恐竜が誕生した三畳紀の酸素濃度が低かったことと，獣脚類と竜脚類の気のう獲得を関係づける説もある。

　気のうの獲得が，竜脚類の巨大化や，獣脚類の優れた運動性と関係があるともいわれている。

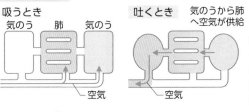

アパトサウルス (竜脚類)
ジュラ紀後期　体長約 22 m
体重は30トン以上あったと考えられている。

	6600	2300	260	0 万年前
	古第三紀	新第三紀	第四紀	
46			5.41 2.52 0.66 億年前	

A カヘイ石（ヌンムリテス） 古第三紀（始新世）

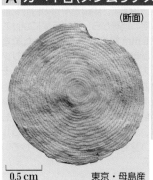

（断面）

0.5 cm　　東京・母島産

海洋性の大型有孔虫。殻は石灰質で，内部には多くの房（部屋）がある。中心の初房が大きく殻全体は小さい顕球型（単相世代）と，初房が小さく殻全体は大きい微球型（複相世代）とがあり，生殖法の違う世代が交互に現れる。

B ビカリア 新第三紀（中新世）

1 cm

センニンガイ

マングローブの生物

岡山産

熱帯地方の泥質の海岸では，ヒルギに代表される特有の植生をもつ**マングローブ**があり，豊かな生物相をもつ。ビカリアに近いなかまのセンニンガイが，東南アジアやオーストラリアのマングローブの浅海に多く見られる。

C デスモスチルス 新第三紀（中新世）

サハリン産

臼歯

体長約2mの哺乳類で，は虫類のように足を横にはり出した体形をしている。円柱（スチルス）を束ねた（デスモ）ような特徴的な形の臼歯が名前の由来。北太平洋沿岸から化石が産出する。

D ナウマンゾウとマンモス 第四紀

大阪市立自然史博物館提供

ナウマンゾウ（左）とマンモス（右）

ナウマンゾウの臼歯

ナウマンゾウは長い牙をもち，温帯北部に分布したゾウで，日本各地で約3〜2万年前まで生息。マンモスは大きく湾曲した巨大な牙をもち，寒冷な気候に適応して全身が毛で覆われる。北海道では約2万年前まで生息。ともに板を重ねたような形の臼歯をもつ。

E ウニ 古第三紀（漸新世）

1 cm　　アメリカ産

F イタヤガイ 第四紀（更新世）

1 cm　　千葉産

G カルカロドンの歯 新第三紀

1 cm

アメリカ産

体長10m以上の巨大なサメの一種。歯が硬く，化石が多産する。

H ブナ 第四紀（更新世）

栃木産

ブナ（被子植物）の葉。温帯のやや寒冷な地域で，ナラなどと森を形成。

I メタセコイア 古第三紀〜第四紀

2 cm　　兵庫産

現生種

ヒノキ科（裸子植物）の植物で，生きている化石の1つ。セコイアと似た植物の化石が，日本各地で発見され，それをメタセコイアと命名。古第三紀から第四紀の地層まで新生代全体にわたって化石は産出する。

プチ雑学　エジプトのピラミッドの建材には，カヘイ石（ヌンムリテス）を多く含む石灰岩が使用されている。

2 地球と生命の歴史

J 氷河時代 ▶ p.207

伊藤孝士(1999)による

18000年前(左)と現在(右)の氷床の広がり。等高線の数値は氷床の高さ(m)を示す。

過去の氷床の高さは,地形や化石に残る痕跡,重力の変動などから推測。

最終氷期のときの世界

「地球史の探究」などによる

□ 氷河

約2万年前は氷河時代のピークで,海面は現在より約120m低かった。

気候が寒冷化すると氷床(▶ p.170)が発達する。南極では約4000~3000万年前から氷床ができはじめ,第四紀(260万年前~現在)には北半球にも氷床が発達する氷河時代となった。気候が寒冷で氷床が中緯度まで発達する**氷期**と,気候が比較的温暖で氷床が極周辺だけに縮小する**間氷期**とが,約10万年のサイクルで繰り返す(▶ p.198)。現在は約10000年前に氷期が終わった後の間氷期にあたり,後氷期とよばれる。

K 哺乳類の進化

カモノハシ,ハリモグラ	カンガルーなど	マナティ,ゾウなど	ナマケモノなど	リス,サルなど		ライオン,クジラなど
単孔類	有袋類	アフリカ獣類	南米獣類	超霊長類		ローラシア獣類

真獣類

哺乳類の祖先

哺乳類は中生代三畳紀に現れた(▶ p.193)。
白亜紀末に恐竜など多くの種が絶滅したあと,多様化が進んだ。

新生代新第三紀には寒冷化が進み,水の蒸発量が減少した。雨の少ない内陸部が乾燥化し,草原が広がったことが,哺乳類の発展につながった。

パキケトゥス 古第三紀

最古のクジラの祖先で,外見はオオカミに似ている。水辺の近くの陸上で生活していた。

モエリテリウム 古第三紀

ゾウのなかまである長鼻類の一種。水辺で生活し,水生植物を食べていた。外見はカバに似ており,体高は約70cm。

L 人類の進化 ▶ p.209

飛び道具の使用
死者の埋葬
火の使用

ホモ・サピエンス(新人) 1430~1480
ホモ・ネアンデルターレンシス(旧人) 1220~1740
交雑
ホモ・エレクトス(原人) 780~1230
アウストラロピテクス(猿人) 360~650 直立二足歩行

506
90
411
ゴリラ
394
チンパンジー
テナガザル
オランウータン

数字は脳の容積(mL)

年代[万年前]

第四紀
100
200
300
400
新第三紀
500
600
700

ホモ・フロレシエンシス
ホモ・ネアンデルターレンシス
デニソワ人
ホモ・サピエンス(現生人類)
ホモ・エレクトス
ホモ・エルガステル
パラントロプス・エチオピクス
パラントロプス・ボイセイ
ホモ・ハビリス
パラントロプス・ロブストス
アウストラロピテクス・アフリカヌス
アウストラロピテクス・アファレンシス
オロリン・トゥゲネンシス
アルディピテクス・ラミダス
サヘラントロプス・チャデンシス
アウストラロピテクス・アナメンシス

※人類の系統にはさまざまな説がある。

「人類史マップ」(2021)の図を簡略化

全身骨格の比較

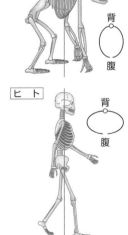

類人猿
背 腹

ヒト
背 腹

類人猿とヒトの骨格を比べると,類人猿は,からだを支えるために腕が長く,胸の断面は背腹に長い。一方,ヒトは,腕よりも脚が長く,胸の断面は左右に長い。

人類を大きく特徴づけるのは直立二足歩行である。直立二足歩行により,道具の使用や脳の増大が可能になったといわれる。現生の人類であるホモ・サピエンス(新人)の起源は,約20万年前のアフリカにあるとされ,その後,世界へ広がった。遺伝子の分析から,その過程で,ホモ・ネアンデルターレンシスやデニソワ人との交雑があったといわれている。

プチ雑学 猿人,原人,旧人,新人が入れ替わり現れてきたのではなく,猿人がいた時代に原人が現れている。また,旧人がいた時代に,すでに新人が活動していたと考えられている。

2 地球と生命の歴史

基礎 **1** 気候変動の推定　氷床の分析などから，過去の気候変動を推定することができる。

A 氷床コア

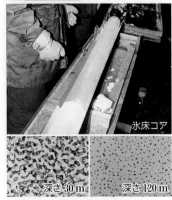

氷床コア

深さ30 m　深さ120 m

氷床コアの薄片顕微鏡写真

氷床（⊙ p.170）には，氷になる過程で当時の大気がとり込まれている。大気は氷床に気泡として密封され，気泡から過去の二酸化炭素濃度などを推定できる。また，寒冷な時期にできた氷床は ^{16}O の割合が高い。このことを利用して，氷を構成する酸素の同位体比から，過去の気温の変化を推定できる。

南極は，陸地の大部分が氷床に覆われており，最も厚いところで4000 m以上に達する。南極氷床の頂上につくられたドームふじ観測拠点では，1996年に掘削が行われ，深さ約2500 mまでの**氷床コア**（円柱状の試料）が得られた。この氷床コアには，氷期－間氷期サイクルを含む，過去32万年の地球環境の変動が記録されている。

写真は，氷床コア薄片の顕微鏡写真である。深いほど圧力が高いので，右の方が含まれる気泡は小さい。

B 酸素同位体比

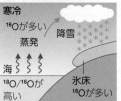

寒冷　^{16}O が多い　蒸発　降雪　海　$^{18}O/^{16}O$ が高い　氷床　^{16}O が多い

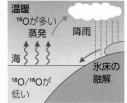

温暖　^{16}O が多い　蒸発　降雨　海　$^{18}O/^{16}O$ が低い　氷床の融解

^{16}O を含む水は，^{18}O を含む水よりも軽いため蒸発しやすく，寒冷なほど ^{16}O を含む水が氷床として陸上に残る。そのため，海水の ^{16}O に対する ^{18}O の比率 $^{18}O/^{16}O$ は，寒冷なほど高く，温暖なほど低くなる。

有孔虫（⊙ p.174）の殻は，生息時の海水の酸素同位体比を保存している。浮遊性有孔虫の殻の酸素同位体比を調べれば，海面付近の温度の推定ができる。

C 第四紀の氷期・間氷期

「アイスコア　地球環境のタイムカプセル」による

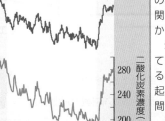
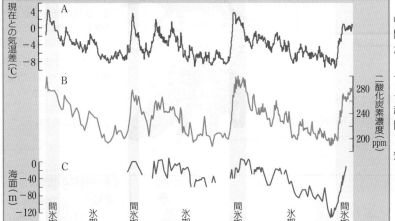

現在との気温差（℃）　二酸化炭素濃度（ppm）　海面（m）

間氷期　氷期　間氷期　氷期　間氷期　氷期　間氷期

年代（万年前）　30　25　20　15　10　5　0

図のA，Bは，ドームふじの氷床コアを分析して得られたものである。気温の変化と二酸化炭素濃度の変化は非常によく相関しており，さらに海面の変化（C）にも影響が現れることがわかる。

氷期と**間氷期**（⊙ p.197）は，約10万年のサイクルで繰り返している。氷期には，気温が頻繁に変動しながら徐々に寒冷化する。最も寒冷な時期が終わると，短時間に急激な気温の上昇が起こり，間氷期に入る。ピークを過ぎると気温は下がり始め，間氷期は1万年程度しか続かない。

現在は，間氷期（後氷期）に入って1万年ほど経つが，温暖な気候が安定して続いてきた。気候の安定によって，人類は発展し，さまざまな文明を築いてきたといえる。

D ミランコビッチサイクル

「地球惑星科学入門」，IPCC 第4次評価報告書による

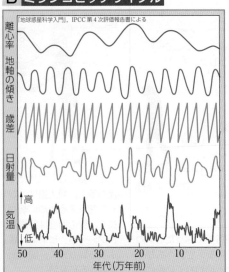

離心率　地軸の傾き　歳差　日射量　気温　高　低

年代（万年前）　50　40　30　20　10　0

ミランコビッチは，地球の軌道に関する3つの要素（離心率，地軸の傾き，歳差運動 ⊙ p.153）の周期的な変化が，日射量を変動させ，気候変動をもたらすと考えた。3つの要素から算出した日射量の変動は，気温の変動とある程度一致している。日射量の変化は大きなものではないが，地球の気候システムに影響を与え，気候変動を起こしていると考えられている。

日射量を変動させる3つの要素

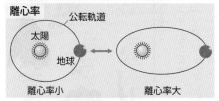

離心率　公転軌道　太陽　地球　離心率小　離心率大

地球の公転軌道は，円に近づいたり細長い楕円になったりする。その離心率は，10万年と41万年の周期で変化している。

地軸の傾き　約 22.2°〜24.5°

地軸の公転軸に対する傾きは，4.1万年の周期で約22.2°〜24.5°の範囲で変化している。

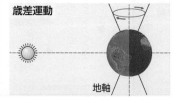

歳差運動　地軸

地軸はこまの首振り運動のように，2.3万年と1.9万年の周期で歳差運動（⊙ p.153）をしている。

プチ雑学　気候変動には，さまざまな要因が関係している。たとえば，後氷期に向かう温暖化の途中で起こった「寒の戻り（ヤンガードリアス期）」は，氷床がとけてできた大量の淡水が北大西洋に流れ込んだために，塩分が低くなって冷たい海水がしずまず，あたたかいメキシコ湾流が北上できなかったためという説がある。

Keywords ▶ ●氷床コア ice core ●氷期 glacial period ●間氷期 interglacial period
●ミランコビッチサイクル Milankovitch cycle ●全球凍結 snowball earth

199

基礎 ② 気候変動と生物進化　生物の進化は，地球環境の変化と密接にかかわってきた。

A 地球環境の変化と生物の出現

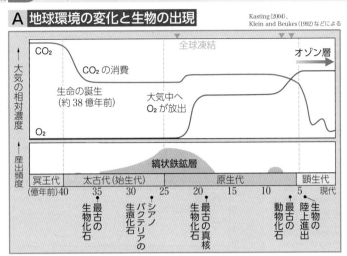

Kasting (2004), Klein and Beukes (1992) などによる

シアノバクテリアが行う光合成によって酸素が蓄積していき，一部は海水中の鉄と結合して縞状鉄鉱層（○p.189）をつくった。酸素濃度は2回急増しており，全球凍結と関係があると考えられている。

B 全球凍結

「Snowball Earth」HP による

●氷河堆積物

約6.5億年前の地層には，世界中で共通して氷河堆積物が存在する。氷河堆積物が，当時の赤道付近でも発見されたことから，この時期に**全球凍結**が起こったと考えられている（○p.189）。

原生代には全球凍結が3回（約22億年前，約7億年前，約6.5億年前）起こった。シアノバクテリアの光合成など何らかの理由で二酸化炭素などの温室効果ガスが減少し，温室効果が弱まったことが原因とされる。

凍結の間，地球は平均気温が約−40℃の極寒だった。数百万年経ち，二酸化炭素が十分蓄積されると，温室効果が強まって氷は一気にとけて凍結から脱し，過剰な二酸化炭素によって気温は約60℃まで上昇した。

C 顕生代の大気と気候

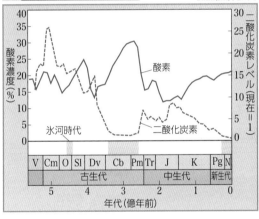

Berner(2006)などによる

石炭紀の地層（イギリス）

古生代前半には高かった二酸化炭素濃度は，シダ植物などが森林を形成した石炭紀に大きく低下した。これは，このときの植物が光合成によって大気中の二酸化炭素を取り込んだまま，湿地に埋もれて分解されず，地下で炭化されたためと考えられている。

また，森林の安定した土壌は，石のかたまりより表面積が大きく化学的風化が進みやすい。この風化で二酸化炭素が消費されて起こった二酸化炭素濃度の低下が，古生代後期の氷河時代をまねいたといわれている。

一方，古生代後期，光合成により酸素濃度は上昇した。このことが，メガネウラ（○p.191）のような巨大な節足動物の出現をうながしたともいわれている。

古生代末には，火山活動などにより二酸化炭素濃度が再び上昇し，中生代は比較的温暖になった（○p.193）。

寒冷−温暖のサイクル

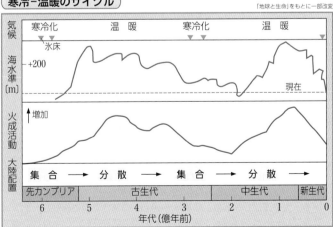

「地球と生命」をもとに一部改変

6億年前以降，寒冷化と温暖化の大きなサイクルが2回起こり，海水準の変動が対応している。大陸の集合・分散や火成活動の変化と対応することから，気候と地球内部の変化が関係していると推測される。

Column 気候ジャンプ

門屋など (2012)による

A 無凍結状態

B 部分凍結状態

C 全球凍結状態

無凍結状態から大気中の二酸化炭素濃度が低下すると部分凍結状態となり，氷床が緯度30°付近まで拡大したのちは，数百年程度で赤道まで一気に氷床がおおう（気候ジャンプ）と推測される。逆に，全球凍結状態で火山ガス中の二酸化炭素が蓄積し，その量が0.1気圧程度になると，温室効果によって一気に氷床がとけ，無凍結状態になる。

プチ雑学 日本の石炭は，古第三紀に北海道と九州に広がっていた湿地帯に埋もれた植物が元になって形成された。

日本列島は，4つのプレートがぶつかり合うところに位置する弧状列島である。日本列島の大部分は付加体からできており，列島にほぼ沿うようにして帯状に並ぶ地質体が見られる。

1 島弧としての日本列島
プレートの沈み込みによって，日本列島は弧状になっている。

A 島弧−海溝系

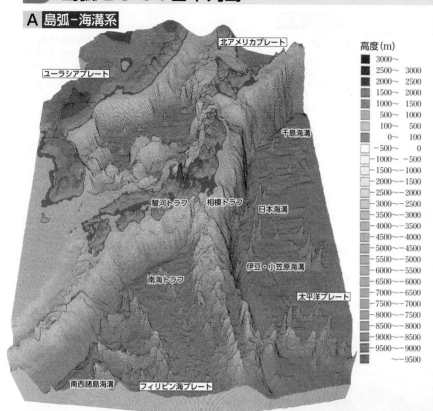

高度(m)	
	3000〜
2500〜	3000
2000〜	2500
1500〜	2000
1000〜	1500
500〜	1000
100〜	500
0〜	100
−500〜	0
−1000〜	−500
−1500〜	−1000
−2000〜	−1500
−2500〜	−2000
−3000〜	−2500
−3500〜	−3000
−4000〜	−3500
−4500〜	−4000
−5000〜	−4500
−5500〜	−5000
−6000〜	−5500
−6500〜	−6000
−7000〜	−6500
−7500〜	−7000
−8000〜	−7500
−8500〜	−8000
−9000〜	−8500
−9500〜	−9000
〜−9500	

B 東北日本の断面

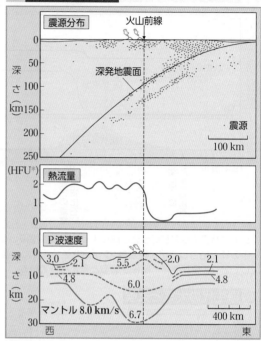

地震や重力異常などの研究から，地下構造を推定できる。震源の分布を調べると，沈み込む太平洋プレートに沿って，**深発地震面（和達−ベニオフ帯）**があることがわかる。

＊ 1 HFU＝10^{-6} cal/cm²・s ≒ 42 mW/m²

2 プレートと日本列島
日本列島の大部分は，プレートの沈み込みによってできた付加体からなる。

南海トラフの断面
反射法人工地震波探査による断面図

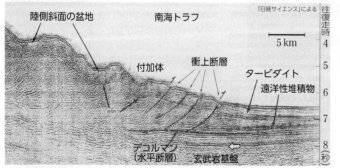

南海トラフの堆積物がはぎ取られ，陸側に付加していく。タービダイトは海底地すべりによる堆積物（▶ p.173）。

西南日本の地質構造

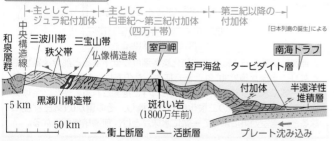

伊豆・小笠原弧の地質構造

末広潔など(1996)，平朝彦など(1998)による

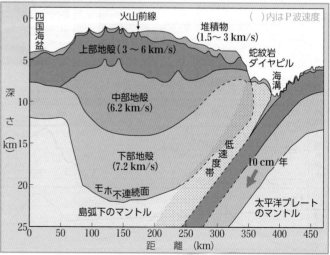

日本列島付近は，4つのプレート（太平洋プレート，フィリピン海プレート，ユーラシアプレート，北アメリカプレート）の境界に位置している。太平洋プレートは，年間8〜10 cmの速さで西に移動し，北アメリカプレートとフィリピン海プレートの下に沈み込む。フィリピン海プレートは，年間3〜4 cmの速さで北西に移動し，ユーラシアプレートの下に沈み込む。日本列島付近は，太平洋側から順に，海溝，海盆，島弧と並列しており，**島弧−海溝系**（▶ p.21）をつくっている。

3 日本列島の歴史

プチ雑学　爆薬などを使って人工的に地震を発生させ，その地震波を観測して地中の構造などを探査することができる。反射波を利用する場合を反射法人工地震波探査という。

Keywords ▸ ●島弧 island arc ●島弧−海溝系 island arc-trench system ●棚倉構造線 Tanakura Tectonic Line
●糸魚川−静岡構造線 Itoigawa-Shizuoka Tectonic Line ●中央構造線 Median Tectonic Line
●フォッサマグナ the Fossa Magna

産総研
地質図Navi

201

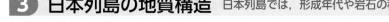

3 日本列島の地質構造 日本列島では，形成年代や岩石の種類の異なる地質体がほぼ帯状に分布する。

A 日本の地質区分

磯崎行雄(2000)などによる

凡例
- 古期大陸地塊
- 秋吉帯(2.5億年前)
- 舞鶴帯(2.5〜2.3億年前)
- 三郡帯(2.3億年前)
- 美濃・丹波帯(2.2〜1.4億年前)
- 超丹波帯
- 領家帯
- 三波川帯(1.2億年前)
- 四万十帯(0.9〜0.2億年前)

- A−B 棚倉構造線
- C−D 糸魚川−静岡構造線
- E−F 中央構造線

棚倉構造線を境に東北日本と西南日本に分けられる。

糸魚川−静岡構造線
（新潟県糸魚川市）

凡例
- 完新統
- 更新統
- 第三系
- ジュラ・白亜系
- 古生界・トリアス系
- 第四紀火山岩
- 第三紀火山岩
- 中生代火山岩
- 花こう岩類
- かんらん岩類
- 片岩類
- 雲母片岩・片麻岩類

地質調査総合センター発行
500万分の1
GEOLOGICAL MAP OF
JAPAN (1982)による

フォッサマグナ

本州の中央部には，南北に走る溝が新第三紀以降の堆積物で埋められた構造になっている地域がある。この地域をフォッサマグナといい，西の端は糸魚川−静岡構造線である。

糸魚川−静岡構造線（山梨県早川町新倉）

断層

B 日本の地質図

日本の衛星画像 ▶ p.46

日本最古の石

写真提供早坂康隆/広島大学

島根県津和野町でみつかった片麻岩の岩体。25億年前にできた花こう岩が，18.3億年前に変成作用を受けてできた。

コノドント(オルドビス紀) 岐阜県福地で発見された日本最古といわれる化石。海成層に産出し，原始的な魚類(無顎類)の器官と考えられており，示準化石として有効。

日本最古の化石

0.1 mm

束田和弘，小池敏夫(1997)©日本地質学会

中央構造線（安康露頭，長野県大鹿村）

断層

中央構造線（三重県松阪市月出）

C 日本の広域変成帯

- 飛驒変成帯(高温低圧型)
- 三郡変成帯(低温高圧型)
- 領家変成帯(高温低圧型)
- 三波川変成帯(低温高圧型)
- 阿武隈変成帯(高温低圧型)
- 日高変成帯(高温低圧型)
- 神居古潭変成帯(低温高圧型)

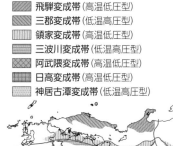

プチ雑学 フォッサマグナはラテン語で「大きな溝」を意味する。これは，日本海の拡大によって本州の中央部が陥没して形成された。陥没帯は，その後の火山活動や堆積作用で埋められており，地形として大きな溝があるわけではない。

凡例: 陸地 ／ 浅海〜湖 ／ 海洋底 ／ ◯日本列島の形・カルデラ

1 日本列島形成の歴史
日本列島は，大陸の縁で形成された付加体が大陸から分離して誕生した。

「日本列島の誕生」による

❶ 約1億3000万年前

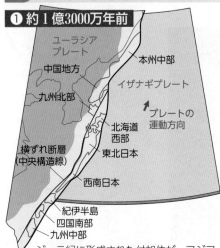

ジュラ紀に形成された付加体が，アジアの東縁で起きた横ずれ運動で北上していく＊。黒瀬川構造線や中央構造線の原型がつくられた。
＊この過程には異論もある

❷ 約7000万年前

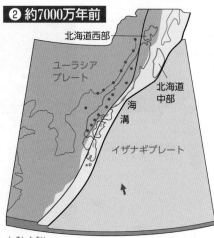

四万十帯は，ジュラ紀付加体の下に潜り込み，一部を激しく上昇させた。中央構造線が左横ずれし，内帯では火山活動が活発であった。

❸ 約2500万年前

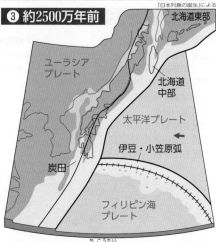

大陸の縁の部分で地溝帯が形成され，湖水群や三角州が形成された。九州南西部などの大森林がやがて石炭として堆積していった。

❹ 約1900万年前

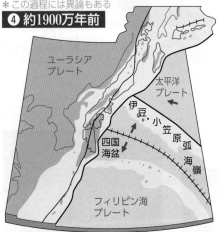

九州・パラオ海嶺と伊豆・小笠原弧が分離し，四国海盆が拡大しはじめた。地溝帯はさらに拡大し，海水が浸入した。

❺ 約1700万年前

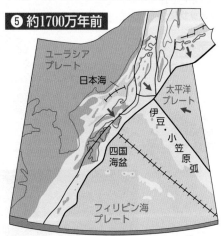

日本海が拡大をはじめ，四国海盆も拡大し続け，伊豆・小笠原弧がほぼ現在の位置に近づいた。

❻ 約1450万年前

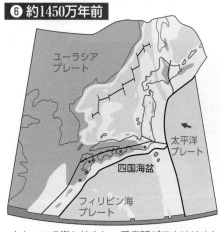

オホーツク海も拡大し，千島弧ができはじめた。1500万年前になると，日本海の拡大が終了し，日本列島は本州中部で折れ曲がった。

❼ 約800万年前

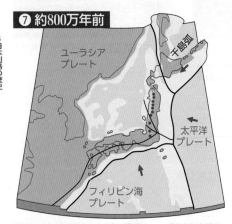

伊豆・小笠原弧は本州に衝突し，千島弧前部も北海道に衝突した。東北日本はほぼ水没していたが，やがてカルデラの活動がさかんになった。

❽ 約500万年前

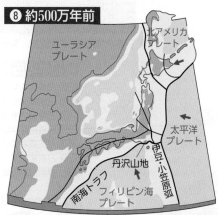

伊豆・小笠原弧にあった丹沢海嶺が本州に衝突した。西南日本はほぼ陸地化していたが，南西諸島では海水が浸入しはじめた。

❾ 約1万8000年前

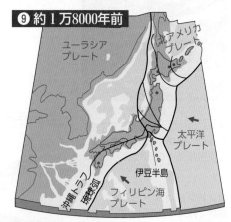

200万年前より日本海が東進し，日本列島は東西に押されて山脈が隆起した。氷河時代の最盛期では，海面が下がり大陸と陸続きになっている。

プチ雑学　イザナギプレートは，日本列島の原型をつくったと考えられている白亜紀のプレート。日本神話で，イザナミとともに日本国土をつくった神であるとされるイザナギに由来している。白亜紀後期に太平洋プレートとの間の中央海嶺とともに，大陸下に沈み込み消滅した。

2 日本の新生代　氷期－間氷期の規則的な繰り返しで海水準が変動し，現在の日本の地形の大枠がつくられた。

A 日本海の形成

観音開き説

「絵でわかる日本列島の誕生」による

押し出し説

断層

過去の沈み込み帯

日本海は，2000万年前～1500万年前に大陸縁の裂け目が広がってできた。その過程については，観音開き説と押し出し説（およびこれらをあわせた考え方）がある。

この頃の日本海では，海底火山の活動がさかんであった。これによりできた凝灰岩（グリーンタフ）や鉱石（黒鉱）が，東北地方などにみられる（● p.220）。

C 広域テフラ

町田，新井(2003)による

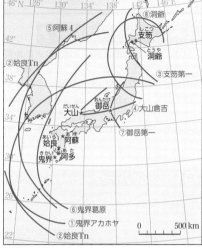

⑤阿蘇4
②姶良Tn
③支笏第一
④大山倉吉
①大山
⑦御岳第一
⑧御岳
①姶良
②阿多
①鬼界アカホヤ
②姶良Tn
⑥鬼界葛原
⑧洞爺
支笏
洞爺
阿蘇
鬼界

0　　500 km

B 海水面の変動

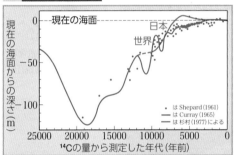

現在の海面

日本
世界

現在の海面からの深さ(m)

・は Shepard (1961)
― は Curray (1965)
― は 杉村(1977) による

25000　20000　15000　10000　5000　0
¹⁴Cの量から測定した年代(年前)

約1万7000～7000年前に，急速な海面上昇があったことがわかる。これは，最終氷期が終わり，氷河がとけて海面が上昇したことを示している。また，日本各地の資料からは，約6000年前に，現在より海面が高い時代があったことが推定できる。このときの海面上昇を縄文海進とよび，貝塚分布などから，当時の海岸線が推定されている。大阪湾，伊勢湾地域でも同様な海進が見られる。

► p.73

アカホヤ火山灰層

阿蘇山（熊本）

火山ガラス

繊維状　　平板状

噴火により空中に放出されたのち，落下したものをテフラという。テフラは大規模な爆発的噴火の産物で，含まれている火山ガラスは噴火様式により異なる。分布域が広いものは，第四紀後期の海面変化や気候変化の研究のかぎ層（● p.182）として重要である。

魚津埋没林（富山）　魚津付近の海抜＋3～－3 mの沿岸には，約2000年前に立ち枯れたスギの株が多く存在する。かつては，現在より海面が低く，林があったことが推定できる。

沼のサンゴ礁（千葉）　房総半島南端の館山市沼では，約6000年前の暖海を示すサンゴや貝類を多産する地層（沼層）がある。当時は暖かく，海水面が現在より3 mほど高かったと考えられている。

D 古東京川の水系

貝塚爽平(1980)による

古東京湾

200 m
1000 m

最後の間氷期の海面最大上昇期
（約12万年前）

古東京川

1000 m

最後の氷期の海面最大低下期
（約2万年前）

200 m
1000 m

縄文前期
（約6000年前）

200 m
1000 m

現在

東京湾やその周辺の低地から，沖積層をとり除いた地形を調べると，現在の川の位置とほぼ同じ場所から，東京湾の西側を通り，大陸棚外縁まで続く古東京川の谷が現れる。この谷は，約2万年前に海面が約120 m低下したときにつくられた侵食地形で，現在の地形はその後の海面の上昇により，堆積物で谷が埋められてつくられた。谷の基底には礫層が見られることが多い。このような地形は，大阪湾，伊勢湾，瀬戸内海にも見られる。

プチ雑学　日本で縄文海進があった時期は，世界的にも温暖であった。ヒプシサーマル期，気候最適期などとよばれる。現在と気候も異なり，サハラ砂漠は森林におおわれていたといわれている。

3 日本列島の歴史

クローズアップ 地学
ジオパーク

ユネスコ世界ジオパーク

ジオパークは貴重な地質・地形などの地質遺産を有する「大地の公園」で，世界ジオパークはユネスコの正式事業。日本では洞爺湖有珠山，糸魚川など10地域が認定（2023年現在）。認定条件としては地質遺産の有無だけでなく，しっかりした運営組織・計画があり，保全や教育普及活動，ジオツーリズム*などを通して地域の発展を目指す活動を行うことが挙げられている。さらに，近年では防災への取り組みも重視されている。
*地形や地質を中心に，さらにその地域の生態系や歴史・伝統を対象とした観光。

① 山陰海岸ジオパーク　　　　京都府・兵庫県・鳥取県

玄武洞

丹後半島から鳥取砂丘（○ p.171）に至る海岸にはさまざまな地形や地質が見られ，地形・地質の博物館とよばれる。鳴き砂の琴引浜，松山基範が地磁気の逆転を発見した玄武洞，海食洞の淀の洞門，スコリア丘の神鍋山，リアス海岸（○ p.27）の浦富海岸，鳥取砂丘などが見所。

日本のユネスコ世界ジオパーク

これらのほかに，日本ジオパーク委員会が認定する日本ジオパークもある。

⑥アポイ岳
⑤洞爺湖有珠山
①山陰海岸
⑩白山手取川
②隠岐
⑧糸魚川
④阿蘇
⑦室戸
⑨伊豆半島
③島原半島

② 隠岐ジオパーク　　　　島根県

通天橋

日本海に点在する4つの有人島と180余りの無人島からなる隠岐諸島全域。日本海の形成過程を反映した地層や地形のほか，独特の植生が見られる。また，黒曜石の産地として日本の歴史に影響を与えた。

③ 島原半島ジオパーク　　　　長崎県

土石流被災家屋保存公園

雲仙岳最初の火山活動が記録された龍石海岸，総延長14 kmにもなる千々石断層，1990年代の噴火（○ p.52）でできた平成新山などが見られる。土石流に埋もれた家など噴火の被害の記録も残されている。

④ 阿蘇ジオパーク　　　　熊本県

大観峰から見たカルデラ

阿蘇火山は，面積約350 km²の世界有数の巨大カルデラ（○ p.53）と，中岳など，その中にある火山群・火山地形が特徴。また，宮地・役犬原地区湧泉群などの湧水（わき水）や，温泉なども多く見られる。

❺ 洞爺湖有珠山ジオパーク
北海道

有珠山と洞爺湖

　約11万年前の噴火でできたカルデラに水がたまった洞爺湖や約2万年前からの噴火のくり返しで誕生した有珠山，昭和新山（◗p.53）などがある。有珠山の山麓では現在も多量の水蒸気が上がっている。

❻ アポイ岳ジオパーク
北海道

アポイ岳の登山道

　アポイ岳は，プレートの衝突によりマントルの一部が地上に現れた，かんらん岩でできた山である（◗p.25）。その特殊な土壌などのため，標高は810m程度であるにも関わらず，高山植物が見られる。

❼ 室戸ジオパーク
高知県

行当岬の漣痕

　プレートの沈み込み帯での付加体（◗p.28）の形成過程がわかる。古第三紀始新世の砂岩と泥岩が交互に重なるタービダイト層のほか，漣痕，斑れい岩の露頭（◗p.63），海岸段丘（◗p.27）などが見られる。

❽ 糸魚川ジオパーク
新潟県

小滝川ヒスイ峡

　ヒスイ（ひすい輝石）や糸魚川−静岡構造線に関係する場所が多い。ヒスイ峡以外に海岸でヒスイがみつかることもある。フォッサマグナパークでは糸魚川−静岡構造線の断層（◗p.201）や枕状溶岩が見られる。

❾ 伊豆半島ジオパーク
静岡県

龍宮窟

　伊豆半島は，海底火山がフィリピン海プレートとともに移動して，本州に衝突・隆起してできた。海底火山や陸地化後の火山群の活動でできた地形，今もつづくプレートの動きでできた断層などが見られる。

❿ 白山手取川ジオパーク
石川県

手取川扇状地

　白山周辺は，日本海の影響で低緯度にもかかわらず豪雪地帯であり，白山から日本海の狭い範囲で水の循環（◗p.211）が起こっている。手取川流域では，河川の作用でできた峡谷や扇状地などの地形が見られる。

年代	第4章に関連する発見・できごと	人名(国名)
B.C.6世紀	貝化石から海から陸への変化を推測	クセノパネス(ギリシャ)
A.D.15世紀	貝化石から地層ができる過程を推測	ダ・ビンチ(伊)
1555	「デ・レ・メタリカ」で，鉱山業の知識を整理	アグリコラ(独)
1669	地層累重の法則を発見 ○p.172，水成論による地球生成説	ステノ(デンマーク)
1735	「自然の体系」で，動物・植物・鉱物(化石を含む)を分類	リンネ(スウェーデン)
1773	日本の代表的な石の博物誌「雲根志」出版	木内石亭(日本)
1775	最初の着色地質図を作成 ○p.178	グレーサー(独)
1788	「地球の理論」で地殻変動を主張，斉一説	ハットン(英)
1799	イギリス南部の地層と化石の対応付け	スミス(英)
1809	「動物哲学」で進化論を提唱	ラマルク(仏)
1812	「化石四足獣の研究」で脊椎動物の古生物学の基礎を固める	キュビエ(仏)
1815-19	イギリスの広い地域を描いた本格的な地質図を作成 ○p.178 (化石を用いた地層の同定・対比の方法の確立 ○p.182)	スミス(英)
1822	イグアノドンの化石を発見(命名は1825年)	マンテル(英)
1826	「地表革命論」で激変説を提唱	キュビエ(仏)
1830	「地質学原理」で斉一説を提唱	ライエル(英)
1837	氷河時代の存在を提唱 ○p.197	アガシー(スイス)
1841	古生代・中生代・新生代の区分を提唱 ○p.186	フィリップス(英)
1842	巨大なは虫類の化石を「Dinosauria(恐ろしいトカゲ)」と命名(明治時代に「恐竜」と訳される)	オーウェン(英)
1850頃	化石を基準に主な地質年代が定まる	
1856	ネアンデルタール人の化石の発見(化石人類であることが認められたのは1901年) ○p.197	フールロット(独)
1858	偏光顕微鏡を用いた岩石の研究 ○p.68	ソービー(英)
1859	「種の起源」で進化論を提唱	ダーウィン(英)
	地向斜概念を提唱	ホール(米)
1861	始祖鳥の化石の発見 ○p.192	(独)
1885	日本の地質図を作成 ○p.201	ナウマン(独)
1886	フォッサマグナを命名	ナウマン(独)
1889	地形の侵食輪廻説を提唱	デービス(米)
1896	放射能を発見	ベクレル(仏)
1909	バージェス動物群の発見 ○p.190	ウォルコット(米)
1910	同位体の概念を提唱	ソディー(英)
1910-40代	ミランコビッチサイクルの研究 ○p.198	ミランコビッチ(セルビア)
1936	生命起源についてのコアセルベート説を提唱	オパーリン(ソ連)
1938	生きている化石シーラカンスの発見 ○p.180	ラティマー(南アフリカ)
1946	^{14}C年代測定法を確立 ○p.183	リビー(米)
1947	エディアカラ生物群の発見 ○p.189	スプリッグ(オーストラリア)
1951	酸素同位体を用いた，中生代の海水の温度測定 ○p.198	ユーレー(米)
1953	ミラーのアミノ酸合成の実験	ミラー(米)
	バリンジャー隕石孔(○p.131)の隕石の年代測定(地球の年齢測定)	パターソン(米)
1957	日本南極観測隊，昭和基地を開設	(日本)
1960年代後半	プレートテクトニクス理論の確立 ○p.19	モーガン(米)ら
1975	四万十帯付加体論を提唱 ○p.201	勘米良亀齢(日本)
1978	日本初の恐竜化石モシリュウ発見	花井哲郎(日本) 加瀬友喜(日本)
1980	恐竜絶滅の小惑星衝突説 ○p.193	アルバレス(米)
1980年代	放散虫化石による日本の地層の年代の見直し(放散虫革命) ○p.181	(日本)
1985	日本海形成の観音開き説を提唱 ○p.203	乙藤洋一郎ら(日本)
1992	全球凍結仮説を提唱 ○p.189	カーシュビンク(米)
2004	世界ジオパークネットワーク設立 ○p.204	
2020	更新世中期をチバニアンと命名 ○p.209	国際地質科学連合

世 界初の本格的な地質図

18世紀後半から19世紀前半にかけて，地層の研究や地下資源の利用を背景に，地層や岩石の分布を示す地図が作成されるようになった。ただし，それらの地図は，おおまかな分布を示すものであり，現在の地質図(○p.178)のように，地層の新旧の区別や，離れた地層が同じころに堆積したものであるといった同定がなされたものではなかった。現在の地質図に近い本格的な地質図としては，1815年にスミスが作成した，イギリスの広い地域を描いた地質図が初めてのものであるといわれることがある。

スミスの地質図

当時のイギリスは，産業革命のため，炭鉱や運河の開発が進められていた。スミスは，測量技師としてそれらに関わる中で，地層や化石に関心をもち，研究した。そして，ステノが1669年に提唱した地層累重の法則(○p.172)を確立した。さらに，化石を目印に離れた地域の地層を対比する，地層同定の法則(○p.182)も発見した。スミスの地質図には，これらを用いてイギリスの地層を研究した成果が反映されている。

地 球の年齢

地球がいつ誕生したか。たとえば，17世紀の大主教アッシャーは，聖書の記述から，地球の誕生は紀元前4004年10月26日午前9時とした。一方，18世紀後半，ハットンは斉一説の立場から，地球の誕生はずっと前で，長い時間をかけて変化してきたと考えていた。

地球の年齢については，次のような，模型を用いた実験や仮定をもとにした理論的な研究もなされた。

● ビュフォンは，太陽の一部が飛び散って惑星になったと考え，誕生時の地球は高温であったとした。そして，高温の球が現在の地球程度の温度になるまでの時間を，大きさや組成のちがう球を用いた実験から推測し，地球の誕生を75000年前とした(1779年)。

● 19世紀後半には，実験的に求めた堆積の速さと，地層の厚さから，地球の誕生を数千万年前程度とする研究が多くあった。

● ジョリーは，海水中の塩分は世界中の川から運ばれてきたとしてそれにかかる時間を計算し，地球の誕生を8100万年前とした(1899年)。

● ケルビンは，ビュフォンと同様に高温の地球を仮定し，熱の伝わり方についての研究から，冷却にかかる時間を理論的に求め，地球の誕生を2000万～1億年程度前とした(1862～99年)。

1896年，ベクレルが放射能を発見した。その後，研究が進み，放射性同位体を用いた年代測定法が開発された。

1953年，パターソンは年代測定法を用いて，バリンジャー隕石孔(○p.131)に落ちた隕石ができた時期を調べた。その結果，隕石が46億年前にできたことがわかり，地球も同時期にできたと考えられた。この値は，現在でも妥当とされる。

バリンジャー隕石孔に落ちた隕石の1つ

現 在は過去の鍵である　～斉一説～

　ハットン（◐ p.28）は，過去も現在も同じ自然法則で考えられ，現在見られるゆっくりとした変化が長い時間をかけて，大きな変化を生んだ，と考えた（1788年）。これを斉一説といい，「現在は過去の鍵である」と表現されることもある。しかし，斉一説はなかなか認められなかった。

　一方，かつて天変地異（激変）があったとするのが激変説である。キュビエは，地層により見つかる化石がちがう理由を，激変で生物は絶滅したが，その後再び創造されたため，と主張した（1826年）。激変説は聖書のノアの洪水の話とも結びつけられ，広く支持された。

　ハットンの斉一説の考え方はライエルに受け継がれた。ライエルは『地質学原理』で斉一説を主張し（1830年），討論も行い，斉一説を広めた。なお，『地質学原理』の巻頭にはイタリアの神殿の遺跡が描かれている。これは，この遺跡に海の生物の痕跡があり，神殿ができてからゆっくりした変化が起こった例と考えられた。

　進化論で有名なダーウィンは，ライエルの友人で，『地質学原理』も読んでいた。生物の進化は，長い時間をかけて行われてきたと考えられるダーウィンの進化論には，『地質学原理』の斉一説の影響があったといわれている。

『地質学原理』の巻頭

地 質年代の名前の由来

　地質年代は，その時代の典型的な地層が見られる地域にちなんだ名前や地層の特徴から名付けられることが多い。

地質年代	名前の由来
カンブリア紀 Cambrian	ウェールズ[1]を表すケルト語 Cumbria
オルドビス紀 Ordovician	ウェールズの部族 Ordovices
シルル紀 Silurian	ウェールズの部族 Silures
デボン紀 Devonian	イギリスのデボン州
石炭紀 Carboniferous	イギリスのこの時代の地層から，石炭が産出する◐ p.199
ペルム紀 Permian	ロシアの地名ペルミ
三畳紀 Triassic	南ドイツに広がる3つの重なった地層 Trias
ジュラ紀 Jurassic	フランスとスイスに分布するジュラ山脈
白亜紀 Cretaceous	やわらかい石灰岩であるチョーク（白亜）
古第三紀 Paleogene 新第三紀 Neogene 第四紀 Quaternary	旧の（palaiós），新の（néos） 第三・第四は，かつて，地質年代が第一紀〜第四紀に区分されていたことによる[2]

＊1 ウェールズはイギリスの地名。
＊2 第三紀とよばれた期間が，2009年に第四紀とともに再編された。Paleogene と Neogene の正式な日本語訳はまだない。

ドーバーの白亜の崖

恐 竜絶滅論争

　白亜紀末に起きた恐竜などの大量絶滅の原因について，現在では1980年に提唱された小惑星衝突説が有力とされるが（◐ p.193），かつてはさまざまな説があった。

　特に，インドのデカン高原での大規模な火山活動（◐ p.53）で，気候変動が起こり，恐竜が環境に適応できなくなったとする説は，小惑星衝突説以前の有力な説であった。

　さらに，被子植物を食べて恐竜が食中毒になったとする説，恐竜の卵が哺乳類に食べられたとする説，超新星爆発で放射線が降り注いだとする説もあった。

　小惑星衝突説が認められなかった背景として，1980年代は，小惑星衝突の証拠が十分とされず，また，恐竜の減少は突発的ではなく，K（白亜紀）／Pg（古第三紀）境界の700万年前から徐々に起こっていると考えられていたことがある。

　しかし，その後，小惑星が衝突したクレーターが発見された（1991年）。また，研究が進展して恐竜の減少は白亜紀末に急に起こったことがわかった。そして，2010年には，分野を超えた世界12か国・41人の科学者のチームが，小惑星の衝突が恐竜絶滅の原因とする論文を出し，現在のような評価に至る。

か つて氷河時代があった

　ヨーロッパには，一見どこから運ばれてきたのかわからない，迷子石と呼ばれる石がある。これをハットンは，過去の氷河によるものと考えた（1795年）。その後も，過去にヨーロッパが広く氷河（◐ p.170）で覆われていた，つまり氷河時代（◐ p.197）があったとする研究者はいたが，なかなか受け入れられなかった。当時は，地球は高温の状態で誕生し，それが徐々に冷えてきたと考えられていたので，一度，氷河時代になってから，再び温度が上昇するとは考えにくかったのである。たとえば，ライエルは，石を乗せた氷山が洪水で運ばれて迷子石になったと考えた。

スイスの迷子石

　アガシーも，ライエルと同じように考えていた。しかし，1836年，氷河時代を主張する研究者と山々を調査する中で，氷河がないところにも，擦痕やモレーン（◐ p.170）が見られることを知った。また，迷子石はさまざまな高さに散らばっており，氷山でまとめて運ばれたとは考えにくいことに気づいた。こうしてアガシーは，かつてはヨーロッパが広く氷河に覆われたとする氷河時代の存在を主張した。

　氷河時代という結論は激変説のようであるが，アガシーの研究は，今の氷河の調査にもとづくもので，「現在は過去の鍵である」とする斉一説と矛盾しない。1858年頃には，ライエルも含め，氷河時代の存在は認められるようになっていた。アガシーもライエルも，最初は氷河時代に否定的であったが，事実を踏まえ，考え方を変えていったのである。

Q 土壌って何？　▶p.166

A 土壌は、地表面に堆積しているもので、一般に「土」といわれている。現実には、コンクリートや木々・草などのすぐ下にあたる部分である。

一般によく見る地質図は、この土壌の下にある、硬い岩石などでできている地層の部分の分布を表している。もちろん土壌図（表面の土の分布図）というものも存在する。たとえば、近所の自然林の地面をスコップで掘っても、そこにあるのは地質図にある岩石ではない。しかし、深く掘れば、岩石が現れるはずである。崖で地層を観察した場合にも、上部には土壌がみられる（右の写真中で赤く囲った部分）。

（勝浦市、千葉）

地表の岩石は物理的または化学的に風化され、細かい粒子となって堆積する。そこに微生物が付着し、やがて植物や動物が生息するようになると、生物の遺骸や排泄物などの有機物が供給される。このように、岩石が風化してできた粒子と有機物が混じり合ったものが土壌である。土壌の形成には、母材となる岩石の組成、気候、生息する動植物、地形などのさまざまな環境要因が影響している。

また、土壌は表層部分を占めるもののため、農業を行う場合などには、土壌がどのくらい水を含めるのか、どのような元素の成分を含んでいるかなどが重要になる。

Q なぜ、鬼の洗濯板では泥岩の方が侵食されるのか。　▶p.166,169

A 鬼の洗濯板とは、宮崎県の青島付近にみられる凹凸が広がった地形で、国の天然記念物に指定されている。海中でできた砂岩と泥岩が交互に積み重なった地層が隆起し、泥岩の層がより強く侵食されることでつくられた。

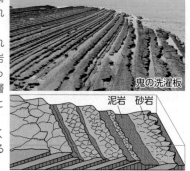
鬼の洗濯板
泥岩　砂岩

では、なぜ砂岩ではなく泥岩の方が強く侵食されるのだろうか。

その理由は、鬼の洗濯板がある潮間帯では、泥岩が砂岩よりも壊れやすい性質をもつからである。潮間帯とは、潮の満ち引きによって、露出と水没を繰り返す場所である。潮間帯の岩石は、水没時は水を吸収して膨張するが、露出時には乾燥して収縮する。この膨張・収縮の繰り返しで、岩石が崩れる乾湿風化（スレーキングともいう）という現象が起こる。泥岩は、砂岩よりもこの膨張・収縮が顕著であり、乾湿風化が起こりやすい。

青島の泥岩については、3、4回の乾湿の繰り返しによって、こぶし程度の大きさの石が細かい粒子状になってしまうことが実験で確認されている。このようにして崩れた泥岩は、波によって海へ運ばれていく。

Q 続成作用では水が押し出されるのに、粒子間を埋める物質はどうやって集まるのか。▶p.174

A 堆積物が堆積岩になる続成作用では、堆積物を構成する粒子（砂粒など）の間に、水に含まれていた $CaCO_3$ や SiO_2 が沈殿していく。このような堆積岩のすき間を埋める物質を、セメント（膠結物）という。しかし、堆積したときに含まれる水に溶けている物質だけで、このすき間を埋められるのだろうか。これには次のようなしくみが考えられている。

まず、堆積物はその重さによって時間とともに圧縮されるため、粒子は密になり、粒子間のすき間は小さくなる（圧密作用）。たとえば、泥からなる堆積物では、続成作用の初期にはすき間が全体の60〜85%だったのが、35〜45%にまで減少するという研究がある。深いところでは圧力が大きいため、このようなすき間の減少も大きい。

また、すき間では、水が圧密作用によって押し出されるばかりではなく、入ってくる水も存在する。たとえば、陸上の地表近くでは雨水が、地下では地下水が入ってくる。

さらにすき間が減少すると、圧力溶解作用という変化が進む。圧力溶解作用とは、粒子同士が点で接するようになると、そこに非常に大きな圧力がかかるため、粒子の一部が水に溶けるという現象である。この溶けた成分が圧力の小さいところで沈殿すると、これもすき間を埋めるようになる。

礫岩

Q なぜ、地下深くでできた広域変成岩が地上でみられるのか。▶p.30

A 広域変成作用が起こるしくみとして、上にある岩石の重さやプレートの沈み込みによって、高い圧力を受けるというものがある。このような広域変成作用は、地下深くで起こるはずであるが、地下深くでできた変成岩が、なぜ地表で観察できるのであろうか。変成岩が地下深くから地表に上昇してくるしくみがあるはずである。このしくみについては、現在も議論が続いているが、大きく分けて、2つの説がある。

伸長場での物質補填モデル
地殻上層部が引っ張られて地殻が薄くなることに伴い、その部分を埋め合わせる（アイソスタシーを保つ▶p.13）ために地殻下層部にある変成岩が相対的に上昇する。

押し出しモデル
高温の海嶺や大陸地殻など、軽い物質が沈み込んだときに生じる浮力によって、プレートに上向きの力が働き、地殻下層部にある変成岩が押し出されて上昇する。

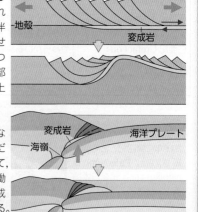
地殻
変成岩
変成岩
海嶺
海洋プレート

Q チバニアンって何？ ○p.187

A チバニアン(Chibanian)は，更新世(○p.187)の中期(約77.4万年前〜約12.9万年前)を表し，千葉県と関係がある。
　地質年代の境界のもっともよくわかる地層は，GSSP (Global Boundary Stratotype Section and Point：国際境界模式層断面とポイント)として，その境界についての世界の標準となる。2020年1月，千葉県市原市の地層断面「千葉セクション」が，更新世前期と中期の境界についてのGSSPに定められた。

千葉セクションの露頭
白尾火山灰層

　千葉セクションに見られる白尾火山灰層がその境界であり，古期御嶽山の噴火で堆積した。その上がチバニアンに堆積した地層である。ここには，チバニアンの特徴である地磁気の逆転(○p.11)の記録が残されている。

Q 化石からどんなことがわかるのか。 ○p.180, 192

A 大きな生物の化石が完全な形で出てくることは少ない。また，ほとんどの化石では，色を特定できるものは残っておらず，復元図をかく場合には，現代の生物などを参考にしている。

始祖鳥の復元図

　では，全身化石が見つかり，色素成分が解析できる羽毛などが見つかれば，完全な復元図ができるのか。始祖鳥は，ほぼ完全な形の化石が見つかっている(○p.192)。それでも復元図をかくには首の向きや足のつき方など，現代の動物を参考にしなければならない。また，羽根の化石から見つかったメラノソーム(○p.195)を調べ，全体が黒色だと考えられていたが，分析が進むと外側の羽はもっと明るい色だとわかってきた。
　新しい化石の発見や，今まで着目していなかった部分の研究，科学の発達によって，復元図はどんどん変化していく。

Q ティラノサウルスの前肢には，どんな役割があるのか。 ○p.195

A ティラノサウルスの前肢は口まで届かないほど短い。そのような前肢をもつ理由の1つとしていわれるのが，頭部が大きく，小さい前肢のほうが歩くときにバランスがとりやすいという利点があったというものである。しかしながら，

ティラノサウルス

ほかの大型の獣脚類も同様に短くて丈夫な前肢の骨をもつため，この利点以外の積極的な役割も考えられている。
　考えられている役割としては，たとえば，恐竜が座った姿勢から身体を起こす際に使ったという説がある。これは，コンピューターシミュレーションによる解析などが証拠になっている。ほかにも，300 kgの物体を持ち上げる力があるという研究もあり，肉を引き裂いたり，獲物をつかんだり，持ち上げたりできたという説もある。

Q アフリカで誕生した新人は，どのように世界へ広がったか。 ○p.197

A 現生の人類である新人(ホモ・サピエンス)は，アフリカが起源といわれている。その後，図のように世界へ広がり，1万年前には五大陸すべてに新人が住むようになった。ユーラシア大陸から北アメリカ大陸へは，氷期で海面が低下してベーリング海峡が陸続きだったときに渡ったと考えられている。

「ホモ・サピエンスの誕生と拡散」による
ベーリング海峡
3万年前　1万3000年前
4万年前　2万年前
4万年前
6万年前
10万年前　5万年前　4〜3万年前　1500年前
2000〜3000年前　1700年前
4万7000年前　1000年前　1500年前
1万5000年前

本で深める 地学

「自然のしくみがわかる地理学入門」 水野一晴著

「琵琶湖はなぜ細長いのか」「サンゴ礁の海はなぜエメラルドグリーンなのか」など，身の回りやテレビでよく見る景色の「なぜ」をひもとく，自然地理学の入門書。地形，気候，植生と土壌の3つの章で構成。現地を訪れた著者の体験談なども多く，読みやすい。

ベレ出版 (2015年)

「地球のはじまりからダイジェスト」 西本昌司著

地球誕生から現在に至るまでを，時系列にしたがって解説。地球と生命が，互いに影響し合い，進化してきたことがわかりやすく解説されており，地球誕生からの46億年を1つのストーリーとして読める。本書で明らかにされる，地球環境の名演出家とは？

合同出版 (2015年)

「時を刻む湖」 中川毅著

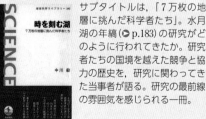

サブタイトルは，「7万枚の地層に挑んだ科学者たち」。水月湖の年縞(○p.183)の研究がどのように行われてきたか。研究者たちの国境を越えた競争と協力の歴史を，研究に関わってきた当事者が語る。研究の最前線の雰囲気を感じられる一冊。

岩波書店 (2015年)

地球を構成する大気，海洋，固体地球および生物の間には絶えず相互作用がある。そこで，地球を1つのシステムとみなし，地球システムとよぶことがある。

基礎 1 地球システム
地球はいくつかの構成要素が相互作用しながら成り立っている1つのシステムである。

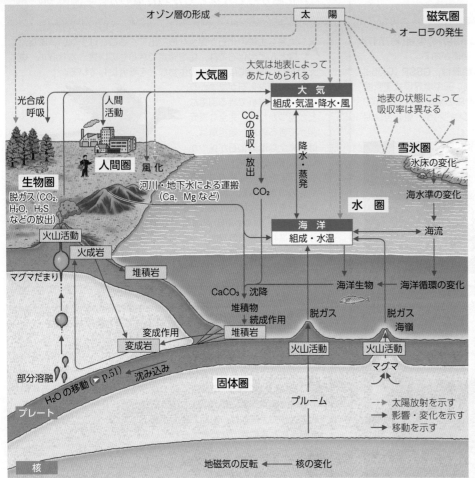

地球は機能や構造が異なるいくつかの要素から構成され，それらが互いに物質やエネルギーのやりとりを行っている集合体と考えることができる。これを**地球システム**という。

構成要素をサブシステムといい，**固体圏**（地殻・マントル・核），**水圏**，**雪氷圏**，**大気圏**，**生物圏**，**人間圏**などに分けられる。ただし，地球内部の熱放出を考える場合にはマントルと核をそれぞれサブシステムと考えるなど，何を対象とするかによってサブシステムの設定を考える必要がある。

※地殻やマントルを岩石圏ということもある。

太陽の影響

オーロラ

太陽は，地球に大きな影響を与える。太陽放射が地表をあたため，大気や海水を循環させる（● p.84，100）。オーロラは，太陽風が大気中の分子や原子と衝突して発光したものである（● p.137）。

相互作用の例

エルニーニョ現象

干ばつ

大気圏：水圏
エルニーニョ現象（● p.104）は，貿易風が弱まり，海面温度が変化する現象。地球全体の気候に影響を与え，干ばつなどの原因になる。

火山活動

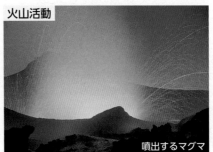

噴出するマグマ

固体圏：大気圏
火山活動により，火山ガス（● p.55）として，地球内部から大気中へ二酸化炭素 CO_2 や水（水蒸気）H_2O が放出される。また，噴火で放出された物質が原因で，地表に届く太陽光が減り，寒冷化することもある。

風化

風化した岩

大気圏：固体圏：水圏
大気や水などの影響で，風化（● p.166）や侵食・運搬が起こると，大気中の二酸化炭素 CO_2 は消費され，岩石中のカルシウム Ca や二酸化ケイ素 SiO_2 などは海洋へ移動する。

化石燃料の消費

石油の採掘

大気圏：人間圏：固体圏
化石燃料（● p.218）として地中にあった炭素が，人類の活動により，二酸化炭素 CO_2 として大気中に放出される。二酸化炭素は海で吸収されたり，光合成で使われる。

プチ雑学 地球上のさまざまな現象を考える場合，かかる時間や影響する範囲を意識することは大切である。数分で通過する竜巻と，数億年規模の造山運動とでは，時間スケールも空間スケールも大きく異なる。

Keywords ●地球システム earth system ●水圏 hydrosphere ●雪氷圏 cryosphere ●大気圏 atmosphere
●生物圏 biosphere ●フィードバック feedback ●水の循環 water cycle ●炭素の循環 carbon cycle

211

基礎 2 フィードバック 地球システムの中には，さまざまなフィードバックのしくみがある。

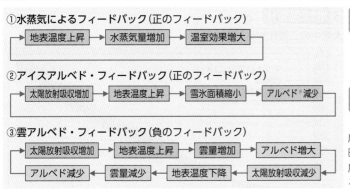

①水蒸気によるフィードバック（正のフィードバック）
→ 地表温度上昇 → 水蒸気量増加 → 温室効果増大 →

②アイスアルベド・フィードバック（正のフィードバック）
→ 太陽放射吸収増加 → 地表温度上昇 → 雪氷面積縮小 → アルベド※減少 →

③雲アルベド・フィードバック（負のフィードバック）
→ 太陽放射吸収増加 → 地表温度上昇 → 雲量増加 → アルベド増大 →
アルベド減少 ← 雲量減少 ← 地表温度下降 ← 太陽放射吸収減少 ←

＊アルベド　太陽放射の反射率（●p.80）

原　因 ⇄ フィードバック ⇄ **結　果**

ある変化の結果が，原因に影響を与えることをフィードバックという。その影響によって，変化がさらに促進される場合を正のフィードバック，変化が抑制される場合を負のフィードバックという。地球でのさまざまな現象について，フィードバックのしくみがある。

左の図はフィードバックの例である。これらはあくまで一定の条件下で成り立つものである。例えば，③において，雲は太陽放射を反射すると同時に，地球放射を吸収する機能ももっている。したがって，雲の種類と高度によっては，地球放射を吸収する効果の方が大きく地表の温度は上昇する。この場合には正のフィードバックとなる。

基礎 3 水の循環 太陽放射を駆動力として，水の循環が起こっている。

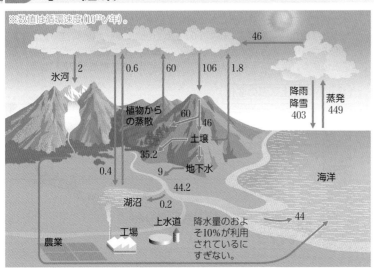

※数値は循環速度（10¹²t/年）。

海と陸から蒸発した水は，降水となり，最後には海へ戻る循環をしている。蒸発は熱帯の海域で最も盛んであり，循環によって海から陸へと水を運び，雲ができるときの潜熱の形で，地表付近の熱を上空や高緯度地域へと運ぶ（●p.81）。
循環の駆動力となっているのは太陽放射である。

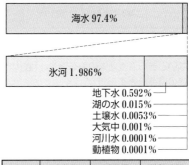

水の分布と滞留時間

海水 97.4%

氷河 1.986%

地下水 0.592%
湖の水 0.015%
土壌水 0.0053%
大気中 0.001%
河川水 0.0001%
動植物 0.0001%

	貯留量 (10^3 km³)	循環量 (10^3 km³/年)	滞留時間 （年）
海　水	1348850.0	425.00	3173.8
氷　河	27500.0	3.02	9106.0
地下水	8200.0	14.00	585.7
淡水湖	103.0	24.00	4.29
塩水湖	107.0	7.59	14.10
土壌水	74.0	84.00	0.88
大気中	13.0	496.00	0.03
河川水	1.7	24.00	0.07

「理科年表」による

地球表層の水のほとんどは海水で，残りも半分以上が氷河である。人類が利用しやすい淡水はごく一部でしかない（●p.98）。

貯留量（それぞれの場所の水の量）を循環量（出入りする速さ）で割ったものを滞留時間といい，水が入れ替わるのにかかる時間を表す。滞留時間が長い水は，利用されると回復に時間がかかる。

基礎 4 炭素の循環 長期的な気候変動は，炭素循環による二酸化炭素の量の調整によって安定化されてきた。

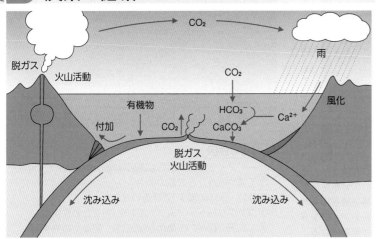

火山ガスとして放出された二酸化炭素 CO_2 は，雨に溶け込んで炭酸となり，地表の岩石を風化させる。その結果溶け出したカルシウムイオン Ca^{2+} は，流水によって海洋へと運び込まれ，おもに生物の働きによって炭酸カルシウム $CaCO_3$ となり，生物の死後，有機物とともに海底に沈殿する。分解を免れた $CaCO_3$ はプレートとともに沈み込み，地球内部へと戻る。炭素は，100万年以上のスケールで循環しており，地球上に安定に存在する。CO_2 量が平衡のとき，下の図のように気候は安定化されると考えられている。

炭素の循環と気温の変動

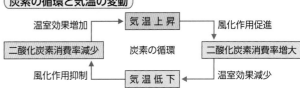

温室効果増加 → 気温上昇 → 風化作用促進
二酸化炭素消費率減少 ← 炭素の循環 → 二酸化炭素消費率増大
風化作用抑制 ← 気温低下 ← 温室効果減少

1 地球環境

雨がしみこんで地下水になるよりも早いペースでくみ上げると，地下水は減少していく。水の循環によりいずれその量が回復するとしても，時間がかかる。このように考えると，石油などと同様に地下水も，限りある資源といえる。

基礎 1 温室効果と地球温暖化
地球全体の気温が上昇してきており，温室効果ガスの放出抑制が検討されている。

A 温室効果 ● p.81

温室効果のメカニズム

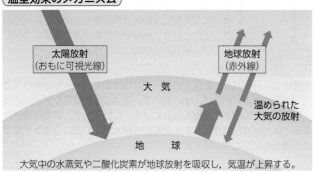

太陽放射（おもに可視光線）　地球放射（赤外線）　大気　温められた大気の放射　地球

大気中の水蒸気や二酸化炭素が地球放射を吸収し，気温が上昇する。

温室効果物質それぞれの寄与

地球環境研究センターによる

水蒸気 48%	二酸化炭素 21%	雲 19%		

オゾン 6%
その他 5%

※数値は概数なので，合計しても100%にはならない。

「雲」は雲があるときとないときの温室効果の差を表す。「雲」以外の物質の値は，雲がないときの寄与を表す。

水蒸気は温室効果物質として最大の寄与をもつが，灌漑(かんがい)(● p.217)や発電など人間活動による水蒸気の排出量増加は，無視できる大きさであると考えられる。そこで，およそ2割の寄与をもつ二酸化炭素の排出量削減が求められている。

Column 気候変動枠組条約とパリ協定

地球温暖化に取り組むことを決めた気候変動枠組条約を受け，温室効果ガス削減の枠組みとして，1997年に京都議定書，2015年にパリ協定が採択された。京都議定書では排出量削減は先進国のみに求められたが，パリ協定では参加国すべてが対象になった。参加国には，削減・抑制目標を定めることが求められている。

B 地球温暖化 ● p.107

大気中の二酸化炭素濃度の変化

気象庁，SIOによる

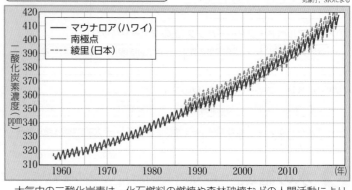

凡例：マウナロア（ハワイ）／南極点／綾里（日本）
縦軸：二酸化炭素濃度（ppm）310〜420
横軸：1960〜（年）

大気中の二酸化炭素は，化石燃料の燃焼や森林破壊などの人間活動により，年々増加している。マウナロアで観測が始まった1958年に315 ppmほどであった二酸化炭素濃度は，わずか60年ほどの間に400 ppmに達した。1年周期の増減は，光合成が活発になる夏に二酸化炭素が減少し，冬に増加することによる。陸地が多く森林面積の広い北半球では，増減が顕著になる。

全世界の地上気温の変化

気象庁による

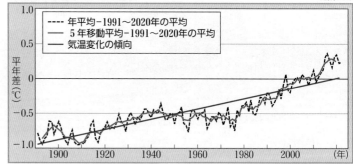

凡例：年平均-1991〜2020年の平均／5年移動平均-1991〜2020年の平均／気温変化の傾向
縦軸：平年差（℃）-1.0〜1.0
横軸：1900〜（年）

世界全体で平均した地上気温は100年につき約0.74℃の割合で上昇している。温室効果ガスである二酸化炭素の増加が原因の1つと考えられている。

基礎 2 ヒートアイランド
都市化が進んだ地域では，都市特有の気候が見られ，ヒートアイランドもその1つである。

A 気温分布の変化 ●はアメダス観測所

環境省資料による

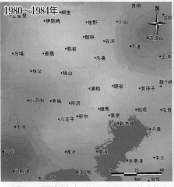
1980〜1984年

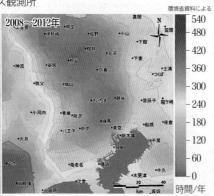
2008〜2012年

凡例（時間/年）：60〜540

図は，関東地方における30℃以上の合計時間（5年間の年平均時間数）の分布を示す。
都市周辺では，都心部の気温が郊外に比べて高くなることが多い。等温線を描くと都心部が島のような形になるので，ヒートアイランドとよばれる。ヒートアイランドは，都市特有の気候による局所的な現象で，夜の方が郊外との気温差が顕著になる。

B ヒートアイランドの構造 夜間の場合

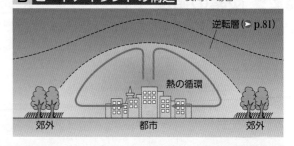

逆転層(● p.81)　熱の循環　郊外　都市　郊外

おもな原因

ヒートアイランドのおもな原因は次の通り。
①工場や家庭からの熱の排出
②緑地・水面の減少（蒸発量の減少）
③コンクリート・アスファルト化（熱をためやすい）
④中高層の建物の密集化（風の遮断，熱をためやすい）

プチ雑学　爆発的な火山噴火により，成層圏に硫酸塩のエアロゾルができると，地表に届く太陽放射は減少する。また，太陽活動の変動によっても太陽放射は変化する。しかし，IPCC第4次評価報告書では，これらの自然要因よりも人間活動の方が，地上気温の上昇に与えた影響が大きい可能性が高いとしている。

Keywords ▶ ●温室効果 greenhouse effect ●二酸化炭素 carbon dioxide
●地球温暖化 global warming ●ヒートアイランド heat island

気象庁
気候変動監視
レポート

213

基礎 3 温暖化による影響　温暖化によると考えられる，さまざまな影響が観測されている。

A 氷河の後退

ローヌ氷河（スイス）

2008年7月5日

2018年9月13日

　世界的な規模で氷河の後退が進んでいる。温暖化によって，氷河が融解していると考えられる。氷河が融解すると，洪水を引き起こしたり，海面を上昇させたりする可能性がある。

氷河の量の変化
WGMS による

世界にある41か所の氷河について調べたもの

　氷河はふつう，夏の融解によって減少し，冬の積雪によって増加する。夏の融解量と冬の積雪量の差を質量収支といい，融解量が上回れば収支は負になり，氷河は減少していく。

B 海氷の減少
JAXA 提供

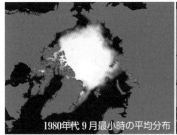
1980年代9月最小時の平均分布

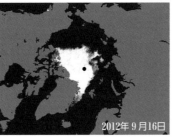
2012年9月16日

　1980年代以降，北極海の海氷は減少傾向にあり，2012年9月には観測史上最小の面積となった。1980年代の平均値と比べ，氷の面積は半分以下になった。海水温は上昇傾向にあり，それが海氷の減少に影響している可能性がある。21世紀半ばには，北極海の夏の海氷がほぼ消滅するとの予測もある。

海氷面積の変化
気象庁，NSIDC による

　左の図からも，北極域での海氷面積が減少傾向にあることがわかる。一方，南極域の海氷面積については，図にはないが年最大値が増加傾向にある。
　海氷面積の増減は，太陽放射（▶ p.80）の吸収や深層循環（▶ p.101）に影響を及ぼす。

C 棚氷の崩壊　ラーセン棚氷は，南極半島の東側ウェッデル海に張り出したもので，A，B，Cの3つで構成される。

ラーセンB棚氷

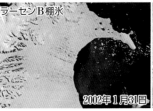
2002年1月31日

2002年2月17日

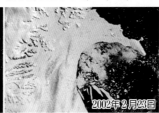
2002年2月23日

　棚氷とは，陸から海に張り出して浮いている氷床である。ふつう棚氷は，端から分離・融解して縮小するが，ラーセンB棚氷では2002年に，短期間で大規模な崩壊が起きた。ラーセンA棚氷も1995年に崩壊している。

D 海面の上昇
IPCC 第5次評価報告書による

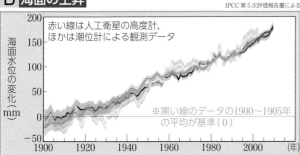
赤い線は人工衛星の高度計，ほかは潮位計による観測データ
※黒い線のデータの1900～1905年の平均が基準（0）

　世界平均海面水位は，20世紀に上昇しはじめ，20世紀平均で約1.7 mm/年 の割合で上昇したと推定される。1993年以降では約3 mm/年 の割合になっており，現在も上昇を続けている。海面上昇のおもな原因は，海水の熱膨張と氷河などの融解と考えられている。

参考　IPCC による評価

　IPCC (Intergovernmental Panel on Climate Change，気候変動に関する政府間パネル)は，地球温暖化に関する科学的な知見を集約・評価する組織で，国際連合環境計画と世界気象機関が1988年に共同で設立した国際連合の機関である。さまざまな知見の確からしさを評価して，数年ごとに報告書をまとめている。その内容は世界の国々に大きな影響を与えている。また，第4次評価報告書を出した2007年には，気候変動問題に関する活動が評価されて，元アメリカ副大統領アル・ゴアとともにノーベル平和賞を受賞した。

　IPCCの評価などに対して，異論を唱える科学者もいる。地球温暖化は，さまざまな要因が複雑にからみあった現象であり，その解明は単純ではない。しかし，IPCC第6次評価報告書(科学的根拠を評価する部会，2021年)では，ついに，人為起源の温暖化ガスが温暖化の原因である可能性を「疑う余地がない」という結論を出した。

1
地球環境

チリも
積れば
気候変動(climate change)は，IPCCでは自然・人間のいずれによる変化も含むが，気候変動枠組条約では，人間起因の変化に限定される。

人間の活動によって，大気中に物質が放出されて大気汚染が生じる。大気汚染は，スモッグや健康被害の原因になるだけでなく，酸性雨やオゾン層の減少を引き起こしている。

基礎 1 大気汚染　人間の活動によって生じた物質が大気を汚染し，環境に影響を与えている。

A スモッグ

東京のスモッグ

工場や自動車から排出された硫黄酸化物(SO_x)や窒素酸化物(NO_x)，粒子状物質(PM)などにより，大気が汚染されている。かつて大気汚染で苦しんだ先進国では，原因物質の排出規制によって汚染は一部改善した。現在，中国の大気汚染は深刻で，汚染物質が風に乗って北朝鮮や韓国，日本へと流れているようすが観測されている。

NASA による

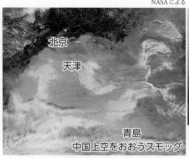

北京　天津　青島
中国上空をおおうスモッグ

中国青島市のスモッグ
中国の広範囲で起こる激しい大気汚染のよう。

B 光化学スモッグ

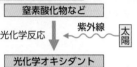

窒素酸化物など
↓ ← 紫外線 ← 太陽
光化学反応
↓
光化学オキシダント
(オゾン，アルデヒドなど)
↓
光化学スモッグ

症状：目がちかちかする。のどが痛む。
対策：窓を閉める。外出を避ける。

窒素酸化物(NO_x)や炭化水素(C_mH_n，石油の燃え残り)などが紫外線によって光化学反応を起こし，毒性の強い光化学オキシダント(オゾン，アルデヒドなど)に変化してできたスモッグを光化学スモッグという。日本では，風が弱くて汚染物質がたまりやすく，紫外線が強くて光化学反応が起こりやすい夏によく発生し，健康被害を起こす。

C 大気汚染物質

粒子状物質(particulate matter, PM)

排煙や火山灰，土壌粒子(黄砂など)が成分で，サイズによって，PM 10 (10 μm 以下)，PM 2.5 (2.5 μm 以下，微小粒子状物質)とよばれる。粒子状物質が大気中に浮遊した状態を**エアロゾル**といい，離れた場所まで移動する。なお，火山灰や土壌粒子などのような自然物は，大気汚染物質に含めないこともある。

ガス状物質

燃焼などによる排ガスで，硫黄酸化物(SO_x)，窒素酸化物(NO_x)，一酸化炭素などがその成分である。

基礎 2 酸性雨　人間の活動によって生じた物質が雨に溶けこんで酸性雨となり，森林の立ち枯れなどを引き起こしている。

A 酸性雨の影響

森林の枯死(中国)

石像の溶解(イタリア)

＊通常，雨は pH 5.6 程度である。酸性雨は pH 5.6 以下が目安である。

雨水は，大気中の二酸化炭素を溶かしているため，弱酸性である＊。工場や自動車から排出された硫黄酸化物や窒素酸化物が，大気中を漂う間に酸化が進み雨水にとり込まれると，硫酸や硝酸を含む酸性のより強い雨となる。このような雨を**酸性雨**という。酸性雨は，石造建築物の溶解，森林や農作物の枯死，土壌や湖沼の酸性化などの原因の1つと考えられており，大気の移動にともない広範囲にわたって影響を及ぼす。

排煙脱硫装置で硫黄酸化物をとり除く。

B 酸性雨のメカニズム

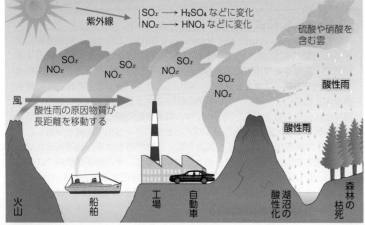

紫外線
$SO_x \longrightarrow H_2SO_4$ などに変化
$NO_x \longrightarrow HNO_3$ などに変化
硫酸や硝酸を含む雲

SO_x　NO_x　酸性雨

風
酸性雨の原因物質が長距離を移動する

火山　船舶　工場　自動車　湖沼の酸性化　森林の枯死

C 酸性度の経年変化

気象庁による

(グラフ：縦軸 pH 降水 4.0〜6.0，横軸 1980 1988 1996 2004 2012 (年)，南鳥島・綾里の曲線)

※綾里は2011年，南鳥島は2020年に観測終了。

人の影響が比較的少ない南鳥島(東京都小笠原村)は，綾里(岩手県大船渡市)に比べて酸性度は低い。南鳥島の2003年，2005年は，北マリアナ諸島の火山噴火の影響と考えられるが，それ以降も以前のレベルまでは戻っていない。

1 地球環境

プチ雑学　smog (スモッグ)は，smoke (煙)とfog (霧)を合成してできた語である。おもに石炭を燃料にしていた時代は煤煙を含む「黒いスモッグ」だったが，それが石油に変わって「白いスモッグ (光化学スモッグ)」になった。1952年のイギリスでは，黒いスモッグによって2週間に4000人もの死者が出るなどの被害があった。

Keywords ○
●大気汚染 air pollution ●スモッグ smog ●光化学スモッグ photochemical smog
●酸性雨 acid rain ●オゾン層 ozone layer ●オゾンホール ozone hole
●極渦 polar vortex

NASA
Ozone Watch
215

基礎 3 オゾン層の変化　オゾン層がフロン類によって減少していることがわかり，その対策が進められている。

A オゾンホール

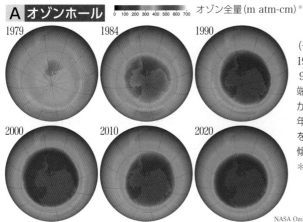

オゾン全量 (m atm-cm) *
0 100 200 300 400 500 600 700
1979　1984　1990
2000　2010　2020

NASA Ozone Watch による

南極上空におけるオゾン全量（それぞれ9月の平均）を示す。1980年代前半，南極が春になる9〜11月に，**オゾンホール**（極端にオゾン全量が少ない領域）が出現するようになった。2000年頃まで，オゾンホールは拡大を続けていたが，その後は拡大傾向は見られなくなった。

＊m atm-cm
0℃，1気圧としたときのオゾン全量の層の厚さ（10^{-3} cm）

（オゾンホールと極渦）

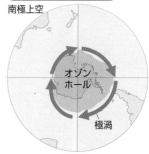

南極上空
オゾンホール
極渦

極域の成層圏で，秋から春にかけて強い西風（ジェット気流 ○ p.85）が発生し，**極渦**とよばれる低気圧性の渦が形成される。極渦内で出現する極成層圏雲には，オゾン層の破壊を加速させるはたらきがある。南極上空は北極上空よりも低温となるため，極成層圏雲が形成されやすく，オゾンホールが維持される。

B オゾン層の減少

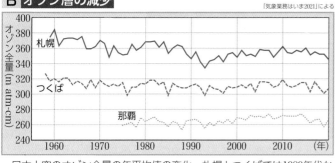

「気象業務はいま2021」による

オゾン全量 (m atm-cm)
400 380 360 340 320 300 280 260 240
札幌
つくば
那覇
1960　1970　1980　1990　2000　2010　（年）

日本上空のオゾン全量の年平均値の変化。札幌とつくばでは1980年代から1990年代半ばにかけて減少したが，1990年代半ば以降はわずかに回復している。オゾン層の減少で地球上に届く紫外線が強まると，白内障や皮膚がんなどが増加したり，植物の成長や農作物の収量が低下するなど，生態系に重大な影響をもたらすと考えられている。

Column　モントリオール議定書

オゾン層の減少が明らかになると，各国の協力ですぐに原因となるフロン類の規制が決まった。オゾン層保護のためのウィーン条約に基づき，1987年，オゾン層を破壊する物質に関するモントリオール議定書が採択された。これにより先進国では，オゾン破壊力の強い CFC（クロロフルオロカーボン）は1996年，破壊力の弱い HCFC（ハイドロクロロフルオロカーボン）も2020年に全廃となった。

C オゾン層減少のメカニズム

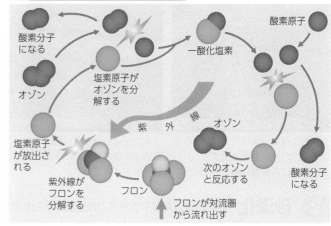

酸素分子になる
酸素原子
一酸化塩素
塩素原子がオゾンを分解する
オゾン
オゾン
塩素原子が放出される
紫外線
次のオゾンと反応する
酸素分子になる
紫外線がフロンを分解する
フロン
フロンが対流圏から流れ出す

フロン類は，不燃性で無臭，化学的に安定で人体に無害などの特徴をもつため，冷蔵庫やエアコンの冷媒，スプレーの噴霧剤，半導体などの洗浄剤として使われてきた。しかし，大気中に放出されたフロン類は，成層圏に達して紫外線によって分解され，分解によって放出した塩素原子がオゾンを分解することがわかった。塩素原子はくり返し反応するため，多量のオゾンを分解する。

また，冬の南極上空に発生する特殊な雲で，大気中の塩化水素や硝酸塩素から塩素分子が生じる。紫外線が増え始める春，塩素分子から生じる塩素原子がオゾンを分解するため，春にオゾンが減少する。

人との関わり　人間の活動と環境

メキシコ湾原油流出（2010年）

生産活動にともなう環境汚染によって，さまざまな健康被害が生じてきた。工場廃液に含まれるメチル水銀が魚介類を汚染して発生した水俣病や，鉱山から流れ出したカドミウムが下流域の土壌や米を汚染して発生したイタイイタイ病はその例である。現在，汚染地域の環境は改善されたが，一度破壊された健康を取り戻すことは難しく，今も症状に苦しむ人々は多い。

生活にともなう環境への影響もある。自動車の排気ガスは大気を汚染し，生活排水は水質を汚染する。

おもに先進国内では汚染物質の排出規制による改善が進んでいるが，発展途上国では規制が十分でないことも多く，汚染が広がっている。排出された汚染物質が大気や海水で運ばれれば，汚染は広範囲になる。

1つの事故が広範囲の汚染につながることがある。2010年，メキシコ湾の石油掘削施設の爆発事故で，原油が広範囲に流出した。2011年，地震と津波による福島第一原子力発電所の事故で，放出された放射性物質が広範囲に広がり，増え続ける汚染水の流出による海洋汚染が懸念されている。

環境保全を図りながらの「持続可能な開発」には，地球環境の科学的な理解が重要である。

1 地球環境

プチ雑学　生体内で分解・排出されにくい物質は，プランクトンから小魚，小魚から大きな魚と食われていくうちに濃度を増していく。これを生物濃縮という。環境の汚染濃度が低くても，生物濃縮によって魚介類が高濃度に汚染されることがある。

森林を切り開き，木材として利用したり，農地を開発したりしてきた。川や湖，地下には淡水があり，農業などに活用してきた。しかし，過剰の利用により，これらの環境も変化してきている。

基礎 1　森林の減少　人間の活動によって，森林の減少が急速に進んでいる。

A 熱帯雨林の減少　アマゾン（ブラジル）の森林の変化。画像の横幅は約 500 km に相当する。

2000年

2005年

2010年

NASA による

熱帯雨林は急速に減少してきている。人口増加の影響もあるが，伐採された木の多くは，先進国向けの木材になっており，開発された農地や放牧地も，先進国向けの生産に使われることが多い。熱帯雨林の減少によって，その地域では保水力が衰えて土壌の流出をまねき，乾燥化が進行したり，洪水などの災害が起こりやすくなったりする。地球規模では，二酸化炭素の増加をまねき，地球温暖化や砂漠化を進行させると考えられている。

B 伐採後の人工利用

アブラヤシ農園（インドネシア）

熱帯雨林を伐採してアブラヤシを栽培し，パーム油を生産する。パーム油は石けんや食用油となる。

エビ養殖池（マレーシア）

マングローブを切り開いてエビの養殖池をつくる。エビはおもに先進国に出荷されている。

C 針葉樹林の減少

伐採された針葉樹林（ロシア）

伐採によって地面に太陽光が当たると，永久凍土が融解して湿地帯になり，森林への回復には長い時間がかかる。また，有機物が分解し，温室効果ガスであるメタンや二酸化炭素を排出する。

タイガとよばれるシベリア地方の針葉樹林は，**永久凍土**の上にできた広大な森林である。必要な水分は，永久凍土の層が夏にとけて供給される。気温が低く分解者の活動が限られるため，落葉・落枝の分解には時間がかかり，有機物の厚い堆積層ができている。
このような亜寒帯の針葉樹林（**亜寒帯林**）の伐採が進んでいる。

基礎 2　砂漠化　過度な灌漑農業や放牧などが砂漠化を引き起こしている。

砂漠化に対する植林（中国・河北省）

砂漠化の危険性

砂漠化の危険性　■非常に高い　■中程度
　　　　　　　■高い　　　□極度に乾燥した地域（砂漠）

人間の活動や気象の変化によって，植生が破壊されて土壌が劣化することを**砂漠化**という。増加する人口を支えるために，過度な灌漑農業や放牧を行った結果，砂漠化が急激に進行している。
砂漠化は，水や風によって土壌が流出したり，過度な灌漑により塩害が生じたりして起こる。一度砂漠化してしまうと，植生をとり戻すのは難しい。水を確保したり，塩害に強い植物を植えたりして阻止する努力も行われている。

参考　人間の活動が生物に与える影響

放鳥されたトキ

ブラックバス

人間の活動とそれにともなう環境の変化によって，**生物多様性**が失われようとしている。たとえば，クロサイは漢方薬や装飾用に乱獲されて激減した。日本のトキは環境の変化により野生絶滅した。また，人が放流したブラックバスは日本固有の生態系に深刻な影響を与えている。
農畜産業では効率よい食料生産が目標とされ，一定の成果を上げてきた。その反面，本来の食性とは異なる肉骨粉を与えたウシに BSE という新たな感染症が生じた。また，人為選択された種が大量に生育されることや，人間に都合のよい性質を導入された**遺伝子組換え作物**など，少数の種が広く生育される現状が新たな問題を引き起こすことがないか，注視する必要がある。

プチ雑学　日本産の野生のトキは絶滅したが，遺伝的には同じ種である中国産のトキを繁殖させ，2008年9月に放鳥した。

Keywords ▶ ●熱帯雨林 tropical rain forest　●砂漠化 desertification　●灌漑 irrigation
●生物多様性 biodiversity　●塩害 salt damage
●バーチャル・ウォーター virtual water　●ウォーター・フットプリント water footprint

Google Earth
地球環境の変化

217

基礎 3 淡水資源の減少　大規模な灌漑などにより，各地で淡水資源が急速に減少している。

A 灌漑農場

長い散水器

散水器の中央

アメリカ中西部は半乾燥地帯だが，豊富な地下水を利用して穀倉地帯となっている。くみ上げられた地下水は，車輪のついた長いパイプで畑に撒かれる。パイプはくみ上げ地点を中心に回転するため円形の農地となる。こうした円形農地はサウジアラビアなどにも見られる。地下水ができるまでには長い時間が必要なので，いまの消費ペースでは，将来的には地下水が枯渇する心配がある。

円形農場(アメリカ・カンザス州)

B アラル海の縮小　アラル海は，カザフスタンとウズベキスタンにまたがる塩湖。

小アラル海
大アラル海
1990年

2000年

2010年

アラル海は，キャビアなどの水産で名高い塩湖で，面積世界4位の湖であった。しかし，大規模な灌漑が進められ，湖水の水源であるアムダリア川・シルダリア川が大量に取水され続けた結果，1960年代に入ると湖の面積が縮小し始めた。

湖の面積は，2000年頃にはもとの4割程，2009年頃にはもとの2割程にまで縮小し，干上がった湖底は析出した塩類で白くなった。風に飛ばされた塩類を含む砂による塩害で，作物が育てられなくなった地域も少なくない。

干上がって南北に分かれたアラル海のうち，北側の小アラル海では，2005年にダムが建設されて大アラル海へ流れる水がおさえられたため，シルダリア川からの水で，面積が回復しつつある。

C 水の不足

黄河の断流

年	長さ (km)	日数(日)
1995	683	122
1996	700	133
1997	700	226
1998	700	142
1999	278	42
2000年以降は発生していない。		

(財)日本水土総合研究所の資料による

灌漑による取水が多くなり，川の水量が減ることがある。水量が減っていき，川の流れがなくなった状態を断流という。黄河の下流では，1970年代以降，1999年までたびたび断流が発生した。

食料を確保するため，灌漑によって農地を増やしてきた。しかし，淡水資源に限りがあり，その影響が生じている。

Column バーチャル・ウォーター

バーチャル・ウォーター輸入量(2005年)

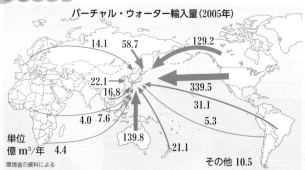

14.1　58.7　　129.2
22.1
16.8　　　339.5
　　　31.1
4.0　7.6　　　5.3
　　139.8　21.1
単位
億 m³/年　4.4　　　その他 10.5

環境省の資料による

日本は多くの食料を輸入しているが，これは食料を育てるために輸出国で使われた水を輸入しているとみなすことができる。このような水をバーチャル・ウォーター(仮想水)という。日本は大量のバーチャル・ウォーターを輸入していることになる。水の少ない中近東や北アフリカ諸国もバーチャル・ウォーターの輸入が多く，それによって食料生産分の水を生活用水などに利用できているといえる。

これとは別に，食料生産に使われた水の量をウォーター・フットプリントという。たとえば，牛丼1杯分の米や牛肉などの生産には約2tの水が必要になる。こうした視点によって，食料生産にとっての水の大切さを改めて考えることができる。

D 塩害

乾燥地帯では，水は流出する量よりも蒸発する量の方が多いため，水に含まれる塩分が土壌に蓄積しやすい。また，水が蒸発するとき，地下の塩分を吸い上げるため，灌漑農業をくり返すと，土壌の塩分濃度が上昇して塩害が現れる。

塩害を受けた農地(アメリカ・アリゾナ州)

1 地球環境

プチ雑学　アラル海が干上がって砂漠化した大地から，析出した塩類や，農薬などの化学物質を含む粉塵が舞い上がり，人々の健康にも影響が出ている。

化石燃料をはじめとするエネルギー資源の消費によって，私たちの生活は成り立っている。地球環境への負荷の低減や持続的な利用の観点から，新たなエネルギー源の可能性が模索されている。

基礎 1 化石燃料　石油・石炭・天然ガスなどの化石燃料は，大昔の生物が起源だと考えられている。

A 石油

原油

石油は，油田からくみ上げられた原油を精製したもの。液体であるので，運搬や貯蔵に便利である。ガソリン・灯油や火力発電の燃料としての用途だけでなく，プラスチック，合成繊維，合成ゴムなどの原料としても利用される。

石油の成因　※石油の成因については諸説あり，下で説明しているのは，現在有力視されている「ケロジェン起源説」である。

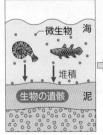
数億～数千万年前に，海や湖沼に生息していた微生物などの遺骸が，水底に堆積し，泥などにおおわれて地中に埋没する。

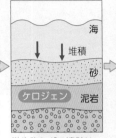
微生物などの遺骸は，長い年月をかけて，バクテリアなどの作用を受けて，ケロジェンとよばれる石油のもとになる有機物に変化する。

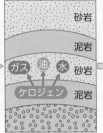
埋没深度が深くなるにつれ，ケロジェンは地熱の影響をより強く受け，高温高圧の環境のもとで，石油と**天然ガス**を生成する。

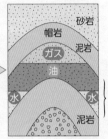
生成された石油と天然ガスは，泥岩などの細粒な岩石（帽岩）に達すると上昇をはばまれ，すき間の多い岩石中（貯留岩）にたまる。

B 石炭

石炭

石炭の露天掘り（イギリス）

石炭はおもに火力発電の燃料として使われる。また，製鉄時に鉄鉱石から鉄を得るのに用いられるコークスという固体の原料になる。発電のクリーン化や高効率化を目指して，石炭の液化やガス化が試みられている。

石炭は，植物の遺骸が堆積・埋没し，圧力や熱の作用を受けてできたものである。ヨーロッパ，アメリカの石炭層は，おもに石炭紀にできたものが多く，日本の石炭層は，古第三紀にできたものが多い。

参考 ウラン

閃ウラン鉱

原子力発電には，ウランの核分裂で発生する熱が利用される。鉱石から得られる天然のウランには，核分裂しにくい ^{238}U が約99.3%，核分裂しやすい ^{235}U が約0.7%含まれている。発電には，天然ウランを濃縮して ^{235}U の濃度を高めたウランが用いられる。

C その他の化石燃料

メタンハイドレート
水分子
メタン分子

メタンハイドレートは，水分子がつくるかご状格子にメタン分子が閉じ込められたものである。日本近郊などの深海底や，永久凍土に存在する。2013年3月，日本は海洋中でメタンハイドレートからメタンガスを回収することに成功した。

オイルシェール　油母頁岩

オイルシェールは，ケロジェンを多く含む，緻密な堆積岩の総称。石油になる前の続成作用が不十分な段階でできたと考えられる。空気を遮断して500℃前後で熱分解すると，石油（シェールオイル）が得られる。開発・生産コストは高いが，膨大な埋蔵量が推定される。

D 可採年数

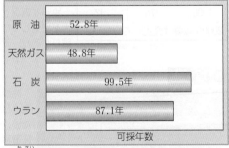

	可採年数
原油	52.8年
天然ガス	48.8年
石炭	99.5年
ウラン	87.1年

可採年数は，埋蔵量を1年間の生産量で割り，今後採掘が可能な年数を推定したものである。油田・鉱山の発見，採掘技術の進歩，消費量の変化などで，可採年数は変動する。資源の量には限りがあるので，効率的な利用や消費の節減などの対策が必要である。

（天然ガスはBP統計2021，その他は世界国勢図会2022/23年版による）

プチ雑学　日本最古の歴史書である『日本書紀』には，天智天皇即位の年である668年に，越の国（現在の新潟県）から燃える水が献上されたとの記述がある。この燃える水とは石油のことであり，これが日本における石油に関する最古の記述であるといわれる。

Keywords ○ ●石油 oil(petroleum) ●天然ガス natural gas ●石炭 coal ●火力発電 thermal power generation
●水力発電 hydraulic power generation ●原子力発電 nuclear power generation
●地熱発電 geothermal power generation ●太陽光発電 photovoltaic power generation ●風力発電 wind power generation

219

基礎 2 おもな発電方法　電力の大半は，火力・水力・原子力発電によって供給される。

A 火力発電

石川石炭火力発電所（沖縄）

化石燃料を燃焼させ，発生する熱を利用する。

長所 ●発電量の調整が容易である
　　 ●比較的低コストで建設できる

短所 ●窒素酸化物や硫黄酸化物の排出（大気汚染）
　　 ●二酸化炭素の排出（地球温暖化のおそれ）
　　 ●化石燃料の枯渇のおそれ

B 水力発電

畑薙第一発電所（静岡）

水が流れ落ちるときの力を利用する。

長所 ●ダムに自然にためられる水を利用する
　　 ので，排出物がなく，枯渇しない

短所 ●立地条件が厳しく，多くは建設できない
　　 ●建設のコストが高い
　　 ●河川本来のはたらきを損なうおそれ

C 原子力発電

浜岡原子力発電所（静岡）

ウランの核分裂で発生する熱を利用する。

長所 ●少ない燃料で大量のエネルギーをとり
　　 出せる

短所 ●放射性物質の安全な管理が必要
　　 ●放射性廃棄物の安全な処理が必要
　　 ●ウランの枯渇のおそれ

基礎 3 再生可能エネルギー　枯渇の心配のない，繰り返し利用できるエネルギーを再生可能エネルギーという。

地熱発電

松川地熱発電所（岩手）

タービンを回して発電　蒸気をとり出す　冷水を注入　高温岩体の割れ目　マグマだまり

タービンを回して発電　熱水と蒸気をとり出す　熱水を地下に戻す　熱水貯留層　熱の供給

深さ（km）　0〜6

地熱発電は，地面に100〜5000 m の井戸を掘り，地下から湧出する100〜350℃の水蒸気や熱水でタービンを回転させて発電する方法である。蒸気や熱水がなくても地下の岩体が十分高温であれば，高温岩体発電が可能である。

長所 ●火山帯に属する日本では地熱が豊富である
　　 ●天候に左右されず，年中稼働できる

短所 ●立地に適した場所が国立公園や温泉地になっていて，開発が行いにくい

太陽光発電

エコ住宅

太陽の光エネルギーを太陽電池で電気に変えて，発電する。設置は比較的容易であるが，発電量が天候に左右されるのが短所である。

洋上風力発電

バーボバンク洋上風力発電所（イギリス）

風が強く安定なことや，騒音などの周囲への影響が少ないことから，ヨーロッパを中心に，風力発電を洋上で行うところが増えている。

バイオマス発電

川崎バイオマス発電所（神奈川）

廃材からつくった木質チップやペレット，植物を原料としたバイオエタノール，生ゴミや家畜排泄物から発生するガスなどを燃料として発電を行う。

燃料を燃やすと二酸化炭素が発生するが，その二酸化炭素は，植物が光合成によって大気中から吸収したものであるので，全体としてはバイオマス発電による二酸化炭素の増加はないと考える（カーボンニュートラル）。

潮汐発電

ランス潮汐発電所（フランス）

満潮時と干潮時の海面の高さの違いを利用して水流をつくり，発電する。自然エネルギーのなかでは，比較的発電量が予想しやすい。

小水力発電

（長野）

小さな河川や農業用水路などの水流やわずかな落差を利用した小規模な水力発電。大規模なダムを必要としないのが長所である。

Column　スマートグリッド

　スマートグリッドとは，情報通信技術を活用して，電力の需要量や供給量を細かく把握し，より効率的で安定的な電力の利用を目指すシテテムのことである。日本の電力供給はよく管理されているが，電力会社が家庭や工場の電力の消費量をリアルタイムに知ることができるようになれば，需要量の変動に応じた無駄の少ない発電を行うことが可能となる。また，太陽光発電や風力発電のような気象に左右される発電の情報を管理できるようになれば，発電量が少ないときは他の発電方法によって電力を補ったり，発電量が多く電力が余ったときは蓄電池にためておいたりすることが可能となる。

プチ雑学　燃料電池は，水素と酸素が結合したときに発生するエネルギーを電気エネルギーとしてとり出すものである。家庭向けの小型の燃料電池では，発電に必要な水素は都市ガスやLPガスから得られる。また，発電時に発生する熱は給湯や暖房に使用できる設計になっており，エネルギーを効率よく利用できる。

1 火成活動による鉱床　マグマの活動は鉱床を生成する要因の1つである。

正マグマ鉱床	マグマがまだ高温の時期に，鉱物がマグマだまりの底部で沈殿したもの。クロム鉄鉱鉱床，ニッケル鉱床など。
ペグマタイト鉱床	マグマの大部分が固結し終わる時期に，マグマの残液から石英，長石，雲母などが大きな結晶の集合体をつくったもの。
熱水鉱床	マグマから分離した熱水に含まれる金属元素が沈殿・濃集したもの。鉱脈型鉱床，斑岩鉱床など。また，海底火山活動にともなってできるものに海底熱水鉱床，黒鉱型鉱床がある。
スカルン鉱床	石灰岩などが熱水による交代作用を受けてできた Ca に富む鉱物の集合体。

人間にとって有用な元素を含む鉱物が地殻の中に濃集している部分を鉱床という。鉱床の生成には，マグマやマグマから分離した熱水，地表水や海水などが重要な役割を果たす。

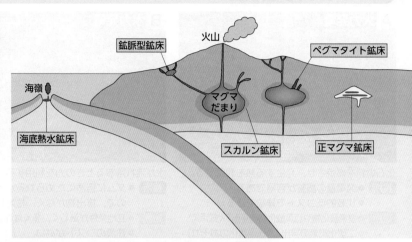

斑岩銅鉱床は花こう岩質の岩石にともなう熱水鉱床で，有用な鉱物の割合は低いが大規模な鉱床をつくり，銅やモリブデンの主要な供給源になっている。

アメリカ，カナダ，フィリピン，マレーシアなど環太平洋地域の沿岸に広く分布しているが，日本には見られない。

正マグマ鉱床
クロム鉱床（ケミ鉱山，フィンランド）

熱水鉱床
斑岩銅鉱床（ビンガム銅山，アメリカ）

Ishihara (1978) による

熱水鉱床（鉱脈型鉱床）
（鹿児島県立博物館）

5 cm

金鉱石（菱刈鉱山，鹿児島）

火成岩体中の石英脈に濃集したもの。菱刈鉱山は鉱石中の金の含有率が高く埋蔵量も多い。

熱水鉱床

1 cm

黒鉱（花岡鉱山，秋田）

閃亜鉛鉱，方鉛鉱などをともなう黒色の鉱石。日本独自の金属資源として長年採掘されてきた。

グリーンタフ地域（●p.203）および南九州の火山岩地帯

・黒鉱鉱床

0　　300 km

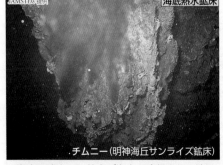

JAMSTEC提供
海底熱水鉱床

チムニー（明神海丘サンライズ鉱床）

海底で噴出した熱水が海水で冷却され，溶け込んでいた金属元素が析出・沈殿して生じる。

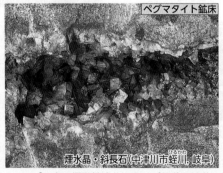

ペグマタイト鉱床

煙水晶・斜長石（中津川市蛭川，岐阜）

マグマ中の揮発性成分に富んだ気体や液体が集まってできた巨大な結晶。

スカルン鉱床
（東京大学総合研究博物館）

1 cm

スカルン（神岡鉱山，岐阜）

黒色の部分にはヘデンベルグ輝石などが含まれる。白色の部分は方解石からなる。

ブチ雑学　黒鉱は，秋田県北部の鉱山を中心に採掘された黒色の鉱石である。銅・亜鉛・鉛などの多くの有用な金属が含まれるため，世界に誇れる資源として「kuroko」の名で通用した。
1960年代から1970年代にかけて多くの鉱床が発見され，その後さかんに採掘が行われたが，1994年，花岡鉱山を最後に日本の黒鉱鉱山はすべて閉山した。

Keywords ○ ●鉱床 ore deposit, mineral deposit ●正マグマ鉱床 orthomagmatic deposit ●ペグマタイト鉱床 pegmatite deposit
●熱水鉱床 hydrothermal deposit ●スカルン鉱床 skarn deposit ●残留鉱床 residual deposit
●砂鉱床 placer deposit ●化学堆積成鉱床 chemical-sedimentary deposit ●化石燃料鉱床 fossil fuel deposit

221

2 風化・堆積による鉱床　風化・堆積作用によって鉄資源やウラン資源，化石燃料などの鉱床ができる。

残留鉱床

ボーキサイト

水に溶けにくい Al だけが残り，そのほかの成分がほとんど溶脱してしまった土壌（風化残留鉱床）。湿潤気候に特徴的である。

化石燃料鉱床

石炭

水中に堆積した植物が，地下で続成作用を受け，変質して生じた黒褐色の可燃性岩石。日本では古第三紀のものが多い。

残留鉱床	岩石が風化して生成された成分のうち，水に溶けにくい Al, Fe などが流されずに残ったもの。ボーキサイト鉱床など。
砂鉱床	砕屑粒子が流水などの作用でふるい分けられて濃集したもの。砂鉄，砂金，ウラン鉱床など。
化学堆積成鉱床	地表水や海水に溶けていた成分が，化学反応によって沈殿したり，蒸発によって飽和析出してできる鉱床。マンガン団塊，縞状鉄鉱床（縞状鉄鉱層），岩塩，石こうなど。
化石燃料鉱床	生物の遺骸などが埋没後に変質したもの。石炭，石油，天然ガスなど（○ p.218）。

砂鉱床

ウラン鉱床（メアリー・キャサリン鉱山，オーストラリア）

原子力エネルギーなどに利用しているウラン資源の大部分は，ウラン鉱物を含む花こう岩などが風化・侵食された後，河川によって運ばれて濃集したものである。南アフリカやカナダ，オーストラリアなどにある25～22億年前の礫岩や砂岩中に含まれるウラン鉱床が有名である。

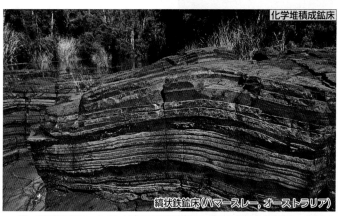

化学堆積成鉱床

縞状鉄鉱床（ハマースレー，オーストラリア）

25～20億年前に，シアノバクテリアが光合成で放出した酸素と，海水中の鉄イオンが結合・沈殿してできた鉱床（○ p.189）。主に鉄鉱物を含む赤褐色の層やチャートの灰白色の層などがリズミカルな縞模様をつくる。世界の鉄資源の主要な供給源で，オーストラリア西部やカナダに大鉱床がある。

A 海底に見られる鉱床

マンガン団塊　JAMSTEC提供

深海底に露出するマンガン団塊

マンガン団塊（マンガンノジュール）は，Mn と Fe を主成分とし，Ni, Co, Cu なども含む，粒径数mm～数十cmの球状のかたまりである。海底火山の活動や熱水活動などで海中に溶け出した Mn や Fe が，海水中の酸素と反応して酸化物をつくり 4000～6000 m の海底に沈殿したと考えられる。有望な資源として期待され，新生代の海水準変動や深層流の変化など海の古環境を知る手がかりとしても注目されている。また，Co が濃集した厚さ数mm～10 cm の層（**コバルトリッチクラスト**）が，マンガン団塊よりも浅い水深 800～2000 m の海山の山頂や斜面に見られる。

人 との 関 わり　日本の鉱業

道遊の割戸　掘られたあと

（佐渡金山，新潟）

石炭の大露頭

（夕張炭鉱，北海道）

火山活動が活発な日本は，かつては資源が豊かな国とされた。佐渡の金銀山，石見銀山，別子銅山，足尾銅山などがあり，江戸時代には銀や銅の，世界最大の産出国であったこともある。また，石炭も北海道や九州の炭鉱でさかんに採掘され，エネルギーや製鉄に利用された。しかし，鉱山の多くが閉山し，現在では多くの資源を輸入している。

近年では，海底熱水鉱床など海底の鉱床の利用が研究されている。

プチ雑学　栃木県の足尾銅山は熱水鉱床であり，かつては国内最大級の銅鉱山であった。精錬時に発生するガスや，排水に含まれる銅やカドミウムなどの金属イオンは，周辺や渡良瀬川流域の環境に多大な被害をおよぼした（足尾鉱毒事件）。この事件は日本の公害問題の先駆けといわれる。

クローズアップ 地学
地学の目で見る文化

岩石や鉱物は，顔料や建築物などに利用され，その性質が文化に影響を与えてきた。また，他分野で活躍した人物には地学について深い知識を持っていた人物もいる。これらの話題をいくつか紹介する。

高価な青い絵

真珠の耳飾りの少女（フェルメール作）

人類は自然の中から**顔料**（着色に用いる粉末）を取り出して利用してきた。

17世紀にオランダで活躍した画家に**ヨハネス・フェルメール**がいる。彼の絵に見られる青色はフェルメール・ブルーといわれ，その美しさに特徴がある。ウルトラマリンとよばれるこの青色の顔料は，現在は合成が可能であるが，当時は**ラピスラズリ**（和名：瑠璃）という石が原料であった。ラピスラズリは高価で，これを使った絵を描いてもらうときは事前に使用量の取り決めがあった。

ラピスラズリ

赤鉄鉱

ラピスラズリは，ラズライト（青金石）など複数の鉱物からなる固溶体（● p.66）で，産地はアフガニスタンが有名である。

ほかの色の顔料として，黒色は油脂類を燃やしたときの煤，赤色は**赤鉄鉱**やしん砂（硫化水銀），緑色は**くじゃく石**（銅化合物）が使われた。

奈良の都と水銀

高松塚古墳の壁画

水銀は常温で液体の金属である。水銀は古くから利用されてきた。水銀と硫黄の化合物である硫化水銀（Ⅱ）HgS はしん砂という石から得られ，赤色の顔料として，古墳の壁画などに使われた。また，神社などの朱塗りの建物，朱墨や漆器に用いる朱漆，漢方薬の原料としても用いられた。

さらに，しん砂から水銀も精製された。

しん砂

東大寺の大仏

しん砂は赤色で，塊状・粒状で産出する。産地には丹生という地名が多く，中央構造線に沿った地域に集中している。

東大寺の大仏は，水銀に金を溶かしこんだ合金（アマルガム）を塗り，加熱して水銀を蒸発させるという方法でめっきされた。

シルクロードは玉の道

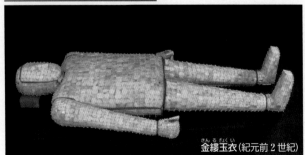
金縷玉衣（紀元前2世紀）

中国では美しい石は総称して**玉**とよばれ，皇族や貴族の装飾品などに使われた（写真は死者に着せるため玉でつくった服）。玉の文化は，東洋と中米（オルメカーマヤーアステカ文明）に見られる。

玉には，**ひすい輝石**からなる**硬玉**と角閃石類からなる**軟玉**がある。タクラマカン砂漠近くのホータン（和田）は軟玉の産地で，中国と地中海の地域を結んだ**シルクロード**は，この軟玉を中国へ運ぶ「玉の道」でもあったといわれ，玉門関という関所もあった。

ひすい輝石

蛇紋岩

ひすい輝石は白く，他の鉱物が混入して緑や青などさまざまな色が出る。

日本では縄文時代から古墳時代の遺跡でひすい輝石の勾玉や大珠が出土する。しかし，1938年に新潟県糸魚川市でひすい輝石が発見されるまで，日本での産出は知られていなかった。

ひすい輝石は，低温高圧環境でできる鉱物で，**蛇紋岩**に取り込まれて，地表付近まで上昇する。日本，ミャンマー，グアテマラなどで産出する。

一方，軟玉は中国，ニュージーランド，ロシアなど比較的広い地域で産出する。

石造建築物は地産地消

ドイツ

ローテンブルクの町並み

建物の石材の多くは近くの産地から得るので，建物からその地域の地質が推測できる。ドイツの観光地には赤い屋根の風景が目立つ。この地域の赤色の砂岩を利用しているためである。

カンボジア

アンコールワット

カンボジアのアンコールワットでは，砂岩やこの地域に分布する**ラテライト**という赤土が石材に使われている。ラテライトは一旦乾燥すると非常に硬くなり，元には戻らない性質がある。

ギリシャ

パルテノン神殿

ギリシャの白い建造物は**大理石**によってつくられたものが多い。大理石は，地域に広く分布する石灰岩の一部が，アルプス造山運動に関係した火成活動による変成作用を受けてできた。

城の石垣は岩石標本展示場

大垣城

石垣

城の石垣には地元の岩石を使う場合が多い。たとえば，領家帯に位置する城は，花こう岩の石垣が多い。岐阜県の大垣城の石垣は，近くの金生山の石灰岩が使われている。金生山はペルム紀の石灰岩でできており，風化によって石垣の表面に浮き出た化石を観察できる。

和歌山城

石垣

和歌山県の和歌山城の石垣は，地元で得られる緑泥片岩という三波川変成帯（外帯）の変成岩や和泉層群（内帯）の和泉砂岩が使われている。緑泥片岩は，緑色を帯び，薄く割れる特徴がある。外帯と内帯の岩石両方が使われるのは，城が中央構造線の近くにあるからである。

童話に描かれた地学

宮沢賢治

宮沢賢治のコレクション

宮沢賢治（1896〜1933）は，「石っこ賢さん」と呼ばれるほど，岩石や地質に興味を持っていたことが知られている。盛岡高等農林学校（現在の岩手大学農学部）では地質及び土壌教室に在籍していた。

賢治は花巻農学校での教員時代，北上川の川岸を「イギリス海岸」と呼び，よく訪れた。賢治はここでバタグルミの化石を発見している。『銀河鉄道の夜』では，ここがモデルと思われる「プリオシン海岸」での化石発掘が描かれている。他の作品でもさまざまな岩石や鉱物（トルコ石，アズライトなど）が扱われている。

イギリス海岸

あの人も地質学者？

ゲーテ

ドイツの文豪**ヨハン・ゲーテ**（1749〜1832）は多才な人物で，ヴァイマル公国の宰相を務め，自然科学研究も行った。『イタリア紀行』ではベスビオ火山の活動を描き，『花こう岩について』では花こう岩の成因を論じ，代表作『ファウスト』でもこの議論に触れている。「氷河時代」の発見者という人もいる。多くの鉱物標本を集めており，ゲーテにちなんで名づけられたゲータイト（針鉄鉱）という鉱物もある。

ダーウィン

進化論で知られる**チャールズ・ダーウィン**（1809〜1882）は地質学に深く関心を持ち，自ら地質学者とも称していた。イギリスの地質学会の賞も受賞している。著作の『ビーグル号航海記』にも地質関係の記述が見られる。

また，進化論自体，『地質学原理』（ライエル）で主張された**斉一説**（激変ではなく過去の変化の積み重ねで現在があるという考え方◐ p.207）の影響を受けているといわれる。

クローズアップ 地学

SDGsと地学

SDGsは，2015年に国連で採択された，すべての人にとってのより良い未来を目指した目標です。SDGsと地学のつながりを考えてみましょう。

6 安全な水とトイレを世界中に
すべての人々の水と衛生の利用可能性と持続可能な管理を確保する

　世界では，10人に3人が安全な飲み水を，10人に5人が安全な衛生施設（トイレや手洗い場）を使えない。衛生的でない環境がもたらす下痢で，毎日数百人の子どもが亡くなっている。

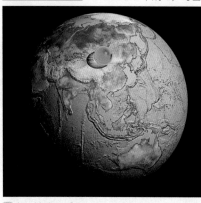

　「水の惑星・地球」といわれることがあるが，地球表面の水を集めて地球と比較すると，左のイラストのようになる。水は地球表層をうすく広く覆っている。しかも，この水の多くは海水であり，利用しやすい場所にある淡水はごくわずかである。

Q 水は地球のどういうところにあるか。その中で（液体の）淡水は何％か。
Q 川から海へ流れ込んだ水は，どのような変化をして再び川を流れるか。水の循環を説明しよう。

アクション
　学校や家の近くにある水に関する生態系（取水される河川や上流の山地など）を調べ，それらを保護する活動について考えよう。もし，すでに行われている活動があれば，参加してみよう。

関連する地学の学習
海水の組成◐ p.98，水の循環◐ p.211，淡水資源の減少◐ p.217

7 エネルギーをみんなにそしてクリーンに
すべての人々の，安価かつ信頼できる持続可能な近代的エネルギーへのアクセスを確保する

　世界では，電気を利用できず，まきや炭を燃やして，エネルギーを得る地域もある。しかし，まきや炭を燃やすと出る煙は空気を汚す。クリーンで安全なエネルギー源が必要とされる。

Q 再生可能なエネルギーを利用した発電について，それぞれの長所・短所を説明しよう。
Q さまざまなエネルギー資源について，太陽からの光・熱エネルギーと関わりがあるのはどれか。また，その関わりを説明しよう。

アクション
　日々の生活の中でできる省エネを，まわりの人と相談しよう。たとえば，冷暖房を使わない，もしくは効率よく使い，夏を涼しく，冬を暖かく過ごすにはどうしたらよいか。できるところから実行してみよう。

関連する地学の学習
火山の恵み◐ p.55，太陽の放射エネルギー◐ p.80，エネルギー資源◐ p.218

世界を変えるための17の目標

●SDGsはどのようにしてつくられたか
　SDGsは，2015年に国連総会で全会一致で採択された「持続可能な開発目標（Sustainable Development Goals）」である。持続可能な開発とは，「将来世代のニーズを満たす能力を損なわずに，現在世代のニーズも満たす開発」を意味する。
　2030年までの達成を目指す17の目標が挙げられている。これらは，国連史上，最大規模の意見聴取にもとづき，協議を重ね，できあがったものである。

遊牧民のテントと太陽電池（モンゴル）
太陽電池は，設置場所の制約があまりない。

　燃料電池と，その発電で生じる熱を用いた給湯器を組み合わせて，効率良くエネルギーを利用する。
エネファーム

17の各目標の下には，「**ターゲット**」といわれるより具体的な169の目標が挙げられている。

● **スローガン** No one will be left behind

SDGsは多様なすべての人のための目標である。これはスローガン「**No one will be left behind**（誰1人取り残さない）」からも読み取れる。

17の目標は，「経済・環境・社会」の3つの軸で構成されている。これらは，先進国も途上国も，国も企業もNPOも，すべての人が力を合わせ，今だけでなく未来を生きる人すべてのために，より良い未来を目指した目標になっている。

気候変動及びその影響を軽減するための緊急対策を講じる

2021年のIPCC第6次評価報告書では，地球温暖化への人間活動の影響は「疑う余地がない」とされ，平均気温は，産業革命前と比べて2040年までに1.5℃以上，上昇すると予測された。

Q 大気中の二酸化炭素濃度が，どのように維持されてきたかを説明しよう。

Q 地球温暖化が進むとどのような問題が起こるかを説明しよう。

Q まきは，燃やしても大気中の二酸化炭素の量をふやさない燃料といわれることがある。右の図を参考にその理由を説明しよう。

アクション

二酸化炭素の排出を減らすために，日々の生活の中でできることを，まわりの人と相談し，できることから実行してみよう。

関連する地学の学習

温室効果◯ p.81，過去の気候変動◯ p.198，地球システム◯ p.210，地球環境の変化◯ p.212

下のSDGsに関するWebページのリンク集を参考に，SDGsについての理解を深め，SDGsと地学とのつながりを考えよう。

また，この見開きの **アクション** を参考に，自分たちに何ができるか話し合おう。

SDGs リンク集

https://www.hamajima.co.jp/rika/nsearth/sdgs-link

※右のQRコードからも見られる。

包摂的で安全かつ強靱（レジリエント）で持続可能な都市及び人間居住を実現する

世界の人口の半分以上が都市に集中している。都市では住宅不足や大気汚染，大量のごみなどの問題が起こる。また，災害に強く，災害から早く回復できるまちづくりが求められる。

都市の中の公園は，貴重なオープンスペースである。

災害発生時は，避難場所や救助・消火活動などの拠点になる。また，救援物資の配布や炊き出し，情報交換など避難生活を支える場になるほか，がれき置き場，仮設住宅の用地にもなる。

東京臨海広域防災公園

東京臨海広域防災公園は，首都直下地震など大規模な災害が発生したときには，緊急災害現地対策本部が置かれることになっている。

Q 日本は自然災害の多い地域といわれる。その理由を説明しよう。

Q 20世紀以降に起こった自然災害のいくつかについて調べ，都市部特有の被害にはどのようなものがあるか，説明しよう。

Q 大気汚染の原因について調べ，説明しよう。

アクション

自分が住む町では，どのような自然災害が特に警戒されているか，それに対してどのような対策がなされているかを調べよう。また，災害から身を守るために，自分ができる備えを考え，実行しよう。

関連する地学の学習

地震災害◯ p.45～47，気象災害◯ p.96，大気汚染◯ p.214

太陽光

植物

光合成

加工

循環

二酸化炭素

まき

燃焼

熱を利用

氷に乗るホッキョクグマ（ノルウェー）

付録

1 元素の周期表

凡例（枠内の説明）:
- 放射性元素 — 元素記号
- 原子番号 ＄88$ Ra — 単体の常温での状態
- 元素名 ラジウム(226) ■ 固体, ▲ 液体, ● 気体
- 原子量*

典型非金属元素
典型金属元素
遷移金属元素

※遷移元素は12族を含めない場合がある。

*日本化学会原子量専門委員会(2022)による。（ ）内は代表的な同位体の質量数。

族 周期	1	2	3	4	5	6	7	8	9	10	11	12	13	14	15	16	17	18
1	1 H 水素 1.008																	2 He ヘリウム 4.003
2	3 Li リチウム 6.94	4 Be ベリリウム 9.012											5 B ホウ素 10.81	6 C 炭素 12.01	7 N 窒素 14.01	8 O 酸素 16.00	9 F フッ素 19.00	10 Ne ネオン 20.18
3	11 Na ナトリウム 22.99	12 Mg マグネシウム 24.31											13 Al アルミニウム 26.98	14 Si ケイ素 28.09	15 P リン 30.97	16 S 硫黄 32.07	17 Cl 塩素 35.45	18 Ar アルゴン 39.95
4	19 K カリウム 39.10	20 Ca カルシウム 40.08	21 Sc スカンジウム 44.96	22 Ti チタン 47.87	23 V バナジウム 50.94	24 Cr クロム 52.00	25 Mn マンガン 54.94	26 Fe 鉄 55.85	27 Co コバルト 58.93	28 Ni ニッケル 58.69	29 Cu 銅 63.55	30 Zn 亜鉛 65.38	31 Ga ガリウム 69.72	32 Ge ゲルマニウム 72.63	33 As ヒ素 74.92	34 Se セレン 78.97	35 Br 臭素 79.90	36 Kr クリプトン 83.80
5	37 Rb ルビジウム 85.47	38 Sr ストロンチウム 87.62	39 Y イットリウム 88.91	40 Zr ジルコニウム 91.22	41 Nb ニオブ 92.91	42 Mo モリブデン 95.95	43 Tc テクネチウム (99)	44 Ru ルテニウム 101.1	45 Rh ロジウム 102.9	46 Pd パラジウム 106.4	47 Ag 銀 107.9	48 Cd カドミウム 112.4	49 In インジウム 114.8	50 Sn スズ 118.7	51 Sb アンチモン 121.8	52 Te テルル 127.6	53 I ヨウ素 126.9	54 Xe キセノン 131.3
6	55 Cs セシウム 132.9	56 Ba バリウム 137.3	57～71 ランタノイド	72 Hf ハフニウム 178.5	73 Ta タンタル 180.9	74 W タングステン 183.8	75 Re レニウム 186.2	76 Os オスミウム 190.2	77 Ir イリジウム 192.2	78 Pt 白金 195.1	79 Au 金 197.0	80 Hg 水銀 200.6	81 Tl タリウム 204.4	82 Pb 鉛 207.2	83 Bi ビスマス 209.0	84 Po ポロニウム (210)	85 At アスタチン (210)	86 Rn ラドン (222)
7	87 Fr フランシウム (223)	88 Ra ラジウム (226)	89～103 アクチノイド	104 Rf ラザホージウム (267)	105 Db ドブニウム (268)	106 Sg シーボーギウム (271)	107 Bh ボーリウム (272)	108 Hs ハッシウム (277)	109 Mt マイトネリウム (276)	110 Ds ダームスタチウム (281)	111 Rg レントゲニウム (280)	112 Cn コペルニシウム (285)	113 Nh ニホニウム (278)	114 Fl フレロビウム (289)	115 Mc モスコビウム (289)	116 Lv リバモリウム (293)	117 Ts テネシン (293)	118 Og オガネソン (294)

アルカリ金属　アルカリ土類金属

原子番号 100 ～ 118 の元素の性質はよくわかっていない。

ハロゲン　貴ガス

ランタノイド	57 La ランタン 138.9	58 Ce セリウム 140.1	59 Pr プラセオジム 140.9	60 Nd ネオジム 144.2	61 Pm プロメチウム (145)	62 Sm サマリウム 150.4	63 Eu ユウロピウム 152.0	64 Gd ガドリニウム 157.3	65 Tb テルビウム 158.9	66 Dy ジスプロシウム 162.5	67 Ho ホルミウム 164.9	68 Er エルビウム 167.3	69 Tm ツリウム 168.9	70 Yb イッテルビウム 173.0	71 Lu ルテチウム 175.0
アクチノイド	89 Ac アクチニウム (227)	90 Th トリウム 232.0	91 Pa プロトアクチニウム 231.0	92 U ウラン 238.0	93 Np ネプツニウム (237)	94 Pu プルトニウム (239)	95 Am アメリシウム (243)	96 Cm キュリウム (247)	97 Bk バークリウム (247)	98 Cf カリホルニウム (252)	99 Es アインスタイニウム (252)	100 Fm フェルミウム (257)	101 Md メンデレビウム (258)	102 No ノーベリウム (259)	103 Lr ローレンシウム (262)

2 諸定数

万有引力定数	6.67428×10^{-11} m³/(kg·s²)		
真空中の光の速さ	2.99792458×10^8 m/s		
太陽 赤道半径	6.960×10^8 m		
質量	1.9884×10^{30} kg		
平均密度	1.41 g/cm³		
表面重力	2.74×10^2 m/s²（重力加速度）		
太陽定数	1.37 kW/m²＝1.96 cal/cm²·分		

地球 赤道半径	6.378×10^6 m
質量	5.972×10^{24} kg
平均密度	5.52 g/cm³
標準重力	9.80665 m/s²（重力加速度）
空気の平均密度	1.293×10^{-3} g/cm³（0℃, 1気圧）
海水の平均密度	1.03 g/cm³

月 赤道半径	1.737×10^6 m
質量	7.346×10^{22} kg
平均密度	3.34 g/cm³
表面重力	1.622 m/s²（重力加速度）
軌道長半径	3.844×10^8 m

3 地学でよく使われる単位

物理量	単位記号	単位名	他の表し方	その他の単位・単位の換算	
長さ	m	メートル		Å(オングストローム)	1 Å $= 10^{-10}$ m
				au(天文単位)	1 au $= 1.495978707 \times 10^{11}$ m
				ly(光年)	1 ly $= 9.4607 \times 10^{15}$ m $(= 6.32 \times 10^4$ au $= 0.307$ pc$)$
				pc(パーセク)	1 pc $= 3.0857 \times 10^{16}$ m $(= 2.06 \times 10^5$ au $= 3.26$ ly$)$
質量	kg	キログラム		t(トン)	1 t $= 10^3$ kg
時間	s	秒		平均恒星日	1 平均恒星日 $= 23^h56^m4.0905^s$ 平均太陽時
				平均太陽日	1 平均太陽日 $= 24^h3^m56.5554^s$ 平均恒星時
				恒星年	1 恒星年 $= 365.2564$ 日
				太陽年	1 太陽年 $= 365.2422$ 日
加速度	m/s²	メートル毎秒毎秒		gal, Gal(ガル)	1 gal $= 10^{-2}$ m/s² $= 1$ cm/s²
温度	K	ケルビン		℃(セルシウス度)	273.15 K $= 0$ ℃　　温度差：1 K $= 1$ ℃
力	N	ニュートン	kg·m/s²	kgw(キログラム重)	1 kgw $= 9.80665$ N
圧力	Pa	パスカル	N/m²	atm(気圧)	1 atm $= 760$ mmHg $= 1.01325 \times 10^5$ Pa
					1 hPa(ヘクトパスカル) $= 10^2$ Pa
仕事 エネルギー	J	ジュール	N·m	kWh(キロワット時)	1 kWh $= 3.6 \times 10^6$ J
				cal(カロリー)	1 cal $= 4.18605$ J
仕事率	W	ワット	J/s		
磁束密度	T	テスラ	Wb/m²	G(ガウス)	1 G $= 10^{-4}$ T
				γ(ガンマ)	1 γ $= 10^{-5}$ G $= 10^{-9}$ T
比率 (濃度)				ppm(ピーピーエム)	1 ppm $=$ 百万分の1
				ppb(ピーピービー)	1 ppb $=$ 十億分の1

4 三角比とその性質

(1) 正弦・余弦・正接

正弦 $\sin\theta = \dfrac{b}{c}$

余弦 $\cos\theta = \dfrac{a}{c}$

正接 $\tan\theta = \dfrac{b}{a}$

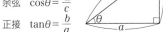

(2) 三角比の性質

$\tan\theta = \dfrac{\sin\theta}{\cos\theta}\left(=\dfrac{1}{\cot\theta}\right)$

$\sin^2\theta + \cos^2\theta = 1$

$\sin(90°-\theta) = \cos\theta \qquad \cos(90°-\theta) = \sin\theta$

$\sin^2\dfrac{\theta}{2} = \dfrac{1-\cos\theta}{2} \quad \cos^2\dfrac{\theta}{2} = \dfrac{1+\cos\theta}{2}$

$\tan^2\dfrac{\theta}{2} = \dfrac{1-\cos\theta}{1+\cos\theta}$

5 三角関数表

角	sin	cos	tan	cot	
0°	0.0000	1.0000	0.0000	∞	90°
1	0.0175	0.9998	0.0175	57.2900	89
2	0.0349	0.9994	0.0349	28.6363	88
3	0.0523	0.9986	0.0524	19.0811	87
4	0.0698	0.9976	0.0699	14.3007	86
5	0.0872	0.9962	0.0875	11.4301	85
6	0.1045	0.9945	0.1051	9.5144	84
7	0.1219	0.9925	0.1228	8.1443	83
8	0.1392	0.9903	0.1405	7.1154	82
9	0.1564	0.9877	0.1584	6.3138	81
10	0.1736	0.9848	0.1763	5.6713	80
11	0.1908	0.9816	0.1944	5.1446	79
12	0.2079	0.9781	0.2126	4.7046	78
13	0.2250	0.9744	0.2309	4.3315	77
14	0.2419	0.9703	0.2493	4.0108	76
15	0.2588	0.9659	0.2679	3.7321	75
16	0.2756	0.9613	0.2867	3.4874	74
17	0.2924	0.9563	0.3057	3.2709	73
18	0.3090	0.9511	0.3249	3.0777	72
19	0.3256	0.9455	0.3443	2.9042	71
20	0.3420	0.9397	0.3640	2.7475	70
21	0.3584	0.9336	0.3839	2.6051	69
22	0.3746	0.9272	0.4040	2.4751	68
23	0.3907	0.9205	0.4245	2.3559	67
24	0.4067	0.9135	0.4452	2.2460	66
25	0.4226	0.9063	0.4663	2.1445	65
26	0.4384	0.8988	0.4877	2.0503	64
27	0.4540	0.8910	0.5095	1.9626	63
28	0.4695	0.8829	0.5317	1.8807	62
29	0.4848	0.8746	0.5543	1.8040	61
30	0.5000	0.8660	0.5774	1.7321	60
31	0.5150	0.8572	0.6009	1.6643	59
32	0.5299	0.8480	0.6249	1.6003	58
33	0.5446	0.8387	0.6494	1.5399	57
34	0.5592	0.8290	0.6745	1.4826	56
35	0.5736	0.8192	0.7002	1.4281	55
36	0.5878	0.8090	0.7265	1.3764	54
37	0.6018	0.7986	0.7536	1.3270	53
38	0.6157	0.7880	0.7813	1.2799	52
39	0.6293	0.7771	0.8098	1.2349	51
40	0.6428	0.7660	0.8391	1.1918	50
41	0.6561	0.7547	0.8693	1.1504	49
42	0.6691	0.7431	0.9004	1.1106	48
43	0.6820	0.7314	0.9325	1.0724	47
44	0.6947	0.7193	0.9657	1.0355	46
45	0.7071	0.7071	1.0000	1.0000	45
	cos	sin	cot	tan	角

6 指数とその性質 ($a>0$, m, n は自然数)

(1) 指数の拡張 $a^0=1$, $a^{-n}=\dfrac{1}{a^n}$ 例 $10^0=1$, $10^{-2}=\dfrac{1}{10^2}$

(2) 乗法 $a^m \times a^n = a^{m+n}$ 例 $10^2 \times 10^3 = 10^{2+3} = 10^5$

(3) 除法 $a^m \div a^n = \dfrac{a^m}{a^n} = a^{m-n}$ 例 $10^7 \div 10^5 = 10^{7-5} = 10^2$

(4) 累乗 $(a^m)^n = a^{m \times n}$ 例 $(10^3)^2 = 10^{3 \times 2} = 10^6$

7 対数とその性質 ($R>0$, $M>0$, $N>0$)

(1) 対数の表し方 $10^r = R \Longleftrightarrow r = \log_{10}R$

(2) 対数の性質 ・$\log_{10}1 = 0$, $\log_{10}10 = 1$

・$\log_{10}MN = \log_{10}M + \log_{10}N$

・$\log_{10}\dfrac{M}{N} = \log_{10}M - \log_{10}N$

・$\log_{10}M^p = P\log_{10}M$

(3) 対数目盛り 右の図参照

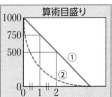
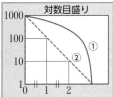

①は横軸の値の増加に対する縦軸の値の減少量が一定。
②は横軸の値の増加に対する縦軸の値の減少率が一定。

8 対数表

数	0.0	0.1	0.2	0.3	0.4	0.5	0.6	0.7	0.8	0.9
1	0.0000	0.0414	0.0792	0.1139	0.1461	0.1761	0.2041	0.2304	0.2553	0.2788
2	0.3010	0.3222	0.3424	0.3617	0.3802	0.3979	0.4150	0.4314	0.4472	0.4624
3	0.4771	0.4914	0.5051	0.5185	0.5315	0.5441	0.5563	0.5682	0.5798	0.5911
4	0.6021	0.6128	0.6232	0.6335	0.6435	0.6532	0.6628	0.6721	0.6812	0.6902
5	0.6990	0.7076	0.7160	0.7243	0.7324	0.7404	0.7482	0.7559	0.7634	0.7709
6	0.7782	0.7853	0.7924	0.7993	0.8062	0.8129	0.8195	0.8261	0.8325	0.8388
7	0.8451	0.8513	0.8573	0.8633	0.8692	0.8751	0.8808	0.8865	0.8921	0.8976
8	0.9031	0.9085	0.9138	0.9191	0.9243	0.9294	0.9345	0.9395	0.9445	0.9494
9	0.9542	0.9590	0.9638	0.9685	0.9731	0.9777	0.9823	0.9868	0.9912	0.9956

9 地学で使われる公式

ラジアン	$1\,\text{rad} = \dfrac{180°}{\pi} \fallingdotseq 57°17'45''$, $2\pi\,\text{rad} = 360°$, $\pi\,\text{rad} = 180°$
円	円周 $l = 2\pi r$, 面積 $S = \pi r^2$, 方程式 $x^2 + y^2 = r^2$ (r:半径)
扇 形	弧の長さ $l = r\theta$, 面積 $S = \dfrac{1}{2}r^2\theta = \dfrac{1}{2}lr$ (θ:中心角〔rad〕)
楕 円	面積 $S = \pi ab$, 方程式 $\dfrac{x^2}{a^2} + \dfrac{y^2}{b^2} = 1$
球	表面積 $S = 4\pi r^2$, 体積 $V = \dfrac{4}{3}\pi r^3$

10 10 の整数乗倍の接頭語

名 称	記号	大きさ	名 称	記号	大きさ	名 称	記号	大きさ
ゼ タ	Z	10^{21}	キ ロ	k	10^3	マイクロ	μ	10^{-6}
エクサ	E	10^{18}	ヘクト	h	10^2	ナ ノ	n	10^{-9}
ペ タ	P	10^{15}	デ カ	da	10	ピ コ	p	10^{-12}
テ ラ	T	10^{12}	デ シ	d	10^{-1}	フェムト	f	10^{-15}
ギ ガ	G	10^9	センチ	c	10^{-2}	ア ト	a	10^{-18}
メ ガ	M	10^6	ミ リ	m	10^{-3}	ゼプト	z	10^{-21}

11 ギリシャ文字とその読み方

大文字	小文字	読み方	大文字	小文字	読み方	大文字	小文字	読み方
A	α	アルファ	I	ι	イオタ	P	ρ	ロー
B	β	ベータ	K	κ	カッパ	Σ	σ	シグマ
Γ	γ	ガンマ	Λ	λ	ラムダ	T	τ	タウ
Δ	δ	デルタ	M	μ	ミュー	Y	υ	ウプシロン
E	ε	イプシロン	N	ν	ニュー	Φ	ϕ	ファイ
Z	ζ	ゼータ	Ξ	ξ	グザイ	X	χ	カイ
H	η	イータ	O	o	オミクロン	Ψ	ψ	プサイ
Θ	θ	シータ	Π	π	パイ	Ω	ω	オメガ

索引

索引

クローズアップ 地学
歴史とつながる地学

地形・地質や気候，時には星空など，自然と関わり合いながら，人類の歴史は刻まれてきた。

文明誕生のきっかけは？

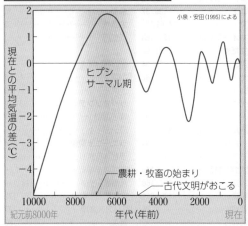

小泉・安田(1995)による

縦軸：現在との平均気温の差（℃）
横軸：年代（年前）

ヒプシサーマル期

農耕・牧畜の始まり
古代文明がおこる

紀元前8000年　　年代(年前)　　現在

サハラ砂漠が草原だったときの壁画

気候の変化が文明誕生のきっかけになったとする説がある。

8000～5000年前はヒプシサーマル期という温暖な期間で，この頃はサハラ砂漠も緑の草原であった。しかし，5000年前頃から大気の大循環(●p.84)が変化し，乾燥地域が移動した。その結果，人々が大きな川の近くに集まり，そこで生じた農耕民と牧畜民の交流や大規模な灌漑(それを可能にする体制)が文明誕生をうながしたという。

エジプトはナイルのたまもの

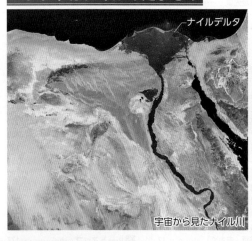

ナイルデルタ

宇宙から見たナイル川

ナイル川の氾濫(1890年代)

紀元前3000年頃に統一国家ができたエジプト文明は，ナイル川に支えられた。

ナイル川上流のエチオピア高原に降る，季節風(●p.85)による雨で，毎年夏にはナイル川の氾濫が起こった。この氾濫で，上流から肥沃な土がもたらされ，農耕文化が栄えた。なお，古代エジプト人は，日の出直前にシリウスが見え始める時期を，ナイル川増水の始まりの目安とし，生活のサイクルを決めていた。

現在では，ダムでナイル川の氾濫は防がれ，水力発電や農業用水の確保が行われているが，塩害(●p.217)などの問題も起こっている。

地形で選ばれた都市

花折断層
比叡山
琵琶湖
京都盆地
樫原断層
桃山断層
東山
光明寺断層
黄檗断層
宇治川断層

京都付近の断層

滑川

鎌倉市(神奈川)

京都を囲む山々は，桃山断層などの活断層(●p.41)が動いてできた。こうしてできた地形が風水*の観点からよいとされ，794年に平安京がつくられた。

鎌倉は，砂丘や潟(●p.169)からできた低地とそれを囲む山々でできている。12世紀後半に鎌倉幕府が置かれた理由の1つは，山に囲まれた地形が防御に向いていることであったといわれる。

*古代中国発祥の思想。